房屋市政工程施工安全较大及以上事故分析

（2019年）

住房和城乡建设部工程质量安全监管司
住建部科技委工程质量安全专业委员会　组织编写

中国建筑工业出版社

图书在版编目（CIP）数据

房屋市政工程施工安全较大及以上事故分析. 2019 年/住房和城乡建设部工程质量安全监管司，住建部科技委工程质量安全专业委员会组织编写. —北京：中国建筑工业出版社，2021.6
ISBN 978-7-112-26184-0

Ⅰ.①房… Ⅱ.①住… ②住… Ⅲ.①房屋-市政工程-工程事故-事故分析-中国 Ⅳ.①TU990.05

中国版本图书馆 CIP 数据核字（2021）第 092959 号

责任编辑：李 璇 牛 松
责任校对：张惠雯

房屋市政工程施工安全较大及以上事故分析（2019 年）

住房和城乡建设部工程质量安全监管司
住建部科技委工程质量安全专业委员会 组织编写

*

中国建筑工业出版社出版、发行（北京海淀三里河路 9 号）
各地新华书店、建筑书店经销
北京科地亚盟排版公司制版
北京建筑工业印刷厂印刷

*

开本：787 毫米×960 毫米 1/16 印张：24 字数：457 千字
2021 年 6 月第一版 2021 年 6 月第一次印刷
定价：**49.00** 元

ISBN 978-7-112-26184-0
（37770）

前　言

安全生产事关人民福祉，事关经济社会发展大局。习近平总书记高度重视安全生产工作，作出一系列重要批示指示，强调生命重于泰山，要坚持人民至上、生命至上，牢固树立安全发展理念，绝不能只重发展不顾安全，更不能将其视作无关痛痒的事。要针对安全生产事故主要特点和突出问题，层层压实责任，狠抓整改落实，强化风险防控，从根本上消除事故隐患，有效遏制重特大事故发生。

作为国民经济重要支柱产业，建筑业正处于全面转型升级和高质量发展的重要阶段。然而，近年来我国建筑业安全生产形势严峻复杂，事故总量仍然较大，造成重大人员伤亡的群死群伤事故仍然时有发生，严重冲击了人民群众的安全感和幸福感，这显然与建筑业高质量发展以及人民对美好生活向往的目标存在一定差距。

每一起事故教训都是用生命和鲜血换来的，不能一次又一次在同样的问题上付出生命和血的代价。近年来，住房和城乡建设部高度重视事故警示教育工作，每年组织专家对当年房屋市政工程领域发生的较大及以上事故案例逐一开展研究分析，深入挖掘每起事故背后的各种原因，凝练事故经验教训和预防措施，举一反三、防止重蹈覆辙。事故案例分析工作自开展以来，取得了显著成效，广大建筑施工企业和各级住房和城乡建设主管部门纷纷将事故案例分析的成果应用到日常安全生产工作中，通过宣贯、培训、集中组织专题学习等各种形式，认真学习领会事故经验教训，不仅提高了自身的安全管理水平，而且对于促进建筑施工安全生产形势不断好转起到了重要作用。

本次《房屋市政工程施工安全较大及以上事故分析》收录了2019年发生的23起较大及以上事故，主要呈现出以下特点：以土方和基坑开挖、模板支撑体系、建筑起重机械为代表的危险性较大的分部分项工程事故占总数的82.61%，危大工程依然是风险防控的重点和难点；管沟开挖坍塌事故占总数的13.04%，现场管理粗放、安全防护不到位、人员麻痹大意是重要原因；既有房屋建筑改造、维修、拆除施工作业坍塌事故占总数的13.04%，相关领域风险隐患问题日益凸显；市场主体违法违规问题突出，存在违章指挥、违章作业问题的事故约占总数的80%，存在违反法定建设程序问题的事故约占总数的60%，存在关键岗位人员不到岗履职问题的事故约占总数40%。希望各级住房和城乡建设主管部门以及广大建筑施工企业引以为鉴，充分吸取这些事故宝贵的经验教训，有效化解防范事故风险，切实保护广大从业人员的生命安全！

本书得到了住房和城乡建设部科学技术委员会工程质量安全专业委员会相关专家的支持，同时邀请了相关专业领域专家对部分事故案例进行了点评，在此一并表示感谢！

参与点评专家人员名单如下：（按姓氏笔画排列）

王峰　中国建筑科学研究院有限公司、国家建筑工程质量监督检验中心施工机具与模架质检部主任、研究员。

王凯晖　住房和城乡建设部科学技术委员会工程质量安全专业委员会委员、中国建设教育协会建筑安全专业委员会副秘书长。

厉天数　住房和城乡建设部科学技术委员会工程质量安全专业委员会委员、浙江城建建设集团有限公司总工，教授级高级工程师。

陈伟　住房和城乡建设部科学技术委员会工程质量安全专业委员会委员，广州工程总承包集团有限公司总工程师，教授级高级工程师。

陈少东　深圳市广胜达建设控股集团总工，深圳建协总工委委员，中国建设教育协会建筑安全专业委员会专家，高级工程师。

陈秀峰　住房和城乡建设部科学技术委员会工程质量安全专业委员会委员，马鞍山市建筑工程施工安全文明监察站总工，高级工程师。

周伟　住房和城乡建设部科学技术委员会工程质量安全专业委员会委员，现任湖北省建设工程质量安全监督总站副站长，正高职高级工程师。

周与诚　住房和城乡建设部科学技术委员会工程质量安全专业委员会委员，北京城建科技促进会理事长，教授级高级工程师。

周予启　中建一局集团建设发展有限公司总工程师、住房和城乡建设部绿色施工专家、中国施工企业管理协会科技专家、北京市危险性较大的分部分项工程专家（岩土）、教授级高级工程师。

彭峰　住房和城乡建设部高等教育工程专业评估委员会委员，中国施工企业协会科技专家。中国铁建股份有限公司安全监督部副总经理，教授级高级工程师。

韩学诠　住房和城乡建设部科学技术委员会城市轨道交通工程质量安全专家委员会专家，中国建筑业协会专家委员会委员，原中国中铁股份公司安质部副部长，教授级高级工程师。

温旭宇　原国家建筑城建机械质量监督检测中心副主任，中国教育协会建筑安全专业委员会专家，高级工程师。

中国建设教育协会建筑安全专业委员在本书编写过程中做了大量工作，在此表示衷心的感谢！

目　　录

1　湖南华容“1·23”塔式起重机倒塌较大事故

调查报告

2019年1月23日9时15分，华容县华容明珠三期在建工程项目10号楼塔式起重机在进行拆卸作业时发生坍塌事故，事故造成2人当场死亡，3人受伤送医院经抢救无效后死亡，事故直接经济损失580余万元。

依据《中华人民共和国安全生产法》和《生产安全事故报告与调查处理条例》（国务院第493号令）等有关法律法规的规定，岳阳市人民政府成立了华容县“1·23”较大塔式起重机坍塌事故调查组，依法依规开展事故调查工作。事故调查组由市应急管理局牵头，市纪委监委、市公安局、市总工会、市住房和城乡建设局、华容县人民政府为成员，并邀请技术专家参加事故调查。

事故调查组按照“四不放过”和“科学严谨、依法依规、实事求是、注重实效”的原则，通过现场勘验、检测鉴定、调查取证和专家论证，查清事故发生的经过、原因、人员伤亡和直接经济损失，初步认定事故性质和责任，提出对有关责任人和责任单位的处理建议，并针对事故原因及暴露出的突出问题，提出事故防范建议。

经调查分析认定：华容县华容明珠三期在建工程项目“1·23”塔式起重机坍塌事故是一起较大生产安全责任事故。

一、基本情况

（一）事故相关单位基本情况

1. 建设单位：岳阳中利房地产开发有限公司

工商营业执照：该公司成立于2014年8月26日；公司法定代表人：陈某某；公司地址：华容县华容大道荣祥花园31栋101、201二层；公司类型：有限责任公司（自然人投资或控股）；注册资本：2000万元；经营范围：凭资质从事房地产开发、销售、物业管理。

房产开发资质：该公司于2017年8月8日获得由岳阳市房地产管理局核发的《中华人民共和国房地产开发企业资质证书》，资质等级：四级；证书有效期为2019年8月7日止。

施工许可证书：该公司于2017年7月31日获得由华容县住房和城乡建设局核发的《中华人民共和国建筑工程施工许可证》；证书中注明：建设单位为岳阳中利房地产开发有限公司；工程名称为：华容明珠项目8、9、10栋；建设地址为：华容大道西路北侧；建设规模66649m^2；合同价格：9698.9万元；设计单位为福建海峡建设发展有限公司；施工单位为湖南泰山工程有限公司；监理单位为湖南联创项目管理有限公司。合同开工日期为2017年7月20日，合同竣工日期为2019年5月20日。

2. 施工总承包单位：湖南泰山工程有限公司

工商营业执照：该公司成立于1995年3月20日，公司法定代表人唐某某；公司地址：岳阳经济技术开发区太阳桥大市场A栋309-409号；公司类型：有限责任公司（自然人投资或控股）；注册资本：7400万元；经营范围：凭《建筑业企业资质证书》从事建筑工程、土石方工程；建筑施工设备的租赁；政策允许的金属材料、建筑材料批零兼营。

建筑企业资质：该公司获得由中华人民共和国住房和城乡建设部核发的《建筑业企业资质证书》；有效期至2021年4月26日；证书核定企业资质类别及等级为：建筑工程施工总承包壹级。

3. 监理单位：湖南联创项目管理有限公司

工商营业执照：该公司成立于2010年5月17日，公司法定代表人袁某；公司地址：岳阳市岳阳楼区南湖大道329号国贸大厦1415室；公司类型：有限责任公司（自然人投资或控股）；注册资本：900万元；经营范围：房屋建筑工程、市政工程、人防工程监理，工程项目管理服务，工程建筑咨询服务，建筑材料的销售。(项目批准依法须经相关部门批准后方可开展经营活动)。

工程监理资质：该公司获得由湖南省住房和城乡建设厅核发的《工程监理资质证书》，有效期至2021年4月26日；证书核定企业资质等级为：房屋建筑工程监理甲级、市政公用工程监理乙级，可以开展相应类别建设工程的项目管理、技术咨询等业务。

4. 塔式起重机产权实际安拆单位：华容县永胜建筑机械租赁有限公司

工商营业执照：该公司成立于2012年10月29日，公司法定代表人谭某某；公司地址：华容县万庾镇墟场新村85号；公司类型：有限责任公司（自然人投资或控股）；注册资本：100万元；经营范围：塔式起重机、输送泵、升降机、施工电梯租赁；脚手架销售、租赁服务。（项目批准依法须经相关部门批准后方

可开展经营活动）

该公司除工商营业执照外，不具备其他任何资质。

（二）合同签订情况

1. 施工合同签订情况

2017 年 7 月 20 日，岳阳中利房地产开发有限公司与湖南泰山工程有限公司签订《湖南省建设工程施工合同》，合同约定：工程内容为华容明珠 8、9、10、11 楼土建、装饰装修工程；工程承包范围：华容明珠 8、9、10、11 楼涉及图纸与工程量清单所含内容。计划开工日期为 2017 年 7 月 20 日，计划竣工日期为 2019 年 5 月 20 日；工程总日历天数为 660 天，签约合同价为 9698 万元；资金来源为自筹。

2. 劳务合同签订情况

岳阳中利房地产开发有限公司派驻的现场负责人员林某某自将劳务工程发包给不具备任何资质的个人吴某某。2017 年 9 月 14 日，林某某与吴某某私自签订《建设工程施工承包合同》，合同范围为：吴某某负责钢筋制作安装工程、模板工程、钢管脚手架与防护工程、外墙贴面工程、内外墙抹灰工程、水电工程的施工和承担施工所用的所有机械设备（垂直运输机械、塔式起重机及塔式起重机的基础设施、人货电梯及基础设施）检测和进出场安装拆除。

3. 监理合同签订情况

2017 年 7 月 21 日，委托人岳阳中利房地产开发有限公司与监理人湖南联创项目管理有限公司签订《建设工程委托监理合同》，编号：（2017）第（0721）号；合同约定：监理工程名称为华容明珠第三期（8、9、10、11 栋）；工程地点为马鞍新区华容大道北侧；工程规模为 66649m^2；总投资约 9900 万元；合同自 2017 年 8 月 1 日开始实施，至 2019 年 12 月 30 日完成；合同内容约定为华容明珠三期项目建设施工监理。

4. 塔式起重机租赁及安拆合同签订情况

（1）租赁合同签订情况

华容县永胜建筑机械租赁有限公司（甲方）于 2017 年 7 月 10 日与湖南泰山工程有限公司（乙方）签订设备租赁合同。在合同中注明，甲方出租设备编号为 201707D051 的山东大汉 QTZ63 型塔式起重机。甲方加盖本单位公章，法人代表谭某某签名；乙方加盖“湖南泰山工程有限公司华容明珠项目部资料专用章”，法定代表人或其委托代理人一栏签名人为程某某。

（2）安拆合同签订情况

经调查取证，劳务承包人吴某某联系华容县永胜建筑机械租赁有限公司法人代表谭某某，要求其进行塔式起重机的安装拆卸作业。因租赁公司不具备安拆资质，谭某某私刻公章伪造湘阴万顺建筑设备安装有限公司安装拆卸合同和协议，并指使公司资料员陈某某假冒他人签字，伪造塔式起重机工程技术资料和安拆人员资料，以应付监理单位及行政主管部门检查。

（三）事故发生塔式起重机基本情况

1. 事故发生的塔式起重机生产单位为：山东大汉建设机械有限公司。

2. 产品名称及型号：QTZ63 塔式起重机，产品制造编号为 201407D051，产品合格证生产日期为 2014 年 7 月 20 日，出厂日期为 2014 年 7 月 28 日。

3. 设备产权备案情况：2014 年 7 月 28 日华容县永胜建筑机械租赁有限公司购入该设备，并于 2014 年 8 月 5 日办理产权备案登记手续（设备备案登记编号：湘 F6-T-01682）。

4. 设备安装检验情况：检验单位为岳阳市建设工程质量检测中心，检验日期 2017 年 8 月 31 日，检验结论为合格，检验报告编号 2017-J-T-H228。

二、事故发生经过和现场应急处置情况

（一）事故发生经过

2019 年 1 月 23 日，经华容明珠三期工程项目劳务分包人吴某某联系，华容县永胜建筑机械租赁有限公司谭某某派出严某某（塔式起重机司机）、贺某某（地面司索指挥）、王某某、王某、田某某、张某某共 6 名人员对华荣明珠三期 10 号楼塔式起重机进行拆除作业，7 点 30 分左右施工人员到达拆卸现场后，在未向施工单位和监理单位汇报的情况下，司机严某某从 10 号楼楼顶通道进入司机室操作塔式起重机，分两次吊运施工升降机附着架（9 套、共重 935.8kg）、混凝土料斗至附近围墙处，期间又应吴某某的要求，分三次吊运竹夹板、钢管至围墙内。完成前期准备工作（包括于距塔身约 20m 处吊起 9 套施工升降机附着架作为平衡起重臂和平衡臂用）后，于上午 9 点左右开始实施拆除作业，除司索指挥贺某某在地面指挥外，其余 5 人均登上塔式起重机进行拆除作业。开始拆除作业 15 分钟后，拆卸工人在拆除距离地面 80m 的塔式起重机第 29 节标准节（事发现场已散体为两个单独主肢及一个两主肢相连片状节）上下高强度螺栓后，操作液压顶升机构顶升，由于顶升横梁销轴未可靠放入第 28 节主肢踏步圆弧槽，未将顶升横梁防脱装置推入踏步下方小孔内，同时平衡臂与起重臂未能一直保持平衡（司机操作小车吊运 935.8kg 重的 9 套施工升降机附着架，由距塔身约 20m 处回

收至距塔身4.9m处。而《山东大汉QTZ63使用说明书》规定是小车应在距塔身15m处吊一节735kg标准节保持不动)，且其他作业人员同步将第29节标准节往引进平台方向推出，导致顶升横梁销轴一端从第28节标准节4号主肢踏步处滑脱，造成塔式起重机上部载荷由顶升横梁一端承担而失稳，上部结构墩落引发塔式起重机从第14节标准节处断裂坍塌。司索指挥贺某某听到类似金属炸裂"咔"的一声异响，看到塔式起重机剧烈摇晃，赶忙跑进裙楼内躲避，塔式起重机随后坍塌。

(二) 事故应急善后处理情况

事故发生后，省委省政府、市委市政府高度重视，省委常委、常务副省长陈向群，副省长陈飞作出重要批示，省安委办主任、省应急管理厅厅长李大剑，市委书记刘和生，市委副书记、市长李爱武作出专门指示，要求全力抢救伤员，积极做好善后工作，尽快查明事故原因，依法依规做好事故调查处理，并举一反三，防范类似事故发生。

省住建厅副厅长宁艳芳、省应急管理厅副巡视员胡金文带队的工作组迅速赶赴现场指导事故应急救援处置情况。副市长黎作风，市政府副秘书长廖长生，市安委办主任、市应急管理局局长林军华，市住房和城乡建设局副局长叶建国，华容县委书记刘铁健，华容县长陶伟军等第一时间赶赴事故现场，指导抢险救援工作。

事故发生后，华容县政府迅速启动应急预案，由县委办、县政府办、县委政法委、县委宣传部、县安监局、县公安局、县住房和城乡建设局、县民政局、县卫生和计划生育局、县消防大队、县人民医院、田家湖生态新区和章华镇等单位和乡镇积极施救，立即将3名受伤人员送往县人民医院，组织专门医疗队伍进行抢救，并邀请湘雅医院专家制定救治方案，参与伤者抢救。由华容县委、县政府成立事故善后处置组，积极主动对接死伤者家属，及时做好思想工作、心理辅导、政策宣传。经协调，事故单位分别与5名死者家属达成善后赔偿协议，赔偿金已到位，死者已安葬，并获得了死者家属的谅解书，无不稳定因素发生。

(三) 人员伤亡情况

1. 塔式起重机司机严某某，男，30岁，华容县人；事故中死亡。
2. 拆卸工王某某，男，45岁，华容县人；事故中死亡。
3. 拆卸工王某，男，37岁，重庆市涪陵区人；送医院救治无效后死亡。
4. 拆卸工田某某，男，39岁，华容县人；送医院救治无效后死亡。

5. 拆卸工张某某，男，28岁，华容县人；送医院救治无效后死亡。

（四）事故信息报送情况

事故发生后，华容县人民政府立即向市委、市政府和市直相关部门上报了事故调查基本情况，并对事故后续伤亡情况进行续报。

三、事故原因和事故性质

（一）事故直接原因

塔式起重机安拆人员严重违规作业，违反《建筑施工塔式起重机安装、使用、拆卸安全技术规程》JGJ 196—2010第5.0.4条、《山东大汉QTZ63使用说明书》第8.2.1条等规定是导致本起事故发生的直接原因。

1. 在顶升过程中未保证起重臂与平衡臂配平，同时有移动小车的变幅动作。

2. 未使用顶升防脱装置。

3. 未将横梁销轴可靠落入踏步圆弧槽内。

4. 在进行找平变幅的同时将拟拆除的标准节外移。

以上违规操作行为引起横梁销轴从西北侧端踏步圆弧槽内滑脱，造成塔式起重机上部荷载由顶升横梁一端承重而失稳，导致塔式起重机上部结构墩落，引发此次塔式起重机坍塌事故。

（二）事故间接原因

1. 华容县永胜建筑机械租赁有限公司：一是作为事故塔式起重机产权出租单位，无安装拆卸资质擅自进行塔式起重机拆卸作业。二是安排无特种作业资格的人员进行塔式起重机拆卸作业，现场塔式起重机拆卸作业人员6人中有2人无塔式起重机拆卸资格证书。三是未将塔式起重机拆除的有关资料报施工总承包和监理单位审核并通过开工安全生产条件审查，未告知工程所在地施工安全监督机构。四是私刻湘阴万顺建筑设备安装有限公司公章并伪造塔式起重机安装拆卸的合同及安全协议，安排资料员伪造塔式起重机工程技术资料和他人签字。五是未落实企业安全生产责任，未对塔式起重机拆卸作业人员进行安全教育和技术交底，未安排专门人员进行现场安全管理。

2. 岳阳中利房地产开发有限公司：一是未落实建设单位质量安全首要责任，对施工、监理单位履行安全生产职责不到位的情况未予以纠正，对施工中存在的违法违规行为未予以制止。二是口头指定林某某代表公司担任项目施工实际负责人，之后林某某擅自将劳务发包给吴某某，吴某某又将塔式起重机安装拆卸工程违法发包给不具备安装拆卸资质的华容县永胜建筑机械租赁有限公司。

3. 湖南泰山工程有限公司：一是接受建设单位指定的项目施工实际负责人林某某在施工过程中的违规指挥。二是未落实安全生产责任，未配齐项目管理人员。三是未及时发现和制止租赁单位拆除塔式起重机的违法行为，对施工现场安全生产管理存在严重缺失。

4. 湖南联创项目管理有限公司：一是工程派驻的总监理工程师因故辞职后，重新派遣的总监未及时到岗履职。二是对施工单位人员履职不到位、租赁单位违法拆卸塔式起重机等安全生产违法违规行为监理不力，未及时制止和上报。三是对塔式起重机进场施工的相关资料审查不严格，未发现租赁公司伪造安装公司合同和协议等情况。

5. 华容县章华镇人民政府：章华镇政府安全生产属地管理责任落实不到位。一是督促辖区内建筑施工单位落实安全生产主体责任不到位。二是对辖区内建筑行业生产安全检查和排查组织工作不到位。三是未严格有效督促下设站所认真履行本职工作；未督促安监站对辖区内的建筑项目在建工地进行全覆盖检查，导致生产安全检查存在盲区。

6. 华容县住房和城乡建设局：未落实对建筑行业生产安全监督职责，对华容县建工办及安全监督管理站履职情况督促不力，对建设项目相关单位落实风险管控措施指导不力。

（1）华容县住房和城乡建设局建工办未督促下属安监站对施工单位的生产安全隐患进行有效排查，未采取有效措施落实监管工作。

（2）华容县建工办安全监督站在对华容明珠三期项目工地进行日常监管过程中，未发现该塔式起重机没有办理使用登记证；在发现该项目工地安装拆卸塔式起重机未按规定进行报备的情况后未采取有效措施制止此类行为；未重点督促使用单位、监理单位、安拆单位履行塔式起重机拆除程序，未要求安拆单位及时做好塔式起重机拆除安全技术交底和安全教育工作。

7. 华容县人民政府：对辖区内章华镇的安全生产工作督促不到位，督促县住房和城乡建设主管部门认真履行自身职责不力。

（三）事故性质

经调查分析认定：华容县华容明珠三期在建工程项目“1·23”塔式起重机坍塌事故是一起较大生产安全责任事故。

四、对事故责任人员处理建议

（一）建议追究刑事责任人员

1. 谭某某，男，34岁，群众，华容县永胜建筑机械租赁有限公司法人。作为企业主要负责人违反国家有关安全生产政策和法律规定，未建立本单位安全生产责任制；未督促、检查本单位的安全生产工作，无资质从事塔式起重机拆除作业，安排无塔式起重机拆卸资质作业人员进行拆卸作业，不履行安全培训教育、技术交底等职责；未安排专职安全人员进行现场安全管理；进入现场拆卸塔式起重机前，未按规定向施工和监理单位报告；私刻湘阴万顺建筑机械设备有限公司公章并伪造安装拆卸合同和协议，指使公司资料员陈某某假冒他人签字，伪造塔式起重机工程技术资料和安拆人员资料，以应付监理单位及行政主管部门检查。对事故发生负有直接责任，建议移送司法机关依法追究其刑事责任。

2. 林某某，男，52岁，群众，岳阳中利房地产开发有限公司驻华容明珠三期项目实际施工负责人，受公司指定负责现场施工，违法将工程劳务发包给无资质的包工头吴某某，个人安全生产意识淡薄，未履行安全生产管理职责，未安排专职安全管理人员进行安全管理，在知晓塔式起重机租赁单位无拆除资质的情况下允许实施塔式起重机拆除作业。对事故发生负有直接责任，建议移送司法机关依法追究其刑事责任。吴某某，男，52岁，群众，华容明珠三期项目劳务承包人，无资质从事劳务施工作业，安全生产意识淡薄，未履行安全生产管理职责，联系无拆卸资质的华容县永胜建筑机械租赁有限公司拆除塔式起重机，塔式起重机拆除前，未向施工单位、监理单位报告。对事故发生负有直接责任，建议移送司法机关依法追究其刑事责任。

3. 陈某某，男，46岁，群众，华容县永胜建筑机械租赁有限公司资料员，假冒他人签字，伪造塔式起重机工程技术资料，应付监理单位及行政主管部门检查，对事故发生负有直接责任，建议移送司法机关依法追究其刑事责任。

（二）建议给予另案处理的人员

黄某某，男，53岁，群众，湘阴万顺建筑设备安装有限公司驻岳阳区域负责人，涉嫌伙同谭某某私刻万顺公司公章伪造塔式起重机安装拆卸合同及安全协议，帮助华容县永胜建筑机械租赁有限公司规避监理单位及行政主管部门的检查，建议由公安机关对其进行刑事调查，锁定其违法事实，依法追究责任。

(三) 建议依法给予处理的企业责任人员

1. 陈某某，男，61岁，群众，岳阳中利房地产开发有限公司法人，口头指定林某某为项目施工实际负责人，对林某某将工程劳务违法发包的情况失察，未落实建设单位质量安全首要责任，未对项目进行有效管理。对施工、监理单位履行安全生产职责不到位的情况不予以纠正，对存在的安全违法违规行为不予以制止。对事故的发生负有重要责任，建议由市应急管理局对其个人处上一年年收入百分之四十的罚款，将其个人纳入安全生产领域失信行为联合惩戒黑名单。

2. 唐某某，男，54岁，群众，湖南泰山工程有限公司法人，未执行国家有关安全生产政策和法律规定，未认真督促、检查本单位的安全生产工作，未及时消除生产安全事故隐患，履行安全生产职责不到位。对事故发生负有领导责任，建议由市应急管理局对其个人处上一年年收入百分之四十的罚款。

3. 毛某某，男，群众，湖南泰山工程有限公司总经理，未执行国家有关安全生产政策和法律规定，未认真督促、检查本单位的安全生产工作，未及时消除生产安全事故隐患，履行安全生产职责不到位。对事故发生负有领导责任，建议由市应急管理局对其个人处上一年年收入百分之四十的罚款。

4. 周某某，男，45岁，群众，湖南泰山工程有限公司负责生产安全管理的副总经理，未认真履行法定安全生产管理职责，未对项目部的安全生产进行有效管理，未委派足够的项目管理人员，对项目安全检查不到位，对发现的施工安全隐患和违法行为未及时督促整改。对事故发生负有重要责任，建议由市住房和城乡建设局依法吊销其个人安全生产考核合格证书；责令湖南泰山工程有限公司对其进行给予撤职处理，且5年内不得担任任何施工单位的主要负责人、项目负责人。

5. 张某，男，42岁，群众，湖南泰山工程有限公司驻华容明珠三期项目部项目经理，未落实项目安全生产责任制，未对项目安全管理制度的执行情况进行有效检查，对施工现场管理不力，对危险性较大的分项工程的管理不到位，未及时发现租赁单位拆除塔式起重机的违法行为。对事故发生负有重要责任，建议由市住房和城乡建设局依法吊销其个人一级注册建造师证书，5年内不予注册；吊销其个人安全生产考核合格证书，并对其个人处以5万元罚款，5年内不得担任任何施工单位的主要负责人、项目负责人的行政处罚。

6. 张某某，男，42岁，群众，湖南泰山工程有限公司驻华容明珠三期项目部安全员，对施工现场安全检查不到位，未及时排查生产安全事故隐患，对施工现场安全管理不力，未及时发现和报告塔式起重机租赁单位擅自拆除塔式起重机的违法行为。对事故发生负有重要责任，建议由市住房和城乡建设局依法吊销其个人安全生产考核合格证书，并责令湖南泰山工程有限公司给予其开除处理。

7. 袁某，女，43岁，中共党员，湖南联创项目管理有限公司法人代表，未有效履行安全生产职责，监督检查本单位安全生产工作不力，未及时发现并纠正公司派驻项目监理人员履行安全监理责任不到位的行为，对事故发生负有领导责任，建议由市住房和城乡建设局对其个人处上一年年收入百分之四十的罚款。

8. 兰某某，男，51岁，湖南联创项目管理有限公司技术负责人兼华容片区负责人，作为监理项目部实际负责人，未认真履行安全生产职责，代表公司检查安全生产工作不到位，对危大工程未进行有效监理，对施工单位关键岗位人员未足够配备和施工现场安全隐患等问题未及时制止和向主管部门报告，未及时发现和制止塔式起重机租赁单位进场拆除塔式起重机的违法行为。对事故发生负有重要责任，建议由市住房和城乡建设局依法吊销其个人监理资格证书，5年内不予注册；并对其个人处上一年年收入百分之四十的罚款。

9. 杨某某，男，60岁，群众，湖南联创项目管理有限公司驻华容明珠三期监理部机电专业监理工程师，负责项目机电设备监理，其履行安全生产职责不到位，安全巡查不到位，对塔式起重机拆卸监理不力，未及时发现和报告租赁单位违法拆除塔式起重机的行为。对事故的发生负有重要责任，建议由市住房和城乡建设局依法吊销其个人执业资格注册证书，5年内不予注册。

10. 曹某某，男，55岁，群众，湖南联创项目管理有限公司驻华容明珠三期监理部现场监理员，负责现场监理，履行自身监理职责不到位，对塔式起重机拆卸监理不力，未及时发现和报告租赁单位违法拆除塔式起重机的行为。对事故的发生负有重要责任，建议由湖南联创项目管理有限公司给予其开除处理。

（四）建议给予党纪政纪处分的人员

1. 陈某，男，30岁，中共党员，华容县住房和城乡建设局建工办安监站工作人员。作为华容明珠三期项目现场监管人员，在对华容明珠三期项目进行日常监管过程中，未发现该塔式起重机没有办理登记使用证；在发现该项目工地安装拆卸塔式起重机未按规定进行报备的情况后，并未采取有效措施制止此类行为；未重点督促使用单位、监理单位、安拆单位履行塔式起重机拆除程序，没有要求安拆单位及时做好拆除安全技术交底和安全教育工作。建议由华容县纪委监委给予其党内严重警告、政务记过处分。

2. 张某某，男，45岁，中共党员，华容县住房和城乡建设局建工办安监站工作人员。作为华容明珠三期项目现场监管人员，在检查中发现该塔式起重机没有办理登记使用证并施工使用和未按规定进行报备的情况后未采取有效措施制止此类行为；未重点督促使用单位、监理单位、安拆单位履行塔式起重机拆除程序，没有要求安拆单位及时做好拆除安全技术交底和安全教育工作。建议由华容县纪委监委给予其党内严重警告、降低岗位等级处分。

3. 岳某某，男，46 岁，中共党员，华容县住房和城乡建设局建工办副主任，分管建筑行业生产安全工作，同时也是安监站的分管领导。未督促现场监管人员对塔式起重机的相关资料进行认真核查；对华容明珠三期项目未报备进行塔式起重机安装拆卸的行为监管不到位。对该事故发生负直接领导责任。建议由华容县纪委监委给予其党内严重警告、降低岗位等级处分。

4. 杨某，男，45 岁，中共党员，华容县建工办主任，未督促安监站对施工单位的生产安全隐患进行有效排查，导致施工单位使用无使用登记证的塔式起重机设备进行施工；未采取有效措施落实监管工作，对于华容明珠三期项目未报备进行塔式起重机安装拆卸的行为不知情。对该事故发生负领导责任。建议由华容县纪委监委给予其党内严重警告处分。

5. 范某某，男，51 岁，中共党员，2009 年 11 月至 2019 年 1 月任住房和城乡建设局党委委员，分管安全生产工作。未全面落实建筑安全生产监督职责，对安全生产工作部署不够细致，对安全检查工作指导不到位，对建设项目相关单位落实风险管控措施指导不力，对该事故发生负领导责任。事故发生后已被县委先期免职，建议由华容县纪委监委给予其党内警告处分。

6. 包某某，男，49 岁，中共党员，华容县住房和城乡建设局党委书记、局长。未认真督促建工办加强在建工程安全监督管理，对建设项目相关单位落实风险管控措施指导不力，对该事故发生负领导责任。建议由华容县纪委监委给予其党内警告处分，并调离现任岗位。

7. 姜某某，男，32 岁，中共党员，华容县章华镇安监办主任。作为章华镇安全生产工作负责人，未将本应由安监办进行生产安全检查的在建工地纳入检查范围，导致安全生产检查工作存在盲区。对该事故发生负领导责任。建议由华容县纪委监委给予其政务警告处分。

8. 叶某某，男，45 岁，中共党员，华容县章华镇党委委员、政协联工办主任。作为分管建筑行业安全生产工作的负责人，未对华容明珠三期项目的属地进行认真的核实，未将华容明珠三期项目纳入章华镇在建工地安全生产检查范围，未能对华容明珠三期项目在建工地进行有效的安全生产监管，对该事故发生负领导责任。建议由华容县纪委监委给予其政务警告处分。

9. 李某某，男，46 岁，中共党员，2018 年 2 月至 2019 年 1 月任章华镇党委副书记、镇长。作为辖区安全生产第一责任人，对事发地的安全生产工作不够重视，未将华容明珠三期项目纳入建筑领域大检查时必须检查的工程项目，导致存在检查盲区；对塔式起重机存在安全生产隐患强调不够，未组织专项检查；对下属职能部门及村场的日常检查、巡察没有进行有效的督促落实。对该事故发生负领导责任。事故发生后已被县委先期免职，建议由华容县纪委监委给予其诫勉谈话。

10. 黎某某，男，46岁，中共党员，2018年2月至2019年1月，任华容县章华镇党委书记。作为辖区安全生产第一责任人。履行安全生产职责落实不到位，对华容明珠三期项目的生产安全监督工作重视不够，对下属职能部门的安全生产监督工作未进行较好的督促落实，对该事故发生负领导责任。事故发生后已被县委先期免职，建议由华容县纪委监委给予其诫勉谈话。

11. 张某某，男，50岁，中共党员，华容县人民政府副县长，分管住房和城乡建设等工作。对县住房和城乡建设局开展建筑施工安全监督工作不力，对该事故发生负领导责任。建议由岳阳市纪委监委对其予以提醒谈话。

五、对事故责任单位处理建议

1. 华容县永胜建筑机械租赁有限公司对本起事故发生负有直接责任。建议：一是由市场监督管理部门依法吊销其营业执照。二是将其纳入安全生产领域失信行为联合惩戒黑名单。三是根据《安全生产法》第一百零九条第二项由市应急管理局处以一百万元罚款。

2. 岳阳中利房地产开发有限公司对本起事故发生负有责任。建议：一是由市住房和城乡建设局对其房地产资质进行处罚。二是将其纳入安全生产领域失信行为联合惩戒黑名单。三是由住房和城乡建设主管部门记录其企业严重不良行为记录。四是根据《安全生产法》第一百零九条第二项，由安全生产监督管理部门处以一百万元罚款。

3. 湖南泰山工程有限公司对事故发生负有责任。建议：一是责令停业整顿，企业资质由壹级总承包资质降为贰级总承包资质。二是根据《建筑施工企业安全生产许可证动态监管暂行办法》，由颁发管理机关依法暂扣企业安全生产许可证90日。三是由住房和城乡建设主管部门记录其企业严重不良行为记录。四是根据《安全生产法》第一百零九条第二项，由市应急管理局处以一百万元罚款。

4. 湖南联创项目管理有限公司对事故发生负有责任。建议：一是由住房和城乡建设主管部门根据《建设工程安全生产管理条例》第五十七条，对监理企业进行全市通报批评。二是由住房和城乡建设主管部门记录其企业严重不良行为记录。三是根据《安全生产法》第一百零九条第二项，由住房和城乡建设主管部门依法对其给予五十万元处罚。

六、其他处理建议

1. 市安委会对章华镇2019年安全生产工作实行“一票否决”。

2. 责成章华镇党委、政府向华容县委、县政府做出书面检查，并抄报华容县监察委、华容县安委办。

3. 由岳阳市人民政府约谈华容县政府主要领导，责成华容县委、县政府向岳阳市委、市政府做出书面检查，并抄报岳阳市纪委监委、市安委办。

七、事故防范和整改措施建议

为了深刻吸取本次事故教训，强化落实生产经营单位的安全生产主体责任，防止各类事故，特提出如下防范措施建议：

1. 坚守不可逾越的安全意识红线，落实“生命至上、安全发展”的理念。华容县委、县人民政府要认真贯彻落实《地方党政领导干部安全生产责任制规定》，充分认清当前安全生产形势，紧绷安全生产这根弦，层层压实安全生产责任，把安全生产各项工作落到实处；华容县各级各部门要认真履行安全生产职责，强化安全监管和专项整治，以有效的措施坚决防范和杜绝较大及以上事故的发生；华容县各乡镇、街道办事处要切实建立健全安全生产责任体系和“横向到边、纵向到底”对辖区内在建项目全覆盖监管的安全监管机制，确保安全生产基层基础的夯实。

2. 切实强化建筑施工行业的安全监管力度。一是市住房和城乡建设局按“三个必须”的要求严格督促辖区内各级住房和城乡建设主管部门按照国家相关法律、法规的规定，深入开展建筑施工行业专项整治，全面排查在建工地的各类安全隐患和违法行为，严格整治标准，坚决防止走过场、搞形式，严防建筑施工行业机械设备再次发生事故。二是华容县政府、乡镇和园区要按照分级负责和谁主管、谁负责的原则，推动建筑行业领域在建项目全面做实大排查、大管控、大整治行动，杜绝各类建筑行业事故发生。

3. 要切实落实建筑施工企业安全生产主体责任。一是强化建筑施工企业落实安全主体责任，要深刻吸取这次事故教训，举一反三，依照相关法律法规，建立、健全建筑行业安全生产责任制，制定完善安全生产管理制度及规程；坚决遏制建筑施工作业现场的安全管理失控行为。二是强化建筑施工现场安全管理，要按照安全管理规定和操作规程，强化建筑施工现场安全管理，实现生产安全。三是强化施工人员安全教育培训，要强化对施工人员安全教育培训及应急专项安全培训，使从业人员掌握必要的安全知识，增强自我保安能力。

专家分析

一、事故原因

（一）直接原因

1. 在顶升过程中未保证起重臂与平衡臂配平，同时有移动小车的变幅动作。
2. 未使用顶升防脱装置。
3. 未将横梁销轴可靠落入踏步圆弧槽内。
4. 在进行找平变幅的同时将拟拆除的标准节外移。

（二）间接原因

1. 塔式起重机产权单位（华容县永胜建筑机械租赁有限公司）无资质进行拆除作业，安排无资质人员进行拆除作业，未提交拆卸工作的相关资料，伪造安装单位公章和安装合同，在安装现场也未履行安全教育、安全交底和现场安全管理的责任。

2. 建设单位（岳阳中利房地产开发有限公司），一是未落实建设单位质量安全首要责任，对施工、监理单位履行安全生产职责不到位的情况未予以纠正，对施工中存在的违法违规行为未予以制止。二是口头指定林某某代表公司担任项目施工实际负责人，之后林某某擅自将劳务发包给吴某某个人，吴某某又将塔式起重机安装拆卸工程违法发包给不具备安装拆卸资质的华容县永胜建筑机械租赁有限公司。

3. 施工单位（湖南泰山工程有限公司），一是接受建设单位指定的项目施工实际负责人林某某在施工过程中的违规指挥。二是未落实安全生产责任，未配齐项目管理人员。三是未及时发现和制止租赁单位拆除塔式起重机的违法行为，对施工现场安全生产管理存在严重缺失。

4. 监理单位（湖南联创项目管理有限公司），一是工程派驻的总监理工程师因故辞职后，重新派遣的总监未及时到岗履职。二是对施工单位人员履职不到位、租赁单位违法拆卸塔式起重机等安全生产违法违规行为监理不力，未及时制止和上报。三是对塔式起重机进场施工的相关资料审查不严格，未发现租赁公司伪造安装公司合同和协议等情况。

二、经验教训

本次事故发生的直接原因存在如下关系：降节过程中顶升横梁的支撑作用消失导致上部结构下坠发生事故；顶升横梁的支撑作用消失是由于顶升横梁的支撑销轴离开工作位置导致；顶升横梁防脱装置未发挥作用是支撑销轴离开工作位置的主要原因。

从事故现场的情况描述可知，该塔式起重机在拆除作业过程中已经将最上部标准节（第29节）与回转下支座和相关标准节（第28节）的连接螺栓拆除，发生事故时处于将该标准节向外推出的状态，此时顶升横梁支撑在第28节标准节的踏步上，由于推出标准节的振动导致了顶升横梁的支撑销轴滑脱（由于未查到该塔式起重机平衡重的准确重量，故不对配平情况进行分析）。结合各相关单位在此次事故中的履职情况，可以知道相关的制度均未执行，操作人员也存在未持证上岗的情况。

对于现场未履职的管理因素始终出现在各种的较大事故中，而“私刻公章”“合同造假”等严重的违法行为是本次事故中的重要管理缺位。

三、预防措施建议

1. 完善并落实顶升（降节）作业前的检查内容。

2. 对于顶升操作环节的作业人员必须进行资格核查，同时也应该核实该班组的默契程度。

3. 严格执行规定的操作步骤。

2 浙江东阳“1·25”支模架坍塌较大事故

调查报告

2019年1月25日13时13分许，位于东阳市南马镇花园村的花园家居用品市场建设工地在进行三楼屋面构架混凝土浇筑施工时突然发生坍塌，当场造成1人死亡，9人受伤。1月26日，1名受伤人员经抢救无效死亡。2月3日，又有3名受伤人员经抢救无效死亡。事故共造成5人死亡，5人受伤。

事故发生后，省、市各级领导相继作出重要批示指示。省长袁家军立即批示：“全力救治伤员，做好家属安抚工作，查明原因，做好举一反三工作”；常务副省长冯飞批示：“5人死亡，教训惨痛，务必查明原因，举一反三，避免类似事故再次发生”。金华市委书记陈龙批示：“要东阳迅速处置，减少伤亡”；尹学群市长批示：“东阳要尽全力抢救被埋人员，救助伤员，查清原因，要吸取教训，加强监管，杜绝类似事故发生”；市委副书记陈玲玲指示：“全力以赴抢救被困人员和伤者，对死者家属进行慰问，妥善处理善后事宜，并要举一反三，引以为戒，加强对在建项目的安全隐患排查，以防此类事件再次发生”；常务副市长陈晓批示：“全力抢救伤者，做好善后工作，面上全面排查排除事故隐患”。

按照《中华人民共和国安全生产法》《生产安全事故报告和调查处理条例》（国务院令第493号）和《浙江省生产安全事故报告和调查处理规定》（省政府令第310号）等有关法律法规的规定，2月3日，市政府成立了由市应急管理局、市公安局、市住房和城乡建设局、市总工会和东阳市政府组成的东阳市花园家居用品市场建设工地“1·25”较大坍塌事故调查组，并邀请市监察委派员参加。调查组聘请建筑领域专家参与事故调查工作。

事故调查组按照“科学严谨、依法依规、实事求是、注重实效”和“四不放过”的原则，通过现场勘察、技术分析、查阅资料、询问有关单位和当事人，查明了事故发生的经过和原因，认定了事故的性质，分清了事故责任，提出了对事故相关责任单位和责任人的处理建议及下一步事故防范工作建议。

一、基本情况

（一）项目概况

花园家居用品市场建设项目位于东阳市南马镇花园村，该工程为地下一层地上三层，框架结构，建筑占地面积 14821m^2，总建筑面积 62713m^2，其中地下室建筑面积 18967m^2，地上建筑面积 43746m^2。建筑高度为 19.850m，室内地坪设计标高±0.000 相当于黄海高程 106.100m，地下室层高 5.12m，一层层高 5.3m，二层、三层层高 5.1m。

2018 年 10 月 17 日，原东阳市规划局（现东阳市自然资源和规划局）向该项目发放建设工程规划许可证；2018 年 10 月 19 日，原东阳市建筑业管理局（现东阳市住房和城乡建设局）向该项目发放施工许可证。

（二）相关单位基本情况

1. 建设单位：花园集团有限公司（以下简称花园集团公司）。住所：浙江省东阳市南马镇花园村，经营范围：建筑材料、红木、红木家具、服装、电子产品（除地面卫星接收设备、无线电发射设备及电子出版物）等（详见营业执照），法定代表人：邵某某。

2. 施工总承包单位：浙江花园建设集团有限公司（以下简称花园建设公司）。住所：浙江省东阳市南马镇花园第二工业区，经营范围：房屋建筑工程施工总承包（资质壹级）、市政公用工程、装饰装修工程、土石方工程、水电安装、道路、桥梁、园林工程施工。法定代表人：朱某某。

3. 监理单位：浙江森威监理有限公司（以下简称森威监理公司），房屋建筑工程监理甲级。住所：浙江省东阳市江滨南街 351 号，经营范围：建设工程监理，工程招标代理，建筑工程技术咨询，工程预决算。法定代表人：楼某。

4. 设计单位：浙江勤业建筑设计有限公司（以下简称勤业设计公司），建筑工程设计甲级。住所：绍兴县安昌镇大和小西庄村。法定代表人：童某某。

（三）项目合同签订情况

2018 年 8 月 15 日，花园集团公司下属东阳市花园红木家具开发有限公司与勤业设计公司签订建设工程设计合同，委托勤业设计公司承担花园家居用品市场项目工程设计。

2018 年 8 月 20 日，花园集团公司和森威监理公司签订建设工程委托监理合同，监理范围和监理工作内容为施工安装阶段全过程监理，监理期限为2018年8月1日至2019年6月30日。森威监理公司派何某某为该项目总监理工程师，许某某为土建专业监理工程师，葛某某为监理员。

2018年9月6日，楼某某以花园建设公司的名义向花园集团公司提交项目承建意向申请书。9月12日，花园集团公司总裁助理丁某某召集基建处、预决算办、花园建设公司等相关部门负责人召开会议，对楼某某提交的项目承建意向申请书进行了研究，并达成初步意见。10月3日，花园集团公司召开会议，对其中项目承建的内容进行调整，主要是对工期提出明确要求，要求该项目于2019年1月30日（农历春节）前完成主体封顶，4月30日前竣工，并制定了相应的奖罚措施。

2018年10月13日，花园集团公司和花园建设公司签订建设工程施工合同，合同约定花园集团公司将花园家居用品市场建设工程发包给花园建设公司，施工日期为2018年9月30日至2019年4月30日，合同金额为8000万元。花园集团公司派王某某为该项目负责人。

2018年10月24日，花园建设公司与楼某某签订花园家居用品市场工程项目部经济责任制承包合同，承包方式为包工包料，合同金额为8000万元。卢某某以履约保证人的名义在合同中签名，并签订承诺书和担保书。楼某某承包花园家居用品市场项目后，由项目部出纳卢某某分别与丁某某、金某某签订木工架子施工承包合同（包工包料），与孙某某签订钢筋施工承包合同，与刘某某签订泥工施工承包合同，与卢某某签订架子工程施工承包合同。丁某某承包后将支模架搭设工程承包给李某某。

花园家居用品市场项目使用许某某、楼某某、叶某、张某、张某某、蒋某某、吴某某、许某某等人的资格证书完成花园家居用品市场项目质量安全监督备案手续。项目部实际在岗人员为施工总负责人麻某某（现场执行经理），施工负责人沈某某（现场生产经理），现场安全负责人陆某某（现场安全组长）等人员。

（四）项目施工监督管理情况

花园家居用品市场建设项目自2018年10月12日办理质量安全监督备案手续到事故发生当日，东阳市建设工程质量安全监督站（以下简称东阳市质安站）监督员黄某和金某某共对该项目实施质量安全监督检查9次，其中分别在2018年11月8日、2018年12月21日、2019年1月18日对于检查中发现的事故隐患下发了限期整改通知书。

2018年11月8日，东阳市质安站监督员黄某、金某某对花园家居用品市场建设工地进行监督检查，发现项目经理许某某请假未到岗，请假制度未严格执行，安全资料滞后，三级安全教育欠缺等安全隐患，向施工单位下发了整改通知书，要求 11 月 15 日前完成整改。11 月 15 日，森威监理公司在备案项目经理和实际人员不一致问题没有整改到位的情况下回复整改完成。

2018 年 12 月 21 日，黄某、金某某对花园家居用品市场建设工地进行监督检查，发现该项目施工现场临时消防设施未设置，支模架立杆间距分布不均，外架搭设欠规范等安全隐患，向施工单位下发了整改通知书，要求 12 月 28 日前完成整改。12 月 28 日，森威监理公司回复已按要求整改。

2019 年 1 月 18 日，黄某、金某某对花园家居用品市场建设工地进行监督检查，发现该项目悬挑架二次悬挑无方案等安全隐患，当即向监理单位和施工单位下发了监督检查整改通知单，责令悬挑架二次悬挑部位立即停止施工并进行整改，限在 1 月 25 日前整改完毕，由监理单位督促检查并将整改情况书面报告东阳市质安站。1 月 19 日，花园建设公司总工程师张某某、直属项目部工程部副经理赵某某、工程部科员陈某某到该项目工地进行安全检查，要求对于检查中发现的悬挑操作架无方案、部分架子工未佩戴安全带等安全隐患马上落实整改，并向项目部下发安全隐患整改通知书，限 1 月 24 日整改完毕。1 月 23 日，森威监理公司现场监理部针对屋面构架施工存在的安全问题，向建设单位和施工单位下发了监理通知单，要求对存在的安全隐患立即进行整改，整改复查合格后再进行下道工序施工。1 月 24 日，花园建设公司总工程师张某某、现场安全负责人陆某某、监理员葛某某等人对整改情况进行验收，由于存在扣件立杆间距过大、上下水平杆未设置、斜拉杆过少等问题，验收未获通过，森威监理公司未签发混凝土浇捣令。

二、事故发生经过及救援情况

（一）事故经过

1 月 18 日，东阳市质安站下达安全隐患整改通知后，项目部并没有停工整改。1 月 23 日，沈某某向麻某某汇报 1 月 25 日将要浇筑三楼屋面构架。1 月 24 日下午，沈某某按照项目部工作分工开展浇筑前的准备工作，电话联系东阳市花园华泰建材有限公司要求 1 月 25 日运送 100m^3 混凝土到项目部工地。同日下午，沈某某通知泥工班带班陈某某 1 月 25 日浇筑后浇带和三楼屋面构架。

2019 年 1 月 25 日上午 8 时左右，花园家居用品市场项目部泥工班带班陈某某等人按照要求开始浇筑后浇带。9 时左右，陈某某等人开始浇筑三楼屋面构架，午饭后继续浇筑。13 时 13 分左右，三楼屋面构架在浇筑混凝土施工过程中突然发生坍塌，现场10名作业人员随即坠落地面并被坍塌物掩埋。

（二）应急救援和善后处置经过

事故发生后，正在事故现场的花园集团公司派驻花园家居用品市场项目负责人王某某立即打电话向花园建设集团直属项目部经理金某某报告事故情况，并与现场人员开展抢险救援，现场人员随即拨打了110、120报警电话。金某某随即向花园建设公司副总经理蒋某某报告事故情况，花园集团公司董事长邵某某接到事故报告后立即带领相关人员赶赴现场，并迅速调集集团保安、医护人员等应急力量参与救援，同时向东阳市政府和相关部门报告。

13时17分，东阳市公安局110指挥中心接到花园家居用品市场建设工地坍塌事故报警后，立即对信息进行核实并向市委市政府报告，根据市委市政府主要领导指示，立即启动东阳市生产安全事故应急预案，110指挥中心迅速调度相关部门开展事故应急抢险救援，同时按要求迅速向金华市政府报告事故初步信息。市委宣传部、市应急管理局、市卫生健康局、市消防大队、市红十字救援队等部门单位接到事故信息后，立即组织相关人员赶赴现场参与救援处置。

金华市副市长、东阳市委书记黄敏等市领导及有关部门负责同志第一时间抵达现场，成立现场指挥部并召开紧急会议，制定科学可行的应急处置方案，调集各方力量，有序组织开展应急抢险处置。成立了现场救援组、医疗救治组、宣传舆论组、事故调查组、善后处置组共5个工作组，对做好伤员搜救、救治、现场危险源处置、社会稳定及善后处理工作提出明确要求。经过连续不间断抢险救援作业，10名被困人员先后被成功救出，9名受伤人员第一时间被送往医院进行救治。当日16时10分事故现场救援结束。1月27日，2名死亡人员的家属与当事人达成善后调解协议，2月3日，另外3名死亡人员的家属与当事人达成善后调解协议。目前，5名受伤人员已经转入康复治疗。

本次事故应急处置工作中，金华、东阳两级党委政府高度重视，现场指挥科学有序，部门联动紧密，为救援赢得了时间，最大程度减少人员伤亡，善后处置工作及时平稳，社会平稳有序。

三、事故原因分析及事故性质认定

（一）直接原因

支模架架体立杆横向间距为500mm，纵向间距为1200mm，支模架高度为4200mm，搭设参数没有经过设计计算，搭设构造不符合相关标准的规定，支模架高宽比为8.2，超过规定的允许值且没有采取扩大下部架体尺寸或其他有效的构造措施等，导致模板支撑体系承载力和抗倾覆能力严重不足，在混凝土浇筑荷载作用下模板支架整体失稳倾覆破坏。

（二）间接原因

1. 花园集团公司在未组织专家委员会审定措施方案及相应费用的情况下，将花园家居用品市场建设项目定额工期从360天压缩至210天，压缩了41%。设置工期提前奖，引导鼓励施工单位压缩合同工期。

2. 花园建设公司以经济责任制承包方式成立花园家居用品市场施工项目部，项目部主要关键岗位人员未到岗履职，特种作业人员无证上岗，模板钢管扣件支撑作业人员未取得架子工上岗证。施工项目部未认真组织编制支模架专项方案，未能辨识出屋面构架属超一定规模危险性较大分部分项工程，未按照要求编制专项方案、组织专家认证，施工技术负责人未能认真审查专项施工方案。对东阳市质安站及监理单位下达的安全隐患整改要求未认真组织整改，在未按规定完成整改情况下擅自施工。

3. 森威监理公司现场监理部未按规定对施工项目部、特种作业人员进行资质资格审查，对施工项目部主要管理人员不到岗，施工现场部分管理人员无证上岗，特种作业人员无证上岗监管不力。未认真审查施工单位组织设计和专项施工方案，未能发现屋面构架属超一定规模危险性较大分部分项工程，未编制危大工程监理实施细则。未严格执行旁站监理制度。出具不实整改报告。对于施工单位未按规定整改重大安全隐患而擅自施工的情况未及时上报有关主管部门。

4. 勤业设计公司未在设计文件中注明涉及危大工程的重点部位和环节，未提出保障工程周边环境安全和工程施工安全的意见。

5. 东阳市质安站虽然对该项目技术方面安全隐患监管到位，但是对检查中发现项目经理长期不在岗及备案人员和实际人员不一致问题未能有效督促整改。

（三）事故性质

经调查认定，该起事故为较大生产安全责任事故。

四、事故责任认定以及处理建议

（一）建议追究刑事责任人员

1. 楼某某，花园家居用品市场施工项目承包人，未履行安全管理职责，对施工中存在的安全隐患未采取有效措施落实整改，因涉嫌重大劳动安全事故罪于2019年1月26日被东阳市公安局刑事拘留，2019年1月30日被取保候审。

2. 麻某某，花园家居用品市场项目施工总负责人（现场执行经理），对东阳市质安站、森威监理公司提出的安全隐患未认真落实整改，在没有取得监理公司同意的情况下，擅自安排混凝土浇筑施工，因涉嫌重大劳动安全事故罪于2019年1月26日被东阳市公安局刑事拘留，2019年2月22日被取保候审。

3. 沈某某，花园家居用品市场项目施工负责人（现场生产经理），对东阳市质安站、森威监理公司提出的安全隐患未认真落实整改，在没有取得监理公司同意的情况下，擅自安排混凝土浇筑施工，因涉嫌重大劳动安全事故罪于2019年1月26日被东阳市公安局刑事拘留，2019年1月30日被取保候审。

4. 陆某某，花园家居用品市场项目施工现场安全负责人（现场安全组长），未认真履行安全监管职责，对项目部违规施工未及时阻止，因涉嫌重大劳动安全事故罪于2019年1月26日被东阳市公安局刑事拘留，2019年2月22日被取保候审。

5. 李某某，花园家居用品市场项目支模架搭设负责人，在搭建支模架过程中未按行业要求进行作业，因涉嫌重大劳动安全事故罪于2019年1月26日被东阳市公安局刑事拘留，2019年2月22日被取保候审。

6. 王某某，花园集团公司派驻花园家居用品市场项目负责人，未认真履行安全生产管理职责，因涉嫌重大劳动安全事故罪于2019年1月26日被东阳市公安局刑事拘留，2019年1月30日被取保候审。

建议东阳市公安局依照法定职责对前期调查中发现的问题人员开展调查取证，依法立案侦查涉嫌犯罪行为，并将相关情况及时报送事故调查组备案。

（二）建议给予行政处罚的单位和人员

1. 花园集团公司。花园集团公司在未组织专家委员会审定措施方案及相应费用的情况下，将花园家居用品市场建设项目定额工期从360天压缩至210天，压缩了41%。设置工期提前奖，引导鼓励施工单位压缩合同工期，对事故的发生负有责任，建议金华市住房和城乡建设局依法给予行政处罚。

2. 花园建设公司以经济责任制承包方式成立花园家居用品市场施工项目部，项目部主要关键岗位人员未到岗履职，特种作业人员无证上岗，模板钢管扣件支撑作业人员未取得架子工上岗证。施工项目部未认真组织编制支模架专项方案，未能辨识出屋面构架属超一定规模危险性较大分部分项工程，未按照要求编制专项方案、组织专家认证，施工技术负责人未能认真审查专项施工方案。对东阳市质安站及监理单位下达的安全隐患整改要求未认真组织整改，在未按规定完成整改情况下擅自施工，对事故的发生负有责任。建议金华市应急管理局依法给予行政处罚，金华市住房和城乡建设局依法对其资质资格作出相应处理。

3. 森威监理公司现场监理部未按规定对施工项目部、特种作业人员进行资质资格审查，对施工项目部主要管理人员不到岗，施工现场部分管理人员无证上岗，特种作业人员无证上岗监管不力。未认真审查施工单位组织设计和专项施工方案，未能发现屋面构架属超一定规模危险性较大分部分项工程，未编制危大工程监理实施细则。未严格执行旁站监理制度。出具不实整改报告。对于施工单位未按规定整改重大安全隐患而擅自施工的情况未及时上报有关主管部门，对事故的发生负有责任。建议金华市住房和城乡建设局依法给予行政处罚。

4. 勤业设计公司。未在设计文件中注明涉及危大工程的重点部位和环节，未提出保障工程周边环境安全和工程施工安全的意见，对事故的发生负有责任。建议金华市住房和城乡建设局依法给予行政处罚。

5. 朱某某，花园建设公司法定代表人、董事长。未依法履行施工总承包单位主要负责人安全生产管理职责，对事故发生负有领导责任。建议金华市应急管理局依法给予行政处罚。

6. 何某某，花园家居用品市场项目总监理工程师，履行现场总监理职责不到位，对事故的发生负有主要监理责任。建议金华市住房和城乡建设局依法给予行政处罚。

7. 许某某，花园家居用品市场项目土建专业监理工程师，未认真履行监理职责，对事故发生负有监理责任，建议金华市住房和城乡建设局依法给予行政处罚。

8. 葛某某，花园家居用品市场项目监理员，未认真履行现场监理职责，对事故的发生负有监理责任，建议金华市住房和城乡建设局依法给予行政处罚。

9. 许某某、楼某某、张某、张某某、叶某、蒋某某、吴某某、许某某等人出借资格证书，建议金华市住房和城乡建设局依法给予行政处罚。

（三）责令企业内部处理人员

1. 金某某，花园集团公司项目建设小组组长，对花园家居用品市场建设项目监督检查不到位，对事故的发生负有领导责任。

2. 陈某某，花园集团公司基建处处长，对花园家居用品市场建设项目监督检查不到位，对事故的发生负有责任。

3. 蒋某某，花园建设公司主管安全生产副总经理，未依法履行施工总承包单位安全生产分管职责，对事故的发生负有分管领导责任。

4. 张某某，花园建设公司总工程师，未认真履行总工程师职责，对花园家居用品市场工程的施工组织专项施工方案审批履职不到位，未发现该屋面构架属于超一定规模危险性较大分项工程，落实主管部门整改要求不力，对事故发生负有责任。

5. 赵某某，花园建设公司直属项目部工程部副经理，联系花园家居用品市场项目安全管理工作，未认真履行安全管理职责，对事故的发生负有责任。

6. 陈某某，花园建设公司工程部科员，联系花园家居用品市场项目质量安全管理工作，未认真履行质量安全管理职责，对事故的发生负有责任。

责令花园集团公司按照《劳动合同法》和企业有关制度规定对以上人员作出处理并报事故调查组备案。

（四）建议给予党纪政务处理人员

1. 金某某，东阳市质安站花园家居用品市场建设项目监督员，对项目经理长期不在岗及备案人员和实际人员不一致问题未进行有效督促整改，对事故的发生负有监管责任。

2. 黄某，东阳市质安站花园家居用品市场建设项目监督员，对项目经理长期不在岗及备案人员和实际人员不一致问题未进行有效督促整改，对事故的发生负有监管责任。

3. 顾某某，东阳市质安站副站长（主持工作），对下属人员未认真履行建设工程质量安全监督职责问题失察，对事故的发生负有领导责任。

4. 马某某，东阳市住房和城乡建设局副局长（时任东阳市建筑业管理局副局长），对下属单位东阳市质安站未认真履行工程质量安全监管职责问题失察，对事故的发生负有领导责任。

建议东阳市依照干部管理权限对以上人员作出处理。

（五）建议约谈和作出检查的单位

1. 责成花园集团公司向东阳市人民政府作出深刻的书面检查并报事故调查组备案。

2. 责成东阳市住房和城乡建设局向东阳市人民政府作出书面检查并报事故调查组备案。

3. 责成东阳市人民政府向金华市人民政府作出书面检查并报事故调查组备案。

4. 建议金华市安委会约谈花园集团公司法定代表人。

五、整改措施及建议

针对该起事故暴露出的问题，为深刻吸取事故教训，严格落实企业安全生产主体责任和地方政府及有关部门监管责任，举一反三，严防类似事故再次发生，提出如下措施建议：

（一）严守法律底线，强化主体责任

全市建筑企业和监理单位要进一步强化法律意识，严格落实主体责任，切实把安全生产主体责任落实到岗位，落实到人头。花园集团公司要深刻吸取教训，完善落实安全生产管理制度，加强对下属公司的监督和管理。严格按照法律的规定和程序办事，不违法压缩工期。花园建设公司要切实加强内部管理，将安全生产责任落到实处，不违法转包、分包工程，加强施工现场安全管理，派驻项目部管理人员要实际到岗履职。森威监理公司要严格履行现场安全监理职责，加强对施工单位的施工安全监督管理，强化对危险性较大分部分项工程的监理，严格落实施工旁站监理制度，对于监理过程中发现的安全隐患，要严格督促施工单位进行有效整改，未完成整改的坚决不予以下一步施工，并及时报告行业主管部门。

（二）强化监督管理，落实监管责任

全市各有关部门要严格落实安全生产监管责任，加大行业监管力度，加强日常监督管理，严密组织隐患排查治理，严厉打击各类安全生产非法违法行为。建设主管部门要认真分析研究本次事故中暴露出建筑施工领域存在的问题，继续深入开展工程建设领域安全生产隐患排查治理和“打非治违”专项行动，进一步加大隐患整改治理力度，坚决打击非法违法建设行为，对在工程建设中挂靠借用资质投标、违规出借资质、非法转包、分包工程、违法施工建设等行为予以严厉查处。同时要强化安全基础管理，创新监管方式，建立健全安全生产长效机制。督促落实重大生产安全事故隐患报告制、风险管控隐患排查治理日志制及生产安全事故举一反三制度。积极推进建筑施工企业和在建工程项目安全生产标准化建设，构建“双重预防”机制，进一步规范企业安全生产行为，夯实安全基础。

（三）强化“红线”意识，坚持依法行政

全市各级党委政府和领导干部要牢固树立科学发展、安全发展理念，始终把人民群众生命安全放在第一位。正确处理好安全生产与经济发展的关系，严守发展决不能以牺牲人的生命为代价这条红线。深入学习贯彻中共中央和省委省政府关于安全生产的统一决策部署，健全完善党政同责、一岗双责、齐抓共管的安全生产责任体系。党政一把手必须亲力亲为抓好安全生产这件大事，要坚持依法行政，执政为民，严格依法规范建筑市场秩序，切实优化投资和发展环境。

专家分析

一、事故原因

（一）直接原因

1. 满堂支撑架高宽比为8.2，远远超过《建筑施工扣件式钢管脚手架安全技术规范》JGJ 130—2011规定的允许值（立杆间距1200m时，高宽比不大于2），且没有采取扩大下部架体尺寸或其他有效的构造措施等，导致模板支撑体系承载力和抗倾覆能力严重不足。

2. 支模架搭设参数没有经过设计计算，搭设构造不符合相关标准的规定，在混凝土浇筑荷载作用下模板支架整体失稳倾覆破坏。

（二）间接原因

1. 建设单位盲目将项目的定额工期从360天压缩至210天，压缩了41%，并设置工期提前奖，引导并鼓励施工单位盲目抢工期。

2. 项目部未认真组织编制支模架专项方案，主要关键岗位人员未到岗履职，特种作业人员无证上岗（模板钢管扣件支撑作业人员未取得架子工上岗证），对主管部门及监理单位下达的安全隐患整改要求未认真组织整改，在未按规定完成整改情况下擅自施工，企业和项目部现场安全管理严重不到位。

3. 监理单位现场监理部未按规定对施工项目部、特种作业人员进行资质资格审查，对施工项目部主要关键岗位人员未到岗履职，特种作业人员无证上岗（模板钢管扣件支撑作业人员未取得架子工上岗证）监管不力，对于施工单位未按规定整改重大安全隐患而擅自施工的情况未及时上报有关主管部门，现场安全监理工作严重不到位。

4. 设计单位未在设计文件中注明涉及危大工程的重点部位和环节，未提出保障工程周边环境安全和工程施工安全的意见，设计深度明显不足。

5. 当地安全监督机构，对检查中发现项目经理长期不在岗及备案人员和现场实际人员不一致等问题未能有效督促整改。

二、经验教训

近几年，我国房屋市政工程模板坍塌较大事故仍然没有得到根本遏制，通过对这起事故的分析，发现有以下教训值得汲取：

1. 设计深度不足或设计不合理。《危险性较大的分部分项工程安全管理规定》（住房和城乡建设部令第37号）第六条第二款明确规定：设计单位应当在设计文件中注明涉及危大工程的重点部位和环节，提出保障工程周边环境安全和工程施工安全的意见，必要时进行专项设计。大多数项目设计单位，没有严格落实此项规定，为模板工程埋下了安全隐患。

2. 模板工程专项方案不具有针对性，且没有得到有效落实。在日常监督管理中发现，施工单位没有认真学习和贯彻落实有关法律法规和标准规范，诸多模板专项方案是从网络上直接下载的、照搬照抄规范的“通用方案”，完全不具有针对性。另外，模板工程施工过程中还普遍存在专项方案和施工相脱离的“两张皮”的现象，就连一些经过专家精心论证的“超大模板工程”的专项方案，也常常被“束之高阁”，得不到有效落实。

3. 建设单位盲目压缩合同工期。建设单位为了抢进度、赶预售节点等片面追求经济效益的目的，盲目压缩合同工期的现象在项目建设中普遍存在，并通过设置工期提前奖励等措施，诱导并鼓励施工单位盲目抢工期，导致事故的发生（江西丰城发电厂“11.24”冷却塔施工平台坍塌特别重大事故就是盲目抢工期的典型案例）。

4. 模板支撑系统搭设人员不专业。目前，在房屋市政工程（尤其是房屋工程）中，模板支撑系统搭设人员基本上是木工（该项目模板钢管扣件支撑作业人员未取得架子工上岗证就是例证）。在日常流于形式和走过场式的安全教育和安全技术交底中，也没有对木工就模板支撑系统的搭设进行培训和交底，使得这些木工不懂模板支撑系统搭设原理和技术，给模板支撑系统从本质上留下了隐患。

5. 模板工程各环节的检查和验收走过场。目前建筑市场普遍存在“肢解发包”“违法分包”“以包代管”等乱象，使得包括模板工程在内的多个分部分项工程的各环节的检查和验收普遍存在走过场的现象。进场的模板、支架杆件和连接件没有按规范相应的条款（如《混凝土结构工程施工规范》GB 50666—2011第4.6.1条等）进行进场检查和验收，导致大量不合格材料和构配件被应用到工程上；搭设好的模板支撑系统没有进行认真检查和验收（在一些事故调查中发现，有的高大模板整个支撑系统都没有设置垂直和水平剪刀撑，也通过了多方的检查和验收），就直接进入了混凝土浇筑施工工序。模板坍塌较大及以上事故基本上都发生在混凝土浇筑过程中，也从另一个方面反映出这一问题。

6. 安全监理严重不到位。该项目监理单位现场监理部未按规定对施工项目部、特种作业人员进行资质资格审查，对施工项目部主要关键岗位人员未到岗履职，特种作业人员无证上岗（模板钢管扣件支撑作业人员未取得架子工上岗证）

监管不力；未认真审查施工单位组织设计和专项施工方案，未编制危大工程监理实施细则；未严格执行旁站监理制度；出具不实整改报告；对于施工单位未按规定整改重大安全隐患而擅自施工的情况未及时上报有关主管部门，如此等等现象，在目前的房屋市政工程建设过程中，带有一定的普遍性，现场安全监理工作严重不到位，也给施工安全埋下了严重的安全隐患。

3 四川珙县“2·24”塔式起重机倒塌较大事故

调查报告

2019年2月24日17时28分，位于宜宾市珙县巡场镇玛斯兰德国际（酒店）社区工程施工现场，安拆人员在对现场塔式起重机加装标节提升作业过程中，发生塔式起重机起重臂失稳垮塌事故，造成现场3名安拆工人死亡。直接经济损失约460万元。事发后，根据《中华人民共和国安全生产法》《生产安全事故报告和调查处理条例》（国务院令第493号）和《四川省生产安全事故报告和调查处理规定》（省政府令第225号）以及宜宾市人民政府授权，由宜宾市人民政府安全生产委员会组成事故联合调查组负责该起事故的调查处理。事故调查组查明了事故发生的经过、原因以及人员伤亡等情况，认定了事故的性质，划分了事故的责任，并提出对相关责任单位和责任人员处理建议和防范措施。现将事故调查情况报告如下：

一、基本情况

（一）项目总体情况

玛斯兰德国际（酒店）社区工程建设项目为珙县人民政府招商引资项目，2013年12月13日，珙县博正城市建设有限公司（以下简称博正公司）中标该项目，建设用地88亩，一期计划修建3号楼、4号楼、5号楼、10号楼。2015年6月9日，博正公司在珙县住建城管局办理“玛斯兰德国际（酒店）社区3号楼、4号楼、5号楼、10号楼”项目施工许可证，2015年7月，重庆巴岳建筑安装工程有限公司（以下简称巴岳公司）进场动工修建5号楼，2015年12月，博正公司因资金链断裂，造成正在建设的5号楼项目停工，2016年8月，博正公司股权变更，公司内部重组后决定：玛斯兰德国际（酒店）社区工程建设项目中的5号楼继续由巴岳公司完成建设，其余3号楼、4号楼、10号楼施工总承包单位变更为四川盛凌建筑工程有限公司（以下简称盛凌公司）。

2018年3月，盛凌公司组织施工队伍和塔式起重机安装公司进场，并开始正式破土动工建设，但博正公司于2018年6月才向珙县质监站报监，正式接受质监站的监督管理，2018年8月29日至30日，珙县住建城管局对博正公司上报的《玛斯兰德国际（酒店）社区3号楼、10号楼工程办理施工许可证资料》进行审核，2018年9月6日，珙县住建城管局向玛斯兰德国际（酒店）社区工程3号楼、10号楼发放《建设工程施工许可证》。但事发后经查，截至2018年9月6日珙县建设主管部门正式发放《建设工程施工许可证》之时，该10号楼实际已经修建进度到主楼正负层0封顶（地下室封顶），到事发时，该10号楼工程已经主楼整体完成封顶，正组织对楼顶附属设施进行施工。2019年1月25日，盛凌公司向珙县建设主管部门书面提交《春节放假停工申请报告》，提出该项目从2019年1月17日至2月13日停止施工，但经查，直至2月24日发生事故时，该项目尚未正式申请复工，仍处于停工状态。

（二）相关单位基本情况

1. 建设单位：四川博正城市建设有限公司。类型：有限责任公司（自然人投资或控股），住所：珙县巡场镇安民街159号17幢1单元2楼A号，法定代表人：周某，营业期限：2013年11月8日至长期，经营范围：城市建设咨询；房地产开发；房地产中介服务；企业管理服务；酒店管理。

2015年6月9日，博正公司在珙县住建城管局办理“玛斯兰德国际（酒店）社区工程3号楼、4号楼、5号楼、10号楼”项目施工许可证，2015年7月，巴岳公司开始动工修建5号楼，2015年12月，博正公司因内部资金链断裂，造成项目停工，2016年8月，博正公司股权变更内部重组后确定：玛斯兰德国际（酒店）社区建设项目中的5号楼继续由巴岳公司完成修建，其余3号楼、4号楼、10号楼施工总承包单位变更为盛凌公司，并于2018年3月30日与盛凌公司签订《玛斯兰德国际（酒店）社区项目建设工程施工合同》，仍然委托初期确定的四川省城市建设工程监理有限公司为该项目的监理单位。

2. 施工总承包单位：四川盛凌建设工程有限公司，类型：有限责任公司（自然人投资或控股），住所：成都市武侯区龙腾中路3号2幢1层7号，法定代表人：赵某，注册资本：5038万元，成立时间：2005年12月12日，营业期限：2015年12月12日至永久。经营范围：市政公用工程、公路工程、交通安全设施工程、园林绿化工程、水利水电工程、房屋建筑工程、机电设备安装工程、钢结构工程、土石方工程、建筑幕墙工程、装饰装修工程的设计和施工、古建筑工程、城市及道路照明工程、环保工程、地基及基础工程、建筑防水防腐保湿工程、消防工程、起重设备安装工程、特种工程、水工金属结构制作与安装工程、水利水电机电设备安装工程、河湖整治工程设计与施工、消防设施工程。《建筑业企业资质证书》，资质类别及等级：建筑工程施工总承包壹级，有效期：2020年12月15日。《安全生产许可证》许可范围：建筑施工，有效期：2016年8月9日至2019年8月9日。

2017年11月，盛凌公司部门负责人通过网上与成都同城投资咨询有限公司业务员陈某某取得联系，并要求成都同城投资咨询有限公司提供1名一级建造师。2017年12月1日，成都同城投资咨询有限公司向盛凌公司推荐了本公司专家数据库中一级建造师杨某，并提供杨某的相关资质证书后，向四川省住建厅申请变更注册在盛凌公司名下，后盛凌公司将杨某报备为玛斯兰德国际（酒店）社区工程建设项目经理，取得珙县建设主管部门发放的《建设工程施工许可证》，但杨某本人一直未在该项目履职。

3. 工程监理单位：四川省城市建设工程监理有限公司（以下简称城市监理公司），类型：有限责任公司（自然人投资或控股），住所：四川省成都市天府新区华阳街道天府大道南段846号，法定代表人：杨某某，注册资本：（人民币）2100万元，营业期限：1998年11月23日至永久，经营范围：工程监理；工程咨询；工程项目管理；工程勘察设计；工程招标代理；工程造价咨询；质检技术服务。

2014年11月26日，城市监理公司法人代表杨启厚与博正公司执行经理胡国德签订《玛斯兰德国际（酒店）社区工程委托监理合同》，合同范围包含10号楼在内的一、二、三期全部工程。2018年3月，城市监理公司派公司总监理工程师肖某进驻现场，城市监理公司拟定并报备的《建设工程质量监督报监登记书》中报备的现场总监理工程师为肖某、李某某，监理员为马某和蒋某某，但施工现场实际总监理工程师为肖某、李某某，监理员为李某、李某某、阮某某。

4. 劳务分包单位：成都荣胜建筑劳务有限公司（以下简称荣胜劳务公司），类型：有限责任公司（自然人投资或控股），住所：四川省成都市龙泉驿区同安镇幸福大道5号阳光商业世界F幢2楼1号；法定代表人：杨某，注册资本：1000万元，营业期限：2017年11月21日至永久，经营范围：建筑劳务分包（依法须经批准的项目，经相关部门批准后方可开展经营活动；未取得相关行政许可（审批），不得开展经营活动）。《建筑业企业资质证书》资质类别及等级：施工劳务部分等级（2018-09-28）。《安全生产许可证》许可范围：建筑施工，有效期：2018年12月19日至2021年12月19日。

2018年6月初，荣胜劳务公司闫某某（公司法人代表杨某的丈夫）找到盛凌公司副总经理胡某某商谈劳务分包事宜，双方口头达成协议，6月22日荣胜劳务公司指定的现场负责人刘某某，带领公司部分劳务人员进场开始作业，2018

年 7 月 16 日，荣胜劳务公司法定委托代理人闫某某与盛凌公司副总经理胡某某后补签订了《玛斯兰德国际（酒店）社区建设工程施工劳务分包合同》。

（三）事故塔式起重机（塔式起重机）基本情况

1. 事故塔式起重机情况：塔式起重机型号：QTZ63（5010），塔式起重机编号：20150024，产权备案号：QK-5-1612-01510，产权单位：初始产权单位为宜宾南溪区付杰建筑设备租赁有限公司，事发时产权单位为宜宾凯丰建筑设备安装租赁有限公司（经查，初始产权单位宜宾南溪区付杰建筑设备租赁有限公司于 2016 年 4 月 19 日由南溪区工商行政管理局注销，2018 年 12 月 24 日，该公司所有机械设备（含发生该事故的塔式起重机）转入宜宾凯丰建筑设备安装租赁有限公司名下）。设备名称：普通塔式起重机。制造厂家：宜宾远平机械制造有限公司，出厂日期：2015-11-25。最近一次检验日期：2018 年 10 月 25 日，检验结果：合格，检验单位：四川鹏成特种设备检测有限公司。

2. 租赁单位情况。

（1）合同租赁单位：宜宾凯强建筑设备安装租赁有限公司（以下简称凯强公司），类型：有限责任公司（自然人投资或控股），住所：宜宾市翠屏南岸长江大道东段 1 层 4 号，法定代表人：杜某某，注册资本：250 万元人民币，营业期限：2010 年 05 月 20 日至长期，经营范围：起重设备、建筑设备租赁服务；建筑材料销售。经查，2018 年 3 月，凯强公司法人杜某某与盛凌公司项目部执行经理奉某某签订《起重设备租赁合同》（据现场人员反映后因被水淹资料损坏），在 10 月 25 日，凯强公司经办人李某与成都荣胜劳务公司现场负责人刘某某和盛凌公司经办人奉某某补签订了《起重设备租赁合同》，合同编号：（ZL-QTZ（SC）-2018）。

（2）实际租赁单位：宜宾凯丰建筑设备安装租赁有限公司（以下简称凯丰公司），类型：有限责任公司（自然人投资或控股），住所：宜宾市南岸蜀南大道 21 号，法定代表人：游某某，注册资本：500 万元整，营业期限：2004 年 05 月 31 日至长期，经营范围：建筑起重设备安装、租赁、维修；建筑机械设备租赁、维修；钢管、钢模租赁；建筑脚手架安装；销售：建筑机械设备及零配件、建筑材料（依法须经批准的项目，经相关部门批准后方可开展经营活动）。《建筑业企业资质证书》，有效期：2020 年 11 月 02 日，资质类别及等级：起重设备安装工程专业承包叁级（2015-11-02）。《安全生产许可证》许可范围：建筑施工，有效期：2018 年 7 月 18 日至 2021 年 7 月 18 日。

经查，凯强公司法人代表杜某某为凯丰公司法人代表游某某的妹夫，在调查过程中人证、物证证实，杜某某同时担任凯丰公司技术负责人。现场发现《塔式起重机定期检查表》共5份中反映安装单位和出租单位均注明是凯丰公司，且盖有凯丰公司印章，凯强公司与盛凌公司签订的《起重设备租赁合同》中明确的出租单位收取费用账户指定人为凯丰公司法人代表游某某。根据盛凌公司现场负责人要求，成都荣胜劳务公司现场负责人刘某某，先后于2018年11月4日、2019年1月31日，向游某某个人账户上转入该塔式起重机租赁费用1.8万元和6万元人民币，于2018年12月3日，向凯丰公司业务员李某个人账户转入该塔式起重机租赁费用3万元人民币。该事故中死亡的3名安拆工人均是凯丰公司登记在册的员工。

3. 安拆单位：经查，初始安拆单位：四川新立建筑设备安装有限公司，类型：有限责任公司（自然人投资或控股），住所：宜宾市翠屏区南岸金沙江大道2号海韵名都小区商业广场1幢1号，法定代表人：寇某某，营业期限：2015年07月20日至长期，经营范围：建筑工程机械设备、起重设备租赁、安装、拆卸、销售、维修；建筑钢模、钢管、脚手架及其配件销售、租赁、安装（依法须经批准的项目，经相关部门批准后方可开展经营活动）。《建筑业企业资质证书》有效期：2020年11月11日，资质类型及等级：起重设备安装工程专业承包叁级（2015-11-11）。《安全生产许可证》许可范围：建筑施工，有效期：2018年11月28日至2021年11月28日。

经查，2018年3月20日，四川新立建筑设备安装有限公司法定代表人寇某某与盛凌公司项目部负责人分别签订了《起重设备生产作业安全协议》，协议编号：（AQ-QTZ-(SC)-2018）和《起重设备安（拆）合同》，合同编号：（AC-QTZ-(SC)-2018）。双方合同签订后，根据塔式起重机租赁公司宜宾凯强公司法人代表杜某某要求，寇某某编制了《塔式起重机安装专项方案》后，在社会上聘请4名安装人员开始进场负责该塔式起重机独立高度（30m）的安装，4月份安装完毕后交给项目部，然后新立公司安拆人员撤出现场。

经查证，该塔式起重机后继安装单位实际为凯丰公司，新立公司初始安装高度30m完成后停止顶升并撤走安拆人员，后由凯丰公司技术人员组织公司安拆人员先后8次对该事故塔式起重机进行了顶升作业，将初始高度从30m升高到事发时的约100m，共41个标节。

4. 死者尸体检验情况：珙县安全监管局委托宜宾市公安局物证鉴定所分别对贺某某、陈某某、权某某等死者进行了尸检，并出具法医学尸表检验鉴定书（宜珙公物鉴（法病）字［2019］17、18、19号）。对贺某某、陈某某、权某某的鉴定意见为：死者贺某某系因高坠致重型开放性颅脑损伤、胸腹部损伤死亡；死者陈某某系高坠致颅脑、胸部、四肢严重损伤死亡；死者权某某系高坠致颅脑损伤死亡。

经查，贺某某、陈某某、权某某3人持有《建筑施工特种作业操作资格证》，贺某某证号川Q052018000156，使用期至2020年12月，操作类别为安、拆（塔式起重机）；陈某某证号川Q052018000152，使用期至2020年12月，操作类别为安、拆（塔式起重机）；权某某证号川Q052018000153，使用期至2020年12月，操作类别为安、拆（塔式起重机）。

二、事故发生经过及应急处置情况

（一）事故发生经过

2019年2月20日，珙县巡场镇玛斯兰德国际（酒店）社区工程项目，因“春节”放假后准备恢复生产，当天，该项目总监理工程师肖某，召集建设单位、施工单位、劳务公司等单位现场负责人在项目部召开复工准备会议。根据会议安排，会后劳务公司现场负责人刘某某电话通知塔式起重机租赁公司业务联系员李某，要求租赁公司安排塔式起重机专业安拆人员进场对10号楼塔式起重机进行检修并加装标节提升，李某于23日下午用电话将此要求转告给凯丰公司塔式起重机安拆队长贺某某。

2月24日11时30分许，凯丰公司贺某某、陈某某和权某某3名塔式起重机安拆工人来到事发项目部对接工作，在吃完午饭后于14时许上到塔式起重机开始进行作业，17时28分许，安拆工人因违规操作，利用顶升千斤顶慢慢受力向上顶升塔式起重机横梁左侧过程中发生脱落，致使在重力作用下塔式起重机平衡臂下面第4标节侧面受力弯曲变形，造成塔式起重机回转以上和套架往平衡臂方向侧翻，直到全部脱落后坠落掉在下方附楼层上，事故造成位于塔式起重机平衡臂上的贺某某、陈某某和权某某3名安拆工人高坠死亡。

（二）事故应急处置情况

接到事故报告后，市委、市政府领导高度重视，并就事故处置和汲取教训等工作相继作出指示。市、县政府分管领导率应急、住建、公安、总工会等部门负责同志，陆续赶到事发现场指导和参与救援工作，并成立了事故应急指挥部。市政府安委会根据《中华人民共和国安全生产法》《生产安全事故报告和调查处理条例》（国务院令第493号）和宜宾市人民政府授权，以《宜宾市人民政府安全生产委员会关于成立珙县玛斯兰德项目“2.24”塔式起重机垮塌较大事故调查领导组的通知》（宜市安委发［2019］2号）成立了事故调查领导组，下设事故调查工作组，全面开展事故调查工作。珙县人民政府成立了以县长为组长的善后处置领导组，按照每一名死者家庭一个工作小组的服务对接机制，及时做好遇难者家属的接待、心理安抚和赔偿协商等工作，确保了当地社会稳定。

三、事故原因分析及事故性质认定

根据事故现场、相关资料、对有关人员调查了解，事故原因分析如下：

（一）直接原因

凯丰公司作业人员贺某某、陈某某、权某某在对玛斯兰德国际（酒店）社区建设项目10号楼塔式起重机顶升过程中违规操作。在实施顶升过程中顶升横梁右侧安装到位，而左侧顶升横梁未正确安装到位并处于正常受力状态时，操作人员即开动千斤顶开始受力，直到顶升横梁左侧无法承受整个塔式起重机上部机构的荷载重力发生脱落，在荷载连同冲击重力的作用下，塔式起重机平衡臂往下第4标节变形弯曲，造成塔式起重机回转以上和套架往平衡臂方向侧翻，并全部脱落掉下。这是造成此次事故的主要直接原因。

（二）间接原因

1. 凯丰公司为“2·24”较大事故塔式起重机租赁和后继安装实际单位。该公司安全生产责任制不落实，安全生产制度不健全，安全投入不足，承建的塔式起重机安装现场组织混乱，在未编制塔式起重机顶升专项施工方案的情况下，指派公司安拆人员进场从事塔式起重机顶升作业，致使安拆人员在作业过程中违反操作规程冒险作业引发设备坠落事故。这是造成此次事故的主要间接原因。

2. 盛凌公司为珙县玛斯兰德国际（酒店）社区工程项目施工总承包单位（事故塔式起重机承租使用单位）。该公司安全生产主体责任不落实，在建设单位未办理《建设工程施工许可证》的情况下，组织塔式起重机安装单位和劳务公司进场施工；公司采取从社会中介机构临时购买《项目经理资质证书》弄虚作假挂靠方式，取得监理、建设单位和行业主管部门的备案许可；公司指定的现场负责人不具备相应资格；项目部现场塔式起重机租赁和安装过程监管不力。这是造成此次事故的重要间接原因。

3. 博正公司为建设单位（业主），未批先建，在因施工单位变更后未办理《建设工程施工许可证》审批手续之前，擅自组织施工单位开工建设，对施工单位报备资料弄虚作假的行为失察，开工后，对现场统一协调和管理不力，督促整改重大安全隐患不到位。这是造成此次事故的重要间接原因。

4. 荣胜劳务公司机构不健全，安全责任不落实，提供的劳务人员未经安全培训。公司未按《劳务承包合同》约定，对该工程所有机械机具（包括塔式起重机）的租赁使用进行有效管理。事发当天派驻现场的劳务负责人电话联系塔式起重机安拆单位联系人后，并未对塔式起重机安拆作业人员进行岗前教育和技术交底，未安排相关管理人员对塔式起重机顶升进行现场监管。这是造成此次事故的重要间接原因。

5. 城市监理公司未按照法律法规认真履行监理职责。公司报备派驻该项目监理人员与实际派驻的监理人员不相符，现场个别监理员无岗位证书，且事发时未安排监理人在顶升作业现场旁站。现场监理人员未对该项目未批先建、项目执行经理无资质（长期冒用“杨某”名签字造假）、塔式起重机未经编制专项施工方案等严重违法违规行为进行制止。这是造成此次事故的重要间接原因。

6. 建筑行业主管部门日常监管失职，对建设单位（业主）申报资料审批把关不严，未按行业规定对施工单位现场负责人采取“锁证”等措施，督促施工单位配齐现场负责人。对该建设项目变更施工单位后未批先建、项目执行经理长期无证上岗、特种设备使用和安装环节存在突出问题失察。这是造成此次事故的次要间接原因。

（三）事故性质

经调查认定，珙县玛斯兰德国际（酒店）社区工程“2·24”塔式起重机垮塌事故是一起较大生产安全责任事故。

四、对事故有关责任人员及事故单位的处理建议

为吸取事故教训，教育和惩戒事故单位和有关事故责任人员，防止同类事故的再次发生，根据《中华人民共和国安全生产法》《生产安全事故报告和调查处理条例》（国务院令第493号）、《建设工程安全生产管理条例》《建筑起重机械安全监督管理规定》（住房和城乡建设部令第166号）等法律法规，事故调查组建议对该起生产安全责任事故的有关责任单位、责任人作出如下处理：

（一）对事故责任单位责任划分及处理建议

1. 凯丰公司为“2·24”较大事故塔式起重机租赁和后继安装实际单位。该公司内部管理混乱，安全生产责任制不落实，安全制度不健全，在未编制塔式起重机顶升专项施工方案的情况，指派未经安全教育和技术交底的作业人员从事特种作业。塔式起重机顶升现场组织和管理混乱，未安排技术指导人员现场指导，致使安拆人员在作业过程中违反操作规程冒险作业。凯丰公司对此次事故负有主

要管理责任，按照“属地管理”的原则，建议由叙州区应急管理局依法对其给予行政处罚，并由建设主管部门暂扣其《安全生产许可证》，给予不良记录。

2. 盛凌公司安全生产主体责任不落实。在建设单位未办理《建设工程施工许可证》的情况下，组织塔式起重机租赁单位和劳务公司进场施工。公司负责人弄虚作假，采取临时购买《项目经理资质证书》挂靠报备造假方式，取得监理、建设单位和行业主管部门的备案许可；任命无资质人员担任项目负责人（冒名用报备项目经理“杨某”名字签字）。项目部在塔式起重机租赁和日常维护保养环节失管，造成塔式起重机顶升现场安全隐患突出。盛凌公司对本次事故负有主要管理责任，按照“属地管理”的原则，建议由宜宾市应急管理局依法对其给予行政处罚，并由建设主管部门给予不良记录。

3. 建设单位（业主）博正公司未批先建，在施工单位变更后未办理《建设工程施工许可证》时，擅自要求施工单位开工建设；对施工总承包单位报备资料弄虚作假的行为失察，未对项目经理长时间不在岗的违规行为进行纠正；开工后，对现场统一协调和管理不力，督促整改重大安全隐患不到位。经核实，事故发生后博正公司能够积极主动牵头做好三名遇难者的善后处理工作，及时并足额支付丧葬费和抚恤金，减少了事故导致的社会负面影响；且事故发生后公司各级负责人能够积极主动配合事故的调查。博正公司对此次事故负有重要管理责任，考虑该企业在事发后的积极表现，建议由珙县应急管理局依照相关法律法规条款下限给予行政处罚。

4. 荣胜劳务公司机构不健全，安全责任不落实，提供的劳务人员未经安全培训。公司未按《劳务承包合同》约定，对该工程所有机械机具（包括塔式起重机）的租赁使用进行有效管理。公司派驻现场的劳务负责人，未对事故时现场塔式起重机安拆人员进行岗前教育和技术交底，未安排相关管理人员对塔式起重机顶升现场进行监管。荣胜劳务公司对此次事故负有重要管理责任，建议由宜宾市应急管理局依法对其作出行政处罚。

5. 城市监理公司，未按照法律法规认真履行监理职责。公司报备派驻该项目监理人员与实际派驻的监理人员不相符，现场个别监理员无岗位证书，且事发时不在顶升作业现场旁站。派驻现场的监理人员未对该项目未批先建、项目执行经理无证上岗、项目停工后复工程序违规等行为进行制止；派驻现场的总监理工程师放任施工单位长时间弄虚作假。城市监理公司对本次事故负有主要监理责任，建议由宜宾市应急管理局依法对其给予行政处罚。

6. 珙县建设工程质量安全监督站，作为负责建筑工程质量安全监督管理工作的职能部门，在发现施工方 4 号楼建设项目未批先建的行为后，虽要求停工整改，但未按相关规定进行处罚；在发现 10 号楼建设项目未批先建行为后，未要求停工，未按相关规定进行处罚；在日常巡查中，未发现10号楼项目经理杨某长期不在岗；未发现10号楼报监监理人员与现场监理人员不一致；未发现10号楼现场监理员李某某无从业资格证；未及时发现10号楼工地停工期间，施工人员擅自顶升塔式起重机的问题。珙县建设工程质量安全监督站对此次事故负有主要监管责任，建议由珙县住房城乡规划建设和城镇管理局给予系统内通报批评。

7. 珙县城镇建设监察大队，作为负责维护城乡规划建设管理秩序的主管部门和依法作出行政处罚决定的职能单位，在发现施工方在4号楼建设项目未批先建的行为后，虽要求停工整改，但未按相关规定进行处罚；在10号楼发现施工方未批先建的行为后，未要求停工整改，也未按相关规定进行处罚；在日常巡查中，发现10号楼项目经理杨某长期不在岗，未做处理；未发现报监时的监理人员与现场监理人员不一致；未发现现场监理员李某某无从业资格证。对此次事故负有重要监管责任，建议由珙县住建城管局给予系统内通报批评。

8. 责成珙县住建城管局向珙县人民政府作出书面检查。

9. 珙县人民政府对招商引资项目安全生产重视不够，建议责成珙县人民政府向宜宾市人民政府作出书面检查，并抄送宜宾市政府安委会。

（二）对事故责任人员责任划分及处理建议

1. 建议免于追究责任人员（3人）

（1）贺某某，男，55岁，凯丰公司塔式起重机安装队队长（负责事发现场塔式起重机安装组织和指挥），违章指挥和操作，鉴于在该起事故中死亡，免于追究责任。

（2）陈某某、权某某，凯丰公司安拆人员，违章操作，鉴于2人在事故中死亡，免于追究责任。

2. 建议拟追究刑事责任人员（3人）

（1）杜某某，凯丰公司塔式起重机安装技术负责人（宜宾凯强建筑设备安装租赁有限公司法定代表人）工作严重失职。在经社会中介人员与塔式起重机承租使用单位联系后，借用凯强公司名义与承租使用单位签订《起重设备租赁合同》后，实际后续组织安装过程指示凯丰公司安拆人员进行安装。作为事故塔式起重机现场安装技术负责人，未对施工过程提供安全技术保障，未按照《建筑起重机械安全监督管理规定》（住房和城乡建设部令第166号）及时督促编制塔式起重机《专项施工方案》，未对现场安拆人员进行技术交底。杜某某对此次事故发生负有主要管理责任，涉嫌重大责任事故罪，建议由公安机关立案侦查。

（2）奉某某，盛凌公司在该项目的执行经理，不具备项目负责人相应执业资格。组织项目部人员长期冒用“杨某”名签字造假；在组织项目施工过程中安全责任不落实，未督促落实新进场作业人员安全培训和技术交底，未对施工现场危险性较大的部位和环节采取专人负责重点管控。对此次事故负有重要管理责任，因涉嫌重大责任事故罪，建议由公安机关立案侦查。

（3）肖某，城市监理公司派驻现场项目总监理工程师，未严格按照法律法规履行监理职责。对该项目未批先建、项目经理挂靠、项目执行经理无证上岗、施工单位长期冒用“杨某”名签字造假等突出问题视而不见，对施工现场塔式起重机租赁、安装环节存在突出问题失察，组织无岗位证书监理员上岗旁站，事发时现场监理脱岗。对此次事故发生负有主要监理责任，建议由宜宾市住房和城乡建设局报请上级吊销其监理工程师资质证书，涉嫌重大责任事故罪，建议由公安机关立案侦查。

3. 建议给予行政处罚人员（15人）

（1）游某某，凯丰公司法定代表人，事故塔式起重机产权和后继安装实际控制人。在塔式起重机租赁过程中未认真贯彻落实安全生产管理职责，没有有效督促公司技术人员及时编制《塔式起重机顶升专项施工方案》，督促开展安全教育培训和技术交底不力，对此次事故负有重要管理责任。按照“属地管理”的原则，建议由叙州区应急管理局依法对其给予行政处罚，并抄送公司所在地的建设主管部门按照行业规定给予不良记录。

（2）赵某，盛凌公司法定代表人（兼公司总经理），安全生产主体责任不落实。在承建的项目未取得《施工许可证》情况下，组织公司人员进场破土动工；任命不具备从业资格的人员担任项目执行经理，放任备案项目经理长期不在岗，造成施工现场安全问题突出，对此次事故负有主要领导责任。建议由宜宾市应急管理局依法对其给予行政处罚，并抄送公司所在地的建设主管部门按照行业规定给予不良记录。

（3）胡某某，博正公司总经理（兼珙县玛斯兰德国际（酒店）社区项目执行经理）。在项目变更施工单位后，未按建设项目许可要求及时申报，为赶工期指示施工单位未批先建。项目正式获得施工许可后，未及时向当地建设主管部门报送保证安全施工措施，对此次事故负有主要领导责任。按照“属地管理”的原则，建议由珙县应急管理局依法对其给予行政处罚。

（4）涂某某，博正公司董事长（公司股东之一）。对安全生产工作重视不够，对珙县玛斯兰德国际（酒店）社区项目现场巡查、检查不力，尤其未对该项目变更后未批先建等行为给予制止，对此次事故负有重要领导责任。按照“属地管理”的原则，建议由珙县应急管理局依法对其给予行政处罚。

（5）罗某某，盛凌公司副总经理（经公司法人赵某口头任命为副总经理，具体负责珙县玛斯兰德国际（酒店）社区项目建设）。对该项目疏于管理，未对公司项目经理挂靠、指定的项目执行经理无资质上岗等违法行为给予纠正，对现场外来特种设备租赁安装单位失去监管，对此次事故负有主要管理责任。建议责成盛凌公司撤销其现场副总经理职务，并由宜宾市应急管理局依法对其给予行政处罚。

（6）黄某，盛凌公司工程部部长，具体负责公司中标项目进度、质量、安全和成本的管理。没有认真履行好岗位职责，尤其对珙县玛斯兰德国际（酒店）社区项目现场安全监管不力，未按规定培训教育现场作业人员，未督促施工单位落实现场特种设备安全专项施工方案的编制，对本次事故负有重要管理责任。建议责成盛凌公司撤销其工程部部长职务。

（7）周某，盛凌公司派驻珙县玛斯兰德国际（酒店）社区项目现场安全员（公司指定的现场专职安全员）。履行现场安全监管不力，未对项目部明显存在的项目经理造假、现场实际执行经理无资质、外来施工单位违章操作等行为给予制止，造成施工现场安全隐患突出，对事故发生负有主要管理责任。建议责成盛凌公司解除与其的劳动合同。

（8）闫某某，荣胜劳务公司实际控制人（该公司法人代表杨霞的丈夫），代表劳务公司在与盛凌公司签订《劳务承包合同》后，仅是负责与塔式起重机租赁安装公司日常联系，没有对施工现场塔式起重机作业实施有效管理，对此次事故负有次要管理责任。建议由宜宾市应急管理局给予其行政处罚。

（9）刘某某，荣胜劳务公司指定在该项目现场负责人。未组织开展新进场人员安全培训，未落实新进场人员安全施工技术交底，没有督促和提醒塔式起重机安装人员安全作业，对此次事故负有重要管理责任。建议责成荣胜劳务公司解除与其的劳动合同。

（10）杨某某，城市监理公司法人代表兼公司董事长。未认真履行国家有关建筑领域建设项目监理的规定，对公司派驻的项目监理部门日常检查和督查不力，对公司承担监理的施工项目申报和现场管理混乱等问题失察，对此次事故负有重要领导责任。建议由宜宾市应急管理局给予行政处罚。

（11）陈某某，城市监理公司副总经理。对公司所监理的项目管理不力，对派无监理员岗位证书的监理员失察，对此次事故负有重要领导责任。建议责成城市监理公司根据内部管理规定对其作出处理。

（12）李某某，城市监理公司在该项目监理员（无监理员资质证书）。事发时不在顶升作业现场旁站，未认真审核塔式起重机顶升专项施工方案，未认真监督安全施工技术交底，对此次事故负有重要管理责任。建议责成城市监理公司解除其劳务关系，并根据公司内部管理规定对其作出处理。

（13）李某，自由职业者，从事建筑施工设备租赁中介服务，其在宜宾境内长期向凯丰公司和凯强公司提供建筑机械租赁信息，并提取总产值2%作为自己的业务介绍费。作为本次塔式起重机的安装、维护、检测联系人，未在塔式起重机危险性大、容易发生事故的顶升关键环节有效提醒安拆单位，对此次事故负次要管理责任。建议由宜宾市建设主管部门给予不良记录，不允许其在本行业从事类似业务。

(14) 杨某，盛凌公司报备的珙县玛斯兰德国际（酒店）社区项目经理。通过网上与中介机构业务人员联系后签订“委托合同”，同意将本人一级建造师资质证书交由中介机构并提供给企业，用于企业资质升级或资质年检使用。后分2次收取证书挂靠费用2.3364万元，实际并未参与聘用单位业务范围内任何的执业活动。其行为违反了《注册建造师管理规定》，对此次事故负有重要管理责任。建议由宜宾市建设主管部门报请上级主管部门根据规定吊销其相关资质证书，并给予不良记录。

(15) 覃某，成都同城投资咨询有限公司法定代表人。经公司业务人员通过网络与杨某取得联系后，双方签订“合同”，同意将杨某的一级建造师资质证书和“三类人员”培训合格证书对外挂靠使用。覃某在收取盛凌公司3000元“服务咨询”费用后，提供了杨某一级建造师资质证书和“三类人员”培训合格证书，但后续对盛凌公司将杨某相关证书如何使用，没有跟踪督促，对此次事故负有次要管理责任。建议将此个人和公司信息抄送注册地市场管理部门，纳入不良记录。

4. 建议给予党纪政务处分或组织处理人员（8人）

(1) 华某，珙县质监站工作人员。虽然对10号楼开展了日常巡查，但由于工作不够认真细致，未发现项目管理中存在的问题，未正确履行职责，对此次事故负有主要监管责任。按照干部管理权限，建议由监察部门立案调查。

(2) 杨某，珙县质监站工作人员。作为该项目的现场监督人员，对10号楼开展日常巡查时，发现杨某不在岗的情况后，未对该情况进行处理，未向公司负责人报告，也未向城镇建设监察大队反映此情况，其行为属于未正确履行职责，对此次事故负有主要监管责任。按照干部管理权限，建议由监察部门立案调查。

(3) 尹某，珙县城镇建设监察大队工作人员。在参与副大队长王某某牵头对玛斯兰德项目开展日常巡查中，工作主动性不强，存在履职不到位的情况，对此次事故负有重要监管责任。按照干部管理权限，建议由监察部门谈话提醒。

(4) 王某某，珙县城镇建设监察大队副队长。发现施工方4号楼建设项目未批先建的行为后，虽然要求停工整改，但未按相关规定进行处罚；发现10号楼施工方未批先建的行为后，未要求停工整改，也未按相关规定进行处罚；在日常巡查中，发现项目经理杨某长期不在岗，未做处理；未发现报监监理人员与现场监理人员不一致；未发现现场监理员李某某无从业资格证，未正确履行职责，对此次事故负有重要监管责任。按照干部管理权限，建议由监察部门立案调查。

（5）高某某，珙县质监站副站长（主持工作）。对玛斯兰德项目进行了督促检查，由于现场监管人员杨某、华某未向其汇报监管中发现的情况和问题，对此次事故负有一定领导责任。按照干部管理权限，建议由监察部门予以书面诫勉。

（6）邓某某，珙县城镇建设监察大队分管领导、质量安全监督站代管领导。在10号楼施工期间，对分管、代管工作督促不到位，未正确履行职责，对此次事故负有主要领导责任。按照干部管理权限，建议监察部门立案调查。

（7）徐某某，珙县质监站分管领导。在4号楼施工期间，对分管工作督促不到位，未正确履行职责，对此次事故负有重要领导责任。按照干部管理权限，建议由监察部门予以书面诫勉。

（8）陈某，珙县住建城管局原党组书记、局长。负责县住建城管局全面工作，未抓好安全生产工作，督促不到位，对此次事故负有一般领导责任。按照干部管理权限，建议由监察部门予以谈话诫勉。

五、事故防范措施建议

珙县巡访镇玛斯兰德国际（酒店）社区工程项目“2·24”塔式起重机垮塌较大事故造成了重大人员伤亡和财产损失，为防止同类事故再次发生，提出如下防范措施和整改建议：

（一）健全建筑施工领域安全生产责任制。各级党委、政府要坚持安全发展的理念，严格落实“党政同责、一岗双责”，坚守“发展绝不能以牺牲人的生命为代价”这条红线。各级建设主管部门要以此次事故为教训，举一反三，切实加强建筑市场企业和人员资质的管理，严格建设项目报批程序，依照法定职责加强建筑工程全过程的监督。

（二）认真开展建筑起重机械专项整治。市建设主管部门要统一部署，深入开展全市范围内的专项整治行动。重点要对各级建筑起重机械安装、顶升、拆卸、检测、日常维护保养、作业人员持证等重要环节开展专项检查；要对正在使用的起重机械专项施工方案进行检查，严把方案编制关、审查关。

（三）强化建筑施工现场隐患排查治理。各类建筑施工企业要结合工程特点和施工工艺，全面排查施工工艺、施工现场、施工人员、企业管理等方面存在的安全隐患和风险。特别是对起重机械、模板脚手架、深基坑作业、顶板支护、场内运输等重点部位定期排查，发现问题落实专人负责限期整改，力争将安全风险降到可控范围。

（四）涉及此次事故的建设施工责任单位，要以此次事故为教训，全面停工整顿，认真开展自查，要针对事故暴露出的突出问题针对性地抓好整改，加强企业法人代表、高中层管理人员、一线作业者的安全培训，提升企业人员安全意识，明确建设、总包、分包等各方安全责任，严禁以包代管、以租代管，严禁提供虚假信息取得行政机关的许可，杜绝此类事故发生。

专家分析

一、事故原因

（一）直接原因

该项目塔式起重机安拆作业人员在塔式起重机顶升过程中严重违规违章操作。塔式起重机顶升横梁应在两侧均安装到位且受力均衡的情况下方可实施顶升，而该项目在实施顶升过程中顶升横梁右侧虽安装到位，但左侧顶升横梁未正确安装到位，作业人员未检查横梁安装情况便开动千斤顶，直到顶升横梁左侧无法承受整个塔式起重机上部机构的荷载重力发生脱落，在荷载连同冲击重力的作用下，塔式起重机平衡臂往下第4标节变形弯曲，造成塔式起重机回转以上和套架往平衡臂方向侧翻，并全部脱落掉下，导致人员伤亡的最终发生。

（二）间接原因

该项目塔式起重机安拆单位及使用单位存在严重的违法违规行为。安拆单位在未编制塔式起重机顶升专项施工方案的情况下，指派公司安拆人员进场从事塔式起重机顶升作业，致使安拆人员在作业过程中违反操作规程冒险作业引发设备坠落事故。使用单位安全生产主体责任不落实，在建设单位未办理《建设工程施工许可证》的情况下，组织塔式起重机安装单位和劳务公司进场施工，项目部现场塔式起重机租赁和安装过程监管不力。

二、经验教训

塔式起重机安拆作业往往事故高发。由于塔式起重机安拆作业涉及的关键部位较多、作业协调性要求较高、偶然突发情况较常见、安拆作业人员素质普遍较低等原因，塔式起重机安拆作业风险一直难以得到有效控制，再叠加无安全技术交底、无专项施工方案、无监理旁站、无证作业等其他因素，极易引发重大安全生产事故。

三、预防措施建议

一是严格执行住房和城乡建设部《建筑起重机械安全监督管理规定》和《危险性较大的分部分项工程安全管理规定》。安拆单位应依据塔式起重机使用说明书要求编制专项施工方案并经过审批，对安拆作业人员实施安全技术交底，明确风险源及重要节点，严格按照专项施工方案和标准规范流程进行作业，做好安全防护措施，编制切实可行的应急预案。使用单位和监理单位应加强方案审批、资格审核、过程监督、统一调度等工作。

二是严格执行《建筑施工塔式起重机安装、使用、拆卸安全技术规程》JGJ 196—2010，按照 JGJ 196—2010 中 3.4.6 的要求，特别注意顶升前应确保顶升横梁搁置正确，避免类似事故再次发生。

4　安徽铜陵“2·26”塔式起重机倒塌较大事故

调查报告

2019 年 2 月 26 日下午 14 时 10 分许，安徽国泰建筑有限公司承建的铜陵市铜官区一品江山小区 9～12 号住宅楼、商业及地下车库项目，一台 QTZ80 塔式起重机从钢筋堆放区吊运钢筋到地库地面的过程中整体倒塌。事故造成 3 人死亡，1 人受伤。

依据《中华人民共和国安全生产法》和《生产安全事故报告和调查处理条例》（国务院令第 493 号）等有关法律法规规定，经市政府同意，2019 年 2 月 28 日，成立了以市政府副秘书长为组长，由市住房和城乡建设局、市应急管理局、市公安局、市总工会、铜官区政府等组成的事故调查组（以下简称事故调查组），同时聘请了 3 名专家成立了专家组，参与事故调查处理工作。

事故调查组通过科学严谨、依法依规、实事求是、周密细致的现场勘察、调查取证、综合分析和专家论证，查明了事故过程，查清了事故原因，认定了事故性质，分清了事故责任，提出了对事故责任单位、有关责任人的处理建议和防范事故的对策措施。现将有关情况报告如下：

一、基本情况

（一）事故发生地工程概况

一品江山 9～12 号楼商业及地下车库项目位于铜陵市铜官区长江二路以南，俞家村路以东的一品江山小区内。工程规模：建筑面积 11.13 万 m^2，其中 9～12 号楼商业及地下车库工程地上面积 8.17 万 m^2，地下面积 2.96 万 m^2。事故发生时，11 号楼正在施工地下室一层。2018 年 5 月 31 日，该工程的建设单位铜陵有色铜冠房地产集团有限公司未取得施工许可证，擅自组织施工；经责令整改后于 2018 年 7 月 19 日在市住房城乡建设局办理了施工许可证。春节后，市住房城乡建设局对该工地组织了复工检查。

（二）相关单位基本情况

1. 工程建设单位：铜陵有色铜冠房地产集团有限公司；地址：铜陵市北京西路29号；法定代表人：唐某；注册资本金：67897.9136万人民币；成立时间：2005年5月26日；房地产开发壹级资质。

2. 工程施工总承包单位：安徽国泰建筑有限公司；地址：铜陵市义安大道268号；法定代表人：张某某；注册资本：6280万人民币；成立时间：2009年2月25日；建筑工程施工总承包壹级资质。

3. 工程监理单位：铜陵鑫铜建设监理有限责任公司；地址：铜陵市义安大道北段327号五松山宾馆内西侧2号楼；法定代表人：黄某；注册资本金：300万人民币；成立时间：2002年4月10日；工程监理专业资质房屋建筑工程甲级资质。

（三）项目塔式起重机基本情况

1. 塔式起重机产权单位：安徽坤泽物资有限公司；设备型号：QTZ80；生产厂家：浙江省建设机械集团有限公司；出厂时间：2014年10月；出厂编号：5710-8272；设备备案编号：皖G-T01070；设备主要技术参数：最大起重量8.0t、额定起重力矩800kN·m。安装臂长57m；使用登记号：2018099。

2. 塔式起重机安装维保单位：铜陵国安建筑安装有限责任公司；地址：铜陵经济技术开发区黄海路；法定代表人：刘某某，注册资本金：4000万人民币；起重设备安装工程专业承包叁级资质。

（四）事故伤亡人员基本情况和直接损失

1. 俞某某，男，1972年出生，塔式起重机司机，在事故中死亡。
2. 王某某，男，1978年出生，工地木工班成员，在事故中死亡。
3. 管某某，男，1958年出生，工地钢筋班成员，在事故中死亡。
4. 伤者基本情况：管某某，男，1974年出生，工地钢筋班成员，事故中受轻伤。
5. 事故直接经济损失约490万元人民币。

二、事故发生经过和事故救援情况

（一）事故经过

2019年2月26日下午，安徽国泰建筑有限公司承建的铜陵铜冠一品江山项目部在11号楼地下车库开展施工。13时40分左右，项目部钢筋班管某某安排钢筋班成员管某某在钢筋堆料场吊运几捆钢筋到地下室底板堆放区以便备用。管某某随即来到位于11号楼地下车库施工处顶上方的钢材堆料场，管某某在钢筋堆料场将钢筋用索具捆扎完毕后，用对讲机通知塔式起重机司机俞某某将捆扎好的钢筋起吊至指定地点，随后，管某某离开钢筋起吊现场。

14时08分左右，当塔式起重机起吊2.16t钢筋（120根马鞍山钢铁股份有限公司生产的规格为Φ18/9000热轧带肋钢筋）由西向东逆时针回转时（此时起吊重量已超过允许起吊重量44%。小车变幅在44m位置时，允许起吊起重量为1.5t），QTZ80基础井字梁承重板焊接处发生拉裂，塔式起重机整体向东偏北倒塌。致使塔式起重机司机和现场施工的1名木工、1名钢筋工3人死亡，1人受伤。

（二）事故救援情况

事故发生后，常务副省长邓向阳对事故应急救援工作作出重要批示，市委市政府高度重视，市委书记李猛、市长胡启生当即作出指示，要求全力救治伤员，尽快查清事故原因和责任，妥善处理善后工作，市委常委、常务副市长程双林，市政府秘书长周剑率市住建、应急、公安、120救援等部门迅速赴现场开展人员救治和现场处置工作。建设单位和施工单位领导第一时间赶到现场，立即启动应急救援预案，组织全力抢救伤员。

三、事故原因分析和性质认定

（一）直接原因

塔式起重机司机俞某某违章违规作业。未按起重作业的安全规程规定要求，对塔式起重机开展必备项目及内容的日常检查，致使起重机力矩限制器等安全设施失效的重大安全隐患未及时得以发现。起重机带病运行，超载吊运，是造成此次事故的直接原因。

（二）间接原因

1. 铜陵国安建筑安装有限责任公司及维保人员严重失职。未按照规定要求对该塔式起重机进行必备的维护保养，且出具虚假维保记录。

2. 安徽国泰建筑有限公司施工作业现场安全管理失责。未建立危险性较大设备日常安全隐患排查等基本制度，塔式起重机操作现场也未按规定要求配备安全员、指挥、司索信号工等，塔式起重机操作人员违章违规未及时发现和纠正制止。施工单位的安全生产主体责任及日常安全管理制度措施缺失。

3. 铜陵鑫铜建设监理有限责任公司监理职责履行不力。未建立和实施塔式起重机作业等危险性较大作业的安全监理规定，违章违规操作行为也未及时发现和纠正制止，作业现场监理缺失，履职尽责不到位。

4. 铜陵有色铜冠房地产集团有限公司项目建设安全管理薄弱。未严格履行建设项目建设、施工、监理各环节安全生产统一协调管理的职责，安全隐患排查工作组织不力，存有典型的以包代管行为。

5. 属地政府和行业监管部门安全监管存有漏洞。节后施工工地复工安全标准要求审核把关不严，施工工地重点环节的日常安全监管存有疏漏，对塔式起重机作业等危险性较大设备的安全监管制度和措施有待进一步加强和改进。

（三）事故性质

这是一起严重违反塔式起重机危险性较大作业安全规程规定要求而导致的较大生产安全责任事故。

四、事故处理建议

（一）建议依法追究刑事责任人员

1. 俞某某，安徽国泰建筑有限公司塔式起重机司机。违规违章作业，超载吊运，未按照该塔式起重机说明书7.1.1要求“应每班检查力矩限制器、起重量限制器、高度限位器、幅度限位器等安全装置是否正常，开关是否完好、螺栓是否紧固”，对事故的发生负直接责任。鉴于在事故中死亡，故免予追究责任。

2. 孙某某，铜陵国安建筑工程有限责任公司维保人员。严重失职失责且出具虚假维保记录，其行为涉嫌工作失职犯罪，建议移送司法机关处理。

（二）建议给予行政处罚的人员

1. 刘某某，铜陵国安建筑工程有限责任公司总经理。作为公司主要负责人，对该公司及维保人员未按照规定要求对塔式起重机进行必备的维护保养，且出具虚假维保记录，严重失职失责，对本次事故发生负有重要责任。依据《中华人民共和国安全生产法》第九十二条第（二）项规定，对其处以2018年个人年收入40%的罚款。

2. 张某某，安徽国泰建筑有限公司总经理。落实企业安全生产责任制不到位，未对分包单位进行有效的管理，其行为违反了《中华人民共和国安全生产法》第十八条第（五）项规定，对事故发生负有主要领导责任。依据《中华人民共和国安全生产法》第九十二条第（二）项规定，对其处以2018年其本人年收入40%的罚款。

3. 凌某，安徽国泰建筑有限公司安全部部长。未认真履行安全管理职责，安全生产隐患排查治理不到位，其行为违反了《中华人民共和国安全生产法》第二十二条第三、五、六项规定，对事故发生负有一定管理责任，依据《安全生产违法行为行政处罚办法》第四十五条的规定，对其处以人民币6000元罚款。

4. 杜某某，安徽国泰建筑有限公司项目经理。在未满足复工条件的情形下组织生产活动，未对特种设备、吊运作业进行有效的安全管理，对事故发生负有主要管理责任，其行为违反了《建设工程安全生产管理条例》第二十一条第二款规定，依据《建设工程安全生产管理条例》第六十六条第三款项，对其处以10万人民币罚款。同时，建议由行业主管部门撤销其一级建造师注册执业资格证及安全生产考核合格证书。

5. 赵某某、王某某、疏某某，3人均为安徽国泰建筑有限公司项目安全员。对违章操作现象未及时发现并制止，未尽到基本的监管职责，其行为违反了《中华人民共和国安全生产法》第二十二条第三、五、六、七项规定，对事故发生负有一定的管理责任。依据《安全生产违法行政处罚办法》第四十五条的规定，对3人均处以人民币6000元罚款。同时，建议由行业主管部门撤销其安全生产考核合格资格证书。

6. 黄某，铜陵鑫铜建设监理有限责任公司法定代表人。未依法履行安全生产管理职责，未能有效督促公司监理人员履行监理职责，其行为违反了《中华人民共和国安全生产法》第十八条第（五）项规定，对事故发生负有监理不力的领导责任。依据《中华人民共和国安全生产法》第九十二条第（二）项规定，对其处以2018年其本人年收入40%的罚款。同时，建议铜陵有色金属集团股份有限公司依据公司安全生产责任制对其作出相关处理。

7. 易某某，铜陵鑫铜建设监理有限责任公司项目总监理工程师。未能认真履行总监职责，其行为违反了《建设工程安全生产管理条例》第十四条第三款规定，对事故的发生负有监理责任，依据《安全生产违法行为行政处罚办法》第四十五条规定，对其处以人民币6000元罚款。同时，建议由行业主管部门撤销其监理资格。

8. 邵某某，铜陵鑫铜建设监理有限责任公司项目总监理工程师代表。未能认真履行安全监理职责，对施工单位施工人员违章行为没有及时发现和处理，未依照法律、法规和工程建设强制性标准实施监理。其行为违反了《建设工程安全生产管理条例》第十四条第三款规定，对事故的发生负有监理不力的直接责任。

依据《安全生产违法行为行政处罚办法》第四十五条规定，对其处以人民币6000元罚款。同时，建议由行业主管部门撤销其监理资格。

9. 唐某，铜陵有色铜冠房地产集团有限公司总经理。履行建设项目开发、施工、监理各环节安全生产统一协调管理的职责不力，其行为违反了《中华人民共和国安全生产法》第十八条第（五）项规定，对事故发生负有领导责任。依据《中华人民共和国安全生产法》第九十二条第（二）项规定，对其处以2018年其本人年收入40%的罚款。同时，建议铜陵有色金属集团股份有限公司依据公司安全生产责任制对其作出相关处理。

10. 毕某某，铜陵有色铜冠房地产集团有限公司副总工程师。未能对项目安全进行有效管理，未及时组织各方责任主体做好安全生产隐患排查治理工作，其行为违反了《中华人民共和国安全生产法》第二十二条第（五）项规定，对事故发生负有管理责任。依据《安全生产违法行为行政处罚办法》第四十五条规定，对其处以人民币8000元罚款。

（三）建议给予党纪政纪处分的人员

1. 左某某，铜陵市建工局安监站工作人员。对辖区建筑工地未按要求复产复工、塔式起重机存在超载作业等问题监管不力，对事故发生负有责任，依据《安全生产领域违法违纪行为政纪处分暂行规定》第八条规定，建议给予行政记过处分。

2. 张某某，铜陵市建工局安监站站长。对辖区建筑工地安全生产工作监管不力，对事故发生负有责任，依据《安全生产领域违法违纪行为政纪处分暂行规定》第八条规定，建议给予行政警告处分。

3. 王某某，铜陵市建工局副局长（主持工作）。组织开展建筑施工领域安全生产工作不到位，对事故发生负有重要领导责任，依据《中国共产党党内监督条例》第二十一条，建议市住房城乡建设局对其进行诫勉谈话，并通报批评。

4. 朱某某，铜陵市住房和城乡建设局副局长，分管安全生产工作。落实建筑施工领域安全生产工作不到位，对施工企业存在违规作业行为监管不到位，未能督促监管对象落实主体责任，对事故发生负有领导责任。由市安委办对其进行约谈并在全市范围通报批评。

5. 吴某某，铜官区住房和城乡建设局局长。对属地建筑施工领域安全生产日常监管工作不到位，对事故发生负有责任，依据《中国共产党党内监督条例》第二十一条，建议铜官区人民政府对其进行诫勉谈话，并通报批评。

6. 汪某某，铜官区副区长，分管住房和城乡建设工作。对属地建筑施工领域安全生产监管工作不到位，未能督促监管对象落实主体责任，对事故发生负有领导责任，由市安委办对其进行约谈并在全市范围通报批评。

（四）建议给予相关行政问责的单位

1. 责成铜官区住房和城乡建设局分别向铜官区人民政府、铜陵市住房和城乡建设局作出深刻书面检查。

2. 责成铜官区人民政府向铜陵市人民政府作出深刻书面检查。

3. 责成铜陵市住房和城乡建设局向铜陵市人民政府作出深刻书面检查。

（五）建议给予行政处罚的单位

1. 铜陵国安建筑工程有限责任公司。该单位在从事塔式起重机维保时，维保人员不认真履职，塔式起重机限位失灵，未能及时发现并消除隐患，存在安全管理责任，其行为违反了《建设工程安全生产管理条例》第三十四条规定，依据《中华人民共和国安全生产法》第一百零九条第（二）项规定，对其处以人民币60万元罚款。

2. 安徽国泰建筑有限公司。该公司安全生产责任制落实不到位，现场生产工作组织混乱，安全生产相关制度执行不严。其行为违反了《中华人民共和国安全生产法》第三十八条、《建设工程安全生产管理条例》第二十三条、三十四条等规定，对该起事故的发生负有管理责任。依据《中华人民共和国安全生产法》第一百零九条第（二）项规定，对其处以人民币60万元罚款。

3. 铜陵鑫铜建设监理有限责任公司。该单位在承担该工程施工监理过程中，对施工单位及施工人员违规违章行为检查处理不力，未依照法律、法规和工程建设强制性标准实施监理，其行为违反了《建设工程安全生产管理条例》第十四条规定，对该起事故的发生负有监理责任。依据《中华人民共和国安全生产法》第一百零九条第（二）项规定，对其处以人民币50万元罚款。

4. 铜陵有色铜冠房地产集团有限公司。该公司对总包单位和分包单位以及监理单位履行职责统一协调管理不到位，工程初期在未办施工许可证的条件下擅自开工，其行为违反了《中华人民共和国安全生产法》第三十八条规定，对该起事故的发生负有责任。依据《中华人民共和国安全生产法》第一百零九条第（二）项规定，对其处以人民币50万元罚款。

五、事故防范和整改措施

（一）严格落实安全监管责任。

一是地方政府要深刻吸取事故教训，牢固树立“发展决不能以牺牲安全为代价”的理念，认真贯彻落实国家、省、市对安全生产的工作部署和责任分工，全面开展安全生产大检查，深入排查治理各类事故隐患。要加强对本行政区内建筑项目的安全监管。要采取切实可行的措施，从源头上进行管理，防止类似事故再次发生。二是建设部门要加强安全监管队伍建设，切实履行安全监管职责，建立长效工作机制，加强日常监督检查以及工地复产复工、特种设备等方面的安全监管。严肃查处违法、违规的建设项目，切实把建筑施工安全监管责任落实到位，有效防范和遏制建筑施工事故的发生。三是全市建设、施工、监理和技术服务机构，要深刻吸取事故教训，守住法律底线、诚信底线、安全底线，依法规范企业内部经营管理活动，建立健全并严格落实本单位安全生产责任制。各施工企业要组织检查、消除施工现场事故隐患，保证施工现场安全生产管理体系、制度落实、培训教育到位。严格执行专项施工方案、技术交底的编制，加强对特种设备的安装、检测、维保过程的安全管理，确保安全生产。

（二）加强特种设备安全管理。

要在全市范围内组织开展塔式起重机专项整治工作，对全市建筑市场塔式起重机进行全面排查摸底。采取政府购买服务，引进起重机械第三方检测机制，对全市起重机械进行包保，责任到人，并对起重机械实行“四位一体”管理，建立起重机械微信管理平台，严厉打击塔式起重机租赁安装单位违法违规行为，禁止个人购买塔式起重机挂靠租赁、安装单位行为。从严要求租赁、安装单位建立健全安全管理制度，按规定配齐配强安拆操作工、安全员、司索信号工和司机，对自有塔式起重机进行常规维护保养。

（三）加强起重机械本质安全管理。

经芜湖宏斌建筑机械设备检测有限公司检测，该台塔式起重机底部焊接裂缝过大，导致铁水流失，存在缺陷。建议慎重使用该种型号塔式起重机。由市住房和城乡建设局将检测出的问题反馈至该台起重机生产厂家。

专家分析

一、事故原因

（一）直接原因

该项目塔式起重机司机在作业中存在严重违章违规操作。塔式起重机司机未按起重作业的安全规程要求，对塔式起重机开展必备项目及内容的日常检查，致使起重机力矩限制器等安全设施失效的重大安全隐患未及时得以发现。塔式起重机带病运行，在未明确起吊重量及相应位置是否超起重力矩的情况下盲目起吊，导致塔式起重机起重力矩严重超标准范围，继而引起主要结构件的破坏，最终发生倒塔事故。

（二）间接原因

该项目塔式起重机维保单位及使用单位存在严重的违法违规行为。维保单位未按照规定要求对该塔式起重机进行必备的维护保养，且出具虚假维保记录。使用单位施工作业现场安全管理失责，未建立危险性较大设备日常安全隐患排查等基本制度，未按规定要求在塔式起重机操作现场配备安全员、指挥、司索信号工等必备人员，未及时发现和纠正制止塔式起重机操作人员的违章违规行为。

二、经验教训

塔式起重机超载倾覆事故具有易发性和高发性的特点，是由于塔式起重机吊装作业普遍存在以下三个方面的情况：（1）塔式起重机超载保护装置具有易损、易破坏的特点；（2）塔式起重机超载保护装置失效时，仅靠塔式起重机司机的主观判断难以保证塔式起重机作业安全；（3）班前检查不到位、维保走过场、司索信号工配备不到位，操作人员麻痹大意，管理人员心存侥幸。致使塔式起重机最重要的安全保护装置失效后塔式起重机仍在作业，最终导致了事故的发生。

三、预防措施建议

一是严格执行《塔式起重机操作使用规程》及《塔式起重机安全规程》。塔式起重机司机在作业前必须核定和检查起重力矩限制器等重要安全装置，并做好相应检查记录，确保安全装置有效后方可作业。

二是严格执行《建筑施工塔式起重机安装、使用、拆卸安全技术规程》，每班作业应做好例行保养，做好相应记录，安全装置的周期性检查每月不得少于一次，每次维保拍照存档。使用单位和监理单位应加强塔式起重机使用前、使用中、使用后的监管，加大对维保影像资料的检查力度，确保维保工作落实到位。

三是建议推广高效务实的安全监控管理系统，实现在线监测及远程诊断，这样不仅在司机室，在地面同样能监测到塔式起重机上的主要安全保护装置的状态是否运行正常，从而及时发现问题，解决问题，进一步降低发生塔式起重机超载倾覆事故的风险。

5 江苏扬州"3·21"爬架坍塌较大事故

调查报告

2019年3月21日13时10分左右，扬州经济技术开发区的中航宝胜海洋电缆工程项目101a号交联立塔东北角16.5～19层处附着式升降脚手架（以下简称爬架）下降作业时发生坠落，坠落过程中与交联立塔底部的落地式脚手架（以下简称落地架）相撞，造成7人死亡、4人受伤。

事故发生后，省委省政府和市委市政府高度重视，省委常委、常务副省长樊金龙立即批示。市委谢正义书记第一时间对救援和处置工作提出要求，市长夏心旻、时任副市长韩骅赶赴事故现场，指导救援工作。夏心旻市长到医院看望受伤人员，要求医院全力救治。省应急管理厅、住建厅迅速派员赶赴现场指导救援工作。

依据《中华人民共和国安全生产法》《生产安全事故报告和调查处理条例》以及市政府《关于规范生产安全事故报告和调查处理工作的指导意见》，市政府成立了由市应急管理局局长任组长，市应急管理局、纪委监委、公安局、住房和城乡建设局、总工会、经济技术开发区等部门单位的相关人员为成员的较大事故调查组，下设管理综合组、技术分析组、责任追究组、应急处置组，全面开展事故调查处理工作。

事故调查组按照"四不放过"和"科学严谨、依法依规、实事求是、注重实效"的原则，通过现场勘验、技术分析、调查取证和综合分析查明了事故发生的经过、原因，认定了事故的性质和责任，提出了对有关责任人员和责任单位的处理建议，针对事故暴露出的问题提出了防范措施。现将有关情况报告如下：

一、工程项目及事故单位概况

（一）工程项目概况

中航宝胜海洋工程电缆项目（以下简称中航宝胜项目）101a号交联立塔、101b号交联悬链楼新建工程位于扬州市经济技术开发区施桥镇春江路南，总建筑面积3.7万m^2。包括基础、主体、装修、门窗、幕墙、外装，合同额为1.48亿元。其中：101a号交联立塔为群筒结构，地下2层，地上26层，建筑面积3.37万m^2，建筑高度184.8m，地上标准层层高7m，局部楼层层高8m、6.5m、6m；101b号交联悬链楼为框架结构，地上4层，建筑高度28.30m。

该工程项目具有扬州市住房和城乡建设局2017年2月20日颁发的《建筑工程施工许可证》。2018年11月30日，101a号交联立塔主体结构封顶，事发时正进行室内外装修、屋面、门窗、室内机电安装等工作；101b号交联悬链楼正进行外墙涂料、室内门收尾等工作。

（二）相关单位基本情况

1. 建设单位

中航宝胜海洋工程电缆有限公司，成立于2015年8月26日，位于扬州开发区施桥南路1号，法定代表人陈某某，注册资本100000万元。2016年10月19日，该公司与中国建筑第二工程局有限公司签订了《建设工程施工合同》（编号：3210111512090101）；2016年10月28日，该公司与江苏苏维工程管理有限公司签订了《建设工程监理合同》。以上合同均报市住房和城乡建设局备案。

2. 施工总承包单位

中国建筑第二工程局有限公司（以下简称中建二局），成立于1980年12月9日，位于北京市通州区，法定代表人陈某某，注册资本500000万元，具有住房和城乡建设主管部门颁发的《建筑业企业资质证书》。资质类别及等级：建筑工程施工总承包特级、市政公用工程施工总承包特级等资质，具有北京市建委颁发的《安全生产许可证》，许可范围为建筑施工。上述证照均在有效期内。

3. 施工专业分包单位

2017年8月，中建二局将爬架工程项目专业分包给深圳前海特辰科技有限公司（以下简称前海特辰），双方签订有《中航宝胜海洋工程电缆项目101a号交联立塔、101b号交联悬链工程爬架工程专业分包合同》（编号：CSCEC-2BSH-ZHBS-ZYFB-009）（未报备）和《施工安全生产协议书》。爬架实际施工单位为其控股的南京特辰科技发展有限公司（以下简称南京特辰）。因南京特辰当时未取得《建筑业企业资质证书》及《安全生产许可证》等相关资质，无法对外承揽工程，便以前海特辰的名义承揽该爬架工程项目。

4. 爬架专业分包单位

前海特辰，成立于2015年1月14日，位于深圳市前海深港合作区，法定代表人张某某，注册资本3680万元，具有深圳市住房和城乡建设局颁发的《建筑业企业资质证书》。资质类别及等级：模板脚手架专业承包不分等级，具有广东省住建厅颁发的《安全生产许可证》，许可范围为建筑施工。上述证照均在有效期内。

5. 爬架实际施工单位

南京特辰，成立于2016年11月2日，位于南京市建邺区，法定代表人杨某某，注册资本1000万元，具有南京市建委2017年9月颁发的《建筑业企业资质证书》，前海特辰持有南京特辰70%的股份。资质类别及等级：模板脚手架专业承包不分等级，具有江苏省住建厅2018年1月颁发的《安全生产许可证》，许可范围为建筑施工。上述证照均在有效期内。

6. 劳务分包单位

2017年2月，中建二局将主体结构、二次结构及粗装修工程劳务施工分包给成都浙蜀建筑劳务有限公司，双方签订有《劳务施工分包合同》（编号：CSCEC-ZBSH-ZHBS-LWFB-003）《建筑安装施工安全生产协议》。

成都浙蜀建筑劳务有限公司（以下简称浙蜀公司），成立于2011年6月14日，位于成都市武侯区；法定代表人郑某某，注册资本2000万元。浙蜀公司具有成都市建委颁发的《建筑业企业资质证书》，资质类别及等级：模板脚手架专业承包不分等级，具有四川省住建厅颁发的《安全生产许可证》，许可范围为建筑施工。上述证照均在有效期内。

7. 监理单位

江苏苏维工程管理有限公司（以下简称苏维公司），成立于1999年4月6日，位于扬州市翠岗路48号121-418，法定代表人单某某，注册资本1000.2万元，具有住房和城乡建设主管部门颁发的《工程监理资质证书》，具有房屋建筑工程监理甲级、市政公用工程监理甲级资质。上述证照均在有效期内。

（三）工程管理情况

2017年1月9日，该项目分别向市建筑安全监察站（以下简称市安监站）、市建设工程质量监督检查站办理安全和质量报监手续。该项目存在：深基坑、塔式起重机基础、超长附墙、高大模板、附着式升降脚手架、悬挑式脚手架、落地式脚手架、幕墙等超过一定规模的危险性较大分部分项工程，均按照规定进行方案编制、审查、论证、审核。市安监站于2017年4月10日制定安全监督计划，至事故发生前，组织开展安全监督抽查共19次，下发安全隐患整改通知书13份，停工通知书4份，其中，附着式升降脚手架专项抽查2次、悬挑式脚手架专项抽查1次。

2018年1月，市安监站《关于扬州经济技术开发区范围内市安监站监管在建项目的告知函》（扬建安监函［2018］1号）明确，自2018年1月1日起，由开发区建设局负责扬州经济技术开发区范围内的建设工程安全备案和监督管理工作。为进一步厘清开发区范围内市、区两级监管项目，落实建设工程安全监督管理责任，随函下发《经济技术开发区范围内市安监站监管在建项目清单》，清单第15项明确“中航宝胜海洋工程电缆项目101a号交联塔、101b号交联悬链楼新建工程”的安全监管工作仍由市安监站负责。

二、事故经过和救援情况

2017年8月，前海特辰技术员钟某某，编制《中航宝胜海洋工程电缆项目101a号交联立塔、101b号交联悬链楼新建工程高层施工升降平台专项施工方案》（101a号交联立塔）；同月，该施工方案通过专家论证，并出具论证报告；2017年9月，中建二局项目部将该施工方案向苏维公司进行了报审。

2018年1～6月，扬州市建宁工程技术咨询有限责任公司先后对该工程项目使用的附着式升降脚手架进行了安装质量检验，并出具《附着式升降脚手架检验报告书》。其后，爬架主要进行上行作业，尚未进行过下降作业。至2018年年底，主体爬架和装修爬架分别位于101a号交联立塔24～27层和16.5～19层。

经调查了解，该事故爬架由前海特辰生产，出厂日期为2018年5月8日，有产品检验报告书、产品合格证书以及防坠落装置检验报告书等。

（一）事故经过

2019年1月16日至3月11日，因工程进度等原因，中航宝胜海洋工程电缆有限公司曾计划与中建二局中止施工合同，并通知监理单位暂停监理工作。后中航宝胜海洋工程电缆有限公司商议中建二局复工。3月11日苏维公司收到恢复工程的联系单，继续实施监理。

3月13日，中建二局项目部根据项目进展，计划对爬架进行向下移动，项目部吕某某和南京特辰刘某某等有关人员对爬架进行了下降作业前检查验收，并填写《附着式升降脚手架提升、下降作业前检查验收表》（该表删除了监理单位签字栏），检查结论为合格，苏维公司未参加爬架下降作业前检查工作。同日，吕成程根据检查结论，向苏维公司提交了“爬架进行下降操作告知书”，拟定于3月14日6时30分对爬架实施下降作业。在未得到苏维公司同意下降爬架的情况下，刘某某、吕某某组织爬架进行了分片下降作业。

3月16日，苏维公司在进行日常安全巡查时发现101a号交联立塔西北侧爬架已下降到位，要求施工单位对已下行后的爬架系统进行检查验收，但未对爬架的下降行为进行制止。3月17日至19日刘某某和吕某某又先后组织爬架相关人员对101a号交联立塔北侧主体爬架进行了下降作业。3月20日，101a号交联立塔东北角爬架开始下降，3月21日上午，南京特辰架子工李某、龚某、堪某某、姚某某等在班组长廖某某的带领下，继续对爬架实施下降。苏维公司监理人员发现后，未向施工单位下发工程暂停令及其他紧急措施。10时12分，苏维公司监理员李某某在总监理工程师张某某的安排下用微信向市安监站徐某报告，称“爬架系统正在下行安装（外粉），危险性大于上行安装，存在安全隐患，监理备忘录已报给业主方，未果，特此报备”。同时用微信转发了2018年6月26日《监理备忘》，内容为“鉴于爬架专业分包单位项目经理不到岗履职，相关爬架验收资料该项目经理签字非本人所为，违反危险性较大的分部分项安全管理规定，存在安全隐患；要求总包单位加强专业分包的管理，区分监理安全管理责任，特此备忘”。徐某随即电话联系扬州市建宁工程技术咨询有限责任公司设备检测部主任高某某，询问爬架下行隐患及注意事项。10时24分，徐某电话联系中建二局生产经理胡某，并将该《监理备忘》微信转发胡某。胡某接到徐某电话后，将《监理备忘》微信转发给吕某某。

3月21日上午，中建二局项目部工程部经理杨某口头通知浙蜀公司施工员励某某，要求组织劳务工在落地架上进行外墙抹灰作业，另外安排一个劳务工去东北角爬架上进行补螺杆洞作业。励某某安排奚某某、孙某某、张某某、徐某某、王某某、凌某某、孙某某7人在落地架上进行抹灰，安排宋某某在爬架上进行补螺杆洞。

工地工人下午上班时间是12时30分。项目部管理人员上班时间是13时30分，13点10分左右，101a号交联立塔东北角爬架（架体高约22.5m×长约19m，重20余吨）发生坠落，架体底部距地面高度约92m。爬架坠落过程中与底部的落地架相撞（落地架顶端离地面约44m），导致部分落地架架体损坏。事故发生时，南京特辰共有5名架子工在爬架上作业；浙蜀公司有1名员工在爬架上从事补洞作业，有7名员工在落地架上从事外墙抹灰作业（5名涉险）。中建二局、苏维公司未安排人员在施工现场安全巡查。

（二）事故救援情况

事故发生后，市政府、开发区管委会及相关部门立即启动应急救援，对现场人员开展施救。市110指挥中心接报后，立即进行现场警戒、维护秩序、伤亡人员身份确认等工作。市消防救援支队接报后，立即调出3个中队和支队全勤指挥部组织施救，直至当晚8时30分左右，现场救援清理结束。事故有11人涉险。

（三）人员伤亡和直接经济损失

3月21日，有3人经抢救无效死亡；3月22日上午，有3人抢救无效死亡；

3 月 31 日 22 时 40 分，有 1 人医治无效死亡。事故涉险的 11 人，共造成 7 人死亡，另外 4 名受伤人员已先后出院。事故造成直接经济损失约 1038 万元。

伤亡人员基本情况　　表 5-1

序号	姓名	性别	工种	伤害类别	伤亡程度	所属单位
1	李某	男	架子工	高处坠落	死亡	南京特辰
2	龚某	男	架子工	高处坠落	死亡	南京特辰
3	谣某某	男	架子工	高处坠落	死亡	南京特辰
4	宋某某	男	劳务工	高处坠落	死亡	浙蜀公司
5	孙某某	男	劳务工	高处坠落	死亡	浙蜀公司
6	张某某	男	劳务工	高处坠落	死亡	浙蜀公司
7	徐某某	男	劳务工	高处坠落	死亡	浙蜀公司
8	廖某某	男	架子工	高处坠落	受伤	南京特辰
9	姚某某	男	架子工	高处坠落	受伤	南京特辰
10	王某某	男	劳务工	高处坠落	受伤	浙蜀公司
11	凌某某	男	劳务工	高处坠落	轻伤	浙蜀公司

三、事故原因和性质

（一）直接原因

违规采用钢丝绳替代爬架提升支座，人为拆除爬架所有防坠器防倾覆装置，并拔掉同步控制装置信号线，在架体邻近吊点荷载增大，引起局部损坏时，架体失去超载保护和停机功能，产生连锁反应，造成架体整体坠落，是事故发生的直接原因。作业人员违规在下降的架体上作业和在落地架上交叉作业是导致事故后果扩大的直接原因。

（二）间接原因

1. 项目管理混乱。一是中航宝胜海洋工程电缆有限公司未认真履行统一协调、管理职责，现场安全管理混乱；二是中建二局项目员吕某某兼任施工员删除爬架下降作业前检查验收表中监理单位签字栏；三是前海特辰备案项目经理欧某某长期不在岗，南京特辰安全员刘某某充当现场实际负责人，冒充项目经理签字，相关方未采取有效措施予以制止；四是项目部安全管理人员与劳务人员作业时间不一致，作业过程缺乏有效监督。

2. 违章指挥。一是南京特辰安全部负责人肖某某通过微信形式，指挥爬架施工人员拆除爬架部分防坠防倾覆装置（实际已全部拆除），使爬架失去防坠控制；二是中建二局项目部工程部经理杨某、安全员吕某某违章指挥爬架分包单位与劳务分包单位人员在爬架和落地架上同时作业；三是在落地架未经验收合格的情况下，杨某违章指挥劳务分包单位人员上架从事外墙抹灰作业；四是在爬架下降过程中，杨某违章指挥劳务分包单位人员在爬架架体上从事墙洞修补作业。

3. 工程项目存在挂靠、违法分包和架子工持假证等问题。一是南京特辰采用挂靠前海特辰资质方式承揽爬架工程项目；二是前海特辰违法将劳务作业发包给不具备资质的李某个人承揽；三是爬架作业人员（李某、廖某某、龚某等4人）持有的架子工资格证书存在伪造情况。

4. 工程监理不到位。一是苏维公司发现爬架在下降作业存在隐患的情况下，未采取有效措施予以制止；二是苏维公司未按住房和城乡建设主管部门有关危大工程检查的相关要求检查爬架项目；三是苏维公司明知分包单位项目经理长期不在岗和相关人员冒充项目经理签字的情况下，未跟踪督促落实到位。

5. 监管责任落实不力。市住房和城乡建设局建筑施工安全管理方面存在工作基础不牢固、隐患排查整治不彻底、安全风险化解不到位、危大工程管控不力，监管责任履行不深入、不细致，没有从严从实从细抓好建设工程安全监管各项工作。

（三）事故性质

鉴于上述原因分析，调查组认定，该起事故因违章指挥、违章作业、管理混乱引起，交叉作业导致事故后果扩大。事故等级为“较大事故”，事故性质为“生产安全责任事故”。

四、责任认定及处理建议

根据以上事故原因分析，依据《中华人民共和国安全生产法》《中华人民共和国建筑法》《生产安全事故报告和调查处理条例》《建设工程安全生产管理条例》等，对事故责任的认定及事故责任者的处理建议如下：

（一）司法机关已采取措施人员（8人）

1. 刘某某，南京特辰项目部安全员，男，1980年8月出生。因涉嫌重大责任事故罪，已于2019年4月30日被扬州经济技术开发区人民检察院批准逮捕。

2. 肖某某，南京特辰安全部负责人、爬架工程项目实际负责人，男，1989年11月出生。因涉嫌重大责任事故罪，已于2019年4月30日被扬州经济技术开发区人民检察院批准逮捕。

3. 李某某，南京特辰总经理，爬架工程项目合同签约人，男，1976年5月出生。南京特辰爬架工程项目的实际施工单位负责人（挂靠前海特辰）。因涉嫌重大责任事故罪，已于2019年4月30被扬州经济技术开发区人民检察院批准逮捕。

4. 胡某，中建二局该项目总工、生产经理，男，1981年7月出生。因涉嫌重大责任事故罪，已于2019年4月30日被扬州经济技术开发区人民检察院批准逮捕。

5. 吕某某，中建二局该项目安全员，男，1987年11月出生。因涉嫌重大责任事故罪，已于2019年4月30日被扬州经济技术开发区人民检察院批准逮捕。

6. 赵某某，浙蜀公司该分包项目负责人，男，1965年10月出生。因涉嫌重大责任事故罪，已于2019年4月30日被扬州经济技术开发区人民检察院批准逮捕。

7. 李某，南京特辰劳务承揽人，男，1976年7月出生。因涉嫌重大责任事故罪，已于2019年3月31日被公安机关取保候审。

8. 张某某，前海特辰法定代表人兼总经理，男，1968年2月出生。因涉嫌重大责任事故罪，已于2019年3月31日被公安机关取保候审。

（二）建议追究刑事责任人员（6人）

1. 廖某某，南京特辰架子工班组长，男，1971年11月出生。带领班组人员违章作业导致事故发生，对事故发生负有直接责任。涉嫌重大责任事故罪，建议司法机关追究其刑事责任。

2. 杨某，中建二局该项目工程部经理，男，1989年10月出生。明知落地架未经监理单位检查验收合格，安排浙蜀公司的员工在落地架从事外墙抹灰和补螺杆洞作业，对事故后果扩大负有直接责任；涉嫌重大责任事故罪，建议司法机关追究其刑事责任。

3. 谢某，中建二局该项目安全部经理，男，1969年1月出生。出差时安排已有工作任务的吕某某代管落地架的使用安全，使得安全管理责任得不到落实；作为安全部经理，对爬架的安全检查管理缺失，对事故负有直接责任。涉嫌重大责任事故罪，建议司法机关追究其刑事责任。

4. 张某某，苏维公司该项目总监理工程师，负责项目监理全面工作，男，1955年1月出生。对项目安全管理混乱的情况监督检查不到位，明知分包单位项目经理长期不在岗和相关人员冒充项目经理签字的情况下，未跟踪督促落实到位；发现爬架有下降作业未采取有效措施予以制止；未按照住房和城乡建设部有关危大工程检查的要求检查爬架项目；3月21日，发现爬架正在下行且存在安全隐患的情况下，未立即制止或下达停工令，对事故负有直接监理责任。涉嫌重大责任事故罪，建议司法机关追究其刑事责任。

5. 管某某，市安监站总工办主任兼副总工程师，男，1978 年 5 月出生，中共党员，牵头负责监督一科专项检查及安全大检查工作。在进行安全检查及组织专家对爬架进行检查时，未按相关规定和规范开展检查和核对安全设施，未及时发现重大安全隐患，对事故负有直接监管责任。涉嫌玩忽职守罪，建议司法机关追究其刑事责任。

6. 徐某，市安监站监督一科副科长（聘用人员），男，1983 年 12 月出生，负责监督一科日常检查工作。在进行安全检查及组织专家对爬架进行检查时，未按相关规定或规范开展检查和核对安全设施，未及时发现重大安全隐患。3 月 21 日上午，接到监理员李某某的报告后，未及时赶到现场制止，也未及时向领导汇报，对事故负有直接监管责任。涉嫌玩忽职守罪，建议司法机关追究其刑事责任。

以上（一）（二）人员属于中共党员或行政监察对象的，待司法机关作出处理后，及时给予相应的党纪政务处理。

（三）建议给予行政处罚人员（10 人）

1. 欧某某，前海特辰该爬架项目经理，男，1987 年 4 月出生，二级建造师资格证书。作为爬架分包项目的项目经理，安全生产第一责任人，长期不在岗履行项目经理职责，对事故发生负有责任。建议由市住房和城乡建设局依法查处，并报请上级部门吊销其二级建造师注册证书，5 年内不予注册。

2. 赵某某，中建二局该项目经理，男，1962 年 11 月出生，一级建造师资格证书。未落实项目安全生产第一责任人职责，对爬架分包单位项目经理长期不在岗，未采取有效措施；安排专职安全人员承担生产任务；在安全部经理谢某离岗时，未增加现场安全管理人员（吕某某兼其职责），对事故发生负有责任。建议由市住房和城乡建设局依法查处，并报请上级部门吊销其一级建造师注册证书，5 年内不予注册。

3. 胡某，南京特辰该爬架工程项目工程部负责人，男，1986 年 9 月出生，负责爬架班组任务安排；参与南京特辰爬架防坠落导座拆除商讨会议，对拆除防坠落导座建议未予制止，对事故发生负有责任。建议由南京特辰予以开除处理。

4. 林某某，浙蜀公司扬州地区负责人（该项目负责人），男，1974 年 8 月出生。对施工现场安全管理监督不到位，对事故发生负有责任。建议由市住房和城乡建设局依法查处。

5. 鞠某，浙蜀公司该分包项目安全员，男，1993 年 2 月出生。对施工现场安全管理监督不到位，未及时制止交叉作业，导致事故扩大，对事故发生负有责任。建议由市住房和城乡建设局依法查处，并报请有关部门吊销其安全生产考核合格证书。

6. 朱某某，苏维公司该项目专业监理工程师，男，1968年10月出生，注册监理工程师。未按规定参与爬架作业前检查和验收；未按照危大工程检查要求检查爬架项目，对事故发生负有监理责任。建议由市住房和城乡建设局依法查处，并报请上级部门吊销其监理工程师注册证书，5年内不予注册。

7. 李某某，苏维公司该项目监理员兼资料员，男，1983年9月出生。3月13日，在施工总承包单位提交“爬架进行下降操作告知书”后，未进行跟踪；21日上午，发现爬架有下降作业，未采取有效措施制止作业，对事故发生负有监理责任。建议由市住房和城乡建设局依法查处。

8. 祝某某，苏维公司该项目监理员，男，1954年12月出生。发现爬架有下降作业，未采取有效措施制止，对事故发生负有监理责任，建议由市住房和城乡建设局依法查处。

9. 王某，中航宝胜海洋电缆有限公司总经理助理、该项目经理，男，1978年5月出生。未认真履行施工现场建设单位统一协调、管理职责，现场安全管理混乱；明知爬架分包单位项目经理长期不到岗，未有效督促总包、分包单位及时整改；未认真汲取2018年高处坠落死亡事故教训，对事故发生负有管理责任。建议由中航宝胜海洋电缆有限公司给予撤职处理。

10. 王某，中航宝胜海洋电缆有限公司设备部经理、该项目安全员，男，1972年10月出生。明知爬架分包单位项目经理长期不到岗，未有效督促总包、分包单位及时整改；未督促监理单位认真履行监理职责，对事故发生负有管理责任。建议由中航宝胜海洋电缆有限公司给予撤职处理。

（四）建议给予党纪、政务处分人员（7人）

1. 顾某某，市安监站党支部书记、站长，男，1972年6月出生，中共党员，主持安监站全面工作。明知徐某无安全检查资质，仍安排其参与日常检查、专项检查、安全大检查工作。日常工作中未落实好监督责任制，督促市管房屋建筑工程施工安全监管不到位，对事故负有主要领导责任。建议对其予以撤销党内职务和政务撤职处分。

2. 周某，市安监站副站长，男，1979年3月出生，中共党员，负责市管项目安全监督管理，分管监督一科、监督二科。明知徐某无安全检查资质，仍安排其参与日常检查、专项检查、安全大检查工作。日常工作中对监督一科未落实好监督责任制，督促市管房屋建筑工程施工安全监管不到位，对事故负有主要领导责任。鉴于其2018年1月至2019年1月抽调市“三路一环”指挥部工作。建议对其予以党内警告和政务记过处分。

3. 盛某某，市建筑安装管理处支部书记、主任，男，1966年9月出生，中共党员，主持建筑安装管理处全面工作。未发现前海特辰与中建二局签订的爬架工程专业分包合同没有备案，也未发现前海特辰项目经理长期不在岗的情况，对事故负有重要领导责任。建议对其进行诫勉谈话。

4. 成某某，市住房和城乡建设局副调研员，男，1959年10月出生，中共党员，负责建筑工程安全监管，分管市安监站。部署落实建筑施工安全管理不到位，对建筑施工安全管理督导不到位，督促分管部门履行监管职责不到位，对事故负有主要领导责任。建议对其予以党内警告和政务记过处分。

5. 朱某某，市住房和城乡建设局副调研员，男，1964年10月出生，中共党员，协助分管建筑工程安全管理。协助部署落实建筑施工安全管理不到位，对建筑施工安全管理督导不到位，督促分管部门履行监管职责不到位，对事故负有主要领导责任。建议对其进行诫勉谈话。

6. 苏某某，市住房和城乡建设局副调研员，男，1965年10月出生，中共党员，牵头负责市住房和城乡建设局安全生产工作。部署落实建筑施工安全管理不到位，对督促落实建筑施工安全生产目标管理责任督导不到位，对事故负有重要领导责任。建议对其进行诫勉谈话。

7. 陶某某，市住房和城乡建设局党委书记、局长，男，1964年出生，主持市住房和城乡建设局全面工作。对加强建筑工程安全监管工作重视不够，未能及时根据形势任务要求理顺工作机制，对事故负有重要领导责任。建议对其进行提醒谈话。

（五）事故责任单位行政处罚建议（4家）

1. 前海特辰违反了《中华人民共和国安全生产法》第二十二条第六款、第四十一条、第四十五条以及《建筑工程施工发包与承包违法行为认定查处管理办法》第八条第三项的有关规定，对事故发生负有责任。根据《中华人民共和国安全生产法》第一百零九条第二款的规定，建议由市应急管理局依法给予行政处罚。同时，建议由市住房和城乡建设局函告有关部门给予其暂扣《安全生产许可证》和责令停业整顿的行政处罚。

前海特辰允许南京特辰以其名义承揽工程的行为，违反了《建设工程质量管理条例》第二十五条的规定，建议由市住房和城乡建设局依法查处。

2. 中建二局违反了《中华人民共和国安全生产法》第十九条，第二十二条第五款、第六款、第七款，第四十六条第二款以及《建设工程安全生产管理条例》第二十八条的有关规定，对事故发生负有责任。根据《中华人民共和国安全生产法》第一百零九条第二款的规定，建议由市应急管理局依法给予行政处罚。同时，建议由市住房和城乡建设局依法查处。

3. 南京特辰未取得资质证书以前海特辰名义承揽工程并将工程劳务违法分包给李某个人的行为，违反了《建设工程质量管理条例》第二十五条的规定，建议由市住房和城乡建设局依法查处，并报请或函告有关部门给予其暂扣《安全生产许可证》和责令停业整顿的行政处罚。

4. 苏维公司未按规定对爬架工程进行专项巡视检查和参与组织验收，以及明知前海特辰项目经理欧某某长期不在岗履职、爬架下降未经验收擅自作业等安全事故隐患，未要求其暂停施工的行为，违反了《建设工程安全生产管理条例》第十四条和《危险性较大的分部分项工程安全管理规定》第十八条、第十九条、第二十一条的规定。建议由市住建局依法查处，并报请上级部门给予其责令停业整顿的行政处罚。

（六）相关建议

1. 市住房和城乡建设局向市政府作出深刻的书面检查。

2. 扬州经济技术开发区管委会向市政府作出深刻的书面检查。

五、事故防范和整改措施

（一）切实落实企业安全生产主体责任

各相关单位要严格按照“一必须五到位”和“五落实五到位”的要求，强化企业安全管理。中航宝胜海洋电缆有限公司要组织施工总承包单位、专业分包单位、劳务分包单位以及监理单位立即开展安全排查，全面了解施工管理现状，建立健全安全管理制度；中建二局、前海特辰要对在建工程进行全面排查，坚决杜绝非法转包、违法分包和资质挂靠等行为，确保施工安全；苏维公司要督促监理人员认真履职，强化施工过程监管，及时发现并制止建设单位及施工单位在工程建设过程中的非法违法行为，健全资料台账。

（二）切实落实安全监管责任

市住房和城乡建设局要按照“管行业必须管安全、管业务必须管安全、管生产经营必须管安全”要求，切实加强对施工企业和施工现场的安全监管，根据工程规模、施工进度，合理安排监管力量，强化安全风险化解，加大危大工程管控力度，认真履行监管责任，从严从实抓好建设工程安全监管各项工作。指导和督促施工单位强化隐患排查整治，严厉打击项目经理不到岗履职和出借资质、违法挂靠、转包等行为，坚决遏制较大事故发生。

（三）切实落实安全生产属地责任

扬州经济技术开发区管委会要深刻汲取此次事故教训，举一反三，将近年来辖区发生的安全生产事故进行全面梳理，分析事故原因，落实监管责任。要配齐配强安全监管人员，认真履行安全监管职责，注重加强对负有安全监管职责部门履职情况的监督检查，确保监督管理职责履职到位。

专家分析

一、事故原因

（一）直接原因

1. 关于架体防坠器

据事故调查报告显示，事故发生前架体正处于下降阶段，人为拆除了附着式升降脚手架所有的防坠器，作为保障架体安全的最后一道防线，是何种原因造成作业人员宁愿置自身生命安危于不顾，也坚持要在下降环节拆除防坠落装置？

事发架体出厂配备了“转轮式”防坠器，该类防坠器约产生于15年前，该防坠器的基本原理与“齿轮啮合齿条”类似，通过转轮结构与导轨结构相互配合，在架体升降过程中，转轮随导轨升降而转动。转轮内部设计有键槽结构，当架体正常升降时，键槽结构会在自重作用下时刻保持复位，当架体发生坠落时，转轮式防坠器转速升高，键槽结构因离心力而触发，通过锁定转轮将导轨制动，如图5-1所示。转轮式防坠器的特点是结构精度高、触发灵敏、制动距离小，通过多次检测和论证，该类防坠器的抗冲击强度和制动距离均能满足设计及标准规范要求，在试验阶段发挥出良好的防坠效果。

到了现场应用阶段，转轮式防坠器精密的结构若想发挥出良好的功效，需要及时、准确的维护工作作为支撑。施工现场作业环境恶劣，作业人员职业技能与职业素养普遍偏低，加之施工单位对于作业前检查及安全、技术交底工作流于形式，防坠器的重要性及其使用要点被忽略，当转轮式防坠器未设置防护措施被混凝土污染，或素日积累的灰尘、雨水污染了防坠器时（图 5-2），转轮式防坠器内部的转轴、键槽结构无法正常运转，在架体下降作业中必然发生卡阻，导致下降作业无法正常进行，架子工不清楚防坠器的构造特点和工作原理，更不知晓如何修复防坠器解决卡阻问题，只视防坠器为工作上的阻碍，转轮式防坠器这一设计的优点、亮点转化成了施工环节的痛点、难点，转轮式防坠器从保障工人作业安全的“法宝”，转变成了工人心中“误工误事的绊脚石”。

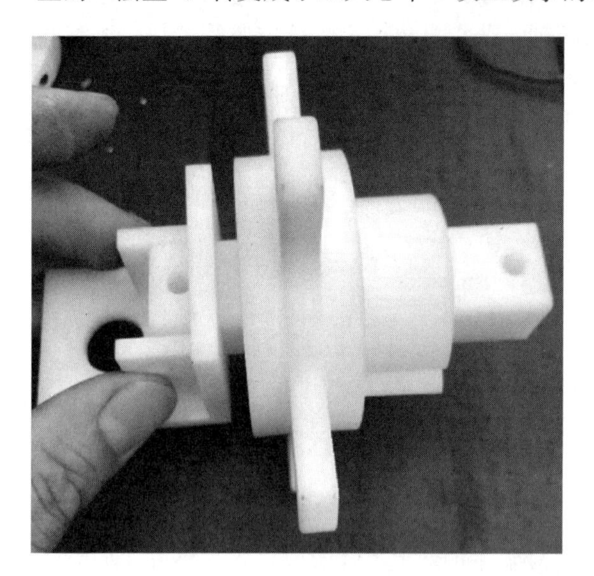

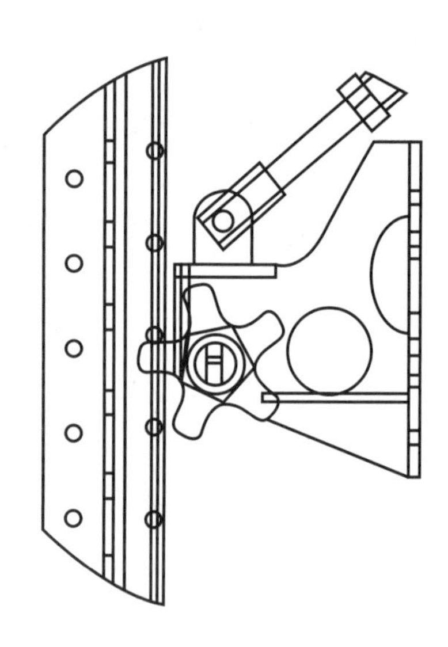

图 5-1　转轮式防坠器简化模型及原理简图

图 5-2　事故现场可见防坠器遍布泥土、锈迹

注：该防坠器转轴端部固定销轴被拆除，等同于拆除防坠器。

此外要补充的一点是，目前新型产品中转轮式防坠器的占比逐年减小，更多的设计者选择了摆针摆块式防坠器，该类防坠器的优势可简单归结为结构简单、易于维护、抗污染性能好，这可视作一种市场与产品的双重选择，实践对理论的反馈引导，设计思路与施工诉求不断磨合适配的过程。

2. 关于使用钢丝绳代替提升支座

事故调查报告显示，事故发生前，作业人员违规采用钢丝绳替代爬架提升支座，当局部机位超载，钢丝绳破坏导致提升系统与建筑外立面结构分离，最终架体发生坠落，如图 5-3 所示。通过常识可以直观地判断，普通钢丝绳的强度与电动葫芦链条相比差距甚大，那么作业人员为什么违规选用钢丝绳对提升系统进行接长替代呢？问题可以从两个角度进行分析：

图 5-3 事故架体的提升系统

首先，作业人员选择不将电动葫芦环链装置正确安装至提升支座，可能是存在安装条件不具备、零部件损坏等客观因素，比如当提升支座结构缺陷、环链装置损坏、连接件（如销轴）遗失等情况，作业人员由于安全意识淡漠，出于方便就地选择钢丝绳作为代连接件，最终因强度不足导致破坏。但这种可能性通过事故勘察照片可基本被排除，从图 5-3 不难看出，事故架体提升支座、环链结构基本完好有效，具备正常安装的客观条件，基本排除此类客观因素。

此外，另一种情况具有更大的可能性，即在施工方案设计环节，对于提升系统未针对建筑结构特点而进行专项设计或未按方案施工，提升设备选择不合理，导致电动葫芦链条最大行程无法满足实际升降需求，只能选择现场接长。由事故调查报告及勘察照片得知，事发项目层高普遍在 7m 及以上，架体若想按标准作业方法执行一个完整的升降过程，就应选择最大行程 15～18m，单链条长度 60～70m 的电动葫芦，如此才能保障架体安全平稳运行。事故现场部分电动葫芦通过钢丝绳悬吊于提升支座而未坠落，从图5-4可以看出，该电动葫芦的最大行程难以满足7m以上层高的作业需求，只能通过延长、接长等手段勉强维持作业循环，为事故发生留下巨大隐患。

图5-4　电动葫芦最大行程不足

（二）事故间接原因

1. 违章拆除防坠器是项目管理人员对现场作业未认真履责，调度监督工作人浮于事；专业承包单位违章进行指挥；作业人员对产品特性认识掌握不足的叠加后果。

2. 使用钢丝绳代替提升支座极有可能是因提升设备选择不当造成升降作业无法顺利进行，从而采取的临时措施，其背后的原因也许是企业盲目追求利润降低成本，未定制加长链条电动葫芦，也许是施工方案编制、审批流程出现失误，相关人员未能考虑充分、存在疏漏，最终为事故发生埋下伏笔。

二、经验教训

如果在下降作业前能够对架体隐患进行全面排查，如果针对较大层高建筑结构架体升降进行专项设计并执行，如果在遇到设备故障时能够采取技术手段及时处理解决，如果在明知违章作业的情况下能够摒弃侥幸心理悬崖勒马，想必这起事故是可以及时控制并避免的，可惜“事故无情、难得如果”，各岗位管理人员、各工种作业人员均存在不同程度的玩忽职守、尸位素餐，导致该项目施工管理体系“层层失控，漏洞百出”，最终的代价必然是残忍的、惨痛的。

三、预防措施建议

结合以上两点关于设备自身重大安全隐患的浅析，不难发现，在建筑施工装备的应用环节，必须做到掌握产品运行原理、把控作业关键节点。此外，在设备带病作业的背后，也深刻埋藏着该工程在施工环节“管理混乱、违章指挥、资质弄虚作假”的祸根。

附着式升降脚手架这一中国独创的建筑施工装备仍处于高速发展期，现如今其安全性和经济性得到了建设单位、施工单位普遍认可与信赖。鉴史使人明智，望类似事故日后得以避免，附着式升降脚手架行业以及建筑施工行业在积极健康发展的道路上越走越远。

6 辽宁沈阳“3·24”高处坠落较大事故

调查报告

2019 年 3 月 24 日 5 时 40 分许，位于沈阳市苏家屯区陈相街道奉集堡社区的沈阳市老虎冲生活垃圾焚烧发电厂施工现场，发生一起较大高处坠落事故，造成 3 名作业人员死亡，直接经济损失约 510 万元。

事故发生后，沈阳市政府分管副市长及相关部门领导先后到达现场，组织协调事故调查工作。依据《中华人民共和国安全生产法》和《生产安全事故报告和调查处理条例》（国务院令第 493 号）的规定，经沈阳市政府批准，由市应急局任组长单位，市城乡建设局、市公安局、市纪委监委、市总工会、苏家屯区人民政府等部门组成联合事故调查组，并聘请相关专家参与，开展调查处理工作。

调查组经过现场勘察、询问当事人、技术鉴定分析，查清了事故发生的经过、原因，认定了事故的性质和责任，并提出了对有关责任单位、人员的处理建议和工作改进措施。

一、基本情况

（一）工程概况

沈阳市老虎冲生活垃圾焚烧发电厂（以下简称老虎冲发电厂），位于沈阳市苏家屯区陈相街道奉集堡社区老虎冲村。该发电厂为沈阳市环保重点建设项目。工程规模：处理规模 3000t/d 焚烧发电生产系统，配置 4 台 750t/d 机械炉排炉和中温中压余热锅炉，2 台 30MW 抽气式汽轮发电机组及烟气净化系统，渗滤液处理系统等设备设施。

主要建设内容包括：垃圾焚烧主厂房、烟囱、冷却塔、升压站、油罐、地磅、烟气处理、渗滤液处理、水处理等生产系统设施，以及综合楼、办公楼等附属设施。该工程计划开工日期为 2017 年 6 月 7 日，竣工日期为 2019 年 4 月 7 日。预计 2019 年 8 月 30 日试运行，2019 年年底投入使用。

（二）相关单位基本情况

1. 建设单位：沈阳新基环保有限公司（以下简称新基环保公司），注册住所：沈阳市苏家屯区枫杨路86号。法定代表人董某，注册资本2.0亿元，成立日期及营业期限：2014年1月23日至2039年1月22日，经营范围：环保类项目投资建设及运营管理，环保技术设备开发及推广应用。

2. 施工单位：（1）老虎冲发电厂施工单位为联合体总承包，其成员组成如下：

① 联合体牵头人单位：中国能源建设集团广东火电工程有限公司（以下简称广东火电公司），注册住所：广州市黄埔区红荔路2号，法定代表人刘某某，注册资本10.412亿元，成立日期1986年5月12日，营业期限为长期，经营范围及资质类别：电力工程施工总承包特级、机电安装工程总承包壹级、输变电工程专业承包壹级。《安全生产许可证》有效期2017年7月11日至2020年7月11日。

② 联合体成员单位：中国建筑第二工程局有限公司（以下简称中建二局），地址为北京市通州区梨园镇北杨洼251号，法定代表人陈某某，营业期限1980年12月9日至长期。资质类别及等级：建筑装修装饰工程专业承包壹级；矿山工程施工总承包贰级；地基基础工程专业承包壹级；石油化工工程施工总承包贰级。

（2）专项施工承包单位：沈阳建宝丽新型建材有限公司（以下简称建宝丽公司），台港澳与境内合资类型有限公司，地址为沈阳市虎石台经济开发区，法定代表人蒋某某，注册资本250.33万美元。营业日期1994年10月18日至2044年10月17日。主要经营范围：生产并销售水泥复合轻质保温新型建筑材料、组合式房屋、ESP外保温、设备模具制造及产品的售后安装服务。

3. 监理单位：沈阳市建设工程项目管理中心（以下简称项目管理中心）。集体所有制类型企业，注册住所：沈阳市沈河区文萃路33号，法定代表人李某某，注册资金310万元，成立日期及营业期限1993年6月19日至长期，经营范围：工程项目监理、技术咨询服务、工程项目管理、建筑工程技术研究与开发。该中心负责主厂房土建工程监理工作。

（三）工程合同签订及监管情况

1. 工程施工合同的签订情况

2016年11月25日，广东火电公司与中建二局组成的联合体，在新基环保公司投资建设的老虎冲发电厂项目招标活动中，被确定为中标人。

2017年5月31日，新基环保公司与该联合体签订工程承包合同。约定合同工期为2017年6月7日至2019年4月7日，总价约4.2亿元。广东火电公司为项目牵头人，该公司负责施工总承包中的安装工程；中建二局为成员单位，负责施工总承包中的建筑工程。承包人项目经理为广东火电公司邓某某。

2. 工程建设许可审批情况

2018年3月13日，原沈阳市城乡建设委员会准予老虎冲发电厂项目施工，并颁发《建筑工程施工许可证》。该项目建设面积68319m²，合同价格4.1877亿元，合同工期670天。2018年9月，老虎冲发电厂项目主厂房建成。

3. 工程主厂房专项施工合同签订情况

因主厂房钢结构网架的施工需要，2018年12月5日，中建二局与建宝丽公司签订《轻质屋面板及采光板采购合同》，其中屋面板用作网架屋面的铺设，两种板材约10000m²，合同价约243万元，包含货物款、包装费、安装费等一切费用。合同附带《安全协议书》，明确双方安全生产责任。

2019年3月初，建宝丽公司工程部长李某某与该公司总经理杨某口头约定，承包上述板材的安装工程，施工面积约7000m²，安装费20元/m²。

4. 工程监理合同的签订情况

2017年9月12日，新基环保公司与监理单位项目管理中心签订《主厂房土建工程监理合同》，委托该中心对老虎冲发电厂项目主厂房的房屋建筑、土方、深基坑及支护、钢结构及外围护、装饰等工程进行监理，合同总价96.5万元。

5. 工程的监管情况

2017年9月4日，原沈阳市城乡建设委员会召开委务会，研究讨论老虎冲发电厂项目安全监管有关工作。确定由沈阳市建设工程安全监督站（以下简称市安全站）负责该项目安全监管工作，具体工作由起重机械安全监督管理科（以下简称设备科）负责落实。

二、事故的发生经过及救援情况

自2019年3月6日开始，李某某召集金某某、李某某、秦某、孙某、张某某等五人，进入老虎冲发电厂主厂房区域，进行安装屋面板施工，直至3月23日，除卸料平台东南角部分外，屋面板安装施工基本结束，当日，李某某与协助安装的塔式起重机司机约定，第二天提前进入现场，抓紧完成收尾部分工程。

（一）事故发生的经过

2019年3月24日5时30分许，李某某带领金某某、李某某、秦某、孙某、张某某等人，并通知塔式起重机司机一同进入主厂房区域，安装卸料平台钢结构屋顶的屋面板和天沟板。

5时40分许，李某某等6人到达卸料平台屋顶东南角位置，安装天沟板（型号TGB-2）。金某某、李某某、秦某3人站在前一天已安装到位但未焊接固定的屋面板上（规格为2354mm×2500mm），李某某、孙某、张某某3人站在南面相邻的屋面板上，因主厂房墙壁有凸出部分，致使配合安装的塔式起重机不能够将天沟板吊送到位，塔式起重机将天沟板吊至距离屋面高度约300mm后，6人用力向东侧的厂房主体方向推撬，欲使天沟板在安装位置就位（推撬水平距离为2.27m）。由于金某某、李某某、秦某3人所站立的屋面板在蹬踏力作用下产生水平位移，脱离支托而发生翻转，造成上述3名工人从主厂房卸料平台的钢结构屋顶坠落，坠落高度为13.41m。

（二）事故发生后的救援情况

事故发生后，李某某立即向中建二局项目部工程部长武某某、建宝丽公司总经理杨某等人报告。

6时许，接到通知后，中建二局项目部后勤负责人常某某等人相继赶到事故现场，为尽快将伤者送往医院抢救，常某某等人临时调用现场的两台私人面包车，将伤者送往附近医院救治。因考虑到救治医院的距离、路况以及抢救效率等多种因素，现场人员将金某某和秦某送往本溪市中心医院、将李某某送往位于苏家屯区的辽宁中医大学附属第四医院。

7时40分许，金某某、李某某、秦某3人相继被送到医院进行抢救。

8时10分许，上述3人经抢救无效死亡。

三、事故发生的原因和事故性质

（一）直接原因

金某某、李某某、秦某3名工人在推撬天沟板的过程中，脚下屋面板受力，发生水平位移而脱离支托，在人员的重力作用下发生翻转，3名工人由主厂房卸料平台屋顶坠落，撞击平台地面造成死亡。

（二）间接原因

1. 建宝丽公司违反工程发包承包规定，工人违章作业、违章指挥。一是作业人员违章操作，未佩戴使用防护用品，致使人身安全得不到最基本保障；二是未按照施工方案组织施工，没有保证屋面板三点焊接与网架支托固定。屋面板处于非固定状态，在受到外力的作用下，容易产生滑动现象；三是违反规定将安装工程转包给个人施工，并且未派驻安全管理人员。

2. 施工总承包牵头人单位广东火电公司，没有认真履行安全管理职责。一是安全生产管理工作不到位，2019 年以来，没有组织联合体成员对施工现场进行全面排查，对存在隐患的作业区情况不掌握；二是对联合体成员单位安全管理机构不健全的问题，没有及时发现和督促整改，安全管理工作不到位。

3. 施工总承包联合体成员单位中建二局，安全管理机构不健全，安全管理制度不落实。一是项目部安全管理人员力量薄弱，职责不清。安全经理和一名安全员长期不在位，专职安全管理人员数量不足，并兼职其他工作；二是对分包作业监管不严，施工队伍审核制度、安全教育和技术交底工作流于形式。

4. 监理单位项目管理中心工作制度不落实，对安装工程施工队伍审核不严，安全隐患查处不到位。一是把关不严，审核制度流于形式。对总包单位的《分包单位资格报审表》未明确审查意见，默认施工队伍进场作业；二是对施工现场存在的隐患督促整改不力，没有采取有效措施制止违章行为；三是对施工单位安全管理机构力量薄弱的问题没有重视，未能及时提出整改要求。

5. 建设单位新基环保公司，对施工现场的问题隐患未能引起足够重视，安全管理人员配备不足，分包工程审核备案程序不严格。

6. 市安全站设备科工作职责分工不合理，对施工现场的督促检查不全面，重点部位监督检查不到位，日常监管工作存在盲区。

（三）事故性质

经调查认定，沈阳市老虎冲生活垃圾焚烧发电厂“3·24”高处坠落事故是一起较大生产安全责任事故。

四、对有关责任单位和责任人员的处理建议

（一）对有关责任人员的处理建议

1. 金某某、李某某、秦某，建宝丽公司屋面板施工队伍工人，未按照施工方案实施操作，不佩戴使用劳动防护用品违章冒险作业，是造成事故的直接责任者。鉴于上述 3 人在事故中死亡，不再追究其责任。

2. 孙某、张某某，建宝丽公司屋面板施工队伍工人，未按照施工方案实施操作，不佩戴使用劳动防护用品违章冒险作业，对事故的发生负有主要责任，建议建宝丽公司依据规章制度进行处理。

3. 李某某，建宝丽公司工程部长，违规承包屋面板安装工程，未按施工方案组织工人施工，施工存在严重缺陷；违章指挥、违章操作，不按规定佩戴防护用品，对事故的发生负有直接责任，建议由公安机关追究其刑事责任。

4. 杨某，建宝丽公司总经理，该公司将安装工程转包给个人，对施工项目未派驻安全管理人员；对施工中违规问题失察失控，对事故的发生负有重要责任。依据《中华人民共和国安全生产法》第九十二条第二项和《沈阳市安全生产行政自由裁量标准》序号 2 的规定，建议由市应急管理局对其处以 2018 年收入 40％罚款的行政处罚。

5. 蒋某某，老虎冲发电厂广火公司项目部安全经理，该公司项目部没有认真履行牵头人安全管理责任，缺乏对施工现场的统一协调管理，对工程安全管理负有责任。依据《建设工程安全生产管理条例》第五十八条的规定，建议由城乡建设部门责令停止执业 6 个月。

6. 邓某某，老虎冲发电厂项目经理，广东火电公司没有认真履行项目牵头人的安全管理责任，缺乏对施工现场的统一协调管理，对工程施工管理负有责任。依据《中华人民共和国安全生产法》第一百条第二款、《沈阳市安全生产行政自由裁量标准》序号 28 的规定，建议由市应急管理局对其处以罚款 3000 元处罚。

7. 朱某，老虎冲发电厂项目副经理，中建二局项目部负责人，没有认真履行安全生产职责。对项目部安全管理机构不健全、人员失控、外包工程管理不严格、施工现场隐患整改不及时负有管理责任。依据《中华人民共和国安全生产法》第一百条第二款、《沈阳市安全生产行政自由裁量标准》序号 28 的规定，建议由市应急管理局对其处以罚款 4500 元处罚。

8. 伞某某，老虎冲发电厂中建二局项目部安全总监，因个人原因长期不在岗，未能履行安全生产管理职责，严重影响本部门正常工作，对事故的发生负有安全管理责任。鉴于其本人已于事故发生前死亡，不再追究其责任。

9. 鲁某某，老虎冲发电厂中建二局项目部安全员，因个人原因长期不在岗，未能履行安全生产管理职责，对本部门工作不能正常进行负有责任。依据《建设工程安全生产管理条例》第五十八条的规定，建议由城乡建设部门责令停止执业 6 个月，并按照管理权限，由中建二局依法依规给予处理。

10. 郭某某，项目管理中心老虎冲发电厂项目部总监理工程师代表，未认真履行安全管理职责，对工程分包单位进场及专项施工方案审核程序流于形式，对施工现场存在的隐患督促整改不力负有监理责任。依据《建设工程安全生产管理条例》第五十八条的规定，建议由城乡建设部门责令停止执业 6 个月。

11. 温某某，项目管理中心老虎冲发电厂项目部总监理工程师，未认真履行安全管理职责。对监理工作制度不落实，施工现场存在的隐患督促整改不力负有责任。依据《建设工程安全生产管理条例》第五十八条的规定，建议由城乡建设部门责令停止执业6个月。

12. 宋某某，新基环保公司副总经理，老虎冲发电厂建设项目负责人。对施工中存在隐患整改不及时、分包工程审核备案程序不严格、项目施工现场安全管理人员配备不足等问题负有领导责任。建议由沈阳市安委会办公室对其通报批评。

13. 张某，市安全站设备科科长，老虎冲发电厂建设项目监管负责人，该科室监管人员业务生疏、职责不清、监管工作存在盲区，对重要施工区域监管不到位，对事故的发生负有监管责任。建议按照干部管理权限给予行政记过处分。

14. 刘某，市安全站副站长，分管设备科工作。对所分管部门指导不细，对监管过程中的人员职责不清、监管存在盲区等问题未能及时掌握。建议按照干部管理权限对其进行诫勉谈话。

（二）对有关责任单位的处理建议

1. 沈阳建宝丽新型建材有限公司。该公司将安装工程转包给个人，未按施工方案组织实施，施工存在严重缺陷；作业人员违章操作，不按规定佩戴防护用品，作业区无防护措施，最终导致事故的发生。该公司施工现场不具备安全生产条件，违反了《中华人民共和国安全生产法》第十七条的规定，对事故的发生负有直接责任。依据《中华人民共和国安全生产法》第一百零九条第（二）项、《沈阳市安全生产行政自由裁量标准》序号35的规定，建议由沈阳市应急管理局对该公司处以罚款55万元的行政处罚。

2. 中国能源建设集团广东火电工程有限公司，该公司项目部没有认真履行牵头人单位的安全管理责任，缺乏对施工现场的统一协调管理，安全协议中的有效安全措施不明确，对成员单位专职协调人不在位的情况不重视，其行为违反了《中华人民共和国安全生产法》第四十五条的规定，对事故的发生负有管理责任。依据《中华人民共和国安全生产法》第一百零一条和《沈阳市安全生产行政自由裁量标准》序号28的规定，建议由沈阳市应急管理局对该公司项目部处以罚款2.5万元的行政处罚。

3. 中国建筑第二工程局有限公司，该公司项目部安全管理机构不健全，未按规定配备安全管理人员，安全管理制度不落实，分包作业区监管不严，吊装作业管理混乱。对事故的发生负有管理责任。该公司项目部上述行为违反了《中华人民共和国安全生产法》第十七、四十条的规定，对事故的发生负有管理责任。依据《中华人民共和国安全生产法》第九十四条第（一）项、第九十八条第（三）项和《沈阳市安全生产行政自由裁量标准》序号3、25的规定，建议由沈阳市应急管理局对该公司项目部分别处以罚款4.5万元、2.5万元合并7万元的行政处罚。

4. 沈阳市建设工程项目管理中心。监理工作制度不落实，对安装工程施工队伍审核不严，安全隐患查处不到位。对事故的发生负有监理责任。该中心上述行为违反了《建设工程安全生产管理条例》第十四条的规定，依据《建设工程安全生产管理条例》第五十七条的规定，建议由沈阳市城乡建设局对该中心依法给予处罚。

5. 沈阳新基环保有限公司。建设项目施工现场安全管理人员配备不足，对施工中的问题隐患未能引起足够重视，分包工程审核备案程序不严格。建议由沈阳市安委会办公室对该公司全市通报批评。

6. 沈阳市城乡建设局。市安全站主要领导调整后，没能及时明确站内工作牵头人，致使该站主要负责人位置空岗，造成监管领导力量削弱。建议由沈阳市安委会办公室对该局主要负责人进行约谈。

五、事故防范和整改措施

1. 建宝丽公司要深刻吸取事故的教训，进行全面整顿，规范安装工程承揽活动，加强对从业人员的安全教育和管理，提高各类人员的安全生产意识，配齐配全各种防护用品，防止各类生产安全事故的发生。建议由城乡建设部门责令其安装现场停工整顿，直至具备安全生产条件，方可恢复施工。

2. 广东火电公司要加强对施工项目的全面管理，切实履行好牵头人的职责，落实各项安全生产管理制度，增强各级人员责任心和全局观念，对现场各类隐患进行排查，消除安全管理死角，防止各类生产安全事故的发生。建议城乡建设部门责令其施工现场全面停工整顿，隐患排查整改完毕后，方可恢复生产。

3. 中建二局项目部要深刻吸取事故的教训，立即加强安全生产管理机构的建设，配备业务能力、责任心强的人员，严格规章制度，明确各级人员职责，严厉打击违章作业、违章指挥的行为，配合监理部门和牵头人，对现场进行全面排查，及时消除各类隐患，严防事故的发生。建议城乡建设部门责令其施工现场全面停工整顿，隐患排查整改完毕后，方可恢复生产。

4. 项目管理中心要依法加强对现场的管理，克服畏难情绪，特别是加强对外包施工队伍的管理，认真落实审核制度，对各类单位、人员资质资格严格把关，对现场发现的问题隐患要一追到底，做好闭环管理工作。组织在场单位进行全面排查，及时消除各类隐患，严防事故的发生。

5. 新基环保公司要吸取事故教训，加强建设项目的安全管理力量，增强各类人员的责任心，落实好各项规章制度，协调各在场单位搞好隐患排查工作，及时消除各类隐患，严防事故的发生。

6. 沈阳市城乡建设局要切实履行好行业安全生产监管工作职责，加强配齐监管部门领导力量，监督老虎冲发电厂建设项目做好事故后的整改工作，要将此事故向全市建筑施工企业通报，落实市安委会的统一要求，开展一次预防高处坠落事故的专项整治，督促所属部门做好隐患排查工作，确保建筑施工领域安全形势稳定。

专家分析

一、事故原因

（一）直接原因

金某某、李某某、秦某3名工人在推撬天沟板的过程中，脚下屋面板受力，发生水平位移而脱离支托，在人员的重力作用下发生翻转，3名工人由主厂房卸料平台屋顶坠落，撞击平台地面造成死亡。

（二）间接原因

1. 违章作业，违章指挥。一是作业人员违章操作，未佩戴使用防护用品，致使人身安全得不到最基本保障；二是未按照施工方案组织施工，没有保证屋面板三点焊接与网架支托固定。屋面板处于非固定状态，在受到外力的作用下，容易产生滑动现象。

2. 机构不健全，管理混乱。施工总承包牵头人单位广东火电公司，对联合体成员单位安全管理机构不健全的问题，没有及时发现和督促整改，没有组织联合体成员对施工现场进行全面排查，安全管理工作不到位。施工总承包联合体成员单位中建二局，项目部安全管理人员力量薄弱，安全经理和一名安全员长期不在位，专职安全管理人员数量不足，并兼职其他工作。

3. 制度不落实，整改不到位。非法转包未得到查处，建宝丽公司违反规定将安装工程转包给个人施工，并且未派驻安全管理人员；中建二局对分包作业监管不严，施工队伍审核制度、安全教育和技术交底工作流于形式，监理单位对安装工程施工队伍审核不严，审核制度流于形式。施工、监理单位对施工现场存在的隐患督促整改不力，没有采取有效措施制止违章行为，对施工单位安全管理机构力量薄弱的问题没有重视，未能及时提出整改要求。

4. 市安全站设备科工作职责分工不合理，对施工现场的督促检查不全面，重点部位监督检查不到位，日常监管工作存在盲区。

二、经验教训

该起事故为典型的草台班子违章作业造成较大生产安全事故案例，是边远地区及多层分包项目的代表性案例，其深刻教训值得吸取。

1. 层层发包演变为私人承包，管理措施不落实。施工单位虽为中建二局，但工程的最终承揽者为私人搭建的草台班子，再全面的管理制度也会层层打折扣，落实不到一线作业层，发生生产安全事故实则必然。

2. 管理体系严重缺失，管理职责不落实。现场未形成有效的安全生产管理体系，尤其是在事故发生后，后勤负责人临时调集私人面包车，花了一个半小时将 3 名伤者分送两家医院，凸显了项目现场安全管理的混乱、随意。管理人员不在岗，管理职责的落实成为镜花水月。

3. 隐患排查整治走过场，整改效果不落实。行业监管的技术力量配备不完整，施工监理对现场存在的体系问题、违章现象督促整改力度不够，造成现场隐患整改不力，继而形成带病作业的常态。

三、预防措施建议

1. 落实工程建设各方主体责任。工程施工单位要将管理触角延伸至一线作业面，管理体系覆盖到每一个分包单位，真正建立起全覆盖、全方位、全过程的安全生产管理体系。

2. 落实企业安全生产标准化管理制度。大型国有企业的标准化工作居于行业领先地位，但在具体项目上也存在企业、项目两张皮的现象，企业要将如何落实标准化管理作为安全日常管理的首要工作抓实抓细。

7　江苏扬州“4·10”基坑坍塌较大事故

调查报告

2019年4月10日9时30分左右，扬州市广陵区古运新苑农民拆迁安置小区四期B2地块一停工工地，擅自进行基坑作业时发生局部坍塌，造成5人死亡、1人受伤。事故发生后，省委省政府高度重视，省长吴政隆、常务副省长樊金龙等先后作出批示。市委谢正义书记在第一时间对救援和处置工作提出要求，市长夏心旻、常务副市长陈错疏、副市长宫文飞、何金发先后赶赴事故现场，指导救援工作。省应急管理厅、住建厅迅速派员赶赴现场指导救援工作。

依据《中华人民共和国安全生产法》《生产安全事故报告和调查处理条例》以及市政府《关于规范生产安全事故报告和调查处理工作的指导意见》，市政府成立了由市应急管理局局长任组长，市应急管理局、纪委监委、公安局、住房和城乡建设局、总工会、广陵区等部门单位的相关人员为成员的“4·10”较大事故调查组，下设管理综合组、技术分析组、责任追究组、应急处置组，全面开展事故调查处理工作。

事故调查组按照“四不放过”和“科学严谨、依法依规、实事求是、注重实效”的原则，通过现场勘验、技术分析、调查取证和综合分析，查明了事故发生的经过、原因，认定了事故性质和责任，提出了对有关责任人员和责任单位的处理建议，针对事故暴露出的问题提出了防范措施。现将有关情况报告如下：

一、基本情况

（一）工程项目概况

古运新苑农民拆迁安置小区四期B2地块（以下简称古运四期项目）位于扬州市广陵区大运河以西、万福路以北。总建筑面积145974.78m²，合同造价暂定40407.569万元，资金来源为财政拨款。项目建筑物包括B101-B111号住宅楼、B203公建房、配电房、泵房、地下车库及标段内配套工程。住宅楼结构形式分别为框架-剪力墙 27 层、24 层和 18 层。该项目具有扬州市规划局 2018 年 8 月颁发的《建筑工程规划许可证》（B104 号住宅楼编号 3210002018G2280），具有扬州市广陵区城乡建设局 2018 年 9 月颁发的《建筑工程施工许可证》。事故发生在 B104 号住宅楼西北侧靠近基坑边电梯井集水坑。

B104 号住宅楼，总建筑面积 11817.9m^2，地上 27 层、地下 2 层，长 34.2m，宽 18.9m，高 79.3m。事发时该住宅楼房屋地基处于开挖阶段。

（二）相关单位基本情况

1. 建设单位：古运四期项目由扬州曲江生态园林实业有限公司（以下简称曲江公司）向广陵区发改委申请立项批准（扬广发改许［2017］121 号），广陵区政府投资。

曲江公司为曲江街道投资设立的扬州市城东农工商总公司（集体所有制）的子公司，成立于 2016 年 11 月 15 日，位于扬州市广陵区文昌中路 112 号，法定代表人戴某某，注册资本 40000 万元。

2. 项目管理单位：2018 年 1 月 22 日，曲江公司与扬州花半里房地产开发建设有限公司（以下简称花半里公司）签订《扬州市古运新苑四期 B 地块二期、施井花园拆迁安置小区项目全过程管理合同》（以简称《项目管理合同》）。合同第十四条明确“乙方（花半里公司）负责甲方所委托的所有项目管理工作，代理甲方行使甲方委托给乙方的各项管理权力，负责施工过程中各专业单位进度安排和现场施工的配合协调”；第十五条 7.2“项目管理单位对项目的安全负有管理责任，保证不因管理过失出现重大责任事故”。

花半里公司，成立于 2007 年 10 月 17 日，位于扬州市运河西路 185 号，法定代表人钱某某，注册资本 7000 万元，具有省住建厅颁发的《房地产开发企业暂定资质证书》，按贰级标准从事房地产开发经营业务。上述证照均在有效期内。花半里公司所具有的“从事房地产开发经营业务”资质不能作为行使建设项目委托管理的资质。

3. 施工单位：2018 年 10 月 11 日，曲江公司与扬州市第四建筑工程有限公司（以下简称四建公司）签订《建筑工程总承包合同》，于 2018 年 11 月在扬州市广陵区城乡建设局备案。

四建公司，成立于 1990 年 12 月 22 日，位于扬州市四望亭路 418 号，法定代表人丁某某，注册资本 8000.8 万元，具有省住建厅颁发的《建筑业企业资质证书》，建筑工程施工总承包壹级资质；具有省住建厅颁发的《建筑业企业资质证书》，市政工程施工总承包壹级、消防设施工程专业承包贰级等资质；具有省住建厅颁发的《安全生产许可证》，许可范围为建筑施工。上述证照均在有效期内。

4. 监理单位：2018 年 10 月 11 日，曲江公司与扬州市金泰建设监理有限公司（以下简称金泰公司）签订《建设工程监理合同》，于 2018 年 11 月在扬州市广陵区城乡建设局备案。

金泰公司，成立于 1999 年 2 月 1 日，位于扬州市兴城西路 271 号，法定代表人李某某，注册资本 300 万元，具有省住建厅颁发的《工程监理资质证书》，房屋建筑工程监理甲级、市政公用工程监理甲级资质。上述证照在有效期内。

5. 深基坑支护设计单位：2018 年 6 月，曲江公司与扬州大学工程设计研究院（以下简称扬大设计院）签订《古运新苑四期 B2 地块地下车库基坑支护设计技术合作协议书》。

扬大设计院，成立于 1994 年 1 月 18 日，位于扬州市大学北路 120 号，法定代表人周某某，注册资本 300 万元，具有省住建厅颁发的《工程勘察资质证书》，具有工程勘察专业类（岩土工程）乙级资质。上述证照在有效期内。

（三）深基坑及项目管理情况

2018 年 6 月，扬大设计院依据施工图设计文件，编制了基坑支护设计图。其中，图纸设计说明的第五章支护方案及其施工的第 1 条明确“高层建筑（B101 号—B111 号）地下室基坑一般采用三级放坡支护方案（地下室车库周围采用一级放坡），坡比 1∶0.70～1∶0.80，平台宽 0.5m；局部坑中坑等落深处也采用放坡支护结构方案”。但未具体编制靠近基坑边该电梯井集水坑支护的结构平面图和剖面图。

2018 年 9 月，四建公司依据扬大设计院的基坑支护设计图，编制了《古运四期安置小区（B2 地块）人防地下室基坑工程专项施工方案》。9 月 6 日该专项施工方案通过专家论证，9 月 30 日监理单位审核同意，10 月 11 日曲江公司审批同意。该施工方案第 5.1 基坑支护设计方案中明确“①高层建筑（B101 号—B111 号）地下室基坑一般采用三级放坡支护方案（地下室车库周围采用一级放坡），坡比 1∶0.70～1∶0.80，平台宽 0.5m；局部坑中坑等落深处也采用放坡支护结构方案。④地下室基坑放坡各侧坡面均采用钢丝网片（50mm×50mm）C20 细石混凝土（厚 5cm）护坡，钢丝网片采用长 0.4m 的 ϕ12 钢筋固定，插筋水平间距为 1.5m”，专项施工方案也未体现 B104 号住宅楼该电梯井集水坑支护设计方法。

经调查，上述专项施工方案、专家论证会签到表以及后期涉及 B104 号楼的《土方开挖安全验收表》《基坑支护、降水安全验收表》《深基坑检查用表》《分部（分项）工程安全技术交底表》等工程资料中，施工单位及监理单位均存在人员冒充签字现象。四建公司项目现场负责人杨某某冒充施工方案编制人丁某某、方案审核人李某某签字，金泰公司监理员孙某某冒充备案监理工程师陈某某签字。

监理会议记录中，监理员冯某某冒充备案监理工程师陈某某签字。

2018 年 9 月 7 日，该项目向扬州市广陵区建筑工程质量安全监督站（以下简称广陵区质安站）办理了安全和质量报监手续。9 月 18 日，广陵区质安站制订了该工程安全监督计划和建设工程现场安全监督告知书。根据该计划告知书，从开工至竣工，广陵区质安站应进行常规抽查 3 次，对深基坑等 3 项超过一定规模的危险性较大分部分项工程专项抽查各 1 次，截止事故发生时，广陵区质安站进行常规抽查 1 次，尚未进行深基坑专项抽查。

2019 年 4 月 3 日，按照市住房和城乡建设局《关于立即开展全市建筑工地安全生产大检查的紧急通知》（扬建管［2019］6 号）统一部署，广陵区质安站印发《关于要求全区在建工程停工开展安全生产自查的紧急通知》（扬广建质安［2019］5 号）。要求“广陵区各工地在 4 月 5 日至 8 日期间停工开展自查自纠；自查达标后向区质量安全监督站书面申请复工，书面申请书必须有建设、施工、监理单位负责人签署意见并附自查整改完成报告”。4 月 4 日，金泰监理公司下达《工程暂停令》，要求暂停在建房屋建筑部位（工序）施工，四建公司项目现场负责人杨某某签收。

二、事故经过和救援情况

（一）事故经过

该项目于 2018 年 10 月 16 日开工，事发时该项目处于住宅地基开挖阶段。其中，B104 号住宅楼基坑设计开挖深度 7.2m，实际开挖深度 6.5m。第四级设计坡高 2.45m，实际坡高 3.21m；设计坡比 1∶0.70～1∶0.80，实际坡比 1∶0.42。四建公司未按照设计坡比要求进行放坡，金泰公司曾多次在监理例会上要求进行整改。四建公司在未通过验收的情况下又对 B104 号住宅楼边坡进行了挂网喷浆作业，且未按照施工质量要求浇筑挂网喷浆混凝土。

2019 年 4 月 4 日，四建公司在 B104 号住宅楼西北侧靠近基坑边电梯井集水坑无具体施工设计方案的情况下，组织相关人员进行开挖。4 月 5 日，工地未施工。4 月 6 日至 8 日，该项目存在零星作业现象。4 月 9 日，在未取得复工批准手续的情况下，四建公司项目现场负责人杨某某要求项目施工员凌某某继续开挖该电梯井集水坑。上午 7 时左右，凌某某安排工人、挖土机共同对该电梯井集水坑进行垂直挖掘作业。开挖后形成“坑中坑”，凌某某并没有参照基坑支护方案要求进行放坡或采取其他安全防护措施。10 时 30 分左右，电梯井集水坑北侧垂直挖至 3m 处发现坑底出现地下水反渗，经杨某某、凌某某现场查看商议后，要求工人停止施工并对该电梯井集水坑复填土1m左右，随后进行了降水作业。因当日降雨，杨某某、凌某某又安排人员用长约25m、宽约5m彩条布对边坡和该电梯井集水坑进行覆盖。

4月10日7时30分左右，凌某某在查看了该电梯井集水坑未发现地下水反渗后，组织工人、挖掘机再次继续进行集水坑深挖作业，同时安排瓦工工头孙某某组织瓦工对该电梯井集水坑进行挡土墙砌筑作业。孙某某因本班组现场只有5名瓦工，人手不足，于是向工地另一瓦工工头孙某某借用瓦工和杂工9人共计14人，由瓦工班组长耿某某现场指挥进行砌筑挡水墙作业。9时30分左右，该电梯井集水坑北侧发生局部坍塌，坡面上的挂网喷浆混凝土层随着边坡土体坠入集水坑，在集水坑里从事挡土墙砌筑作业的吴某某、陈某某、杨某某、周某某、陈某某5人被埋，朱某某逃生途中腿部受伤。

（二）事故救援情况

事故发生后，市、区两级政府部门立即启动应急救援，对现场人员开展施救。9时39分，119指挥中心接警后，市消防救援支队立即调广陵新城、金韵路、邢沟路中队赴事故现场救援。9时41分，广陵区公安分局五里庙派出所接110指令后，组织现场警戒、维护秩序并对伤亡人员进行身份确认。11时30分左右，现场救援清理结束。

三、人员伤亡和直接经济损失

（一）伤亡人员基本情况

表6-1

序号	姓名	性别	工种	伤害类别	伤亡程度	安全培训教育	所属单位
1	吴某某	男	瓦工	坍塌	死亡	未进行安全技术交底	四建公司
2	陈某某	男	瓦工	坍塌	死亡	未进行安全技术交底	四建公司
3	杨某某	男	瓦工	坍塌	死亡	未进行安全技术交底	四建公司
4	周某某	男	瓦工	坍塌	死亡	未进行安全技术交底	四建公司
5	陈某某	男	瓦工	坍塌	死亡	未进行安全技术交底	四建公司
6	朱某某	男	瓦工	坍塌	受伤	未进行安全技术交底	四建公司

（二）直接经济损失

事故造成直接经济损失约610万元。

四、事故原因和性质

（一）直接原因

施工单位未按施工设计方案，未采取防坍塌安全措施的情况下，在紧邻B104号住宅楼基坑边坡脚垂直超深开挖电梯井集水坑，降低了基坑坡体的稳定性，且坍塌区域坡面挂网喷浆混凝土未采用钢筋固定，是导致事故发生的直接原因。

（二）间接原因

1. 项目管理混乱。四建公司在工程项目存在安全隐患未整改到位的情况下，擅自复工；基坑作业未安排安全员现场监护；未按规定与相关人员签订劳务合同；未对瓦工进行安全教育培训、未进行安全技术交底。停工期间建设、项目管理、监理单位对施工现场零星作业现象均未采取有效措施予以制止；施工、监理人员履职不到位，均存在冒充签字现象。曲江公司将项目委托给不具备资质的花半里公司进行管理，且未按《项目管理合同》履行各自管理职责。

2. 违章指挥和违章作业。四建公司未按设计方案施工，在B104号住宅楼基坑边坡、挂网喷浆混凝土未经验收的情况下，违章指挥人员垂直开挖电梯井集水坑；在电梯井集水坑存在安全隐患的情况下指挥瓦工从事砌筑挡水墙作业。

3. 监理不到位。金泰公司发现B104号住宅楼基坑未按坡比放坡等安全隐患的情况下，未采取有效措施予以制止；默认施工单位相关管理人员不在岗且冒充签字；对四建公司坡面挂网喷浆混凝土未按方案采用钢筋固定，且混凝土质量不符合标准，未采取措施；监理合同上明确的专业监理工程师未到岗履职，公司安排其他监理人员代为履职并签字，其中1人存在挂证的现象。

4. 基坑支护设计和专项施工方案存在缺陷。扬大设计院对该电梯井集水坑未编制支护的结构平面图和剖面图，也未在施工前向施工单位和监理单位进行有效说明或解释。四建公司编制的《基坑专项施工方案》中，也未编制该电梯井集水坑支护安全要求。四建公司和金泰公司未依法向扬大设计院报告设计方案存在的缺陷。同时，雨水对基坑坡面的冲刷和入渗增加了边坡土体的含水率。

5. 危大工程监控不力。广陵区质安站在该项目开工后未进行深基坑专项抽查，在常规抽查时未发现工地零星施工现象，未发现建筑施工安全隐患，未按要求填写书面记录表。曲江街道办事处未按照区安全生产工作专题会议要求落实属地责任，未对深基坑等项目加强管理。

（三）事故性质

鉴于上述原因分析，事故调查组认定，该起事故为未按施工设计方案盲目施工、项目管理混乱、违章指挥和违章作业、监理不到位、方案设计存在缺陷、危大工程监控不力引起的坍塌事故，事故等级为“较大事故”，事故性质为“生产安全责任事故”。

五、责任认定及处理建议

根据以上事故原因分析，依据《安全生产法》《建筑法》《生产安全事故报告和调查处理条例》《建筑工程安全生产管理条例》和《危险性较大的分部分项工程安全管理规定》等，对事故责任的认定及事故责任者的处理建议如下：

（一）司法机关已采取措施的人员（9人）

1. 杨某某，四建公司项目现场负责人，男，1987年2月出生，因涉嫌重大责任事故罪，已于2019年5月20日被广陵区人民检察院批准逮捕。

2. 王某某，四建公司项目经理，男，1968年12月出生，因涉嫌重大责任事故罪，已于2019年5月20日被广陵区人民检察院批准逮捕。

3. 凌某某，四建公司项目B104号楼现场施工员，男，1971年2月出生，因涉嫌重大责任事故罪，已于2019年5月20日被广陵区人民检察院批准逮捕。

4. 许某某，四建公司项目B104号楼现场安全员，男，1965年9月出生，因涉嫌重大责任事故罪，已于2019年5月20日被广陵区人民检察院批准逮捕。

5. 耿某某，四建公司项目瓦工现场班组长，男，1963年9月出生，因涉嫌重大责任事故罪，已于2019年4月13日被公安机关取保候审。

6. 张某，四建公司副总经理，男，1967年10月出生，分管安全生产工作，因涉嫌重大责任事故罪，已于2019年5月13日被公安机关取保候审。

7. 许某某，四建公司项目现场实际技术负责人，男，1950年5月出生，因涉嫌重大责任事故罪，已于2019年5月13日被公安机关取保候审。

8. 刁某某，金泰公司项目总监理工程师，男，1976年11月出生，因涉嫌重大责任事故罪，已于2019年5月13日被公安机关取保候审。

9. 陆某某，花半里公司副总经理，该项目负责人，男，1975年11月出生，因涉嫌重大责任事故罪，已于2019年5月17日被公安机关取保候审。

（二）事故责任人行政处罚建议（8人）

1. 丁某某，四建公司法定代表人，总经理，男，1963年4月出生，具有施工企业主要负责人安全生产知识考核合格证书。未按照《安全生产法》第十八条第五款的规定，对项目部安全生产工作督促、检查不到位，备案项目部管理人员不能到岗履职，未及时消除专项方案缺少深基坑作业防护、未按专项施工方案组织施工、从业人员安全培训教育不到位、技术交底缺失等隐患，项目部管理混乱，对事故发生负有责任。根据《安全生产法》第九十二条的规定，建议由市应急管理局依法给予行政处罚。同时，依据《建设工程安全生产管理条例》第六十六条第三款的规定，建议市住房和城乡建设局依法查处。

2. 陈某某，金泰公司该项目备案监理工程师，男，1975年12月出生。未实际到岗履职，在2019年3月12已被金泰公司申请注销，对事故发生负有责任。依据《注册监理工程师管理规定》第三十一条规定，建议由市住房和城乡建设局依法查处。

3. 陈某某，金泰公司该项目备案监理工程师，男，1957年10月出生。未实际到岗履职，对事故发生负有责任。依据《建设工程安全生产管理条例》第五十八条、第六十六条第三款和《注册监理工程师管理规定》第三十一条规定，建议由市住房和城乡建设局依法查处，并报请上级部门吊销其监理工程师注册证书，5年内不予注册。

4. 孙某某，金泰公司该项目监理员，男，1960年7月出生。冒用备案监理工程师陈道波名义开展监理工作，在总监理工程师的要求下出具虚假的《土方开挖安全验收表》《基坑支护、降水安全验收表》，对专项施工方案审核检查，四建公司未经检查擅自施工，B104号住宅楼电梯井集水坑垂直开挖冒险作业等行为检查巡视不到位，对事故发生负有监理责任。依据《危险性较大的分部分项工程安全管理规定》第三十七条的规定，建议由市住房和城乡建设局依法查处。

5. 冯某某，金泰公司该项目监理员，男，1962年7月出生。无监理员相关证书，冒用备案监理工程师陈元康名义开展监理工作，对四建公司未经验收擅自施工行为检查巡视不到位，对事故发生负有监理责任。依据《危险性较大的分部分项工程安全管理规定》第三十七条的规定，建议由市住房和城乡建设局依法查处。

6. 钱某某，扬大设计院副总工程师，男，1962年2月出生，注册岩土工程师，该项目B2地块地下车库基坑设计负责人。未考虑施工安全操作和防护的需要，对B104号住宅楼靠近基坑边坡边的电梯井集水坑在设计文件中未注明，也未在施工前向施工单位和监理单位针对该电梯井集水坑进行有效的说明或解释，对事故发生负有设计责任。依据《建设工程安全生产管理条例》第五十八条、《勘察设计注册工程师管理规定》第三十条的规定，建议由市住房和城乡建设局依法查处，并报请上级部门吊销其岩土工程师注册证书，5 年内不予注册。

7. 马某，花半里公司该项目工程部经理、水电安装工程师，男，1971 年 9 月出生。未认真履行施工现场建设单位统一协调、管理职责，对专项施工方案审核检查把关不严；在金泰公司明确提出 B104 号住宅楼基坑边坡存在安全隐患的情况下，未及时督促四建公司进行整改；停工期间对施工现场的零星作业现象未及时有效制止，对事故发生负有责任。建议花半里公司与其解除劳动合同关系。

8. 杨某某，曲江公司该项目代表、聘用人员，男，1976 年 10 月出生。未认真履行施工现场建设单位协调、管理职责，现场安全管理混乱，发现安全隐患后未及时报告，未按要求组织施工安全自查自纠，未开展深基坑超危工程专项检查，未就停工情况进行相关检查，对事故负有直接管理责任。建议由曲江公司对其进行经济处罚，并解除劳动合同关系。

以上（一）（二）人员属于中共党员或行政监察对象的，待司法机关作出处理后，及时给予相应的党纪政务处理。

（三）建议给予党纪、政务处分人员（14 人）

1. 汤某某，广陵区质安站站长，男，1968 年 4 月出生，中共党员，事业编制，负责广陵区质安站全面工作。作为广陵区质安站安全生产第一责任人，日常工作中未落实好监督责任制，督促区管房屋建筑工程施工安全监管不到位，对事故负有主要领导责任。建议对其予以留党察看一年，政务撤职处分。

2. 刘某某，广陵区质安站工作人员，男，1983 年 8 月出生，民革党员，事业编制，广陵区质安站古运新苑工程安全负责人。进行安全抽查时未发现工地零星施工现象，未发现建筑施工安全隐患，未按照要求填写书面记录表，对事故负有直接监管责任。建议对其予以降低岗位等级处分。

3. 凋某某，广陵区住房和城乡建设局党委委员、副局长，男，1972 年 2 月出生，分管建筑工程质量、安全生产等工作，分管广陵区质安站。未能将广陵区建筑工程质量安全监管职责落实到位，在区住建局制定建筑工程安全监督检查分工表后，未能按照分工对古运苑工程进行安全检查，对事故负有主要领导责任。建议对其予以党内严重警告、政务记大过处分。

4. 张某某，广陵区住房和城乡建设局原党委副书记、局长，男，1963 年 4 月出生，事故期间，主持区住房和城乡建设局行政全面工作。作为区住房和城乡建设局主要领导，安全生产意识薄弱，在区住房和城乡建设局制定建筑工程监督检查分工表后，未能按照分工对该工程项目进行安全检查，对事故负有重要领导责任。建议对其予以党内警告、政务记过处分。

5. 戴某某，曲江街道办事处安置建设办公室主任兼曲江公司法定代表人，男，1975年2月出生，中共党员，企业编制。未能落实好建设单位主体责任，开展施工安全自查自纠工作，对事故负有主要领导责任。建议对其予以党内严重警告处分，并撤销其曲江街道办安置办主任职务。鉴于在事故调查过程中发现其涉嫌职务犯罪，纪检监察机关已立案审查调查并采取留置措施，建议待戴某某涉嫌违纪违法和职务犯罪的事实查清后，合并处理。

6. 沈某某，曲江街道办事处原主任，男，1968年9月出生，中共党员，事故期间，主持街道办事处全面工作。作为街道安全生产工作第一责任人，安全生产意识薄弱，致使曲江街道办事处未能按照省市文件要求开展相关工作、报送相关材料；未能按照区委区政府要求落实属地责任，对事故负有重要领导责任。鉴于其涉嫌职务犯罪，纪检监察机关已立案审查调查并采取留置措施，建议待沈某某涉嫌违纪违法和职务犯罪的事实查清后，合并处理。

7. 沈某某，曲江街道办事处纪检监察干事兼安置建设办公室副主任，男，1966年2月出生，中共党员，事业编制，曲江街道办事处派驻曲江公司代表，该项目负责人。未按要求组织施工安全自查自纠，未开展深基坑超危工程专项检查，未就停工情况进行相关检查，对事故负有直接管理责任。建议对其予以留党察看一年，政务撤职处分。

8. 徐某某，曲江街道办事处副主任，男，1964年3月出生，中共党员，负责安置小区建设工作，分管安置建设办公室。作为负责安置小区建设工作的领导，对分管建筑工地安全生产的工作管理落实不到位，对事故负有主要领导责任。建议对其予以党内严重警告、政务记大过处分。

9. 蔡某，曲江街道党工委书记，男，1966年9月出生，主持党工委全面工作。作为街道安全生产工作的第一责任人，对曲江街道办事处及曲江公司在古运新苑工程项目管理招标过程中涉嫌违纪违法行为失职失察，且未能按照区委区政府要求落实属地责任，对事故负有重要领导责任。建议对其予以党内警告处分。

10. 李某某，广陵区政府副区长，女，1968年11月出生，负责城乡规划建设等方面工作，分管区住房和城乡建设局等部门。部署落实建筑施工安全管理不到位，督促分管部门履行监管职责不到位，对事故负有主要领导责任，建议对其予以政务记过处分。

11. 王某，广陵区委常委、常务副区长，男，1969年12月出生，负责区政府常务工作，分管区安全生产工作。部署全区安全生产工作不到位，对事故负有重要领导责任。建议对其进行诫勉谈话。

12. 徐某某，广陵区委副书记、区长，男，1962年12月出生，中共党员，主持区政府全面工作。作为广陵区安全生产第一责任人，部署全区安全生产工作不到位，对事故负有重要领导责任。建议由市安委会对其进行约谈。

13. 成某某，市住房和城乡建设局副调研员，男，1959年10月出生，中共党员，负责建筑工程安全监管等。在扬州开发区事故后未能落实检查方案及时对县（市、区）、功能区建筑工地安全生产大检查情况进行抽查，对事故发生负有主要领导责任。建议对其予以党内警告处分。鉴于扬州开发区“3.21”事故调查报告已对其予以党内警告处分、政务记过的处理意见，建议对其合并给予党内严重警告、政务记大过处分。

14. 陶某某，市住房和城乡建设局党委书记、局长，男，1964年出生，主持市住房和城乡建设局全面工作。作为市住房和城乡建设局安全生产第一责任人，对于扬州开发区“3·21”事故后扬州再次发生建筑施工较大事故，负有重要领导责任。鉴于市住房和城乡建设局在扬州开发区“3·21”事故后已就建筑施工安全布置开展相关工作，且该工程项目为区管项目。建议对其进行提醒谈话。扬州开发区“3·21”事故调查报告已对其提出予以提醒谈话的处理意见，建议合并对其进行诫勉谈话。

（四）事故责任单位行政处罚建议（4家）

1. 四建公司违反了《安全生产法》第二十二条第三款、第五款、第六款、第七款；《建筑工程施工发包与承包违法行为认定查处管理办法》第八条第三项；《建设工程安全生产管理条例》第二十七条、第三十七条的有关规定，对事故发生负有责任。根据《安全生产法》第一百零九条第二款的规定，建议由市应急管理局依法给予行政处罚。同时，建议由市住房和城乡建设局报请上级部门给予其暂扣《安全生产许可证》和责令停业整顿的行政处罚。

2. 金泰公司发现施工单位未按照基坑施工方案施工，未要求其暂停施工，也未及时向有关主管部门报告。出具虚假的《土方开挖安全验收表》《基坑支护、降水安全验收表》，对事故发生负有责任。根据《建设工程安全生产管理条例》第五十七条和《危险性较大的分部分项工程安全管理规定》第三十六条、第三十七条的规定，建议由市住房和城乡建设局依法查处，并报请上级部门给予其责令停业整顿的行政处罚。

3. 扬大设计院在设计文件中未注明靠近基坑边坡有坑中坑（电梯井集水坑），未提出相应的保障工程施工安全的意见，也未进行专项设计，违反了《危险性较大的分部分项工程安全管理规定》第六条第二款的规定。根据《危险性较大的分部分项工程安全管理规定》第三十一条的规定，建议由市住房和城乡建设局依法查处。

4. 花半里公司无资质承揽该项目管理工作，违反《建设工程项目试行管理办法》第三条的规定，建议由市住房和城乡建设局依法查处。

（五）相关建议

1. 广陵区曲江街道办事处向广陵区政府作出深刻的书面检查。
2. 广陵区住房和城乡建设局向广陵区政府作出深刻的书面检查。
3. 广陵区政府向市政府作出深刻的书面检查。
4. 市住房和城乡建设局向市政府作出深刻的书面检查。

六、事故防范和整改措施

（一）深刻汲取教训，强化企业安全管理

曲江公司不得委托不具备项目管理资质的单位进行项目管理；要加强对项目管理单位、施工单位、监理单位的安全生产统一协调、管理，明确与项目管理单位的安全生产相关责任；组织施工单位、设计单位以及监理单位对施工方案全面梳理，排查安全隐患。四建公司要认真落实安全生产主体责任，对在建项目进行全面自查自改；切实加强施工现场安全管理，尤其要强化对危险性较大分部分项工程的安全管理，按规定进行安全技术交底和岗前教育培训；严格执行专项施工方案、技术交底的编制、审批制度，严禁违章指挥、盲目施工。金泰公司要强化监理人员到岗履职，督促监理人员严格履行监理安全方面的职责，督促施工单位规范作业，并注重加强深基坑等重点部位及重点环节的安全监管，严格审查专项施工方案，健全完善资料台账；及时发现并制止施工单位在工程建设过程中的非法违法行为，制止不了的要及时向属地监管部门报告。

（二）突出监管重点，认真履行监管职责

广陵区住房和城乡建设局要按照“管行业必须管安全、管业务必须管安全、管生产经营必须管安全”要求，始终将基坑工程、模板工程及支撑体系、起重吊装及起重机械安装拆卸工程、脚手架工程等危险性较大的分部分项工程作为安全监管的重点，加强在建项目的安全管理和监督检查，根据工程规模、施工进度，合理安排监管力量，制定可行的监督检查计划，深入排查安全隐患，化解安全风险，坚决克服形式主义和官僚主义。

（三）强化属地管理，层层落实安全责任

广陵区政府要认真贯彻《扬州市党政领导干部安全生产责任制规定实施办法》，结合实际，制定出台实施办法，完善落实“党政同责、一岗双责、齐抓共管”的安全生产责任体系。强化辖区安全生产工作组织领导，及时贯彻落实上级安全生产工作要求，加大对乡镇（街道）、部门安全生产工作的巡查力度，推动安全生产责任措施落实。注重充实安全监管部门及安全监管人员，提升安全监管能力，加大对负有安全生产监管职责部门履职情况的监督检查力度，确保监督管理职责履职到位。

专家分析

一、事故原因

（一）直接原因

施工单位未按施工设计方案施工，在未采取防坍塌安全措施的情况下，紧邻B104号住宅楼基坑边坡脚垂直超深开挖电梯井集水坑，降低了基坑坡体的稳定性，且坍塌区域坡面挂网喷浆混凝土未采用钢筋固定，是导致事故发生的直接原因。

（二）间接原因

（1）项目管理混乱。四建公司在工程项目存在安全隐患未整改到位的情况下，擅自复工；停工期间建设、项目管理、监理单位对施工现场违规作业现象均未采取有效措施予以制止；施工、监理人员履职不到位，均存在冒充签字现象。曲江公司将项目委托给不具备资质的花半里公司进行管理，且未按《项目管理合同》履行各自管理职责。

（2）违章指挥和违章作业。四建公司未按设计方案施工，在B104号住宅楼基坑边坡、挂网喷浆混凝土未经验收的情况下，违章指挥人员垂直开挖电梯井集水坑；在电梯井集水坑存在安全隐患的情况下指挥瓦工从事砌筑挡水墙作业。

（3）监理不到位。金泰公司发现B104号住宅楼基坑未按坡比放坡等安全隐患的情况下，未采取有效措施予以制止；默认施工单位相关管理人员不在岗且冒

充签字；对四建公司坡面挂网喷浆混凝土未按方案采用钢筋固定，且混凝土质量不符合标准，未采取措施；监理合同上明确的专业监理工程师未到岗履职，公司安排其他监理人员代为履职并签字，存在挂证的现象。

（4）基坑支护设计和专项施工方案存在缺陷。扬大设计院对该电梯井集水坑未编制支护的结构平面图和剖面图，也未在施工前向施工单位和监理单位进行有效说明或解释。四建公司编制的《基坑专项施工方案》中，也未编制该电梯井集水坑支护安全要求，四建公司和金泰公司未依法向扬大设计院报告设计方案存在的缺陷。

（5）危大工程监控不力。广陵区质安站在该项目开工后未进行深基坑专项抽查，在常规抽查时未发现工地零星施工现象，未发现建筑施工安全隐患，未按要求填写书面记录表。

二、经验教训

该起事故是一起作业层面、管理层面、监管层面层层失守，操作环节、技术环节、审查环节环环失察，造成常规工程、常规作业发生较大事故的典型案例，也是我国当前建筑施工管理状况下的代表性案例，其深刻的教训值得吸取。

1. 企业和从业人员安全意识漂浮和管理制度悬空。从监管、建设、监理、施工，乃至一线管理和作业人员，对安全生产工作缺乏基本的底线意识，思想上的轻视必然带来行动上的敷衍，这也是层层失守、环环失察的最根本原因。

2. 建设单位的行为失当严重影响安全生产管理工作。在本案例中，建设单位所委托的项目管理公司不具备管理资格，基坑设计单位的技术方案存在明显疏漏，监理单位对显而易见的违规行为束手无策，不得不说建设单位在安全管理上存在严重的失察，使得原本最为有效的建设单位管理权威消弭于无形。

3. 行业监管丧失了强力纠错的及时性。行业监管部门具有强力纠错能力，但囿于行业管理体制机制转型尚未成熟，监管方式转向为“事中事后管理”后，市场主体自我调控能力的壮大尚需时间，客观上造成了原有的最为有效的安全监管工作滞后。

三、预防措施建议

1. 从源头上提升行业的安全生产意识和能力。我国建筑承包模式和用工方式的陈旧，直接导致以经济承包、临时用工为核心的管理方式盛行，从市场源头上规范建筑从业人员，调整当前的工程造价计价和评标模式，促进高素质的企业和从业人员优质优价、优质优先，是实现企业和从业人员安全意识和能力良性发展的根本途径。

2. 从制度上加强建设单位的履责意识。建设单位的质量安全首要责任亟待落实，调整和完善建设工程安全生产管理思路，将多方主体责任逐步归拢到建设单位和总承包单位牵头负责，充分发挥建设单位和总承包单位的管理作用。

3. 从措施上健全危大工程的全过程管理。监管力量向危大工程倾斜，采取必要的信息化监控措施，对危大工程的重点环节增加检查频次，及时遏制危大工程上的违法违规行为，防止事故隐患的进一步扩大。

8 河北衡水“4·25”施工升降机坠落重大事故

调查报告

2019年4月25日上午7时20分左右，河北衡水市翡翠华庭项目1号楼建筑工地，发生一起施工升降机轿厢（吊笼）坠落的重大事故，造成11人死亡、2人受伤，直接经济损失约1800万元。

事故发生后，中共中央政治局委员、国务院副总理刘鹤，国务委员王勇分别作出重要批示，要求全力做好伤员救治和善后处理等工作，尽快查明事故原因，严肃处理问责，排除安全隐患，坚决防止类似事故再次发生。河北省委、省政府领导高度重视，省委书记王东峰批示，要全力救治受伤人员，查明事故原因，依法依规妥善处理善后。省长许勤批示，要求全力抢救被困人员，全力救治受伤人员，扎实做好家属安抚、事故调查等工作，并举一反三，迅速在全省部署开展建筑工地安全大检查，坚决避免类似事故再次发生。省委副书记赵一德、常务副省长袁桐利、宣传部长焦彦龙，副省长张古江、徐建培、刘凯、夏延军等省领导也相继作出批示，提出工作要求。副省长张古江带领省应急管理厅、省住建厅、省公安厅、省卫健委和省市场监管局等部门负责同志。迅速赶赴现场，到医院探望受伤人员，连夜召开事故处置调度会，传达国家和省领导批示精神，全面部署伤员救治、善后处置、事故调查、专项整治等工作。应急管理部和住房和城乡建设部分别派出工作组赶赴现场，督促指导应急处置和事故调查工作。

依据《中华人民共和国安全生产法》《生产安全事故报告和调查处理条例》（国务院令第493号）等有关法律法规，4月26日，河北省人民政府成立了衡水市翡翠华庭“4·25”施工升降机轿厢（吊笼）坠落重大事故调查组（以下简称“事故调查组”），由省应急管理厅牵头，省住建厅、省公安厅、省总工会和衡水市人民政府派员参加，聘请国内建筑行业6名起重设备专家组成专家组，对事故展开全面调查。同时，河北省纪委监委依规依纪依法对有关责任单位和责任人同步开展调查。

事故调查组按照“四不放过”和“科学严谨、依法依规、实事求是、注重实效”的原则，通过现场勘查、查阅资料、调查取证、综合分析和专家论证等，查明了事故发生的经过、原因、人员伤亡和直接经济损失等情况，认定了事故性质和责任，提出了对事故责任单位和责任人的处理建议，以及事故防范措施建议。

一、基本情况

（一）翡翠华庭工程项目概况

1. 工程项目及手续办理情况

翡翠华庭1号、2号住宅楼、3号商业、换热站及地下车库工程位于衡水市桃城区大庆路以北、问津街以东，建筑面积59103.09m²。2017年11月30日，取得衡水市城乡规划局颁发的建设用地规划许可证。2017年12月4日取得衡水市国土资源局颁发的不动产权证书。2017年12月13日，取得衡水市城乡规划局颁发的建设工程规划许可证。2018年1月15日在衡水市建设工程安全监督站办理河北省房屋建筑和市政基础设施工程施工安全监督备案；2018年3月9日在衡水市住房和城乡建设局办理建筑工程施工许可证。2018年3月15日正式开工建设。

2. 翡翠华庭1号住宅楼概况

1号住宅楼结构形式为框架-剪力墙结构；地上31层，地下2层，地下2层层高3.05m，地下1层层高2.9m，1层商业层高3.9m，1层仓储用房和2～30层住宅层高2.9m，顶层层高2.79m，建筑高度91.69m；建筑面积45822.70m²。事故发生时，1号住宅楼工程形象进度施工至16层。

（二）事故相关单位概况

1. 建设单位：衡水友和房地产开发有限公司（以下简称“友和地产公司”），类型为有限责任公司，位于衡水市永兴路广厦家园2幢401室，法定代表人孙某，注册资本800万元整，成立于2009年8月20日，营业期限自2009年8月20日至2019年8月19日，经营范围：房地产开发经营。房地产开发资质等级为叁级资质。公司现有员工35人，其中专业技术人员8人。下设行政部、财务部、工程部、销售部、策划部等部门。

2. 施工总承包单位：衡水广厦建筑工程有限公司（以下简称“广厦建筑公司”），类型为有限责任公司，位于衡水市桃城区和平西路789号，法定代表人车某某，注册资本5100万元整，成立于2000年4月6日，营业期限自2000年4

月6日至2020年4月6日，经营范围：土木工程建筑；建筑装饰工程；建筑设备租赁；地基与基础工程施工；市政公用工程；建筑劳务分包；水利水电工程；机电设备安装工程；钢结构工程。建筑施工总承包壹级资质，有效期至2021年6月17日。《安全生产许可证》有效期为2017年5月5日至2020年5月5日。公司现有员工282人，其中各类专业技术人员166人。下设安全科（负责设备及安全管理）、施工技术管理科、办公室、质检科、预算科等科室，以及9个分公司（未经依法登记注册）。

翡翠华庭项目为二分公司项目，项目经理为于某某，现场实际负责人为刘某。

3. 监理单位：衡水恒远工程项目管理有限公司（以下简称“恒远管理公司”），类型为有限责任公司，位于衡水市中心街116号，法定代表人王某某，注册资本300万元整，成立于2000年11月24日，营业期限自2000年11月24日至2020年11月23日，经营范围：工程建设项目招标代理、建设工程项目管理、建设工程监理及相关技术咨询服务；政府采购招标代理。房屋建筑工程监理甲级资质，有效期至2020年6月23日。公司现有员工85人，其中专业技术人员78人。下设办公室、财务部、总工办、经营部4个职能部门。

该公司翡翠华庭项目总监理工程师于某某，其国家注册监理工程师资格证书于2019年1月29日注销注册。

4. 事故施工升降机安装单位：衡水老程塔机拆装有限公司（以下简称“老程塔机公司”），类型为有限责任公司，位于衡水市桃城区新华东路19号，法定代表人程某，注册资本500万元整，成立于2013年7月29日，营业期限自2013年7月29日至2023年7月28日，经营范围：起重机械安装、拆卸；脚手架安装、拆卸；建筑机械设备租赁。起重设备安装工程专业承包贰级资质，有效期至2023年12月2日。《安全生产许可证》有效期2018年4月2日至2021年4月2日。公司现有员工27人，其中专业技术人员4人，下设机械管理部、生产部、财务部、库房管理维修部等部门。

（三）合同签订情况

2017年11月21日，友和地产公司与恒远管理公司签订建设工程监理合同。2017年12月12日，友和地产公司与广厦建筑公司签订翡翠华庭1号、2号住宅楼、3号商业、换热站及地下车库工程建设工程施工合同。2018年12月25日，广厦建筑公司与老程塔机公司签订施工升降机安装合同。

（四）事故施工升降机情况

1. 基本情况：事故施工升降机型号为SC200/200，有左右对称2个轿厢（吊笼），额定载重量2000×2000kg，额定乘员数10人，生产单位为河北润丰机械有限公司，制造许可证编号TS2413007-2013，产品合格证编号1203076，出厂日期2012年7月17日。制造监督检验证书编号QZ-13U-2012-0203，监检机构河北省特种设备监督检验院，监检机构核准证号TS7110289-2015。

2012年8月27日，广厦建筑公司将该施工升降机在衡水市建设材料装备管理办公室（以下简称“衡水市建材办”）初次备案，备案编号TA-S00230。由于备案证书丢失，2018年12月4日补证，现备案编号TA-S02465。

2. 入场安装情况：2018年12月11日，广厦建筑公司与老程塔机公司签订《施工升降机安全管理协议》，2018年12月25日签订《施工升降机安装合同》。2018年12月26日，老程塔机公司向衡水市建材办报送了《施工升降机拆装告知单》。

2018年12月29日，老程塔机公司程某、王某某和胡某某3人，在翡翠华庭1号楼工地首次安装事故施工升降机，安装后状态为9个标准节（1.508m/节×9节=13.572m，第9节无齿条）、1道附墙架。2018年12月30日，广厦建筑公司组织老程塔机公司、恒远管理公司进行了验收。2019年3月14日，河北永昌建筑机械材料检验有限责任公司进行现场检验，并于2019年4月19日出具结论为“合格”的检验报告。

2019年4月17日，老程塔机公司程某、王某某和胡某某3人，对事故施工升降机进行标准节加节、附墙架安装作业，安装后状态为22个标准节（1.508m/节×22节=33.176m，第22节无齿条）、3道附墙架。安装后，老程塔机公司未按规定进行自检，广厦建筑公司未组织验收即投入使用。经调查，至事故发生前，事故施工升降机东侧吊笼未到达过16标准节以上高度（1号楼9层，24m高度）。

经查，老程塔机公司程某、王某某和胡某某3人持有河北省住房和城乡建设厅（以下简称“省住建厅”）颁发的建筑施工特种作业人员操作资格证（建筑起重机械安装拆卸工），均在有效期内。

（五）天气情况

2019年4月24日21时至25日1时有降水，降水量为15mm，2时降水停止；25日平均风速为0.6～4m/s（1～3级），气温7.4～13.4℃，相对湿度59%～99%。

二、事故经过及救援过程

（一）事故经过

根据监控录像显示（已校准为北京时间），2019年4月25日6时36分，广厦建筑公司施工人员陆续到达翡翠华庭项目工地，做上班前的准备工作。步某某等11人陆续进入施工升降机东侧轿厢（吊笼），准备到1号楼16层搭设脚手架。6时59分，施工升降机操作人员解某某启动轿厢，升至2层时添载1名施工人员后继续上升。7时06分，轿厢（吊笼）上升到9层卸料平台（高度24m）时，施工升降机导轨架第16、17标准节连接处断裂、第3道附墙架断裂，轿厢（吊笼）连同顶部第17至第22节标准节坠落在施工升降机地面围栏东北侧地下室顶板（地面）码放的砌块上，造成11人死亡、2人受伤。

经查，事故发生时，施工升降机坠落的东侧轿厢（吊笼）操作人员为解某某。解某某未取得建筑施工特种作业资格证（施工升降机司机），为无证上岗作业。

（二）事故报告和救援处置情况

事故发生后，现场人员先后拨打120、119和110电话，救援人员先后赶到事故现场开展应急处置。7时34分，广厦建筑公司二分公司经理刘某向总经理车某某电话报告发生了事故。8时24分，车某某赶到衡水市住房和城乡建设局报告事故信息。衡水市住房和城乡建设局等单位相继接报后，立即按规定逐级上报。衡水市委、市政府立即启动应急响应，成立了由吴晓华市长任指挥长的事故应急救援指挥部，下设现场处置、医疗救助、善后处理、补偿安抚、舆情引导、社会稳控六个工作组，迅速开展工作。组织医疗救护人员、救援队伍和警力赶赴现场救援处置，至10时37分左右，共搜救出10名遇难人员、3名受伤人员（其中1人经抢救无效死亡），现场处置基本结束。全力以赴救治伤员，成立由省级专家任组长的联合专家组，组建两个“一对一”救治小组，2名受伤人员得到有效救治，生命体征平稳。迅速开展善后处置工作，成立工作组“一对一”全程负责，至5月2日，11名遇难人员全部得到妥善处置。事故应急救援处置过程指挥有力、组织严密，响应迅速、处置得当，救治及时、保障到位，未发生次生、衍生事故，社会秩序稳定。

河北省政府办公厅印发《关于在全省迅速开展建筑施工和其他领域安全生产集中排查整治的紧急通知》（冀政办传〔2019〕11号），在全省范围内迅速开展建筑施工和其他领域安全生产集中排查整治工作。4月27日下午，省安委会办公室和省住建厅组织召开全省建筑施工和其他领域安全生产集中排查整治动员视频会议，深刻汲取事故教训，举一反三，对当前安全生产工作进行再动员、再部署，在全面深入开展隐患排查治理工作的基础上，突出建筑行业安全生产大检查、大整治、大执法，坚决遏制重大事故发生。

三、事故现场勘查及直接原因分析

（一）现场勘查

施工升降机事故前安装状态为22个标准节（1.508m/节×22节=33.176m，第22节无齿条），共安装有3道附墙架，其中第一道连接第6节标准节下框上和建筑主体3层地面、第二道连接第12节标准节上框下和建筑主体6层地面、第三道连接第17节标准节中框上和建筑主体9层地面（图8-1）。事故发生后现场情况如下：

图8-1　事故现场图1

1. 事故现场总体情况

（1）事故现场地面情况。

东侧吊笼连同顶部6个标准节（第17～22节）坠落在施工升降机地面围栏东北侧地下室顶板（地面）码放的砌块上，吊笼与标准节未解体分离，第17节下端向北，第22节上端向南，吊笼位于标准节东侧。司机室与轿厢（吊笼）分离，坠落在轿厢（吊笼）东南侧（图8-2）。

图8-2 事故现场图2

(2) 1号住宅楼建筑主体情况。

建筑主体第2层至第8层施工升降机停靠层站安装有层门（进入楼道的防护门），其中第4层东侧层门变形，第8层西侧层门打开，第9层未安装层门。第4层和第7层脚手架东侧有明显的撞击变形痕迹，东侧的安全防护平网及挑架坠落在地下室顶板（地面）。西侧轿厢（吊笼）停留在建筑主体5层位置，未见明显异常。

2. 保持完好状态的部位情况

(1) 轿厢（吊笼）处于第17～19节标准节位置，轿厢（吊笼）内的上、下限位和极限限位装置完好，防坠安全器完好。传动机构与轿厢（吊笼）未分离；传动板上的电机、减速器基本完整。传动机构输出端的三个齿轮、防坠安全器齿轮与齿条均处于啮合状态。

(2) 第18～22节标准节之间连接的螺栓头部及螺母无装拆痕迹；上限位、上极限限位碰块安装在第19节标准节上框至20节标准节中框之间，安装螺栓未见装拆痕迹。

3. 受损部位情况

(1) 第16节标准节上框螺栓连接位置勘查。

① 东南角残留有标准节连接螺栓，螺栓上有一个螺母和平垫圈，螺杆尾部有陈旧性双螺母安装痕迹，螺杆未见明显的变形，杆部有擦痕，螺栓头部刮沾有红色油漆；

② 东北角上框端部与主弦杆焊缝撕裂，框角呈东侧扭曲变形；

③ 西南角、西北角标准节连接螺栓安装位置未见结构变形，且螺栓安装位置均未见新安装螺栓紧固导致的受压痕迹，孔内无刮痕。

（2）第 17 节标准节下框螺栓连接位置勘查情况。

① 东南角螺栓孔呈向下（地面）方向扩孔破坏；

② 东北角残留有弯曲变形的连接螺栓，螺栓上有一个螺母和平垫圈，螺杆尾部有陈旧性双螺母安装痕迹；

③ 西南角、西北角螺栓安装位置未见结构变形；且螺栓安装位置均未见新安装螺栓紧固导致的受压痕迹，孔内无刮痕。

（3）经调查组人员在施工升降机工作区域和轿厢（吊笼）坠落区域搜寻，未找到施工升降机标准节连接螺栓。

（4）第 17 节标准节中框连接有第三道附墙架断裂的部分支架，断口未发现有陈旧性裂纹；该附墙架其余部分残留在建筑主体第 9 层的楼层地面位置，附墙架呈向东侧扭转变形，下部的建筑外挑板有明显的开裂痕迹。

（5）导轨架从第 16 节与第 17 节标准节连接位置分离（1 号楼 8 层顶部位置），第 16 节及以下标准节仍残留于原安装位置，第 16 节标准节明显向东侧倾弯。

（6）轿厢（吊笼）与驱动架背面的防脱安全钩共 2 对（4 个），轿厢（吊笼）背面的 1 对塑性变形，驱动架背面的 1 对完好。

（二）痕迹比对

现场拆解未破坏的第 14 节、第 15 节标准节连接螺栓，可见其新安装螺栓压痕。

（三）原因分析

综上分析，因事故施工升降机第 16 节、第 17 节标准节连接处西侧 2 条连接螺栓未安装形成重大安全隐患，且未按规定进行自检和验收，使该隐患未被及时发现并消除即违规使用，导致第 17 节以上的标准节不具有抵抗向东侧倾翻的能力，当东侧轿厢（吊笼）的驱动机构运行至第 17 节标准节上时，向东侧的倾翻力矩只能转移到安装在第 17 节标准节中框处的第三道附墙架上，随着轿厢（吊笼）继续上行，在超出附墙架抵抗极限后附墙架损坏，轿厢（吊笼）带同第 17 节及以上标准节向东侧倾翻；在第 16、17 节标准节东侧两条连接螺栓的作用下，第 16 节标准节向东侧弯曲；连接螺栓从第 16、17 节两个标准节连接孔中拉脱，轿厢（吊笼）带同第 17 节及以上标准节整体坠落，在坠落过程中碰撞了脚手架和安全平网。

四、事故原因

（一）直接原因

调查认定，事故施工升降机第16、17节标准节连接位置西侧的两条螺栓未安装、加节与附着后未按规定进行自检、未进行验收即违规使用，是造成事故的直接原因。

（二）间接原因

1. 老程塔机公司

（1）对安全生产工作不重视，安全生产管理混乱。违反《安全生产法》第四条规定。

（2）编制的事故施工升降机安装专项施工方案内容不完整且与事故施工升降机机型不符，不能指导安装作业，方案审批程序不符合相关规定。公司技术负责人长期空缺（自2018年10月至事发当天），专项施工方案未经技术负责人审批。违反了《建筑起重机械安全监督管理规定》第十二条第一项、《危险性较大的分部分项工程安全管理规定》第十一条第二款、《建筑施工升降机安装、使用、拆卸安全技术规程》第3.0.8条和3.0.9条规定。

（3）事故施工升降机安装前，未按规定进行方案交底和安全技术交底。事故施工升降机首次安装的人员与安装告知中的“拆装作业人员”不一致。违反了《建筑起重机械安全监督管理规定》第十二条第三项和第五项、《危险性较大的分部分项工程安全管理规定》第十五条规定。

（4）事故施工升降机安装过程中，未安排专职安全生产管理人员进行现场监督。违反了《建筑起重机械安全监督管理规定》第十三条第二款规定。

（5）事故升降机安装完毕后，由于现场技术及安全管理人员缺失，造成未按规定进行自检、调试、试运转，未按要求出具自检验收合格证明。违反了《建筑起重机械安全监督管理规定》第十四条规定。

（6）未建立事故施工升降机安装工程档案。违反了《建筑起重机械安全监督管理规定》第十五条第一款规定。

（7）员工安全生产教育培训不到位，未建立员工安全教育培训档案，未定期组织对员工培训。违反了《安全生产法》第二十五条第一款和第四款、《建设工程安全生产管理条例》第三十六条第二款规定。

上述问题是导致事故发生的主要原因。

2. 广厦建筑公司

（1）该公司对安全生产工作不重视。未落实企业安全生产主体责任，对二分公司疏于管理，对翡翠华庭项目安全检查缺失。违反了《安全生产法》第四条、《建设工程安全生产管理条例》第二十三条第二款规定。

（2）未按规定配足专职安全管理人员。违反了《建设工程安全生产管理条例》第二十三条第一款、《建筑施工企业安全生产管理机构设置及专职安全生产管理人员配备办法》（建质［2008］91号）第十三条第一项第三目规定。

（3）事故施工升降机的加节、附着作业完成后，重生产轻安全，未组织验收即投入使用。收到停止违规使用的监理通知后，仍继续使用。违反了《建设工程安全生产管理条例》第三十五条第一款、《建筑起重机械安全监督管理规定》第二十条第一款、《河北省安全生产条例》第二十条第一款规定。

（4）项目经理未履行职责。项目经理于某某在广厦建筑公司“挂证”，实际未履行项目经理职责。违反了《建设工程安全生产管理条例》第二十一条第二款规定。

（5）对事故施工升降机安装专项施工方案的审查不符合相关规定要求，公司技术负责人未签字盖章。违反了《建设工程安全生产管理条例》第二十六条第一款、《建筑起重机械安全监督管理规定》第二十一条第四项和《危险性较大的分部分项工程安全管理规定》第十一条第二款规定。

（6）在事故施工升降机安装专项施工方案实施前，未按规定进行方案交底和安全技术交底。违反了《危险性较大的分部分项工程安全管理规定》第十五条规定。

（7）在事故施工升降机安装时，未指定项目专职安全生产管理人员进行现场监督。违反了《建筑起重机械安全监督管理规定》第二十一条第六项规定。

（8）事故施工升降机操作人员解某某无证上岗作业。违反了《建筑起重机械安全监督管理规定》第二十五条第一款、《建设工程安全生产管理条例》第二十五条规定。

（9）未建立事故施工升降机安全技术档案。违反了《建筑起重机械安全监督管理规定》第九条第一款规定。

上述问题是导致事故发生的主要原因。

3. 恒远管理公司

（1）安全监理责任落实不到位，未按规定设置项目监理机构人员。于某某是该项目总监理工程师，其实际工作单位是衡水市住房和城乡建设局节能办，属于违规兼职；其注册监理工程师证于2019年1月29日被注销后，公司未调整该项目总监理工程师；现场监理人员与备案人员不符；未明确起重设备的安全监理人员。违反了《建筑法》第十二条第二项、《建设工程安全生产管理条例》第十四条第三款和《河北省关于进一步做好建设工程监理工作的通知》（冀建工［2017］62号）中关于“项目监理机构设置要求”规定。

（2）对事故施工升降机安装专项施工方案的审查流于形式，总监理工程师未加盖执业印章。违反了《危险性较大的分部分项工程安全管理规定》第十一条第一款、《建筑起重机械安全监督管理规定》第二十二条第三项规定。

（3）未对事故施工升降机安装过程进行专项巡视检查。违反了《危险性较大的分部分项工程安全管理规定》第十八条规定。

（4）未对事故施工升降机操作人员的操作资格证书进行审查。违反了《建筑起重机械安全监督管理规定》第二十二条第二项规定。

（5）现场安全生产监理责任落实不到位。针对施工单位违规使用事故施工升降机的问题，虽然在监理例会上提出了停止使用要求，也下发了停止使用的监理通知，但是未能有效制止施工单位违规使用，未按规定向主管部门报告。违反了《建设工程安全生产管理条例》第十四条第二款规定。

上述问题是导致事故发生的重要原因。

4. 友和地产公司

（1）未对广厦建筑公司、恒远管理公司的安全生产工作进行统一协调管理，未定期进行安全检查，未对两个公司存在的问题进行及时纠正。违反了《安全生产法》第四十六条第二款规定。

（2）收到停止违规使用事故施工升降机的监理通知后，未责令施工单位立即停止使用。违反了《建筑起重机械安全监督管理规定》第二十三条第二款规定。

上述问题是导致事故发生的重要原因。

5. 衡水市建材办

负责区域内建筑起重机械设备日常监督管理工作。对区域内建筑起重机械设备监督组织领导不力，监督检查执行不力，未发现广厦建筑公司翡翠华庭项目升降机安装申报资料不符合相关规定；未发现升降机安装时，安装单位、施工单位、监理单位的有关人员没有在现场监督；未发现安装单位安装人员与安装告知人员不符，安装后未按有关要求自检并出具自检报告；未发现施工升降机未经验收投入使用，升降机操作人员未取得特种作业操作资格证；未发现安装单位、施工单位施工升降机档案资料管理混乱；贯彻落实上级组织开展的安全生产隐患大排查、大整治工作不到位，致使事故施工升降机安装、使用存在的重大安全隐患未及时得到排查整改。上述问题是导致事故发生的主要原因。

6. 衡水市建设工程安全监督站

负责全市建设工程安全生产监督管理。对区域内建筑工程安全生产监督不到位，未发现广厦建筑公司对翡翠华庭项目工地管理不到位，职工安全生产培训不符合规定，项目经理长期不在岗，项目专职安全员不符合要求、未能履行职责，监理人员违规挂证、监理不到位等问题，对翡翠华庭项目工地安全生产管理混乱监管不力。上述问题是导致事故发生的重要原因。

7. 衡水市住房和城乡建设局

作为全市建筑工程安全生产监督管理行业主管部门，对全市建筑工程安全隐患排查、安全生产检查工作组织领导不力，监督检查不到位；对衡水市建材办未认真履行建筑安全生产监管职责、未认真贯彻落实上级安全生产工作等问题管理不力；对涉事企业安全生产管理混乱、隐患排查不彻底等问题监督管理不到位。上述问题是导致事故发生的重要原因。

8. 衡水市委、市政府

对建筑行业安全生产工作重视程度不够，汲取以往事故教训不深刻，贯彻落实省委、省政府建筑安全生产工作安排部署不到位。

五、事故性质

经调查认定，衡水市翡翠华庭“4·25”施工升降机轿厢（吊笼）坠落事故是一起重大生产安全责任事故。

六、对相关责任单位和责任人员处理建议

（一）免予追责人员

解某某，女，广厦建筑公司翡翠华庭项目工地事故施工升降机操作人员，无证操作事故施工升降机。鉴于在该起事故中死亡，免予追究其法律责任。

（二）已移送司法机关采取刑事强制措施人员（13人）

1. 广厦建筑公司（6人）

（1）赵某某，男，群众，安全科长，涉嫌重大责任事故罪，已于2019年5月17日被公安机关刑事拘留，2019年5月31日被检察机关批准逮捕。

（2）刘某，男，群众，二分公司经理，主持公司全面工作，涉嫌重大责任事故罪，已于2019年5月17日被公安机关刑事拘留，2019年5月31日被检察机关批准逮捕。

（3）刘某，男，群众，二分公司副经理、现场实际负责人，涉嫌重大责任事

故罪，已于2019年5月1日被公安机关刑事拘留，2019年5月14日被检察机关批准逮捕。

（4）于某某，男，群众，翡翠华庭项目经理，涉嫌重大责任事故罪，已于2019年5月12日被公安机关刑事拘留，2019年5月24日被检察机关批准逮捕。

（5）刘某某，男，群众，翡翠华庭项目工长，协助刘军负责现场管理，涉嫌重大责任事故罪，已于2019年5月12日被公安机关刑事拘留，2019年5月24日被检察机关批准逮捕。

（6）张某，男，群众，翡翠华庭项目安全员，涉嫌重大责任事故罪，已于2019年5月1日被公安机关刑事拘留，2019年5月14日被检察机关批准逮捕。

2. 恒远管理公司（1人）

姜某，男，群众，翡翠华庭项目现场监理员，涉嫌重大责任事故罪，已于2019年5月1日被公安机关刑事拘留，2019年5月14日被检察机关批准逮捕。

3. 老程塔机公司（5人）

（1）程某，男，群众，法定代表人、总经理，涉嫌重大责任事故罪，已于2019年5月1日被公安机关刑事拘留，2019年5月14日被检察机关批准逮捕。

（2）程某某，男，群众，生产经理，涉嫌重大责任事故罪，已于2019年5月17日被公安机关刑事拘留，2019年5月31日被检察机关批准逮捕。

（3）程某，男，群众，安全员、安拆工，涉嫌重大责任事故罪，已于2019年5月1日被公安机关刑事拘留，2019年5月14日被检察机关批准逮捕。

（4）王某某，男，群众，安拆工，涉嫌重大责任事故罪，已于2019年5月12日被公安机关刑事拘留，2019年5月24日被检察机关批准逮捕。

（5）胡某某，男，群众，安拆工，涉嫌重大责任事故罪，已于2019年5月12日被公安机关刑事拘留，2019年5月24日被检察机关批准逮捕。

4. 衡水市住房和城乡建设局节能办（1人）

于某某，男，中共党员，衡水市住房和城乡建设局节能办职工。违规在恒远管理公司兼职，担任翡翠华庭项目总监理工程师，涉嫌重大责任事故罪，已于2019年5月17日被公安机关刑事拘留，2019年5月31日被检察机关批准逮捕。

（三）企业内部处理人员（2人）

1. 许某某，男，群众，友和地产公司工程部经理、翡翠华庭项目负责人。未对广厦建筑公司、恒远管理公司的安全生产工作进行统一协调管理，未定期进行安全检查，未对两个公司存在的问题及时进行纠正。收到停止违规使用事故施工升降机的监理通知后，未责令施工单位立即停止使用。违反了《安全生产法》第四十六条第二款规定、《建筑起重机械安全监督管理规定》第二十三条第二款规定，对事故发生负有责任。建议友和地产公司按照内部规定给予其撤职处理，并报衡水市住房和城乡建设局备案。

2. 姬某某，男，中共党员，恒远管理公司副总经理（技术负责人）。未按合同委派专业监理工程师到现场监理。按监理合同，翡翠华庭项目应派8名监理人员，现场实际只有4名监理人员。在明知翡翠华庭项目总监理工程师于某某注册监理工程师证已注销的情况下，未及时安排他人担任项目总监理工程师，对事故发生负有责任。建议给予其留党察看一年的党纪处分，由恒远管理公司按照内部规定给予其撤职处理，并报衡水市住房和城乡建设局备案。

（四）地方政府及相关监管部门责任人员的处理建议（9人）

1. 王某某，中共党员，衡水市人民政府副市长。作为分管住房和城乡建设工作的副市长，虽然对建筑安全生产工作进行了安排落实，但贯彻落实上级建筑安全生产工作安排部署不到位，对衡水市住房和城乡建设局落实建筑安全生产工作督促检查不到位，对衡水市住房和城乡建设局安全生产监管工作中存在的问题失察，对事故发生负领导责任。建议给予诫勉谈话。

2. 王某某，中共党员，衡水市住房和城乡建设局党组书记、局长。负责衡水市住房和城乡建设局全面工作，虽然对建筑安全生产工作进行了安排落实，但贯彻落实上级建筑安全生产工作安排部署不到位，对本单位履行建筑安全生产监管工作中存在的问题失察，对事故发生负重要领导责任。建议给予其党内警告处分。

3. 梁某某，中共党员，衡水市住房和城乡建设局党组成员、副局长。分管建设工程管理科、衡水市建材办、衡水市建设工程安全监督站等部门。对建筑起重机械设备的监督管理工作、建筑施工安全工作领导不力，对分管衡水市建材办、衡水市建设工程安全监督站工作中存在的问题失察，对事故发生负重要领导责任。建议给予其党内严重警告处分、免职处理。

4. 李某某，中共党员，衡水市住房和城乡建设局建设工程管理科科长。负责房屋建筑施工安全等工作。虽然对全市建设工程安全隐患排查、安全生产检查工作进行了督导落实，但对衡水市建材办没有认真履行职责、贯彻落实上级建筑安全生产工作部署不到位等问题指导监督不力。未发现广厦建筑公司翡翠华庭项目工地安全生产管理混乱、恒远管理公司管理不规范等问题，对事故发生负重要领导责任。建议给予其党内严重警告处分。

5. 吴某某，中共党员，衡水市建材办主任，负责建筑起重机械设备的监督管理工作。未认真履行职责，对区域内建筑起重机械设备监督领导不力，安全生产工作落实不力，没有组织开展建筑起重机械设备专项安全生产检查，贯彻落实上级组织开展的安全生产隐患大排查、大整治工作不到位，致使事故施工升降机的安装、使用存在的重大安全隐患未及时得到排查整改，对事故发生负主要领导责任。建议给予其党内严重警告处分、行政撤职处分。

6. 李某某，中共党员，衡水市建材办副主任，分管监督科等部门。未认真贯彻落实建筑起重机械有关安全生产法律法规，对监督科安全监管工作指导、检查、督促不力，对施工升降机安全检查和隐患排查工作领导、组织、督促不到位，致使事故升降机的安装、使用存在的重大安全隐患未及时得到排查整改，对事故发生负主要领导责任。建议给予其党内严重警告处分、行政撤职处分。

7. 张某某，中共党员，衡水市建材办监督科科长，负责区域内施工现场建筑起重机械设备的日常监督管理工作。未认真履行职责，未发现广厦建筑公司翡翠华庭项目升降机安装资料不符合相关规定；未发现升降机安装时，安装单位、施工单位、监理单位的有关人员没有在现场监督；未发现实际安装人员与备案人员名单不符；未发现施工升降机未经验收即投入使用，对事故发生负直接监管责任。建议给予其留党察看一年处分、行政撤职处分。

8. 王某某，中共党员，衡水市建设工程安全监督站站长，负责建设工程安全生产监督管理。对区域内建筑工程安全生产管理、督促不力，未发现广厦建筑公司翡翠华庭项目工地安全生产管理混乱、恒远管理公司管理不规范的问题，对事故发生负主要领导责任。建议给予其党内警告处分。

9. 于某某，衡水市住房和城乡建设局节能办职工。违规在衡水恒远管理公司兼职，担任翡翠华庭项目总监理工程师，对事故发生负有责任。建议给予其开除党籍处分、收缴违纪所得。

（五）对事故单位及责任人员的行政处罚

1. 对事故相关企业的行政处罚

（1）广厦建筑公司

该公司未落实企业安全生产主体责任，未及时消除全产安全事故隐患，对事故的发生负有责任。依据《建筑法》第七十一条第一款和《建设工程安全生产管理条例》第六十五条第二项规定，建议由省住建厅报请住房和城乡建设部给予降低资质等级的行政处罚；依据《建筑施工企业安全生产许可证动态监管暂行办法》第十四条第二款第三项规定，建议由省住建厅给予暂扣安全生产许可证 120 日的行政处罚；依据《安全生产法》第一百零九条第三项规定，建议由衡水市应急管理局给予其 150 万元罚款的行政处罚。

（2）老程塔机公司

该公司安全生产责任制落实不到位，对事故的发生负有责任。依据《建设工程安全生产管理条例》第六十一条第一款规定，建议由省住建厅给予吊销资质的行政处罚；依据《建筑施工企业安全生产许可证动态监管暂行办法》第十四条第一款规定，建议由省住建厅给予吊销其安全生产许可证的行政处罚；依据《安全生产法》第一百零九条第三项规定，建议由衡水市应急管理局给予其150万元罚款的行政处罚。

（3）恒远管理公司

该公司未认真履行监理职责，对事故发生负有责任。依据《建设工程安全生产管理条例》第五十七条第三项规定，建议由省住建厅报请住房和城乡建设部给予降低资质等级的行政处罚；依据《安全生产法》第一百零九条第三项规定，建议由衡水市应急管理局给予其110万元罚款的行政处罚。

（4）友和地产公司

该公司安全生产责任制落实不到位，对事故的发生负有责任。依据《安全生产法》第一百零九条第三项规定，建议由衡水市应急管理局给予其110万元罚款的行政处罚。

2. 对事故企业相关责任人行政处罚

（1）车某某，群众，广厦建筑公司法定代表人、总经理。未有效履行主要负责人安全生产工作职责，对事故发生负有责任。依据《生产安全事故报告和调查处理条例》第四十条第一款规定，建议由省住建厅吊销其安全生产考核合格证书；依据《安全生产法》第九十二条第三项规定，建议由衡水市应急管理局对其处以2018年年收入（109280元）百分之六十的罚款，计人民币65568元。

（2）张某某，中共党员，广厦建筑公司副总经理。对公司安全生产规章制度执行不力，未组织对下属公司在建施工项目进行安全检查，未按规定每月召开公司安全生产例会，对施工现场安全管理人员缺失的情况失察，对事故升降机司机解某某无证上岗作业情况失察，对事故发生负主要领导责任。建议给予其留党察看一年的党纪处分；依据《生产安全事故报告和调查处理条例》第四十条第一款规定，建议由省住建厅吊销其安全生产考核合格证书；由广厦建筑公司按照内部规定给予其撤职处理，并报衡水市住房和城乡建设局备案。

（3）赵某某，群众，广厦建筑公司安全科长。对公司安全生产规章制度执行不力，未对下属公司在建施工项目进行安全检查，对施工现场安全管理人员缺失的情况失察，对施工现场安全生产指导不力，对施工现场违规使用事故施工升降机的情况失察，对事故施工升降机司机解某某无证上岗作业情况失察。依据《生产安全事故报告和调查处理条例》第四十条第一款规定，建议由省住建厅吊销其安全生产考核合格证书。

（4）于某某，群众，广厦建筑公司翡翠华庭项目经理。在衡水广厦建筑公司

“挂证”，实际未履行项目经理职责，对事故发生负有责任。依据《建设工程安全生产管理条例》第五十八条，建议由省住建厅报请住房和城乡建设部吊销其执业资格证书、终身不予注册；依据《生产安全事故报告和调查处理条例》第四十条第一款规定，建议由省住建厅吊销其安全生产考核合格证书。

（5）张某，群众，广厦建筑公司翡翠华庭项目专职安全生产管理人员。在事故施工升降机安装过程中未进行现场监督，对事故发生负有责任。依据《生产安全事故报告和调查处理条例》第四十条第一款，建议由省住建厅吊销其安全生产考核合格证书。

（6）程某，群众，老程塔机公司法定代表人、总经理。未认真履行主要负责人安全生产管理职责，对事故发生负有管理责任。依据《生产安全事故报告和调查处理条例》第四十条第一款，建议由省住建厅吊销其安全生产考核合格证书。

（7）程某，群众，老程塔机公司安全员、安拆工。事故施工升降机安装现场负责人，未按照事故施工升降机使用说明书、操作规程对事故施工升降机进行安装和紧固螺栓。安装作业完成后，未按照施工升降机安全技术标准、安装使用说明书要求进行自检、调试、试运转，未能发现事故升降机导轨架第16、第17标准节西侧两条连接螺栓漏装的重大安全隐患，未按规定出具自检合格证明。在2019年4月17日事故施工升降机加节安装过程中，违规进行了非安装程序的物料运输。未按规定向使用单位进行交接。依据《生产安全事故报告和调查处理条例》第四十条第一款，建议由省住建厅吊销其安全生产考核合格证书；依据《特种设备安全法》第九十二条规定，建议由省住建厅吊销其特种作业人员操作资格证书。

（8）王某某，群众，老程塔机公司安拆工。未按照专项施工方案、施工升降机使用说明书、操作规程进行安装和紧固螺栓。安装完成后，未按规定进行自检、调试、试运转，未能发现事故升降机导轨架第16、17标准节西侧两条连接螺栓漏装的重大安全隐患。依据《特种设备安全法》第九十二条规定，建议由省住建厅吊销其特种作业人员操作资格证书。

（9）胡某某，群众，老程塔机公司安拆工。未按照专项施工方案、施工升降机使用说明书、操作规程进行安装和紧固螺栓，仅凭经验进行安装作业，未能发现事故升降机导轨架第16、第17标准节西侧两条连接螺栓漏装的重大安全隐患。依据《特种设备安全法》第九十二条规定，建议由省住建厅吊销其特种作业人员操作资格证书。

（10）王某某，中共党员，恒远管理公司法定代表人、总经理。未有效履行主要负责人安全生产工作职责，对事故发生负有责任。建议给予其留党察看一年的党纪处分；依据《安全生产法》第九十二条第三项规定，由衡水市应急管理局对其处以2018年年收入（49791.56元）百分之六十的罚款，计人民币29875元。

（11）孙某，群众，衡水友和地产公司法定代表人、董事长、总经理。未有效履行主要负责人安全生产工作职责，对事故发生负有责任。依据《安全生产法》第九十二条第三项规定，建议由衡水市应急管理局对其处以2018年年收入（296318.81元）百分之六十的罚款，计人民币177791元。

（六）对当地政府及有关监管部门的处理建议

1. 建议衡水市住房和城乡建设局向衡水市委、市政府作出深刻书面检查。
2. 建议衡水市委、市政府向河北省委、省政府作出深刻书面检查。

七、防范措施建议

（一）进一步筑牢安全发展理念

党中央、国务院始终高度重视安全生产工作，习近平总书记多次就安全生产工作作出重要指示批示。各地各部门要认真学习贯彻习近平总书记重要指示精神，牢固树立安全生产红线意识和底线思维。要深刻吸取事故教训，举一反三，坚决落实安全生产属地监管责任和行业监管责任，督促企业严格落实安全生产主体责任，深入开展隐患排查治理，有效防范化解重大安全生产风险，坚决防止发生重特大事故，维护人民群众生命财产安全和社会稳定。

（二）深入开展建筑领域专项整治

各级建筑行业主管部门要严格落实《河北省党政领导干部安全生产责任制实施细则》，切实做好建筑行业三年专项整治工作。一要突出起重吊装及安装拆卸工程安全管理，紧抓建筑起重机械产权备案、安装（拆卸）告知、安全档案建立、检验检测、安装验收、使用登记、定期检查维护保养等制度的落实，严格机械类专职安全生产管理人员配备以及相应资质和安全许可证管理，严查起重机械安装拆卸人员、司机、信号司索工等特种作业人员持证上岗情况。二要严格过程监管，督促施工单位按照有关技术规范要求，在工程开工前、单项工程或专项施工方案施工前、交叉作业时以及施工过程中作业环境或施工条件发生变化时等，认真组织相关管理人员及施工作业人员做好安全技术交底工作，严查书面安全技术交底、交底内容针对性及操作性等方面存在的问题。三要强化执法监察，保持建筑行业领域打非治违高压态势，对非法违法行为严厉处罚，推动企业主体责任落实。

（三）严格落实建设单位安全责任

建设单位要加强对施工单位、监理单位的安全生产管理。与施工单位、监理单位签订专门的安全生产管理协议，或者在合同中约定各自的安全生产管理职责。严格督促检查施工单位现场负责人、专职安全管理人员和监理单位项目总监理工程师、专业监理工程师等有关专业人员资格情况，确保具备资格条件的人员进场施工。认真开展监理单位履约情况考核与评价，对监理公司监理人员不到位等问题及时发现与纠正。切实加强施工现场安全管理，对施工单位、监理单位的安全生产工作要统一协调、管理，定期进行安全检查，发现存在安全问题的要及时督促整改，确保安全施工。

（四）严格落实总承包单位施工现场安全生产总责

按要求配备相应的施工现场安全管理人员，将安全生产责任层层落实到具体岗位、具体人员；与安装等相关分包单位签订的合同中明确双方的安全生产责任，严格按要求对安装单位编制的建筑起重机械等专项施工方案的有效性、适用性进行审核；专项施工方案实施前，按要求和安装单位配合完成方案交底和安全技术交底工作；施工升降机首次安装、后续加节附着作业及拆卸实施中，施工总承包单位项目部应当对施工作业人员进行审核登记，项目负责人应当在施工现场履职，项目专职安全生产管理人员应当对专项施工方案实施情况进行现场监督；建筑起重机械首次安装自检合格后，必须经有相应资质的检验检测机构监督检验合格；建筑起重机械投入使用前（包括后续顶升或加节、附着作业），应当组织出租、安装、监理等有关单位进行验收，验收合格后方可使用；使用单位应当自建筑起重机械安装验收合格之日起 30 日内，将建筑起重机械安装管理制度、特种作业人员名单，向工程所在地建设主管部门办理使用登记，登记标志置于或附着于该设备的显著位置；强化施工升降机使用管理，建筑起重机械司机必须具有特种作业操作资格证书，作业前应对司机进行安全技术交底后方可上岗；建筑起重机械在使用过程中，严格监督检查产权单位对建筑起重机械进行的检查和维护保养，确保设备安全使用。

（五）切实落实监理单位安全监理责任

监理单位要完善相关监理制度，强化对监理人员管理考核。一要严格按要求对建筑起重机械安装单位编制的专项施工方案的有效性、适用性进行审查，签署审核意见，加盖总监理工程师执业印章。二要严格审查安装单位资质证书、人员操作证等；专项施工方案实施前，按要求监督施工总承包单位和安装单位进行方案交底和安全技术交底工作；专项施工方案实施中，应当对作业进行有效的专项巡视检查。三要参加起重机械设备的验收，并签署验收意见；发现施工单位有违规行为应当给予制止，并向建设单位报告；施工单位拒不整改的应当向建设行政主管部门报告。

（六）切实加强建筑起重机械安全管控

建筑起重机械安装单位要按照标准规范，编制安拆专项施工方案，由本单位技术负责人审核，保证专项施工方案内容的完整性、针对性；专项施工方案实施前，按要求组织方案交底和安全技术交底工作；专项施工方案实施中，拆装人员必须取得相应特种作业操作资格证书并持证上岗，专业技术人员、专职安全生产管理人员应当进行现场监督；安装完毕后（包括后续顶升或加节、附着作业），严格按规定进行自检、调试和试运转，经检测验收合格后方可投入使用。

（七）切实抓好安全生产教育培训

要加强员工安全教育培训，科学制定教育培训计划，有效保障安全教育培训资金，依法设置培训课时，切实保证培训效果，不断提高员工的安全意识和防范能力，有效防止“三违”现象，确保建筑施工安全。

（八）夯实政府及部门监管责任

各地党政领导要认真执行《河北省党政领导干部安全生产责任制实施细则》，严格落实“党政同责、一岗双责”安全生产责任制。地方政府要严格落实属地监管责任，督促相关行业部门及有关企业认真落实安全生产职责，要将安全生产工作同其他工作同部署、同检查、同考核，构建齐抓共管的工作格局。建设行业主管部门要按照“三个必须”的要求，严格落实行业监管责任。衡水市住房和城乡建设局要进一步加强对建筑起重机械等危大工程的安全监管，完善建筑起重机械安全监督管理制度，改进当前管理体制，切实提高全市建筑起重机械管理水平，坚决防范类似事故再次发生。

专家分析

一、事故原因

（一）直接原因

施工升降机第16、17节标准节连接位置西侧的两条螺栓未安装。

（二）间接原因

1. 安装单位的施工升降机专项方案在编制、实施和验收过程中多次违反了危大工程和起重机械的管理要求。

2. 施工单位在现场管理、项目管理人员和安全管理人员配备、现场监督及验收过程中没有履行相应的职责，造成现场的起重机械设备管理失控。

3. 监理单位的人员缺位造成对起重机械的管理不可能落实。

二、经验教训

本次事故是近年来发生的多起施工升降机事故的又一次重演，相同的事故原因，相同的惨重教训值得从业者认真反思。本次事故中，安装单位几乎违反了危大工程和起重机械管理的所有规定，施工单位和监理单位的主要管理人员缺位、安全管理人员不足，这些原因共同造成了该起惨重的事故。

对于本次事故，应该从事故发生的源头去考虑和解决。标准节连接螺栓缺失的原因可能是安装时的螺栓数量不足、也许是操作失误，同时也应该考虑到现在的施工升降机拆卸和安装作业的方法。在施工升降机的拆卸和安装中更多的使用起重机械进行整体吊装作业，虽然可以加快现场的施工速度，但如果不及时进行检查就会导致部件的连接出现问题。多起同类型的事故也证明了这一点，也揭示了施工升降机吊笼坠落事故总是由于在附着安装位置处的连接螺栓失效的真正原因。

三、预防措施

（1）安装单位严格遵守起重机械安装作业的程序，履行安装验收程序。

（2）施工单位严格遵守起重机械安装后的验收程序。

9　甘肃庆阳“5·4”基槽坍塌较大事故

调查报告

2019年5月4日18时01分，庆阳市合水县六乡镇截污控源工程何家畔镇何家畔村（管网部分）工程，在施工过程中发生一起基槽壁土方坍塌的较大事故，造成4人死亡，直接经济损失348万元。

事故发生后，省委省政府、市委市政府主要领导、分管领导高度重视，先后就做好应急救援、善后处置和事故调查工作做出重要批示。庆阳市政府立即启动应急预案，市应急局、市住房和城乡建设局、合水县政府等单位有关负责同志第一时间赶赴事故现场，指导事故救援、善后处置和维稳工作，并迅速展开事故调查。5月5日，市政府分管副市长前往合水县指导事故调查工作。

依据《中华人民共和国安全生产法》《中华人民共和国建筑法》《生产安全事故报告和调查处理条例》《建设工程安全生产管理条例》等有关法律法规，5月5日，庆阳市政府成立了由市应急局、市住房和城乡建设局、市公安局、市总工会、市生态环境局、市人社局、市建管局、合水县政府相关负责人和工作人员为成员的合水县较大坍塌事故调查组，并邀请市检察院派员参加。

事故调查组按照科学严谨、依法依规、实事求是、注重实效的原则，通过调查取证、现场勘察、技术鉴定、查阅资料和综合分析，查明了事故发生的经过、原因、人员伤亡情况，认定了事故性质和责任，提出了对有关责任单位、责任人员的处理建议以及事故防范措施。现将有关情况报告如下：

一、基本情况

（一）工程项目基本情况

1. 工程项目概况

何家畔镇何家畔村（管网部分）工程（以下简称“何家畔镇截污控源工程”）属于合水县六乡镇截污控源工程之一。该工程位于合水县何家畔镇何家畔村主街道两侧，总投资 389.9 万元。项目主要工程量包括：土石方开挖一般土方 15027.04m^3，回填土方 12096.1m^3，余方弃置 2727.09m^3；沥青路面拆除及恢复 840m^2，人行道拆除及恢复 3652.5m^2；敷设双臂波纹管 4278m，焊接钢管 7m；新建排水检查井 142 座，沉泥井 10 座，污水提升泵池 1 座，阀门井 1 座。

2. 工程项目立标、招标投标、报建情况

（1）工程项目立项。2018 年 5 月 18 日，该工程项目经合水县发改局批复同意立项。

（2）工程项目招标投标。2018 年 9 月 7 日，原合水县环保局通过庆阳市公共资源交易中心网站发布何家畔镇截污控源工程招标公告。9 月 28 日，经评标小组在庆阳市公共资源交易中心对该工程进行评标，确定庆阳嘉通建设有限公司（以下简称“庆阳嘉通建设公司”）为工程施工中标单位（项目部管理人员分别是项目经理刘某、技术负责人豆某某、质检员王某、安全员帅某某、施工员温某某）。9 月 6 日，经市住房和城乡建设局对该工程监理审查批准，庆阳恒宇工程项目管理有限责任公司（以下简称“庆阳恒宇监理公司”）为工程监理单位（监理部监理人员分别是总监理工程师梁某某，现场监理工程师孙某某、赵某某）。

（3）报建手续办理。2018 年 11 月 22 日，庆阳嘉通建设公司向合水县住房和城乡建设局申报办理了质量安全监督手续。11 月 28 日，原合水县环保局在合水县住房和城乡建设局申请领取了《建筑工程施工许可证》。

3. 工程项目建设情况

2018 年 10 月 18 日，庆阳嘉通建设公司法定代表人李某与原合水县环保局负责人赵某某签订何家畔镇截污控源工程《施工合同》。10 月 19 日，该工程开工建设，12 月上旬停工。2019 年 3 月 10 日，该工程项目复工，主要进行路面拆除、土方开挖、管线敷设、土方回填、街道路面恢复等作业。截至 5 月 4 日，该工程项目的基槽土方开挖、管线敷设和土方回填等工程已完成 80%。

4. 工程项目承揽情况

2018 年 9 月，牛某某（男，汉族，出生于 1980 年 1 月，初中文化程度，甘肃镇原县人）从网上看到何家畔镇截污控源工程招标公告后，欲参与投标。因没有资质，随后找到庆阳嘉通建设公司，商定借用庆阳嘉通建设公司资质承揽何家畔镇截污控源工程。随后，庆阳嘉通建设公司向牛某某出借本公司资质参加何家畔镇截污控源工程项目竞标，成为该工程项目施工中标单位。2018 年 11 月 1 日，牛某某与庆阳嘉通建设公司法定代表人李某签订《建设工程项目管理经济责任书》，明确牛某某为何家畔镇截污控源工程项目实际负责人，庆阳嘉通建设公司按照该项目工程中标合同价（含税金）的 1.5%一次性扣清管理费。截至 2019 年 5 月 4 日，庆阳嘉通建设公司先后收到原合水县环保局支付工程款 234 万元，其中庆阳嘉通建设公司拨付牛某某工程款160万元。

（二）相关单位基本情况

1. 建设单位：庆阳市生态环境局合水分局（原名合水县环保局，因机构改革于2019年1月22日更名）。位于合水县西华北街乐蟠十字，局长董某某，隶属庆阳市生态环境局管理。2019年1月28日，原合水县环保局负责人赵某某调任其他单位；3月27日，董某某任庆阳市生态环境局合水分局局长。

2. 勘察单位：甘肃陇原地质勘察工程公司，成立于1990年11月14日，法定代表人马某某，注册资本1514万元，注册类型为全民所有制，注册地址：甘肃省兰州市城关区天水南路335号。2015年7月1日在甘肃省住房和城乡建设厅取得《工程勘察资质证书》，资质等级为工程勘察专业类（岩土工程、水文地质勘察、工程测量）甲级，有效期为2015年7月1日至2020年7月1日。

3. 设计单位：北京桑德环境工程有限公司，成立于1999年11月30日，法定代表人文某某，注册地址：北京市海淀区北下关街道皂君庙甲7号，注册资本50000万元，注册类型有限责任公司（中外合作）。2014年4月24日在住房和城乡建设部取得《工程设计资质证书》，资质等级为市政行业（给水工程、排水工程）专业乙级，建筑行业（建筑工程）乙级，环境工程设计专项（水污染防治）甲级，有效期为2014年4月24日至2019年4月24日。

4. 施工企业（出借资质单位）：庆阳嘉通建设公司（原名庆阳嘉通公路养护工程有限公司），成立于2010年1月11日，法定代表人李某，注册地址：庆阳市西峰区北京大道周岭安置小区东二排4号，注册资本4860万元，注册类型有限责任公司（自然人投资或控股）。2015年6月9日以庆阳嘉通公路养护工程有限公司名义在甘肃省住房和城乡建设厅取得《安全生产许可证》，许可范围为建筑施工，初次取证有效期为2015年6月9日至2018年6月8日。2017年4月27日，变更单位名称为庆阳嘉通建设有限公司。2018年6月9日，经甘肃省住房和城乡建设厅延期，有效期为2018年6月9日至2021年6月8日。2016年1月13日，在庆阳市住房和城乡建设局取得《建筑业企业资质证书》，资质类别及等级为市政公用工程施工总承包叁级，有效期为2016年1月13日至2021年1月13日。项目实际负责人（资质借用人）：牛某某。

5. 监理单位：庆阳恒宇监理公司，成立于2011年11月7日，法定代表人巨某某，注册地址：庆阳市西峰区南大街华宇商城二单元502室，注册资本300万元，注册类型有限责任公司（自然人投资或控股）。2017年11月7日在甘肃省住房和城乡建设厅取得《工程监理资格证书》，业务范围为市政公用工程监理乙级，有效期为2017年11月7日至2022年11月6日。

（三）项目日常管理情况

1. 工程项目部。庆阳嘉通建设公司何家畔镇截污控源工程项目部项目经理刘某、技术负责人豆某某、质检员王某、安全员帅某某、施工员温某某自工程项目开工以来均未到场，由项目实际负责人牛某某全面管理。开工后，牛某某聘用李某某（男，汉族，出生于1966年1月，小学文化程度，甘肃省合水县人）为代工队长，具体负责现场管理、任务分配、进度跟进等工作；聘用左某某（男，汉族，出生于1990年9月，大学文化程度，甘肃省宁县人）为技术负责人，负责技术交底、工程质量管理等工作；项目部未配备专职安全员，牛等成兼任安全员。

2. 工程监理情况。庆阳恒宇监理公司何家畔镇截污控源工程监理部总监理工程师梁某某、设备安装监理赵某某自开工后均未到场。施工现场仅有土建监理孙某某1人在场开展监理工作。

3. 其他单位管理情况。施工期间，甘肃陇原地质勘察工程公司、北京桑德环境工程有限公司均到场进行技术交底、指导项目部研究解决施工中存在的问题。合水县何家畔镇政府配合庆阳市生态环境局合水分局进行建设项目征地协调、安全生产管理等工作。合水县建筑工程质量监督安全监察站于2019年4月16日、4月25日前往该工程项目开展施工安全执法检查和复查验收。

二、事故经过、应急救援及善后情况

（一）事故经过

2019年5月4日7时上班后，按照牛某某安排，李某某组织杨某某、薛某某、孙某某等20多名工人先对何家畔九年制学校对面的路面渗水砖进行剥离，挖掘机进行土方开挖，挖成宽度1m、深度4.9m的基槽，开挖土方堆放在基槽北侧边沿。至12时下班前，基槽掘进长度60m。14时上班后，挖掘机对剩余约10m长的基槽继续进行开挖，作业人员跟进开展清槽、敷设管道。至17时10分，此段基槽全线贯通。牛某某要求将开挖的基槽处管道全部敷设完成后再下班（天气预报将有强降雨）。此时，赵某某、何某某清理平整槽底，薛某某、孙某某、赵某某铺设管道，其他作业人员在基槽采用竹架板作挡板、扣件式钢管作支撑实施局部简易支护作业。17时40分许，位于“一缕阳光文汇店”门前的基槽北侧槽壁局部坍塌，赵某某腰部及以下被土方掩埋，何某某见状立即大声喊叫：“土埋住人了！”正在10m以外进行管道敷设作业的薛某某、孙某某、赵某某听到呼救，立即赶来施救，孙某某边挖坍塌土方边对身边的赵某某喊：“你赶快上地面把基槽边沿的土往外挖，我们在下面继续刨人。”当赵某某爬至基槽上部正把基槽边沿堆积的土方往外挖时，基槽北侧槽壁随即发生大面积坍塌，赵某某、孙某某、何某某、薛某某被坍塌的土方掩埋，赵某某滑落槽内并被土方埋至膝盖处，当即被在场人员救出。

（二）应急救援情况

事故发生后，牛某某立即拨打110、120求救，同时向何家畔镇政府、县住房和城乡建设局、庆阳市生态环境局合水分局、县应急局进行报告。接报后，合水县政府立即启动应急预案，县政府主要负责人带领有关部门人员相继赶赴现场指挥事故救援。市应急局接合水县应急局事故报告后，主要负责人带领相关人员及时赶赴现场，指导救援和善后工作。事故现场，左某某指挥挖掘机将基槽边沿的土方进行转移。待挖掘机将土方转移后，救援人员采用铁锹挖、徒手刨的方法将被掩埋人员逐一救出。18时50分孙某某和薛某某被救出，19时10分赵某某、何某某被救出，由120救护车送往医院进行抢救。4人经抢救无效先后死亡。

（三）现场勘察情况

经勘察，坍塌处位于“一缕阳光文汇店”门前2.4m的基槽北侧，基槽宽度1.1m、深度4.9m，塌方长度9.7m，坍塌土方量约50m³。事发地段土质含水率为21.4%～24.7%，原状土密实度为1.34～1.37g/cm³。

（四）气象条件

5月4日，何家畔镇以晴为主，偏东风，最高气温为20.7℃，最低气温为11.7℃，相对湿度80%，平均风速1.1m/s。5日，阵雨，最高气温为18.2℃，最低气温为11.7℃。

（五）人员伤亡、直接经济损失和善后处理情况

事故造成4人死亡，直接经济损失348万元。事故发生后，合水县政府组织相关单位、人员开展医疗救治、遇难者家属慰问和安抚等工作，协调遇难者赔偿事宜。施工企业及相关方与遇难者家属达成赔偿协议，4名遇难者先后安葬。

三、事故原因和性质

（一）事故原因

1. 直接原因

该工程项目在开挖基槽时未按照设计要求采取放坡、基槽壁未采取支护，基

槽北侧堆放大量土方，基槽土质疏松、土壤含水率大，致使沟槽北侧土层局部剪切破坏是导致本起事故发生的直接原因。

2. 间接原因

庆阳嘉通建设公司违法出借资质，允许他人以本公司名义承揽工程；牛某某违法借用庆阳嘉通建设公司资质开展工程项目施工，不落实安全生产有关规定，未认真对从业人员开展安全教育和培训，违章指挥、盲目赶工期；庆阳恒宇监理公司不严格执行有关法律法规，未认真履行监理职责；庆阳市生态环境局合水分局对该工程建设项目安全生产工作不重视，未严格履行建设单位安全生产职责；合水县何家畔镇政府对辖区内工程建设项目安全管理职责履行不力；合水县住房和城乡建设局未严格落实施工安全工作监管职责等原因是导致该起事故发生的间接原因。

（二）事故性质

经调查认定，合水县“5·4”坍塌事故是一起较大生产安全责任事故。

四、对事故责任单位及责任人员的处理建议

（一）对事故责任单位的处理建议

1. 庆阳嘉通建设公司，出借本公司资质允许他人承揽工程，让不具备相关资质和能力的牛某某担任何家畔镇截污控源工程项目实际负责人，对何家畔镇截污控源工程项目部中标人员长期不到岗、重点施工环节安全防范措施不落实等行为纠正不力，对该起事故发生负有主要管理责任，建议由庆阳市住房和城乡建设局依据《中华人民共和国建筑法》第六十六条、《建设工程质量管理条例》第六十一条、《建筑施工企业安全生产许可证管理规定》第二十二条等规定没收其违法所得，吊销资质（市政公用工程施工总承包叁级）证书，暂扣《安全生产许可证》；由庆阳市应急局依据《中华人民共和国安全生产法》第一百零九条第二项的规定，对发生较大生产安全事故的行为处以七十万元的罚款，并按照《对安全生产领域失信行为开展联合惩戒的实施办法》将庆阳嘉通建设公司纳入安全生产不良记录“黑名单”管理。

2. 庆阳恒宇监理公司，对何家畔镇截污控源工程监理工作疏于管理，中标的项目总监理工程师、设备安装监理长期不到岗履职，未及时纠正庆阳嘉通建设公司何家畔镇截污控源工程项目部中标人员长期不到岗及违反施工安全规定等突出问题，对何家畔镇截污控源工程项目部拒不整改安全隐患的行为未及时向有关

主管部门报告，对该起事故发生负有重要监理责任，建议由庆阳市住房和城乡建设局依据《建设工程安全生产管理条例》第五十七条的规定，由庆阳市应急局依据《中华人民共和国安全生产法》第一百零九条第二项的规定，对发生较大生产安全事故的行为处以五十万元的罚款，并按照《对安全生产领域失信行为开展联合惩戒的实施办法》，将庆阳恒宇监理公司纳入联合惩戒对象管理。

3. 庆阳市生态环境局合水分局，对何家畔镇截污控源工程安全生产工作重视不够，未认真履行建设工程安全生产职责，督促庆阳嘉通建设公司整改安全隐患不力，对该起事故发生负有建设单位管理责任，建议由合水县政府依据《甘肃省行政过错责任追究办法》第二十七条规定予以通报批评，并责令其向合水县政府作出书面检查。

4. 合水县何家畔镇政府，对辖区内安全生产工作管理不力，对工程项目施工安全监督检查不够，督促庆阳嘉通建设公司整改安全生产隐患不力，对该起事故发生负有属地管理责任，建议由合水县政府依据《甘肃省行政过错责任追究办法》第二十七条规定责令其向合水县政府作出书面检查。

5. 合水县住房和城乡建设局，建筑工程施工安全监管职责工作不规范，督促庆阳嘉通建设公司整改安全隐患不力，对事故发生负有行业监督管理責任，建议合水县政府依据《甘肃省行政过错责任追究办法》第二十七条规定责令其向合水县政府作出书面检查。

6. 合水县政府，安全生产工作领导不力，对相关部门、乡镇安全生产工作督促、指导不细致，对该起事故发生负有领导责任，建议由庆阳市政府依据《庆阳市安全生产约谈制度》对合水县政府负责人进行告诫约谈，并责令合水县政府向庆阳市政府作出书面检查。

（二）对事故责任人员的处理建议

1. 牛某某，何家畔镇截污控源工程项目实际负责人，违法借用庆阳嘉通建设公司资质进行工程项目招标投标和施工，聘用不具备相应资质和能力的人员从事工程项目管理工作，在施工中违反有关安全生产的法律法规，不执行危险性较大的分部分项工程安全管理规定，未按照规定对从业人员进行安全生产教育和培训，不认真排查整改安全隐患，违章指挥、盲目赶进度，对该起事故发生负有直接责任，涉嫌重大责任事故罪，建议移送司法机关追究刑事责任。

2. 李某，庆阳嘉通建设公司法定代表人，违法出借本公司资质，允许牛某某借用庆阳嘉通建设公司资质进行工程项目招标投标和施工，对何家畔镇截污控源工程项目部中标人员长期不到岗未予以纠正，对事故发生负有重要管理责任，建议由庆阳市应急局依据《中华人民共和国安全生产法》第九十二条规定，对其处以上年度收入百分之四十罚款。

3. 刘某，庆阳嘉通建设公司何家畔镇截污控源工程项目经理，长期不到岗履行项目管理职责，对事故的发生负直接管理责任，建议由庆阳市住房和城乡建设局依据《建设工程安全生产管理条例》第五十八条规定，处以吊销执业资格证书，5年内不予注册的处罚。

4. 帅某某，庆阳嘉通建设公司何家畔镇截污控源工程安全员，长期不到岗履行安全生产管理职责，对事故的发生负直接管理责任，建议由庆阳市住房和城乡建设局依据《建筑施工企业主要负责人、项目负责人和专职安全生产管理人员安全生产管理规定》第三十三条规定，吊销其安全生产考核合格证书。

5. 孙某某，庆阳恒宇监理公司何家畔截污控源工程土建工程监理员，未执行有关法律法规和工程建设强制性标准，履行监理职责不力，对施工单位拒不整改安全隐患的行为未及时向有关主管部门报告，对该起事故发生负有直接监理责任，建议由庆阳市住房和城乡建设局依据《建设工程安全生产管理条例》第五十八条规定，对其监理工作处以停止执业二年的处罚。

6. 赵某某，庆阳恒宇监理公司何家畔截污控源工程监理部设备安装监理，长期不到岗，未依法履行监理职责，对该起事故发生负有直接监理责任，建议由庆阳市住房和城乡建设局依据《建设工程安全生产管理条例》第五十八条规定，对其监理工作处以停止执业一年的处罚。

7. 梁某某，庆阳恒宇监理公司何家畔截污控源工程监理部总监理工程师，负责项目监理全面工作，长期不到岗，未依法履行项目监理职责，对事故的发生负有直接监理责任，建议由庆阳市住房和城乡建设局依据《建设工程安全生产管理条例》第五十八条规定，处以吊销执业资格证书，5年内不予注册的处罚。

8. 巨某某，庆阳恒宇监理公司法定代表人，未依法履行监理单位主要负责人管理职责，对中标监理人员长期不到岗未予以纠正，对监理项目巡查、检查不力，对事故发生负有监理管理责任，建议由庆阳市应急局依据《中华人民共和国安全生产法》第九十二条规定，对其处以上年度收入百分之四十罚款。

9. 兰某，庆阳市生态环境局合水分局污控股科员，负责办理合水县六乡镇截污控源工程业务，未严格履行建设工程管理职责，对何家畔镇截污控源工程存在的安全隐患未按规定采取措施，对该起事故发生负有监管责任，建议由合水县按照干部管理权限，依据《安全生产领域违法违纪行为政纪处分暂行规定》第八条规定，给予政务警告处分。

10. 杨某某，庆阳市生态环境局合水分局副局长，分管合水县六乡镇截污控源工程业务，未认真履行建设工程管理职责，对何家畔镇截污控源工程存在的安全隐患未按规定采取措施，对该起事故发生负有主要领导责任，建议由合水县依据《安全生产领域违法违纪行为政纪处分暂行规定》第八条规定，给予政务记过处分。

11. 董某某，庆阳市生态环境局合水分局局长，负责合水分局全面工作，未认真履行何家畔镇截污控源工程管理职责，对该起事故发生负有重要领导责任，建议由合水县依据《甘肃省行政过错责任追究办法》第二十八条规定，对其进行诫勉谈话，并责令其向合水县政府作出书面检查。

12. 常某某，合水县何家畔镇武装部长，临时负责何家畔镇截污控源工程的监督管理和协调工作，对该工程项目属地安全管理职责履行不力，对事故发生负有属地管理领导责任，建议由合水县依据《甘肃省行政过错责任追究办法》第二十八条规定，对其进行诫勉谈话。

13. 姜某某（以工代干），合水县建筑工程质量监督安全监察站安监股股长，对何家畔镇截污控源工程施工现场未严格按照规范进行安全检查、复查，对事故发生负有监督责任，建议由合水县按照人员管理权限，依据《甘肃省行政过错责任追究办法》第二十八条规定，对其进行诫勉谈话。

14. 郭某某，合水县建筑工程质量监督安全监察站站长，未认真履行何家畔镇截污控源工程安全生产监督职责，未有效督促指导工作人员履行安全监察职责，对事故发生负有重要监管责任和领导责任，建议由合水县依据《安全生产领域违法违纪行为政纪处分暂行规定》第八条规定，给予政务记过处分。

15. 安某某，合水县住房和城乡建设局副局长，分管工程质量、施工安全监管工作，对何家畔镇截污控源工程监管工作指导不力、管理不细，对事故发生负有行业监管主要领导责任，建议由合水县依据《甘肃省行政过错责任追究办法》第二十八条规定，对其进行诫勉谈话，并责令其向合水县政府作出书面检查。

16. 张某某，合水县住房和城乡建设局局长，负责住房和城乡建设局全面工作，对何家畔镇截污控源工程监管工作领导不力，对事故发生负有行业监管重要领导责任，建议由合水县政府依据《甘肃省行政过错责任追究办法》第二十八条规定，对其进行诫勉谈话。

五、事故防范和整改措施

（一）切实加强对安全生产工作组织领导

各县（区）要深入学习贯彻落实习近平总书记关于安全生产工作的重要指示、批示精神和中央、省、市关于安全生产工作的决策部署，牢固树立安全发展理念，切实加强对安全生产工作的组织领导，强化红线意识，强化安全生产责任落实，强化地方党委政府的领导责任，强化安全保障水平，强化应急处置能力。要深刻吸取事故教训，高度重视和切实加强对建设领域的安全监管，深化重点行业领域安全整治，建立健全双重预防机制，防风险、除隐患、遏事故，切实提升安全生产管理水平。

（二）切实加强对建设领域安全监管

市、县建设行政主管部门要严格落实“管行业必须管安全、管业务必须管安全、管生产经营必须管安全”的总要求，切实加强建设工程领域安全监管，常抓不懈。要坚持问题导向，突出重点，主动作为，严格执行《中华人民共和国安全生产法》《中华人民共和国建筑法》《建设工程安全生产管理条例》《建筑工程施工发包与承包违法行为认定查处管理办法》等法律法规，严厉打击违法发包、转包、分包、“挂靠”等乱象。要针对建筑施工领域存在的突出问题，制定工作方案，细化工作责任，迅速开展专项整治行动，重拳出击，铁腕整治，有效防范事故。

（三）严格落实安全生产主体责任

建设、勘察、设计、施工、监理等单位要严格执行安全生产法律法规，坚持安全第一、预防为主、综合治理的方针，强化和落实生产经营单位的主体责任，建立健全和落实安全生产责任制度、各项规章制度和作业安全规程，强化施工现场安全管理，狠抓从业人员安全教育培训，严格按照施工技术标准及规范施工，确保施工安全。

（四）突出抓好危险性较大分部分项工程安全管理

建设、勘察、设计、监理、施工等单位应根据各自职责建立健全危险性较大分部分项工程安全管控体系，特别要落实危险性较大分部分项工程过程管理措施。要加强危险性较大分部分项工程安全专项施工方案的编制和论证，严格专项方案的实施，明确岗位职责和责任人员，真正做到有交底、有检查、有整改、有验收，有效管控安全风险，彻底消除隐患。

（五）加强安全宣传和教育培训

各县（区）要切实加大对建筑施工企业的安全宣传和教育培训力度，认真开展三级安全教育培训、特种作业人员培训、“三类人员”安全教育培训，借助“两微一端”等新媒体，做好企业负责人、项目负责人、安全员、特种作业人员和从业人员的安全教育培训，切实提高管理人员的安全素养和业务能力，增强从业人员的安全意识和自我防护能力，不断夯实安全生产基础。

专家分析

一、事故原因

本案例在开挖基槽时几乎直壁开挖且未采取支护措施，基槽土质较差且含水量大，加之开挖后的松散土体直接堆放在基槽北侧边沿，进一步增加了基坑侧壁所受的土压力，致使沟槽北侧土层局部剪切破坏，造成较大生产安全责任事故。基槽仅宽 1m、深 4.9m、当天开挖长度约 70m，工程量较小、造价较低，致使施工人员往往掉以轻心、各层监管很难到位，这也是类似市政管沟工程的通病。

二、经验教训

市政管沟开挖深度一般不超过 5m，不属于超过一定规模的危险性较大的分部分项工程，不需要进行专家论证，监管不严，造成现场蛮干、险象环生。近年来市政管沟坍塌造成的人员伤亡和经济损失占各类基坑坍塌事故之首。

三、预防措施建议

市政管沟施工前应探明地下条件，调查清楚周边环境，并针对具体情况进行专项设计，有必要针对市政管沟开挖编制相应设计、施工技术要求文件，加强施工管理与检查。

10　上海长宁“5·16”厂房坍塌重大事故

调查报告

2019年5月16日11时10分左右，上海市长宁区昭化路148号①幢厂房发生局部坍塌，造成12人死亡、10人重伤、3人轻伤，坍塌面积约1000m^2，直接经济损失约3430万元。

事故发生后，中共中央政治局委员、上海市委书记李强，国务委员王勇等领导同志相继作出批示，要求全力搜救被困人员，全力救治伤员，抓紧查明事故原因，举一反三，进一步全面开展安全隐患排查整治，切实落实安全生产责任，确保人民群众生命财产安全。中共中央政治局委员、上海市委书记李强，市委副书记、市长应勇，市委常委、常务副市长陈寅，市委常委、市委秘书长诸葛宇杰赶赴事故现场，指挥部署抢险救援和事故调查处理工作。应急管理部党组书记、副部长黄明多次致电关心、指导救援和事故调查工作。应急管理部、住房和城乡建设部分别派工作组现场指导救援及事故调查工作。5月22日，国务院安全生产委员会对该起事故挂牌督办。

根据《中华人民共和国安全生产法》《生产安全事故报告和调查处理条例》（国务院令第493号）以及《上海市实施〈生产安全事故报告和调查处理条例〉的若干规定》（沪府规［2018］7号）等相关法律法规规定，经市政府批复同意，由市应急局牵头，市住房城乡建设管理委、市公安局、市总工会、长宁区人民政府组成“长宁区昭化路148号①幢厂房‘5·16’坍塌重大事故调查组”，并邀请市纪委监委派员参与事故调查工作。调查组聘请结构、设计、土建等方面的专家参与对事故直接技术原因的认定。事故调查组坚持“科学严谨、依法依规、实事求是、注重实效”的原则，深入开展调查工作。通过现场勘察、调查取证、检验检测、综合分析等工作，查明了事故原因，认定了事故性质和责任，提出了对有关责任人员、责任单位的处理建议和改进工作的措施建议。

经调查认定，长宁区昭化路148号①幢厂房“5·16”坍塌重大事故是一起生产安全责任事故。

一、基本情况

（一）相关单位基本情况

1. 上海汽车进出口有限公司（以下简称上汽进出口公司，国有企业），住所为上海市静安区威海路489号7～8层，法定代表人杨某某，类型为有限责任公司（自然人投资或控股的法人独资），注册资本人民币130808万元。经营范围包括自营和代理除国家组织统一联合经营的出口商品和国家实行核定公司经营的进口商品以外的商品及技术进出口业务等。该公司为上海汽车集团股份有限公司（以下简称上汽集团公司）二级子公司，为昭化路148号地块厂房产权单位。

2. 上海汽车资产经营有限公司（以下简称上汽资产公司，国有企业），住所为上海市黄浦区河南南路1号16楼01-05室，法定代表人蔡某，注册资本人民币81800万元。经营范围包括房地产所有人委托的房地产租赁等。该公司为昭化路148号地块厂房租赁单位。该公司为上汽集团公司二级子公司，出租厂房的相关管理工作由公司资产管理部负责。

3. 上海琛含商业经营管理有限公司（以下简称琛含公司），住所为上海市青浦区沪青平公路9565号1幢1层E区1165室，法定代表人许某某，注册资本人民币100万元。经营范围包括商业经营管理（不得从事市场经营管理）、企业管理咨询、商务咨询、市场营销策划、自有房屋租赁、物业管理等。该公司为昭化路148号①幢厂房实际承租单位，二期工程的建设单位。

4. 上海沅弘企业管理有限公司（以下简称沅弘公司），住所为上海市长宁区昭化路148号幢308室，法定代表人董某某，注册资本人民币500万元。经营范围包括企业管理、企业管理咨询、企业形象策划、会展服务、房地产开发经营、停车场管理等。该公司为昭化路148号除①幢厂房以外其他厂房的承租单位。

5. 比安投资管理（上海）有限公司（以下简称比安公司），住所为上海市金山区朱泾镇万联村万安5001号三栋110室，法定代表人许某某，注册资本人民币5000万元。经营范围包括投资管理（除金融、证券等国家专项审批项目）、自有房屋租赁、物业管理服务、餐饮企业管理（不含食品生产经营）等。该公司为昭化路148号④幢、⑨幢、⑩幢、⑪幢、⑫幢厂房的承租单位，一期工程的建设单位。

6. 别馆（上海）文化有限公司（以下简称别馆公司），住所为上海市长宁区昭化路148号⑥幢，法定代表人许某某，注册资本人民币1000万元。经营范围包括商务信息咨询、企业管理、会务服务、物业管理等。该公司为昭化路148号除①幢厂房以外其他厂房的承租单位。

7. 上海泽月投资管理有限公司（以下简称泽月公司），住所为上海市黄浦区湖滨路150号5号楼2307室，法定代表人施某某，注册资本人民币5000万元。经营范围包括投资管理、投资咨询、企业管理咨询、商务信息咨询。该公司为昭化路148号②幢、⑥幢厂房的承租单位。

8. 上海光敏建筑装饰工程有限公司（以下简称光敏公司），住所为上海市奉贤区茂园路661号876室，法定代表人林某，注册资本人民币3000万元。经营范围包括建筑装饰装修建设工程设计与施工、建筑幕墙建设工程设计与施工、建筑建设工程施工、钢结构建设工程专业施工等。持有上海市住房和城乡建设管理委员会颁发的《建筑业企业资质证书》，资质类别及等级为建筑装饰装修工程专业承包壹级、建筑幕墙工程专业承包贰级、钢结构工程专业承包叁级、建筑工程施工总承包叁级；持有上海市住房和城乡建设管理委员会颁发的《工程设计资质证书》，资质类别及等级为建筑装饰工程设计专项乙级。该公司为昭化路148号一期工程的施工单位。

9. 南通隆耀建设工程有限公司（以下简称隆耀公司），住所为南通市通州区金沙镇市民广场东块B4号营业房，法定代表人顾某某，注册资本人民币1000万元。经营范围包括房屋建筑工程、建筑装修装饰工程、钢结构工程等。持有南通市行政审批局颁发的《建筑业企业资质证书》，资质类别及等级为市政公用工程施工总承包叁级；持有江苏省住房和城乡建设厅颁发的《建筑业企业资质证书》，资质类别及等级为建筑装修装饰工程专业承包贰级。持有《建筑施工安全生产许可证》，该公司为昭化路148号二期工程施工单位。

10. 上海惟昔建筑设计咨询有限公司（以下简称惟昔公司），住所为沪闵路9818号1幢153室，法定代表人周某，注册资本30万元。经营范围包括建筑装饰建设工程专项设计，各类广告的设计、制作，文化艺术交流策划，企业形象策划，会展服务，展览展示服务等。该公司为昭化路148号①幢厂房的装饰设计单位。

11. 上海同丰工程咨询有限公司（以下简称同丰公司），住所为上海市虹口区飞虹路360弄9号3635A室，法定代表人冯某某，注册资本人民币1010万元。经营范围包括建设工程质量检测、房屋质量检测、市政专业建设工程设计、建设工程设计等。持有上海市住房和城乡建设管理委员会颁发的《上海市房屋质量检测证书》；住房和城乡建设部颁发的《工程设计资质证书》，资质等级为结构设计事务所甲级；上海市住房和城乡建设管理委颁发的《工程设计资质证书》，资质类别及等级为市政行业（桥梁工程专业）乙级、建筑行业（建筑工程专业）乙级。该公司为昭化路148号①幢厂房的房屋检测单位、结构修缮设计单位。

（二）事故区域基本情况

1. 事故区域概况

昭化路 148 号地块位于长宁区华阳路街道昭化路南侧，定西路以东、安西路以西，地块面积 4762m²，建筑面积 6057m²。产权人为上汽进出口公司。发生坍塌的是昭化路 148 号①幢厂房（图 10-1）。

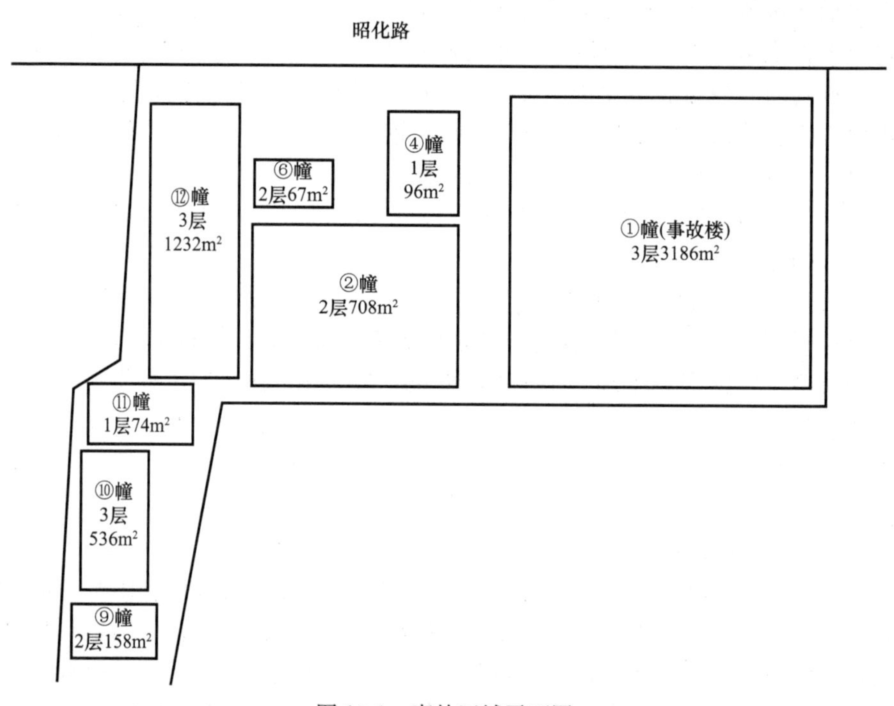

图 10-1　事故区域平面图

2. 事故房屋情况

昭化路 148 号①幢厂房，主楼建造于 1963 年，原建为单层，建筑面积 1080m²（原设计考虑后期加层），1972 年后又进行改扩建，事发前为 2 层（局部 3 层），建筑面积 3186m²。主体结构外围为砖墙承重砌体结构，内部为预制装配式单向框架结构（纵向铰接），屋面为钢屋架。在调查过程中未发现①幢厂房有关安全性检测的记录。

3. 事故地块厂房使用情况

1999 年至 2017 年 12 月，上汽进出口公司将该地块内厂房分别租给上海东驰汽车有限公司和上海腾众汽车销售服务有限公司，用于车辆维修服务。

2017 年 12 月，按照上汽集团公司的经营战略要求，上汽进出口公司将该地块厂房整体交给上汽资产公司管理，双方签订了《上海市昭化路 148 号场地租赁合同》，租赁期为 2018 年 1 月 1 日至 2027 年 12 月 31 日止，租赁用途为“按有关规定自主招商使用”，双方约定由上汽资产公司负责出租厂房的安全生产管理，监控承租方对厂房的使用情况并定期组织安全检查与跟踪整改。上汽资产公司在合同签订后，未按原国家安全监管总局有关企业租赁厂房安全管理文件和上级集团公司《厂房和场所租赁安全管理规定》的要求，对昭化路 148 号①幢、②幢、④幢、⑥幢、⑨幢、⑩幢、⑪幢、⑫幢等厂房的安全性进行检测。期间，上海东驰汽车有限公司向上汽资产公司续租①幢、②幢、⑪幢厂房至 2018 年 12 月。

2019 年 1 月，上汽资产公司与琛含公司签订《房屋租赁协议》，将①幢厂房租赁给琛含公司，用途为办公、展示，租赁期为 2019 年 1 月 1 日至 2027 年 12 月 31 日。双方同时签订了《房屋租赁安全协议》，约定上汽资产公司指派人员，负责联系、指导、督查琛含公司在执行有关安全、消防等管理工作中的管控情况。2019 年 1 月 15 日，琛含公司股东结构发生变更，原股东俞某某（持股 50%）、陈某（持股 50%）与许某某签订《股权转让协议》，由许某某受让俞某某所持琛含公司 50%股份、陈某所持琛含公司 20%股份。股权转让完成后，许某某持有琛含公司 70%的股份并担任公司法定代表人、执行董事兼总经理。

2018 年 6 月 8 日，上汽资产公司将④幢、⑥幢、⑨幢、⑩幢、⑪幢、⑫幢厂房租赁给沅弘公司，租期至 2027 年年底。2018 年 7 月 1 日，沅弘公司将④幢、⑨幢、⑩幢、⑪幢、⑫幢厂房转租给比安公司。2019 年 4 月 21 日，别馆公司（与比安公司法定代表人均为许某某）通过合同转让形式承继比安公司租赁以上厂房。

2018 年 11 月 28 日，沅弘公司将⑥幢厂房租赁给泽月公司，租期至 2027 年底。2018 年 12 月 13 日，上汽资产公司将②幢厂房租赁给沅弘公司，租期至 2027 年年底。2018 年 12 月 28 日，沅弘公司将②幢厂房转租给泽月公司。2019 年 4 月 21 日，别馆公司通过合同转让方式承继泽月公司（法定代表人施某某，为别馆公司股东）租赁②幢、⑥幢厂房（图 10-2）。

（三）改造项目情况

昭化路 148 号地块改造项目分为两期。一期项目由比安公司组织实施，施工单位为光敏公司，双方于 2018 年 11 月 10 日签订昭化路 148 号②幢、⑨幢、⑩幢、⑫幢维修项目施工合同。约定工程范围为昭化路 148 号②幢、⑨幢、⑩幢、⑫幢厂房维修项目，合同工期为 2018 年 11 月 15 日至 2019 年 2 月 15 日，合同价款 76 万元。事故发生时一期工程基本完工。二期为昭化路 148 号①幢、②幢厂房改造项目。事故发生于二期项目。

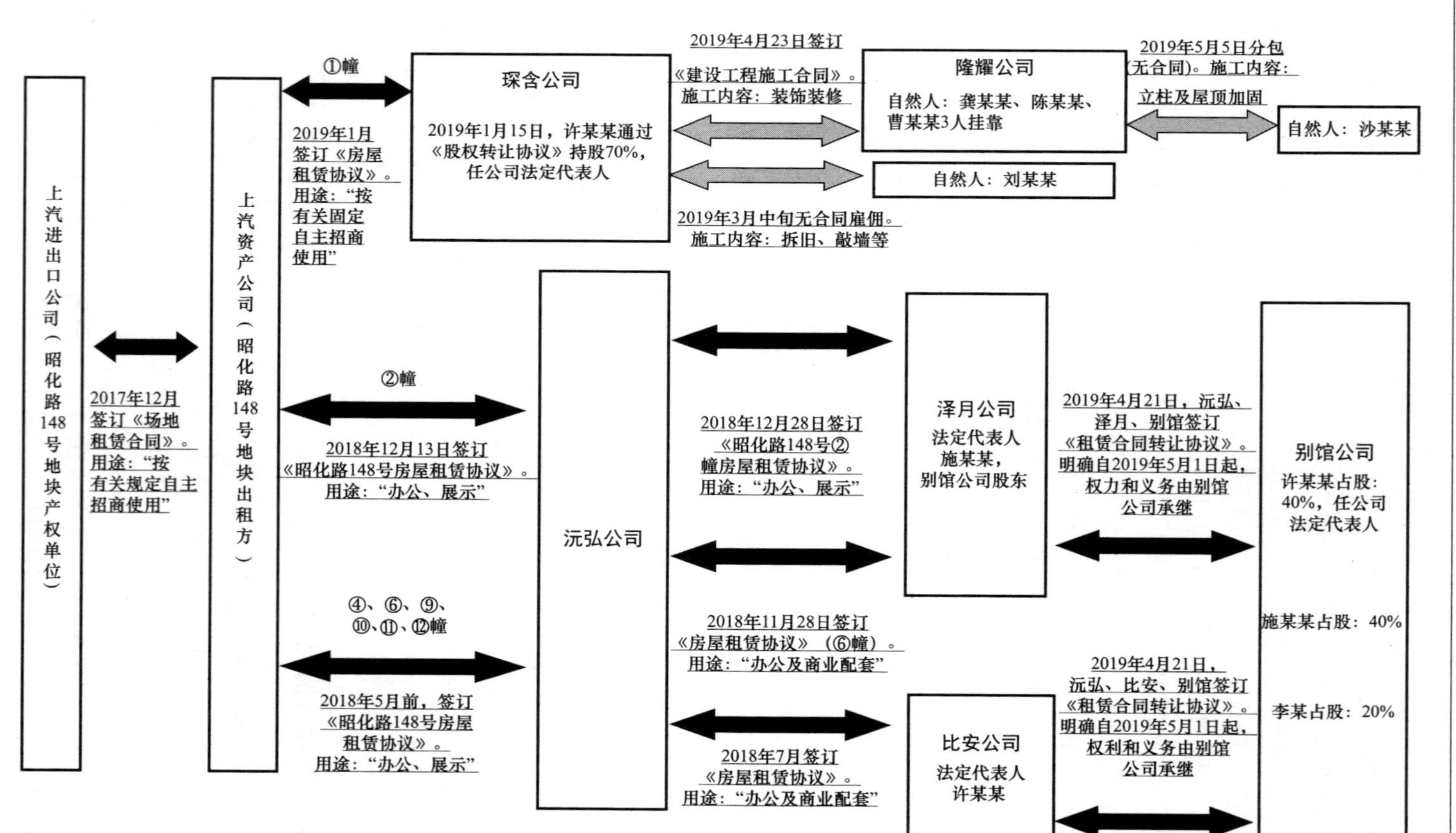

图 10-2 昭化路148号地块厂房租赁情况

1. 二期工程施工组织情况

2019 年 2 月中旬，许某某雇佣自然人刘某某，让其组织人员进入昭化路 148 号地块①幢、②幢厂房，开展改造项目的拆旧、敲墙、挖地坑、挖墙柱底部泥土等工作。

为承揽昭化路 148 号二期工程，陈某某、龚某某、曹某某（3 人均为自然人，无相关资质）挂靠隆耀公司。2019 年 4 月 23 日，隆耀公司与琛含公司签订《建设工程施工合同》，由隆耀公司承包昭化路 148 号二期改造工程，承包范围为①幢、②幢厂房，工期为 2019 年 4 月 26 日至 2019 年 7 月 25 日，合同价款 360 万元。双方同时约定，隆耀公司委派曹某某（隆耀公司员工），持有江苏省住房和城乡建设厅颁发的《二级建造师注册证书》，担任项目经理，陈某某（隆耀公司实际控制人）担任技术负责人，陈某某、龚某某担任现场负责人；琛含公司由许某某为项目负责人，许某某聘用吴某某（自然人）为项目现场管理人员。琛含公司负责工程涉及的市政配套部门及当地各有关部门的联系和协调工作，合同开工日期前 5 天，办理施工所需的有关批件、证件和临时用地等的申请报批手续。隆耀公司严格按照图纸要求进行施工，不得偷工减料，保证施工质量。5 月 5 日，陈某某、龚某某将所承包项目中的立柱加固及屋顶加固工程分包给沙某某（自然人，无相关资质）。

经调查，隆耀公司资质只能承接建筑装修装饰工程，不能承接改变建筑结构的施工工程。

2. 二期工程检测、设计情况

2019 年 2 月，琛含公司将二期工程装修装饰设计委托给惟昔公司。4 月 25 日，惟昔公司提交二期工程装饰效果平面图。

4 月 17 日，许某某委托同丰公司房屋事业部房屋设计所所长俞某某对昭化路 148 号①幢、②幢、⑫幢厂房进行安全性检测，提供①幢、②幢厂房结构加固设计方案。①幢厂房改造方案主要包括：普遍插建一夹层；A-D 轴原有钢屋架拆除，增加二层、三层钢柱，A-D 轴加建三层。

4 月 28 日，同丰公司出具《长宁区昭化路 148 号 1 号楼房屋安全性检测报告》（电子版），结论为“目前①幢房屋室内存在局部承重墙体窗洞扩大，设置钢构架临时支撑现象，存在一定安全隐患，且房屋局部存在砖墙承载力不满足验算要求，应对该房屋采取措施进行加固处理”。

5 月 7 日，俞某某应许某某要求，在公司未签订设计书面合同、未经公司同意、未办理公司盖章手续的情况下，在《昭化路 148 号①幢、②幢结构修缮设计图》上加盖同丰公司“工程施工图设计出图专用章”后，交给琛含公司，并告知许某某该图纸需经审查后方可使用。由于该图纸未经施工图审查，同丰公司未对该工程项目进行技术交底。许某某将未经施工图审查的图纸交给隆耀公司施工。

3. 二期工程施工情况

2019年2月初，昭化路148号①幢厂房外围围挡搭设完成。2月下旬，刘某某组织人员及使用挖掘机，对昭化路148号①幢、②幢厂房进行拆旧、地面清理、挖地坑（用于安装立体车库）等作业。3月上旬，①幢厂房东南侧形成长约40m、宽约12m、深约1.0～1.5m的L形地坑，地坑面积约500m²。

4月5日，①幢厂房外围脚手架搭设完成。4月26日，陈某某、龚某某等组织人员进场施工，让刘某某组织人员在①幢厂房进行承重墙局部拆除、墙基开挖、砖墙（柱）粉刷面层凿除、钻孔（用于箍筋），并在2层楼板立柱处凿孔用以浇筑混凝土。5月6日，沙某某组织17名作业人员在①幢厂房采用植钢筋、支模并浇筑混凝土的方式，进行立柱加固作业。

至事故发生前，①幢厂房现场需加固28根立柱，25根已完成底部开挖，其中，6根立柱已完成加固施工（刚浇筑混凝土），其余立柱分别在植钢筋、绑扎钢筋、支模等。

4. 昭化路148号建设项目监管情况

（1）街道属地管理情况

2018年9月24日、10月期间，长宁区华阳路街道网格安全巡查员在日常巡查时，先后发现昭化路148号内有施工迹象，要求工地负责人到街道说明情况。

2018年11月19日，华阳路街道就昭化路148号一期项目施工问题，约谈许某某，因施工项目合同价款超过30万元，应由长宁区建设行业管理部门负责监管，要求其到长宁区建筑业管理中心（质量安全监督站，以下简称区建管中心）办理报建手续。

2018年12月6日，华阳路街道按照《上海市长宁区安全生产委员会办公室关于进一步完善小建筑装修监管机制的通知》的要求，填报《长宁区工程造价在30万元（含30万元）以上建设工地未报监情况上报表》，将昭化路148号施工情况上报长宁区安全生产委员会办公室。区安全生产委员会办公室于12月7日将该信息转至区建设和管理委员会（以下简称区建管委）。

（2）行业监管情况

2018年12月4日，区建管委接到群众来信，反映昭化路148号工地存在扬尘等问题。区建管委工作人员查询上海市建设市场管理信息平台，并询问区建管中心和华阳路街道，发现该工地未按规定报建，遂通过电话要求该工地负责人立即停止施工。

2018年12月7日，区建管委接到华阳路街道上报的未报监情况上报表后，当日以《长宁区建筑业“六无”工程建管流转单》（长建转字［2018］016号）转至区建管中心。

2018年12月11日，区建管中心安全与市场行为科安全监督一室主任薛某等3人现场检查后，向比安公司、光敏公司开具《上海市建设工程质量安全监督局部暂缓施工指令单》（沪安质监长宁安监缓字［2018］0035号），指令两家单位在相关手续办结之前，现场严禁施工。但未按照《建设工程质量管理条例》的相关规定，实施行政处罚。

2019年1月22日，区建管中心收到比安公司、光敏公司填报的《上海市建筑工程开工报送［备案］信息表》，工程名称为昭化路148号②幢、⑨幢、⑩幢、⑫幢维修项目。在此基础上，区建管中心形成《上海市建设工程安全质量监督（现场审核）任务书》，工地恢复施工。

2019年3月26日，区建管中心薛某等3人对该工地检查，发现该工地存在“脚手架搭设随意，无验收牌已经使用；现场电源线随意拖拉；现场易扬尘材料未覆盖，号房内私设食堂及宿舍”等问题，开具《局部暂缓施工指令单》（沪安质监（长宁）缓字［2019］0002号），要求“长宁区昭化路148号改造项目工地在脚手架、临时用电范围内暂缓施工”。区建管中心于3月27日，对施工总承包单位光敏公司项目负责人曹某某予以记分（2分）处理。4月2日，区建管中心查看比安公司、光敏公司递交整改报告及相关材料后，予以审核通过。

2019年4月25日，区建管中心质量监督科监督一室主任李某某等3人在对昭化路148号地块进行检查时，发现该工地存在“工程材料进场未检先用（蒸压加气混凝土砌块）；施工单位项目经理到岗履职不符合要求；2号楼（即⑪幢厂房）新增结构（混凝土柱、梁）未见施工图纸；3号楼（即⑩幢厂房）对原有建筑预应力多孔板开凿孔洞无设计依据”等问题，向比安公司、光敏公司开具《上海市建设工程质量安全监督停工指令单》（沪安质监长宁停字［2019］0001号），要求立即停止施工，全面整改。

2019年5月9日，许某某到区建管中心说明情况，表示无法提供新增结构施工图纸，未提交整改情况报告及恢复施工申请，区建管中心要求继续停工。

（3）举报投诉处理情况

2019年4月8日，长宁区城市网格化综合管理中心（以下简称区网格化中心）接市民服务热线12345转办件，反映昭化路148号施工扬尘问题。区建管中心受理该转办件后，派员现场核实，要求施工方（光敏公司）采取降尘措施，确保文明施工，减少对周边影响。

2019年5月14日、5月15日，区网格化中心先后两次收到市民服务热线12345转办件，反映昭化路351号对面工地（实为昭化路148号）夜间施工扰民。区网格化中心派单至区建管中心，区建管中心按照职责分工，注明“夜间施工，城管执法”退单至区网格化中心，区网格化中心转派至区城管部门。

二、事故经过及应急救援情况

（一）事故经过

5 月 16 日 11 时 10 分左右，昭化路 148 号①幢厂房内，沙某某找来的 15 名人员在 2 层东南侧就餐，隆耀公司 4 名人员在 2 层东南侧临时办公室商谈工作，刘某某、沙某某分别找来的 6 名人员分别在 2 层（A-3 轴）扎钢筋、1 层柱子（A-4 轴）底部周围挖掘、2 层楼梯间楼板拆除时，厂房东南角 1 层（南北向 A0-B 轴，东西向 3-7 轴）突然局部坍塌，引发 2 层（南北向 A0-D 轴，东西向 1-7 轴）连锁坍塌，将以上 25 名人员埋压（图 10-3）。

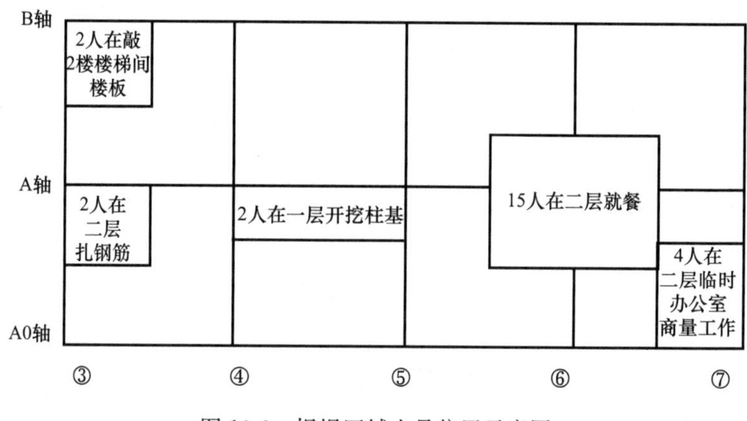

图 10-3　坍塌区域人员位置示意图

（二）事故造成的人员伤亡及直接经济损失

事故造成 12 名作业人员死亡、10 名作业人员重伤、2 名管理人员和 1 名作业人员轻伤，①幢厂房局部坍塌。依据《企业职工伤亡事故经济损失统计标准》GB 6721—1986，核定事故造成直接经济损失约为 3430 万元。

（三）事故应急处置情况

5 月 16 日 11 时 14 分，市应急联动中心接到长宁区昭化路 148 号厂房坍塌、多人被埋的报警，按照《上海市突发公共事件应急处置暂行办法》，立即组织调度公安、消防、卫生、住建、应急、供电、供气等联动单位先期到场处置。

11 时 17 分，市应急联动中心（消防指挥区）接到报警，市应急救援总队立即调派21个中队的41辆消防车、10台重型救援设备、300余名指战员和搜救犬队，市医疗急救中心调派14辆救护车，紧急赶赴现场，并于11时24分到场进行救援处置。

市委、市政府相关领导赶赴现场，组织市应急、住建、卫生等相关部门及长宁区委、区政府，按照《生产安全事故应急条例》（国务院令第708号）有关规定，启动《上海市生产安全事故灾难专项应急预案》《上海市处置建设工程事故应急预案》，市长应勇在救援现场，宣布成立事故处置工作现场指挥部，指定市政府副秘书长赵奇担任总指挥，指挥部下设现场救援、医疗救治、新闻发布、事故调查、善后处置和综合保障等工作组。在市政府事故处置工作现场指挥部统一指挥下，调派7台大型工程车辆进场，消防救援、医疗急救、供电、供气等各部门通力配合，克服场地狭小、被埋人员数量不清、情况不明、仍有连续坍塌危险等困难，全力开展抢险。

至5月17日1时45分，现场共救出25名被埋人员，经反复确认无其他被埋人员后，搜救工作结束。

（四）医疗救治及善后工作情况

指挥部调派14辆救护车，伤员分别送往复旦大学附属华山医院、华东医院进行治疗。指挥部善后处置组组织195名工作人员、志愿者做好伤亡人员家属的情绪安抚、心理疏导、赔偿协商、生活保障等工作。至2019年5月29日，事故各项善后事宜基本完成，未发生伤亡人员家属上访等涉及稳定事件，社会舆论保持平稳。

市住房建设管理委组织市房屋建筑专家对事故现场剩余房屋进行安全评估，市房管局组织专业拆房队伍，对坍塌现场剩余的约3000m^2厂房进行拆除。5月17日21时15分，现场拆房工作完成；5月19日12时，现场建筑垃圾清运工作完成，运出建筑垃圾1900余吨，现场搭建了高护栏围挡。5月20日9时，事故现场清理完毕。

（五）应急处置评估

事故调查组完成了《长宁区昭化路148号①幢厂房坍塌重大事故应急处置评估报告》。评估报告结论：在应急管理部和市委、市政府的正确领导下，在有关部门的通力合作下，各方救援力量科学施救，昭化路148号①幢厂房坍塌事故应急救援处置总体有力、有序、有效。同时，在今后的突发事件应急处置中，要督促属地政府进一步完善突发事件现场组织管理。

三、现场勘察及检测鉴定情况

（一）现场勘察情况

① 幢厂房南侧主要承重砖墙（A 轴）向外坍塌；2 层（＋5.200m 标高）楼面预制梁、板部分（A 轴至 B 轴，3 轴至 7 轴）坍塌；屋盖（＋9.200m 标高）五榀钢屋架及预制屋面板全部坠落；墙外东南角的竹脚手架，东侧向内倾侧，南侧向外倒塌。

① 幢厂房东侧 5-7 轴有地坪开挖，开挖深度 1m 左右，在开挖区域内的 A 轴承重墙（柱）基础暴露。

（二）检测鉴定情况

1. 司法鉴定情况

2019 年 5 月 28 日，复旦大学上海医学院司法鉴定中心出具《司法鉴定意见书》（复医〔2019〕病鉴字第 100～111 号），12 名死亡人员鉴定意见为：死因符合遭钝性物体（砖石等）砸压致头部、躯干部、四肢等致命性损伤、机械性窒息。

2. 房屋检测情况

上海市建筑科学研究院房屋质量检测站对事故房屋进行检测后，于 5 月 24 日出具《上海市长宁区昭化路 148 号厂房局部坍塌事故后检测报告》（沪房鉴〔002〕证字第 2019-096 号），结论为：本次局部坍塌是由于①幢厂房底层 A 轴砖柱（含翼墙）失效引起的局部结构连续倒塌。

3. 技术分析意见

调查组聘请的专家组通过事故现场勘察，查阅图纸、资料，以及询问相关人员，经综合分析，于 5 月 31 日出具《长宁区昭化路 148 号“5・16”坍塌重大事故技术报告》，认定导致该起事故技术原因为：

（1）①幢厂房改扩建前，1 层坍塌部分（南侧 A 轴）砖墙（柱）存在承载力不足的缺陷；

（2）改扩建中，未采取有效的维持墙体稳定和事前补强的针对性施工措施；

（3）改扩建时，坍塌部位（A 轴南侧砖砌体承重墙位置）在进行局部承重墙体拆除、粉刷面层凿除、钢筋穿墙作业以及墙基和地坪开挖过程中，削弱了承重墙（柱）的截面，进一步降低了承重墙（柱）的承载力和稳定性。

四、事故原因分析

(一) 直接原因

经调查认定，昭化路148号①幢厂房1层承重砖墙（柱）本身承载力不足，施工过程中未采取维持墙体稳定措施，南侧承重墙在改造施工过程中承载力和稳定性进一步降低，施工时承重砖墙（柱）瞬间失稳后部分厂房结构连锁坍塌，生活区设在施工区内，导致群死群伤。具体分析如下：

1.①幢厂房1层承重砖墙（柱）本身承载力不足

（1）昭化路148号①幢厂房主楼建造于1963年，原建为单层（原设计考虑后期加层），基础混凝土强度150号（C13），主体结构混凝土强度200号（C18），承重砖墙75号黏土砖（MU7.5）、50号混合砂浆（M5），钢筋屈服强度2100kg/cm^2（210MPa）。1972年后改扩建为2层（局部3层），南北侧加建了南区、北区等，且南区、北区均与主楼部分连接。改建后厂房为预制装配式单向内框架结构，南侧采用带扶壁柱的承重墙，楼面采用预制空心板。加建屋面采用钢屋架、槽型屋面板，2层竖向采用混凝土柱、砖墙、砖柱混合承重。

（2）厂房结构体系混乱。按照本次改造前的状态验算，材料强度按照砖MU7.5、砂浆M5（设计值），底层A轴砖柱及翼墙抗力与荷载效应之比约为0.48，局部构件承载力不足，处于较危险状态。5月1日后，南侧A轴进行过墙体窗洞扩大（拆墙）等施工，翼墙仅剩200～300mm，整体稳固性不足，存在明显薄弱环节和安全隐患。根据事发前施工现场底层6/A、7/A翼墙凿除照片、A轴其他承重柱及翼墙粉刷层凿除、翼墙穿孔等情况计算，其比值降为0.42，局部构件承载力进一步下降，危险性加大。

底层A轴砖柱（含翼墙）受压承载力严重不足，处于危险状态，对施工扰动极为敏感，失稳后极易引起结构连续倒塌。

2. 现场未采取维持墙体稳定措施情况

（1）①幢厂房改造方案情况：①幢厂房改造方案主要包括：普遍插建1夹层；A-D轴原有钢屋架拆除，增加2层、3层钢柱，A-D轴加建3层。

从结构加固方案看（仅主楼区域），结构加固包括底层和2层部分混凝土柱和扶壁柱加固、增加2层钢柱等；设计要求结构加固自基础面开始，要求施工前，必须做好必要的施工支撑，确保施工期间安全。此外，结构加固方案要求承重砖墙不能拆除。

（2）经调查，琛含公司、隆耀公司在本次改造中未采取有效的维持墙体稳定和事前补强的针对性施工措施。

3. 地坪开挖进一步降低厂房结构安全性

刘某某等人对①幢厂房东南侧的墙基、地坪开挖，开挖深度1.0～1.5m，削弱了地坪土对柱、墙的约束作用，降低了厂房结构安全性。

（二）间接原因

1. 琛含公司未尽到建设方主体责任。公司主要负责人未依法履行安全生产工作职责；建设项目未立项、报建；结构设计图纸未经审查，未取得施工许可证违法组织施工；将工程发包给个人和不具备结构改造资质的单位；在收到该区域工程停工通知单、知道①幢厂房承重砖墙（柱）本身承载力不足，依然组织人员进行违法施工。

2. 隆耀公司未尽到承包方主体责任。公司主要负责人未依法履行安全生产工作职责；超资质承揽工程；违规允许个人挂靠，安排人员挂名项目经理，对承包项目未实施实际管理；在没有施工许可证、结构设计图纸未经审查、无施工组织设计、无安全技术交底的情况下进行施工；项目施工现场内违规设置办公区、生活区。

3. 上汽资产公司未尽到对出租场所统一协调、管理责任。公司主要负责人未依法履行安全生产工作职责；以租代管，对出租场所安全检查流于形式；未按上级集团公司规定，对出租厂房进行安全性检测；未按规定督促落实租赁方对装修、改造等进行报备；对出租场所建筑结构改变情况失管、失察。

4. 上汽进出口公司作为产权方，未完全尽到产权人的管理责任。未按合同约定，有效督促上汽资产公司落实租赁厂房的安全管理工作。

（三）相关监管问题

1. 华阳路街道未完全履行属地管理的责任。党政同责、一岗双责落实不到位；监督检查不到位；没有建立有效的事故隐患发现机制，在日常检查中没有及时发现管辖区域的“六无工程”；在与行业监管的衔接上存在盲区和薄弱环节。

2. 区建设行业管理部门（区建管委、区建管中心）未完全履行建设行业管理责任。在发现昭化路148号一期项目未办理相关建设手续后，未依法对相关单位进行行政处罚；检查时，未能及时发现该地块内①幢厂房违法施工情况；在开出该地块停工指令单后，对群众多次举报该工地夜间施工情况未认真核查，错失消除事故隐患、避免事故发生的机会；在与街道属地管理的衔接上存在盲区和薄弱环节。

3. 区规划资源局未完全尽到土地管理责任。未能主动对本区域土地开展巡查，未能发现土地用途改变的相关问题。

五、事故责任的认定以及对事故责任者的处理建议

根据事故原因调查和事故责任认定，依据有关法律法规和党纪政纪规定，对事故有关责任人员和责任单位提出处理意见：

依据《公职人员政务处分暂行规定》第三条、《上海市党政领导干部安全生产责任制实施细则》第二十九条、《行政机关公务员处分条例》第二十条和《事业单位工作人员处分暂行规定》第五条、第十七条等规定，拟对 14 名责任人员给予党纪政纪处理，对 2 名责任人员建议所在单位给予处理。

事故调查组建议对 3 家事故相关企业及相关负责人的违法违规行为给予行政处罚。

（一）移交司法机关人员（8 人）

1. 许某某，琛含公司法定代表人、执行董事兼总经理，昭化路 148 号项目建设方负责人。建设项目未立项、报建；结构设计图纸未经审查，未取得施工许可证违法组织施工；将工程发包给个人和不具备结构改造资质的单位；收到该区域工程停工通知单、知道①幢厂房承重砖墙（柱）本身承载力不足，依然组织人员进行施工。对事故发生负有直接责任。

2. 陈某某，隆耀公司实际控制人。超资质承揽工程；违规允许个人挂靠；安排人员挂名项目经理，对承包项目未实施实际管理。对事故发生负有直接责任。

3. 陈某某，自然人，施工现场负责人。违规挂靠隆耀公司；在没有施工许可证、施工图未经审查、无施工组织设计、无安全技术交底的情况下进行施工；项目施工现场内违规设置办公区、生活区。对事故发生负有直接责任。

4. 龚某某，自然人，施工现场负责人。违规挂靠隆耀公司；在没有施工许可证，施工图未经审查，无施工组织设计、无安全技术交底的情况下进行施工；项目施工现场内违规设置办公区、生活区。对事故发生负有直接责任。

5. 刘某某，自然人，挖掘、拆旧、敲墙等施工负责人。知道改造工程存在安全隐患，仍然组织工人盲目施工。对事故发生负有直接责任。

6. 沙某某，自然人，结构加固施工负责人。知道改造工程存在安全隐患，仍然组织工人盲目施工。对事故发生负有直接责任。

7. 吴某某，许某某委派其负责现场安全、施工管理等工作。未履行管理职责；明知建设项目未立项、报建，结构设计图纸未经审查，未取得施工许可证的情况下，未制止违法违规施工。对事故发生负有直接责任。

8. 曹某某，自然人，与龚某某、陈某某合伙挂靠隆耀公司。在没有施工许可证、施工图未经审查、无施工组织设计、无安全技术交底的情况下进行施工。对事故发生负有直接责任。

（二）建议给予党纪、政务处分的人员（16人）

1. 相关国有企业人员（5人）

（1）陈某某，中共党员，上汽集团公司副总裁，分管集团安全生产、存续资产工作。未认真督促业务部门严格按照集团公司关于厂房租赁安全管理规定开展工作。对事故发生负有领导责任，建议给予诫勉谈话。

（2）潘某某，群众，上汽集团公司规划部总经理，负责集团厂房租赁安全管理工作。未严格落实集团厂房租赁安全管理相关规定，对下属企业以租代管等问题失察。对事故发生负有管理责任，建议给予诫勉谈话。

（3）姜某，中共党员，上汽资产公司总经理，公司安全生产第一责任人。未有效督促相关部门落实安全生产责任制，未尽到对出租场所统一协调、管理责任。以租代管，未按规定督促落实租赁方对装修、改造等进行报备；对出租场所建筑结构改变情况失察。对事故发生负有领导责任，建议给予记过处分。

（4）于某，中共党员，上汽资产公司资产管理部执行总监，负责厂房租赁安全管理工作。未按上级集团公司规定，对出租厂房进行安全性检测；未严格执行公司厂房租赁安全管理规定，未尽到对出租场所统一协调、管理责任。以租代管，对出租场所安全检查流于形式；未按规定督促落实租赁方对装修、改造等进行报备；对出租场所建筑结构改变情况失管。对事故发生负有管理责任，建议给予记过处分。

（5）雷某某，中共党员，上海汽车资产经营有限公司行政办公室安全专员，负责公司安全生产综合管理。现场检查发现昭化路148号厂房有施工状况后，未按公司相关规定督促承租方报备施工情况，安全检查流于形式。对事故发生负有管理责任，建议给予记过处分。

2. 相关政府工作人员（11人）

（1）陈某某，中共党员，时任长宁区委副书记、副区长，分管建设管理等工作。未认真督促建设行业管理部门建立有效的隐患排查机制。对事故发生负有领导责任，建议给予通报批评。

（2）赵某某，中共党员，长宁区建管委党工委书记、主任，全面负责长宁区建管委工作。未尽到建设行业管理责任。对行业监管和街道属地管理环节上存在盲区和薄弱环节失察。对事故发生负有领导责任，建议给予党内警告处分。

（3）宋某某，中共党员，长宁区建管委副主任，分管区建管中心安全生产工作。未尽到建设行业管理责任。对行业监管和街道属地管理环节上存在盲区和薄弱环节失管。对区建管中心安全生产工作管理不力。对事故发生负有领导责任，建议给予记过处分。

（4）沈某，中共党员，长宁区建管中心党支部书记、主任，全面负责区建管中心工作。对区建管中心管理人员发现昭化路148号一期项目未办理相关建设手续后，未依法对相关单位进行行政处罚的情况失察；对未能及时发现该工地①幢厂房违法施工情况失察；对开出该工地停工指令单后，群众多次举报该工地夜间施工未认真核查的情况失察。对事故发生负有领导责任，建议给予记过处分。

（5）陈某，中共党员，华阳路街道党工委书记，全面负责华阳路街道党工委工作。落实党政同责、一岗双责工作不到位。对事故发生负有领导责任，建议给予通报批评。

（6）林某某，中共党员，华阳路街道党工委副书记、街道办事处主任，街道安全生产第一责任人。未建立有效的事故隐患发现机制，对管辖区域内存在的“六无工程”情况失察。对事故发生负有领导责任，建议给予诫勉谈话。

（7）许某某，中共党员，华阳路街道党工委副书记，分管街道平安办。未能有效消除街道属地管理和行业监管环节上存在盲区和薄弱环节；对监督检查不到位，未及时发现“六无工程”的情况失察。对事故发生负有领导责任，建议给予警告处分。

（8）史某某，中共党员，长宁区建管中心副主任，负责工程质量监管、建筑市场综合执法等工作。对区建管中心管理人员发现昭化路148号一期项目未办理相关建设手续后，未依法对相关单位进行行政处罚的情况失管；对未能及时发现该工地①幢厂房违法施工情况失管。对事故发生负有管理责任，建议按照干部管理权限由长宁区给予处理。

（9）高某，中共党员，长宁区建管中心副主任，负责工地安全生产、网格化市民热线、信访投诉等工作。对区建管中心管理人员开出该工地停工指令单后，群众多次举报该工地夜间施工未认真核查的情况失管。对事故发生负有管理责任，建议按照干部管理权限由长宁区给予处理。

（10）李某某，民建成员，长宁区建管中心质量监督科监督一室主任。在日常检查过程中，未能及时发现昭化路148号①幢厂房违法施工情况，建议区建管中心按照有关规定予以处理。

（11）薛某，致公党党员，长宁区建管中心安全与市场行为科安全监督一室主任。在发现昭化路148号一期项目未办理相关建设手续后，未依法对相关单位进行行政处罚，建议区建管中心按照有关规定予以处理。

（三）相关单位的处理建议

事故暴露出长宁区政府、上汽集团公司安全生产工作组织领导不力，在监督检查、出租厂房管理等方面存在履职不到位的问题。

1. 建议区建管委、华阳路街道、区规划资源局向长宁区委、区政府作出深刻检查。

2. 建议上汽集团公司对上汽进出口公司、上汽资产公司予以通报批评。

3. 建议市国资委、市应急局，对上汽集团公司进行约见警示谈话。

4. 建议上海市安全生产委员会办公室对长宁区政府进行约见警示谈话。

5. 建议对长宁区政府向上海市政府作出书面检查。

（四）行政处罚建议

1. 琛含公司。建议给予230万元罚款。

2. 隆耀公司。建议给予吊销其建筑装修装饰工程专业承包贰级资质、吊销安全生产许可证处罚。给予230万元罚款。

3. 上汽资产公司。建议给予230万元罚款。

4. 建议建设行业管理部门对昭化路148号一期改造项目中所涉及无证施工的比安公司、光敏公司，依法予以行政处罚。依法吊销顾某某、陈某某、曹某某3名人员安全资质证书。

5. 许某某，琛含公司法定代表人、执行董事兼总经理。建议给予处上一年收入百分之六十的罚款。自刑罚执行完毕之日起，五年内不得担任任何生产经营单位的主要负责人。

6. 顾某某，隆耀公司法定代表人。建议给予处上一年收入百分之六十的罚款。

7. 姜某，上汽资产公司总经理。建议给予处上一年收入百分之六十的罚款。

8. 曹某某，隆耀公司项目部经理。作为施工单位项目经理，长期未到岗履职，对事故发生负有责任。建议吊销其二级建造师注册资格，终身不予注册。

（五）其他处理意见

1. 同丰公司内部管理不严。未签订设计书面合同情况下，公司人员承接设计任务后，在未见到昭化路148号①幢厂房项目批准文件的情况下，未经公司同意、未办理公司盖章手续的情况下，在结构设计图上加盖公司“工程施工图设计出图专用章”，并将结构设计图交给琛含公司。建议市建设行业管理部门依法予以处理。

2. 陈某，同丰公司副总经理兼房屋事业部总经理。作为公司分管负责人，对公司人员承接设计任务后，在未见到昭化路148号①幢厂房项目批准文件的情况下，未经公司同意、未办理公司盖章手续的情况下，在结构设计图上加盖公司“工程施工图设计出图专用章”，并将结构设计图交给琛含公司的情况失管、失察。建议同丰公司依据企业有关规定予以处理。

3. 俞某某，同丰公司房屋事业部房屋设计所所长。承接设计任务后，在未见到昭化路148号①幢厂房项目批准文件的情况下，未经公司同意、未办理公司盖章手续的情况下，在结构设计图上加盖公司“工程施工图设计出图专用章”，并将结构设计图交给琛含公司。建议同丰公司依据企业有关规定予以处理。

（六）对相关租赁转让、装饰设计单位的调查情况

经调查，未发现相关租赁转让单位沅弘公司、别馆公司、泽月公司，装饰设计单位惟昔公司，与本次事故发生存在直接或者间接关系。

六、事故防范和整改措施

（一）进一步健全安全生产责任体系，牢固树立安全发展理念

长宁区委、区政府要牢固树立安全发展理念，始终把人民群众生命安全放在第一位，坚守发展决不能以牺牲安全为代价这条不可逾越的红线。要进一步健全党政同责、一岗双责、齐抓共管、失职追责的安全生产责任体系，加强对属地安全生产工作的指导力度，督促各部门落实安全生产监管职责。要认真剖析导致事故发生的原因、充分认识事故暴露出来的问题，全面梳理安全生产管理规范，认真开展隐患排查治理工作，积极协调工作中存在的突出问题，畅通行业主管部门和属地街镇管理机构的信息沟通，建立健全联动机制和信息共享机制，及时消除行业监管与属地管理之间存在的盲区与薄弱环节。

（二）进一步深化隐患排查和风险管控，履行安全监管职责

各行业主管部门要坚决落实管行业必须管安全的要求，切实履行安全生产监管职责。建设行业主管部门要督促各参建单位严格遵守法律法规的要求，切实履行项目开工、勘察设计、质量安全监管、工程报备等手续。规划部门要完善执法检查机制，主动开展监督执法，确保违规行为早发现、早处理。国资管理部门要加强对国有企业履行安全生产主体责任的监管，结合城市更新特点，强化对国有企业利用老旧厂房进行二次创业的安全监管，督促企业认真落实主体责任，杜绝

“以租代管，只租不管”的行为。尤其是要加强房屋全生命周期管理，健全覆盖住宅、非居住房屋、公共建筑的安全排查和处置机制，探索建立房屋使用安全信息管理系统，明确房屋所有权人主体责任，努力形成安全生产齐抓共管的格局。

（三）进一步夯实安全生产基础工作，履行安全生产主体责任

各类企业和主要负责人要增强安全生产工作的紧迫感和责任感，严格按照有关法律法规和标准要求，依法设置安全生产管理机构，配足安全管理人员，按照实际配备技术管理力量。要建立健全安全生产责任制，完善管理制度，进一步夯实企业安全生产各项基础工作，切实履行安全生产主体责任。

针对事故所暴露出来的问题，各类工程，特别是装饰装修工程，参建单位要进一步强化安全意识，在对既有建筑物装饰装修作业时，未经技术鉴定或原设计单位确认不得擅自改变建筑主体承重结构或使用功能。对超过设计使用年限的既有建筑物，在无建筑结构安全鉴定时不得进行装饰装修活动。同时，加强施工现场的安全管控，对改扩建、小型工程等做好风险排查评估，落实应急措施。上汽集团应督促下属单位对昭化路148号地块厂房的安全性进行检测，要建立健全房屋安全检查、周期检测、维修使用等管理制度，严格遵照《中华人民共和国安全生产法》有关规定，加强对承租单位、承包单位的安全生产工作的统一协调、管理，定期进行安全检查，坚决杜绝以租代管。

（四）进一步优化安全监管方式，提升建筑施工现场本质安全水平

创新城市安全治理方式，积极运用信息技术手段，提高城市科学化、精细化、智能化管理水平。理顺未纳入施工许可管理的建筑施工活动的安全监管职责，明确和落实行业监管和属地管理职责。充实和加强基层监管执法力量，落实监督检查和执法责任。要建立行业主管部门牵头、相关部门参与配合的联合监管执法工作机制，充分发挥街镇管理机构、城市网格化平台作用，加大对“六无工程”、既有项目的隐蔽违法违规现象的发现和移交查处力度，以“零容忍”的态度严肃查处建筑施工企业各类违法违规行为。

（五）全面排查装饰装修工程的违规行为，强化参建主体动态监管

对于一般类装修工程，根据项目规模、参建单位的管理水平和信用等级等因素采用随机抽查的方式，重点就承诺事项的履约情况开展全面排查。总投资额100万元至1000万元之间的工程，每季度在建项目抽取比例不少于该类装修工程总数的30%。总投资额1000万元及以上的工程，每季度在建项目抽取比例不少于该类装修工程总数的50%。对特殊类装修工程，加强项目安全质量的监督

管理。

进一步完善事中事后监管制度。在依法依规合理利用存量用地、厂房建设过程中，探索制定针对老旧厂房改（扩）建的设计技术规范和施工验收地方标准，采取分级管控的方式强化对装饰装修工程的监管。在常态化日常监督管理基础上，积极开展专项安全、质量检查。同时根据装饰装修项目特点，深入开展安全隐患和风险的排查整治。强化停止施工后的跟踪监管，确保令行禁止。

加强对项目参建各方日常动态管理，督促建设、设计、施工、监理等参建单位严格按照项目申报内容和行政管理规定进行设计、施工和监理等经营活动。建设、规土、消防、房管、城管、文物等部门要建立健全诚信体系建设，要按照各自职责分工加强对项目参建各方日常动态管理，将有关违规信息记入责任企业和直接责任人员的信用档案，对违法违规相关信息要在上海市建设市场管理信息平台上予以曝光。

（六）充分发挥舆论监督、群众监督等社会监督的作用，形成全社会共治安全的良好格局

要充分发挥城市网格化、街镇属地管理的信息互通互联作用，强化对施工现场动态的掌控。充分发挥舆论监督、群众监督等社会监督的作用，建立有奖举报制度，对于各类违法违规施工行为实施有奖举报。充分发挥相关行业协会作用，鼓励行业协会制定自律规则、完善行规行约，推动实现行业自我管理、自我约束的机制。

专家分析

一、事故原因

（一）直接原因

1. 改扩建前：事故厂房（昭化路148号①幢厂房）1层承重砖墙（柱）本身承载力不足。

2. 改扩建中：未采取有效的维持墙体稳定和事前补强措施。

3. 改扩建时：局部承重墙体拆除、面层凿除、钢筋穿墙作业、墙基和地坪开挖等施工作业进一步降低承载力和稳定性。

4. 生活区和办公区设在施工区内，导致群死群伤。

（二）间接原因

1. 建设单位（琛含公司）未尽到建设方主体责任。公司主要负责人未依法履行安全生产工作职责；建设项目未履行立项、报建程序；结构设计图纸未经审查，未取得施工许可证违法组织施工；将工程发包给个人和不具备结构改造资质的单位；在收到该区域工程停工通知单、明知①幢厂房承重砖墙（柱）本身承载力不足的情况下，依然组织人员进行违法施工。

2. 施工单位（隆耀公司）未尽到施工方主体责任。公司主要负责人未依法履行安全生产工作职责；超资质承揽工程；违规允许个人挂靠，安排人员挂名项目经理，对承包项目未实施实际管理；在没有施工许可证、结构设计图纸未经审查、无施工组织设计、无安全技术交底的情况下进行施工；项目施工现场内违规设置办公区、生活区。

3. 厂房管理单位（上汽资产公司）未尽到对出租场所统一协调、管理责任。公司主要负责人未依法履行安全生产工作职责；以租代管，对出租场所安全检查流于形式；未按上级集团公司规定，对出租厂房进行安全性检测；未按规定督促落实租赁方对装修、改造等进行报备；对出租场所建筑结构改变情况失管、失察。

4. 厂房产权单位（上汽进出口公司）未完全尽到产权人的管理责任。未按合同约定，有效督促厂房管理单位（上汽资产公司）落实租赁厂房的安全管理工作。

（三）相关监管问题

1. 华阳路街道未完全履行属地管理的责任。党政同责、一岗双责落实不到位；监督检查不到位；没有建立有效的事故隐患发现机制，在日常检查中没有及时发现管辖区域的“六无工程”；在与行业监管的衔接上存在盲区和薄弱环节。

2. 区建设行业管理部门（区建管委、区建管中心）未完全履行建设行业管理责任。在发现昭化路 148 号一期项目未办理相关建设手续后，未依法对相关单位进行行政处罚；检查时，未能及时发现该地块内①幢厂房违法施工情况；在开出该地块停工指令单后，对群众多次举报该工地夜间施工情况未认真核查，错失消除事故隐患、避免事故发生的机会；在与街道属地管理的衔接上存在盲区和薄弱环节。

3. 区规划资源局未完全尽到土地管理责任。未能主动对本区域土地开展巡查，未能发现土地用途改变的相关问题。

二、事故经验教训

1. 针对事故所暴露出来的问题，各参建单位要进一步强化安全意识，在对既有建筑物装饰装修作业时，未经技术鉴定或原设计单位确认不得擅自改变建筑主体承重结构或使用功能。对超过设计使用年限的既有建筑物，在无建筑结构安全鉴定时不得进行改造、装修活动。同时，要加强施工现场的安全管控，对改扩建、小型工程等应做好风险排查评估，落实应急措施。

2. 上汽集团作为产权单位要建立健全房屋安全检查、周期检测、维修使用等管理制度，督促下属单位对厂房的安全性进行检测，严格遵照《中华人民共和国安全生产法》规定，加强对承租单位、承包单位的安全生产工作的统一协调、管理，定期进行安全检查，坚决杜绝以租代管。

3. 建设、消防、房管、城管等相关部门要继续加强安全监管体系建设，要按照各自职责分工加强对项目参建各方日常动态管理。

三、预防措施建议

1. 健全安全生产责任体系，落实安全生产主体责任，履行安全监管职责，坚决依法、依规开展建设活动。该事故中，各参建单位未落实安全生产主体责任，建设单位违法发包，施工单位超资质承揽工程，未对结构设计图纸进行审查，未取得施工许可证违法组织施工，在无施工组织设计、未进行安全技术交底的情况下进行施工，安全管理不到位，且将生活区、办公区违规设置在施工现场内，造成该起事故群死群伤。各级监管部门监督检查不到位，未能及时发现违法施工情况；在开出停工指令单后，未及时跟踪后续执行落实情况，在接到群众举报后，仍未认真核查，未切实履行安全监管职责。各级部门、企业要健全党政同责、一岗双责、齐抓共管、失职追责的安全生产责任体系，夯实安全生产各项基础工作，企业要落实安全生产主体责任，各级部门要切实履行安全生产监管职责。

2. 坚持常态化监管，完善事中事后监管，强化动态监管。各级管理部门应坚持、加强常态化监管，积极开展专项安全、质量检查。同时根据项目特点，深入开展安全隐患和风险的排查整治。对于一般工程，根据项目规模、参建单位的管理水平和信用等级等因素采用随机抽查的方式，重点就承诺事项的履约情况开展全面排查。进一步完善事中事后监管制度，探索采取分级管控的方式强化监管。加强对项目参建各方日常动态管理，督促建设、设计、施工、监理等参建单位严格按照项目申报内容和行政管理规定进行设计、施工和监理等经营活动。强化停止施工后的跟踪监管，确保令行禁止。

3. 重视并发挥舆论监督、群众监督等社会监督的作用。要重视并发挥城市网格化、街镇属地管理的信息互通互联作用，强化对施工现场动态的掌控。要充分发挥舆论监督、群众监督等社会监督的作用，加强落实对社会监督的跟踪反馈，建立有奖举报制度，对于各类违法违规施工行为实施有奖举报。充分发挥相关行业协会作用，鼓励行业协会制定自律规则、完善行规行约，推动实现行业自我管理、自我约束的机制。

11 山东青岛“5·27”隧道坍塌较大事故

调查报告

2019年5月27日17时40分左右，由中铁二十局施工的地铁4号线崂山区静港路站至沙子口站区间（以下简称“静沙区间”），在左线小里程ZDK25+343位置（距离洞口114m处）发生洞内涌水突泥，造成现场施工人员5人死亡、3人受伤，直接经济损失785万元。

事故发生后，根据《中华人民共和国安全生产法》《生产安全事故报告和调查处理条例》（国务院令第493号）及《山东省生产安全事故报告和调查处理办法》（省政府令第236号）的有关规定，青岛市政府成立了由市政府副秘书长任组长，市应急管理局、市公安局、市自然资源和规划局、市住房城乡建设局、市水务管理局、市总工会及崂山区人民政府等单位派员组成的事故调查组，聘请国内相应领域知名专家组成专家组，并邀请市纪委市监委机关派员参加了事故调查工作。

事故调查组坚持“科学严谨、依法依规、实事求是、注重实效”的原则，通过现场勘验、调查取证、检测鉴定和专家论证，查明了事故发生的经过、原因、人员伤亡和直接经济损失情况，认定了事故性质和责任，对调查过程中发现的问题提出了处理建议，并针对事故原因及暴露出的突出问题，提出了事故防范措施建议。现将有关情况报告如下：

一、基本情况

（一）项目概况

1. 项目基本情况

青岛市地铁4号线为主城区东西向的骨干线，连接市南区、市北区、崂山区，线路总体呈东西走向，从青岛城区的中部东西向连接老城区、东部新区以及崂山区沙子口街道办事处。线路自人民会堂站起，主要沿太平路、江苏路、热河路、辽宁路、华阳路、内蒙古路敷设，过海泊桥后，向东沿鞍山路、辽阳西路、辽阳东路、规划长沙路、李宅路（S296）、李沙路（S214）到达沙子口，全长约26km，共设车站22座，全部为地下线。

该项目于2016年取得建设项目选址意见书、建设用地规划许可证、工可报告批复、初步设计批复、建设工程规划许可证等，于2016年12月29日，取得建筑工程施工许可证、青岛市建设（市政）工程安全监督登记证、青岛市建设（市政）工程质量监督登记证。

2. 土建11工区简要情况

青岛地铁4号线土建11工区，负责两站（静港路站、沙子口站）、两区间（九静区间、静沙区间）土建施工，线路全长约2.7km，合同工期49个月，计划竣工日期为2020年12月19日。

3. 静沙区间概况

（1）工程概况

青岛地铁4号线静港路站～沙子口站区间位于青岛市崂山区静港路站至沙子口站之间。区间线路出静港路站后，沿李沙路路中向南敷设，线路在渔港路路口附近偏离李沙路，向东方向敷设，从东尖山西北侧下方穿越后往沙子口街道方向前进，在沙子口街道中心空地到达沙子口站。

静港路站～沙子口站区间起止里程：（Z）YDK24＋739.400～（Z）YDK25＋879.000，左线全长1123.531m，右线全长1143.346m（右线长链3.746m，左线短链16.069m）。区间在YDK25＋300.000设1座联络通道兼废水泵房。本区间设计主要采用盾构法施工，中间硬岩段先采用矿山法施工开挖，盾构平推通过后在矿山法隧道端头再次始发。区间矿山法段在YDK25＋452.018处设置一处施工竖井及横通道。

事故发生位置在静沙区间左线ZDK25＋090.9～ZDK25＋528硬岩段，坍塌里程为ZDK25＋343，隧道净宽7.4m，隧顶埋深约19.6m，基本位于渔港路正下方，上方无建（构）筑物。事故发生区域周边地势平坦，基本为农田和菜地。

（2）工程地质

事故发生段隧顶覆岩、土厚度约19.6m，地层从上至下依次为6.4m杂填土、0.8m粉质黏土、7.1m中粗砂层、4.9m粉质黏土、0.7m强风化凝灰岩，围岩等级为Ⅴ级。

隧道洞身及拱顶位于强风化凝灰岩与中风化凝灰岩中，地基承载力特征值700kPa，渗透系数0.02m/d；隧道拱顶上覆粉质黏土，硬塑状，局部呈可塑状，渗透系数0.02m/d；上覆中粗砂层，含约20%黏性土，局部夹杂粉质黏土透镜体，渗透系数约为5.1m/d。

(3) 水文地质

场区地下水类型主要为第四系潜水和基岩裂隙水。

第四系潜水含水层主要为第①层人工素填土、第②层粗砂、第④层含淤泥中、细砂、第⑨层中、粗砂，主要接受侧向径流及大气降水补给，以侧向径流、人工开采方式排泄。基岩裂隙水主要赋存于基岩强～中风化带及节理裂隙密集带中。根据勘察报告，此段Ⅴ级围岩段隧道估算涌水量较小。

(4) 地下管线

区间施工影响范围内的管线主要见表11-1。

表 11-1

管线类别	直径	材质	埋深（m）	与区间竖向关系（m）
YS 雨水	*DN*1000	混凝土	2.5	17.5
WS 污水	*DN*300	HDPE	3.31	16.69
SS 给水	*DN*200	铸铁	1.5～3.6	17.5

(5) 隧道设计概况

Ⅴ级围岩矿山法隧道设计参数：C25喷射混凝土300mm，ϕ25中空注浆锚杆长3m、间距1.0×1.0m，ϕ8双层钢筋网片200mm×200mm，ϕ22格栅钢架间距500mm，拱部ϕ42超前小导管（L=3.5m，间距0.4m×1.5m，倾角15°）。

(二) 有关单位概况

1. 建设单位：青岛市地铁4号线有限公司，类型为其他有限责任公司，营业场所位于山东省青岛市市北区常宁路6号，经营范围为青岛市地铁4号线工程投融资、建设、运营与管理，成立时间：2016年7月8日，法定代表人：迟某某，注册资本3亿元整。2016年12月21日，取得地铁4号线工程（地下空间主体工程）建设工程规划许可证。曹某某为地铁4号线项目负责人，土建11工区业主代表为马某某。

2. 联合体牵头单位：中国铁建股份有限公司联合体（共22家单位），中国铁建股份有限公司为联合体牵头单位，成立时间：2007年11月5日，法定代表人：陈某某，注册资本135亿元，具备铁路、市政公用工程施工总承包壹级、隧道工程专业承包壹级资质，具有北京市住房和城乡建设委员会发放的《安全生产许可证》，有效期至2019年11月23日。于2016年11月中标青岛市地铁4号线工程PPP项目（B包），与青岛市地铁4号线有限公司单位签订了《青岛市地铁4号线工程PPP项目（B包）施工总承包合同》，设立了总承包部，指派梁某某任项目负责人。

3. 土建11工区施工总承包单位：中铁二十局集团有限公司，成立时间：

1993年12月1日，法定代表人：邓某，注册资本31亿元，具备公路、铁路及市政公用工程施工总承包特级及建筑工程、水利水电工程、桥梁工程专业承包、隧道工程专业承包、公路路基专业承包及机场场道专业承包壹级资质，具有陕西省住房和城乡建设厅发放的《安全生产许可证》，有效期至2022年6月16日。于2016年中标青岛市地铁4号线工程，负责青岛地铁4号线土建11工区项目施工，与青岛市地铁4号线有限公司签订了《青岛市地铁4号线工程PPP项目（B包）施工总承包合同》，设立了项目部，指派管某某任项目经理。2018年7月6日项目经理变更为郭某某。

4. 劳务分包单位：西安承诚建筑工程有限公司，成立时间：2011年1月6日，法定代表人：陈某，注册资本5000万元整，具备木工作业及钢筋分包企业资质标准壹级、混凝土作业分包企业资质标准，具有陕西省住房和城乡建设厅发放的《安全生产许可证》，有效期至2021年4月20日。于2017年5月中标青岛市地铁4号线工程土建工区矿山法区间竖井、横通道及区间隧道开挖支护劳务分包，与中铁二十局集团第四工程有限公司单位签订了《青岛市地铁4号线土建11工区项目经理部建设工程劳务分包合同》，设立了隧道一队，指派陈某任现场负责人。

5. 勘察单位：青岛地矿岩土工程有限公司，成立时间：2000年10月12日，法人代表：闫某，注册资本：1000万元人民币，具备工程勘察类综合甲级资质。于2013年11月中标青岛市地铁4号线工程勘察（二标段），与青岛地铁集团有限公司签订了《青岛市地铁4号线工程勘察（二标段）合同》，设立了项目部，指派刘某某担任项目经理。

6. 土建工点设计单位：中铁科学研究院有限公司，2014年8月25日由中铁西南科学研究院有限公司和中铁西北科学研究院有限公司合并重组成立，法定代表人：徐某某，注册资本6亿元整，具备铁道行业甲（Ⅱ）级及市政行业（轨道交通工程）专业甲级资质，具有四川省住房和城乡建设厅发放的《安全生产许可证》，有效期至2019年11月14日。于2015年9月中标青岛地铁4号线土建工点设计二标段项目，与中铁二院工程集团有限责任公司签订了《设计合同》，设立了项目组，指派李某某任项目负责人。

7. 监理单位：中铁华铁工程设计集团有限公司，成立时间：1992年11月20日，法定代表人毕某某，注册资本2亿元，有效期限2007年9月19日至2057年9月18日，具备工程监理综合资质。于2016年12月26日中标青岛市地铁4号线土建工程监理（第五标段），与青岛地铁集团有限公司签订了《青岛市地铁4号线土建工程（第五监理合同段）建设工程监理合同》，设立了中铁华铁工程设计集团有限公司青岛市地铁4号线土建工程05标监理部，指派李某为项目总监。

8. 青岛地铁集团有限公司，2013 年 3 月 18 日成立，法定代表人：贾某某，注册资本人民币 31 亿元，为国有控股有限责任公司。主要经营范围有：青岛轨道交通工程投资、融资、建设、运营与管理；基础设施、公共设施项目的工程建设管理、招标及技术服务；设备检查、监测及认证；土地整理与开发；房地产开发；城市轨道交通相关资源的综合开发及管理；城市轨道交通建设与运营咨询服务；物业管理；国内广告业务；货物和技术的进出口业务；房屋、场地、设施租赁；展览展示服务；装饰装潢设计施工；工程监理（凭资质经营）；建筑工程设计；职业技能培训、职业认证；销售带有地铁标志的纪念品。

9. 第三方监测单位：青岛市勘察测绘研究院，成立时间：1989 年 10 月 19 日，法定代表人：张某某，注册资本 2000 万元整，具备工程勘察综合甲级资质。于 2016 年 12 月以 500.556 万元的价格中标青岛市地铁 4 号线第三方监测项目五标段工程，与青岛地铁集团有限公司签订了《青岛市地铁 4 号线第三方监测项目五标段合同》，设立了项目部，指派万某任项目经理。

（三）事故发生前基本情况

1. 工程进展

2017 年 5 月该项目正式开工，至事故发生前，静沙区间矿山段隧道左线小里程设计 382.13m，完成 114m；左线大里程设计 64.97m，已全部完成。矿山段右线小里程设计 386.32m，完成 132m；右线大里程设计 113.48m，完成 64m。

2. 勘察工作开展情况

（1）原勘察工作实施情况

2013 年 11 月 22 日，勘察单位青岛地矿岩土工程有限公司编制了勘察大纲，通过了专家评审，经审批后组织现场实施。2016 年 6 月，完成《青岛市地铁 4 号线工程勘察二标段详细勘察阶段静港路站～沙子口站区间岩土工程勘察报告（YCK24＋731.000～YCK25＋881.000）》，并经山东设协勘察设计审查咨询中心审查合格。勘察内外业资料保存及整理较完整，报告内容较齐全，勘察报告证章、签署齐全，符合现行法律法规和规范基本规定。2016 年 2 月，勘察单位组织建设、设计、施工、监理等单位进行了详勘交底。

（2）事故调查补充勘察验证情况

事故发生后，事故调查技术组委托北京城建勘测设计研究院有限责任公司对事故现场周边地质情况进行了补充勘探，补充勘察共布置 10 个钻孔（4 个原位对比验证孔、6 个加密勘察孔）。

补充勘察报告揭示：

① 通过对验证孔与原勘察钻孔资料进行对比分析，确定原勘察钻孔与验证孔揭示的地质情况基本一致，排除了原勘察工作不真实可能性。

② 根据加密勘察钻孔资料揭示，事故发生区域第四系土层类型多，地层分布复杂交错，砂层厚度变化大，基岩面起伏变化较大，基岩节理裂隙发育程度高。坍塌区域属于一个局部的汇水区，区域内构造裂隙水具有较大的不确定性及局部高承压性，补充勘察揭示场地为局部超复杂的地质条件。

3. 土建工点设计工作开展情况

（1）2016年7月，工点设计单位中铁西南科学研究院有限公司完成了《青岛市地铁4号线工程初步设计风险分析及控制措施》专项设计，并经过了建设单位组织的专家评审。

（2）2017年8月，设计单位中铁科学研究院有限公司（企业重组后设计合同由中铁西南科学研究院有限公司变更为现名称）完成了施工图设计文件（《青岛市地铁4号线工程施工图设计第五篇区间第二十二册静港路站～沙子口站区间第二分册区间结构及区间防水第一部分区间主体结构》），经过了院内审查、总体系统审查和咨询审查，并经中国铁路设计集团有限公司施工图审查合格。事发区段，设计单位在图号为QDM4-05-22-02-SS-QJ-01-022中明确V级围岩衬砌支护形式为超前小导管＋格栅钢架＋双层网片＋锚杆＋喷射混凝土的形式。工点设计工作组织实施、设计文件和成果分析符合现行法律法规和规范基本规定。2017年11月20日，中铁科学研究院有限公司组织建设、施工、监理等单位对静沙区间主体结构进行了设计交底和图纸会审。

4. 土建施工工作开展情况

（1）方案编制交底情况

施工单位中铁二十局集团有限公司中标后，编制了《实施性施工组织设计》《九静区间、静沙区间隧道工程爆破技术及施工组织设计》和《静沙区间主体结构矿山法段开挖及支护安全专项施工方案》，方案和施工组织设计均经过专家评审和监理单位审查，并组织技术交底。

（2）超前地质预报情况

施工单位中铁二十局集团有限公司根据《静沙区间主体结构矿山法段开挖及支护安全专项施工方案》，委托青岛铁信力源工程检测有限公司开展静沙区间开挖面前方地质雷达法超前地质预报工作，事发时静沙区间左线小里程完成了ZDK25＋358～ZDK25＋333段超前地质预报，探测范围覆盖涌水突泥坍塌里程ZDK25＋343，预报结果与原勘察资料无明显异常。

施工单位中铁二十局集团有限公司开挖过程中采用超前水平探孔法探测前方

围岩情况，每个断面布置3个钻孔，孔深5m，搭接长度不小于1.5m。2019年5月24日，在ZDK25＋345.16位置处打设超前探孔，本次水平钻探范围覆盖涌水突泥坍塌里程ZDK25＋343。记录显示“钻进过程中无卡钻、无空洞、无流水、无漏水、流出灰褐色液体”。

（3）开挖支护实施情况

通过对施工现场前期技术保证资料的检查和对原材料、加工材料、实体结构的检查检测，施工质量控制程序符合要求，质量证明文件齐全，施工过程隐蔽验收记录规范齐全，前期已施做完成的初支结构完好，按照规范、设计文件和施工方案进行施工。

5. 监理工作开展情况

监理单位中铁华铁工程设计集团有限公司中标后，编制了《青岛市地铁4号线土建工程05标监理部监理规划》《静沙区间暗挖施工监理实施细则》，经审批实施并组织监理部监理人员进行交底。监理单位按照规定对施工单位机构人员、体系制度、专项方案、设备材料进行了审查，开展了日常监理巡视检查，对该段矿山法隧道施工过程中开挖进尺、格栅钢架安装进行了旁站监理和隐蔽验收，对施工监测和第三方监测数据进行了比对分析。

6. 监测工作开展情况

施工单位中铁二十局集团有限公司委托甘肃铁道综合工程勘察院有限公司开展施工方监测工作，编制了《青岛市地体4号线工程土建11工区施工方监测方案》《青岛市地体4号线工程土建11工区静沙区间专项施工方监测方案》，经专家评审，报监理单位审查实施。

建设单位青岛市地铁4号线有限公司委托青岛市勘察测绘研究院开展第三方监测工作，第三方监测单位编制了《青岛市地铁4号线工程第三方监测05标段监测方案》《青岛市地铁4号线工程第三方监测05标段静沙区间监测方案》，经专家评审，报经监理、建设单位审查实施。

施工方监测单位、第三方监测单位对静沙区间进行拱顶沉降、净空收敛、地表沉降和管线沉降等项目的监测，定期形成监测报表（日报、周报、月报），向监理部和业主代表报送，监测工作组织实施，信息上报满足监测方案和监测技术规范。

2019年5月24至5月27日，监测日报显示地面沉降和拱顶沉降监测数据稳定，地面累计沉降值未超过设计控制指标，监测无异常。

7. 事故发生前降雨情况

经统计，5月11日至5月27日沙子口地区累计降雨量73mm，其中：

5月11日18：00—12日06：00，小雨，9.2mm。

5月12日19：00—13日06：00，小雨，2.9mm。

5月17日，暴雨，56.1mm（0：00—12：00降雨量49.6mm）。

5月26日03：00—27日06：00，小雨，4.8mm。

二、事故发生经过和应急救援情况

（一）事故发生经过

2019年5月27日10时55分，4号线静港路站至沙子口站区间左线小里程ZDK25＋343完成上台阶爆破作业。11时10分左右，劳务单位立架开挖班班长罗某某带领立架班进入左线小里程，开始格栅钢架安装及锁脚锚管安装。立架完成后，喷浆班进入隧道，15时左右拱架喷射混凝土完成。

15时30分，施工单位技术员杨某某巡视发现已完成支护前方及掌子面局部存在渗水、掉块情况，向项目部副总工程师欧阳某某、专业监理工程师孟某某、工程部部长宁某某反映了情况。欧阳某某接到杨某某的报告后立即去现场进行查看，按照《静沙区间主体结构矿山法段开挖及支护安全专项施工方案》规定的流程和措施，组织工人采用掌子面挂钢筋网片喷射混凝土封闭的常规处置方式对渗水、掉块情况进行了封闭。期间，劳务队长陈某、项目部副经理戴某、项目部副经理朱某某、专业监理工程师孟某某、总监李某等人均到达左线洞内掌子面查看了施工情况。

17时30分左右，掌子面封闭施工已经完成，掌子面未再出现渗水、掉块情况。孟某某、李某、戴某、陈某、朱某某等管理人员先后离开，现场负责封闭掌子面的7名人员（欧阳某某、杨某某、罗某某、肖某某、余某某、徐某某、徐某某）仍在收拾清理现场工具准备撤离。

17时40分左右，孟某某、李某、戴某已返回地面，陈某到了横通道位置，掌子面突然出现涌水突泥，瞬间冲垮掌子面，掌子面附近7名人员和距离掌子面约30m的朱某某受到泥水冲击，5人失联，3人逃生。

（二）应急救援和处置情况

事故发生后，中铁二十局青岛地铁4号线土建11工区项目经理部负责人及施工人员立即拨打“120”“119”报警，及时组建现场指挥部，明确人员分工，主动配合消防救援支队展开先期救援工作，避免了次生衍生事故及事故扩大。4号线公司在规定时间向住房城乡建设局报告情况，地铁集团根据事故现场救援抢险进展，每日三次向市政府总值班室和应急管理局书面报告，有新的进展情况及时续报。

市委、市政府主要领导先后赶到事故现场指挥救援抢险工作。市应急管理局、市住房城乡建设局、市公安局、市委宣传部、市消防救援支队、市卫健委、崂山区政府、有关管线产权等部门、单位在事发两小时内全部到达事故现场，开展救援抢险工作。青岛警备区、武警支队、蓝天救援队主动赶到现场，协助参与应急救援工作。5 月 27 日晚，现场成立了以分管副市长为总指挥，分管副秘书长和市住房城乡建设局局长为副总指挥的现场指挥部，下设综合协调、现场救援、医疗救治、现场警戒、新闻舆情、善后处理、专家技术、事故调查等 8 个工作组，迅速开展工作。

5 月 28 日 0 时 31 分许，消防救援力量先后救出 3 名被困人员，经医护人员确认 3 人已无生命体征，另有 2 人失联。5 月 30 日 18 时，施工人员在清淤过程中发现 1 名失联人员，已无生命迹象，于 18 时 46 分将其转移至地面，移交医疗部门。6 月 1 日 21 时许，施工人员在左线小里程发现最后一名失联者，已无生命迹象，于 22 时 53 分将其转移至地面，移交医疗部门。至此 5 名失联人员全部找到，搜救工作结束。

中铁二十局集团有限公司成立了善后工作组，对事故伤亡人员进行了医治、安抚，同时与伤亡人员亲属就赔偿问题进行协商，并于 6 月 3 日前与遇难者亲属达成了补偿协议，完成了善后处理。

三、事故造成的人员伤亡和直接经济损失

事故造成 5 人死亡，3 人受伤，直接经济损失约为 785 万元。

四、事故原因分析和性质

事故调查组委托北京城建勘测设计研究院有限责任公司对事故坍塌现场周边地质情况进行了补充勘探，委托西南交通大学、同济大学对事故机理进行仿真计算模拟和理论分析，全面梳理了事故现场勘验、人员问询、资料调阅、现场复测和实地查探等调查情况。以中国科学院宋振骐院士为组长的事故调查专家组认真分析了第三方补充地质勘查、坍塌事故模拟计算和致灾机制演化分析的成果文件，经认真讨论，形成事故原因分析意见，确定了事故发生原因，认定了事故性质。

（一）直接原因

经综合分析，事发段强风化凝灰岩受断裂影响带地下水渗流侵蚀形成“存水

空洞”，风化深槽处地下水承压性大幅增加，地层局部隔水层缺失导致强风化凝灰岩遇水软化承载力大幅降低，随着开挖的临近，隧道掌子面上方和前方围岩在水土压力下达到极限状态突然垮塌，造成大规模、高流动性涌水突泥灾害事故，是本次事故发生的直接原因。

（二）间接原因

1. 工程地质条件及水文地质条件复杂，含水体规模大、难探明、水力联系强，事发时开挖掌子面已封闭完成，没有明显征兆，瞬间发生坍塌并涌水突泥，超出隧道施工灾害预判的传统认识，导致工程类比法不能覆盖。

2. 涌水突泥过程中泥浆初始速度大，最大速度达到 20.885m/s，冲击压力大，达到 0.53MPa，11s 内抵达横通道位置，且泥沙、泥浆测算总量达到 $6924m^3$，常规的应急预案无法应对这种大规模高猛度的突发事件，现场人员应急反应时间不足，导致逃生困难。

（三）事故性质

经调查认定，本次事故是一起在施工过程中，由涌水突泥地质灾害引起的生产安全事故。

五、调查中发现的问题及处理建议

事故调查组全面查阅了本次事故涉及的项目勘察文件、各阶段设计文件、施工方案和技术管理资料、监理细则和监理资料、监测资料等，对工程实体情况进行了现场检查。按相关法律法规和规范标准的规定，对项目建设、勘察、设计、施工、监理、第三方监测、施工监测等单位的履职情况进行了深入调查，履职情况符合法律法规和规范标准基本规定。但是，在调查过程中发现相关单位落实安全生产法律法规方面存在不足，不同程度存在安全生产主体责任不落实的情况。为认真汲取事故教训，事故调查组对这些问题进行了责任认定，提出了处理建议。

（一）调查中发现的问题

1. 中铁二十局集团有限公司土建 11 工区项目部

（1）作为土建 11 工区总承包单位，未按青岛地铁 4 号线公司要求保持监控系统的可靠使用，视频监控系统损坏后未及时修复，不能对现场进行有效监控，事故发生时无监控资料。

施工现场上下竖井的门禁系统损坏后，未及时修复，不能实时准确掌握隧道内实际人数。

(2) 项目部总工刘某某，因病在事故发生前近三个月时间内多次请病假，项目部未及时向公司报告并进行更换，部分技术文件由副总工欧阳某某代替刘某某签字。

(3) 对劳务单位的个别施工人员未进行安全培训教育，未严格落实三级安全教育制度，公司级教育人员未到项目部进行现场教育，由项目部人员实施公司级安全教育，存在培训记录造假、代替签字的问题。

2. 西安承诚建筑工程有限公司项目部

作为青岛地铁 4 号线土建 11 工区劳务单位，该项目部未按法律法规规定建立健全安全生产责任制和隐患排查治理等相关规章制度。

3. 中铁华铁工程设计集团有限公司青岛市地铁 4 号线土建 05 标监理部

(1) 未对现场存着问题及时督促整改。未对施工单位监控系统、门禁系统损坏的问题及时督促整改；未对项目总工生病请假的问题提出管理要求，未督促施工单位严格落实三级教育培训。

(2) 监理记录、日志中对工程进度的记录不一致。部分旁站监理记录进度与监理日志的工程施工进度不一致。部分监理日志中对工程进度的记录前后有矛盾。

4. 中铁二十局集团公司第四工程有限公司

作为土建 11 工区项目部的上级管理单位，对项目部管理不到位，未及时发现该项目部管理中存在的问题并督促整改，未及时更换项目部技术负责人。

5. 中国铁建股份有限公司青岛地铁 4 号线总承包部

作为中国铁建股份有限公司联合体青岛地铁 4 号线工程的牵头管理单位，对参建单位监督检查不到位，未及时发现土建 11 工区存在的管理问题并督促整改。

6. 青岛市地铁 4 号线有限公司

作为青岛地铁四号线建设单位，对参建单位监督检查不到位，未及时发现施工单位和监理单位存在的管理问题并督促整改。

7. 青岛地铁集团有限公司（市地铁办）

作为青岛地铁建设的主管单位和组织实施单位，对青岛地铁建设过程中可能存在的复杂地质风险预判不足，对各线路公司履行安全生产管理职责监督检查不足。

（二）相关人员党纪政务处分及行政问责建议

1. 郭某某，中共党员，中铁二十局集团有限公司土建 11 工区项目部经理，履行项目部管理职责不力，未保证视频监控系统和门禁系统的可靠使用，未按照有关规定及时更换技术负责人，组织教育培训流于形式，建议由中铁二十局集团有限公司对其给予撤职处分。

2. 李某，群众，中铁华铁工程设计集团有限公司青岛市地铁4号线土建05标监理部总监，履行总监职责不力，未及时发现并纠正项目部存在的管理问题，且对监理资料管理混乱，不能如实反映日常监理、验收等工作情况，建议由中铁华铁工程设计集团有限公司对其给予撤职处分。

3. 马某某，中共党员，青岛地铁4号线有限公司派驻地铁4号线项目业主代表，履行对参建单位管理职责不到位，未及时发现并纠正土建11工区项目部存在的管理问题，建议由青岛地铁集团有限公司对其进行诫勉谈话。

4. 张某，中共党员，中铁二十局集团有限公司第四工程公司总经理，对土建11工区项目部存在的管理问题失察负有领导责任，建议中铁二十局集团有限公司对其给予诫勉谈话。

5. 梁某某，中共党员，中国铁建股份有限公司青岛地铁4号线总承包部指挥长，对中铁二十局集团有限公司项目部存在的管理问题失察负有领导责任，建议中国铁建投资股份有限公司对其给予诫勉谈话。

6. 曹某某，中共党员，青岛地铁4号线有限公司总经理，对参建单位监督检查不到位等问题负有领导责任，建议责令其作出深刻检查。

7. 迟某某，中共党员，青岛地铁集团有限公司总工、青岛地铁4号线有限公司董事长，对参建单位监督检查不到位等问题负有领导责任，建议对其予以诫勉谈话。

8. 王某某，中共党员，青岛市地铁工程建设指挥部副总指挥、青岛地铁集团有限公司总经理，对青岛地铁集团有限公司在地铁建设过程中未充分考虑可能存在的地质风险、履行安全质量管理职责不足等问题负有领导责任，建议对其予以诫勉谈话。

9. 贾某某，中共党员，青岛市地铁工程建设指挥部常务副总指挥、青岛地铁集团有限公司董事长，对青岛地铁集团有限公司在地铁建设过程中未充分考虑可能存在的地质风险，履行安全质量管理职责不足等问题负有领导责任，建议对其批评教育。

其他相关人员，由各单位按照内部规定给予相应的党纪政务处分及经济处罚。

（三）行政处罚建议

1. 中铁二十局集团有限公司土建11工区项目部存在安全培训制度不落实，施工现场管理有漏洞，未及时办理变更技术负责人等问题，针对劳务单位个别施工人员未进行安全培训教育的问题，建议由住房和城乡建设主管部门依据《建设工程安全生产管理条例》第六十二条，对中铁二十局集团有限公司处 10 万元罚款。

2. 西安承诚建筑工程有限公司项目部未按法律法规规定建立健全安全生产规章制度的违法行为，针对未建立事故隐患排查治理制度的问题，建议由住房和城乡建设主管部门依据《中华人民共和国安全生产法》第九十八条，对西安承诚建筑工程有限公司处 6 万元罚款。

3. 中铁华铁工程设计集团有限公司青岛市地铁 4 号线土建 05 标监理部在日常监理工作中存在的问题，建议由住建部门依据《建设工程安全生产管理条例》第五十七条，对中铁华铁工程设计集团有限公司处 10 万元的罚款。

（四）其他处理建议

建议市政工程管理处向市住房城乡建设局做出深刻检查。建议青岛地铁集团有限公司、市住房城乡建设局就此次事故向青岛市政府做出深刻检查。

以上处理建议，待各有关单位落实后，报市纪委市监委及市应急管理局备案。

六、事故整改和防范措施

（一）牢固树立安全发展理念，健全安全生产责任体系

各相关单位要认真学习习近平总书记等中央领导关于加强安全生产的重要讲话精神，牢固树立安全发展理念，始终坚守“发展决不能以牺牲安全为代价”这条不可逾越的红线，建立健全“党政同责、一岗双责、齐抓共管”的安全生产责任体系。认真落实“管行业必须管安全，管业务必须管安全，管生产经营必须管安全”的要求，切实加强领导，始终将安全生产置于一切工作的首位，有效防范和坚决遏制重特大生产安全事故发生。

（二）严格落实企业主体责任，加强履约、风险管理

建设单位要组织专业力量，在现行国家行业规范基础上，结合青岛地区特点研究出台地方性管理规范。要重新组织国内专家对复杂地质风险的施工区域再分析、再研判、再评审，施工、监理单位要严格落实风险分级管控和隐患排查治理措施，确保有效防范风险。

（三）夯实企业安全生产基础，加强施工过程管理

各单位要深刻吸取事故教训，倒查风险、倒推隐患、倒逼安全责任和防范措施落实。要研判复杂地质情况带来的安全风险和事故隐患，有针对性地强化安全管控和事故防范措施。要突出加强隧道、地质复杂环境施工作业安全防控，组织对此类施工工程进行灾害风险和事故隐患排查，有效落实防涌水突泥、防坍塌等安全防控措施，加强施工监测和安全巡查，坚决防范生产安全事故发生。

专家分析

一、事故原因

（一）直接原因

经综合分析，事发段强风化凝灰岩受断裂影响带地下水渗流侵蚀形成“存水空洞”，风化深槽处地下水承压性大幅增加，地层局部隔水层缺失导致强风化凝灰岩遇水软化承载力大幅降低，随着开挖的临近，隧道掌子面上方和前方围岩在水土压力下达到极限状态突然垮塌，造成大规模、高流动性涌水突泥灾害事故是本次事故发生的直接原因。

（二）间接原因

1. 工程地质条件及水文地质条件复杂，含水体规模大、难探明、水力联系强，事发时开挖掌子面已封闭完成，没有明显征兆，瞬间发生坍塌并涌水突泥，超出隧道施工灾害预判的传统认识，导致工程类比法不能覆盖。

2. 涌水突泥过程中泥浆初始速度大，最大速度达到20.885m/s，冲击压力大，达到0.53MPa，11s内抵达横通道位置，且泥沙、泥浆测算总量达到6924m^3，常规的应急预案无法应对这种大规模高猛度的突发事件，现场人员应急反应时间不足，导致逃生困难。

二、存在的主要问题

青岛地铁4号线“5·27”涌水突泥较大事故调查报告已对事故责任作了认

定。我们眼睛向内，从加强风险防范和现场管理的角度，深入分析发生这起事故原因，在安全管理是否还存在以下问题：一是勘察设计工作未做细，工作的深度不够，参建各方对安全风险辨识和管控不到位；二是专项施工方案和安全技术交底针对性不强，未采取有效措施加强管控；三是安全检查走形式，隐患排查不认真，未能及时发现和消除安全隐患；四是建设主管部门对施工单位监督检查不力，源头管理失控、监管责任悬空、留下了安全隐患。这些问题必须认真去研究，制定对策措施，杜绝隧道施工坍塌事故的重复发生。

三、预防措施建议

1. 加强地质勘查和周边环境调查工作，防控地质风险和周边环境风险。要加大地质勘查和周边环境调查工作的投入，强化过程监管，确保提供真实、准确的成果资料。勘查工作要全面识别地质风险，深入分析地质条件对工程安全的影响，加强对地下水、管线渗漏水和地表水的调查研究工作。周边环境调查工作要全面识别工程周边环境风险，对高风险的周边环境应组织专项调查。

2. 开展安全风险评估，做好专项设计。按照不同设计阶段逐步深化细化安全风险评估工作，开展风险分级，编制工程风险清单、危大工程清单、关键节点清单，并采取针对性的设计措施，对高等级风险工程开展专项设计和审查论证工作。

3. 严格高风险工程专项施工方案编制、论证和审批。按照《危险性较大的分部分项工程安全管理规定》（中华人民共和国住房和城乡建设部令第 37 号）和《住房城乡建设部办公厅关于实施〈危险性较大的分部分项工程安全管理规定〉有关问题的通知》（建办质［2018］31 号文）要求，认真编制危大工程专项施工方案并根据需要进行专家论证，指导现场施工。高风险工程要制定专项监理细则，确保专项施工方案执行到位。

4. 加强关键节点施工前条件核查工作。要按照城市轨道交通工程自身风险、周边环境风险和施工作业风险，确定工程关键节点风险管控的具体内容。施工作业前必须编制安全专项施工方案，工程水文地质条件复杂的，要强化安全风险评估和论证；施工环境发生重大变化的，要及时补勘或调整施工方案；施工环节相关联或相互影响的，要严格检测和验收。对深基坑开挖、盾构始发及到达、盾构开仓、隧道联络通道开挖、隧道下穿重大风险源、矿山法隧道开挖等关键节点，施工前要严格按照既定程序组织安全条件验收，各相关方在验收中要逐条逐项检查、核实、确认并签字，明晰责任。通过核查的，方可进行关键节点施工；未通过核查的，相关单位按照核查意见进行整改，整改完成后建设单位重新组织核查。

5. 强化施工过程安全风险管控和隐患排查治理工作。进一步深化城市轨道交通工程安全风险分级管控和事故隐患排查治理双重预防机制构建工作，坚持超前风险辨识评估，提前掌控和分析风险的特点和难点，不断优化施工方案，明晰管理责任，配强施工资源，优选先进工艺，强化过程监控。特别是针对深基坑工程、隧道暗挖和盾构开仓作业等事故易发环节的安全隐患要进行重点管控，建立隐患排查台账，明确整改时限和责任人，逐项落实整改措施，遏制和防范生产安全事故发生。

6. 加强第三方监测及检测工作，提高预警处置水平。增大第三方监测的覆盖面，加大监测频率，提升监测技术水平，规范监测数据分析及预警流程。落实预警响应责任，明确预警响应措施，提升预警处置能力，把险情控制在事故发生之前。重视质量安全检测工作，加强对危大工程的安全检测，特别是对桩墙间渗漏水、围（支）护结构强度等涉及工程安全的重要部位的检测工作。

12 河北廊坊“6·16”基坑坍塌较大事故

调查报告

2019 年 6 月 16 日上午 10 时 30 分，固安县锦厦家园非人防地下室（旧城改造项目）基坑西侧边坡发生坍塌事故，5 人被埋。事故造成 3 人死亡、2 人受伤，直接经济损失 446.3 万元。

依据《中华人民共和国安全生产法》和《生产安全事故报告和调查处理条例》等有关法律法规，2019 年 6 月 18 日，廊坊市人民政府成立了由市政府副秘书长马立东同志为组长，市应急局、市公安局、市总工会、市住房和城乡建设局和固安县政府等单位参加的固安县锦厦家园非人防地下室“6·16”基坑边坡坍塌事故调查组（以下简称事故调查组），对事故展开全面调查。同时，廊坊市纪委监委成立追责问责组，依法依规依纪对有关责任单位和责任人开展调查，并对事故调查过程开展监督工作。

事故调查组聘请河北春田律师事务所对事故调查工作及使用法律等情况提供法律支撑。

事故调查组与追责问责组按照“科学严谨、依法依规、实事求是、注重实效”和“四不放过”的原则，通过勘察事故现场、调查询问当事人、查阅有关文件资料、专家组论证和咨询法律顾问等，查明了该事故发生的经过、原因、人员伤亡和经济损失情况。认定了事故性质和责任，提出了对事故有关责任人员和责任单位的处理建议，以及事故防范和整改措施。现将调查情况报告如下：

一、基本情况

（一）事故发生单位

河北骏达建筑劳务分包有限公司（以下简称：骏达公司）。成立于 2017 年 4 月 6 日，类型为有限责任公司，注册地为河北省承德市隆化县西阿超乡西阿超村海军综合楼 107 号，法定代表人史某某（实际控制人马某某），注册资本 300 万元人民币。经营范围：建筑劳务分包；建筑装饰工程；房屋建筑工程；公路工程；钢结构工程；土石方工程；保温、防水工程；园林绿化工程；建筑工程技术咨询与服务。《建筑业企业资质证书》资质类别及等级为不分专业施工劳务不分等级。

（二）事故相关单位

1. 河北源海建筑安装有限公司（以下简称：源海公司）。类型为有限责任公司，注册地为河北省承德市隆化县西阿超乡西阿超村商住综合楼，法定代表人张某某（实际控制人于某某），注册资本8000万元人民币。经营范围：房屋建筑工程、园林绿化工程、地基基础工程施工、模板脚手架工程施工、市政工程施工、公路工程建筑、城市轨道桥梁工程、工矿工程、水源及供水设施工程、河湖治理及防洪设施工程、架线和管道工程建筑、电气安装工程、管道和设备安装；建筑装饰工程、土石方工程、建筑钢结构、水处理工程、安全防范工程、工程围挡装卸施工、人工湿地工程、土地整理、防沙治沙；建筑劳务分包；苗木、花卉、草坪种植；农林病虫害防治；绿化管理；清洁服务；组织文化艺术交流；会议及展览服务。《建筑业企业资质证书》资质类别及等级为建筑工程施工总承包贰级。公司下设综合部、财务部、经营部、工程部和安全部。

2. 廊坊市锦厦房地产开发集团有限公司（以下简称：锦厦公司）。成立于2005年5月27日，类型为有限责任公司，注册地为廊坊市广阳区格林郡府第33幢1单元8层806号房1室。法定代表人王某某，注册资本3000万元人民币。经营范围：房地产开发、销售。该公司为肆级房地产开发资质等级。下设财务部、工程部、前期部和办公室。

3. 固安县住房和城乡建设局。主要职责［（2）、（3）、（4）、（7）、（8）、（9）、（11）、（12）、（13）、（14）省略］：（1）贯彻执行国家、省、市住房城乡建设的方针、政策和法律、法规；（5）负责房地产市场的监督管理；（6）负责建筑市场的监督管理；（10）负责行政执法监督。内设机构：办公室、政策法规与执法监督股、建筑市场监管股（工程质量安全监管股）、住房保障股、房地产市场监管股、安全生产管理股等。

4. 固安县城市管理综合行政执法局（以下简称县综合执法局）。主要职责［（2）、（4）、（6）～（20）省略］：（1）贯彻落实国家、省委、市委和县委关于城市管理综合行政执法工作的方针政策和决策部署，坚持和加强党对城市管理综合行政执法工作的集中统一领导；（3）行使城市规划管理方面法律、法规、规章规定的全部行政处罚权；（5）行使市场监督方面法律、法规、规章规定的对户外公共场所无照经营行为的行政处罚权。内设机构：办公室、政策法规股、督察监察股、市容市政管理股等。

二、事故发生经过、救援和上报情况

（一）事故经过

2019年6月16日，因当日5时开始持续降雨，上午10时，骏达公司本项目临时负责人吕某某、王某某发现锦厦家园非人防地下室基坑西侧北部边坡上部出现开裂、土袋护坡鼓包现象。王某某便带领张某某、张某某、张某某、吴某四名施工人员使用铁锹往编织袋装土，采用编织袋码垛方式对边坡实施加固。10时30分，边坡失稳发生坍塌，导致5名排险人员被泥土掩埋，张某某、吴某被及时救出生还，王某某、张某某、张某某3人死亡。

（二）事故救援情况

事故发生后，在5号楼施工的骏达公司木工工头王某某组织在场人员紧急赶到坍塌区域进行救援，钢筋工李某某向骏达公司负责人马某某电话汇报。在外地的马某某紧急拨打固安县“120”急救电话，随后马某某立即电话向源海公司原该项目负责人张某某求援。张某某随即带领九号公馆施工人员赶赴现场开展救援工作；锦厦公司现场负责人周某接到源海公司警卫杨某某电话报告事故后，立即赶到现场参与救援。11时30分左右，先后救出吴某、张某某两人，由救护车送往固安县中医院进行救治（吴某经处理后自行签字离院，张某某6月17日出院）。12时10分将王某某救出，13时10分至14时，分别将张某某和张某某救出，由救护车送往固安县中医院，经医院抢救无效后死亡。

（三）事故上报情况

2019年6月16日18时25分，固安县公安局接报警称固安县夜市南侧工地发生伤亡事故。接警后，值班民警迅速出警到现场核实情况，经核实不属于刑事和治安案件。20时48分民警将情况反馈至县公安局指挥中心。20时58分，指挥中心将情况上报廊坊市公安局，21时15分、21时46分县公安局分别报告县委、县政府值班室。县委、县政府值班室立即通知县委、县政府领导，并同时电话报告市委、市政府值班室。21时50分，固安县政府召开紧急会议。县应急管理局参加会议后于23时03分将事故发生情况上报市应急管理局。市应急管理局于17日0时20分将事故情况上报省应急管理厅和廊坊市市委、市政府。事故发生后，源海公司于19时将事故情况报告固安县住房和城乡建设局，造成迟报。

三、事故原因和性质

（一）直接原因

锦厦家园非人防地下室项目深基坑土质松软，未分级放坡、未设置支护结构，临时项目负责人在未充分辨识风险的情况下，雨天排险过程中违章指挥、冒险作业，致使本就稳定性差的边坡坍塌造成人员被埋。

（二）间接原因

1. 源海公司。未与建设单位签订施工合同；将锦厦家园非人防地下室项目转包给不具备施工承包资质的骏达公司；在工程未取得施工许可的情况下违法施工；施工现场未派驻项目负责人、技术负责人、安全管理负责人等主要管理人员进行管理；未按照《危险性较大的分部分项工程安全管理规定》（住建部第 37 号令）规定在施工现场显著位置公告危大工程名称、施工时间和具体责任人员；未在危险区域设置安全警示标志；未向作业人员进行安全技术交底。

2. 骏达公司。未严格落实安全生产责任制、安全生产规章制度和操作规程；在深基坑施工前未按照规定组织工程技术人员编制专项施工方案，未对专项施工方案进行论证；施工现场管理人员未向作业人员进行安全技术交底；未设置项目专职安全生产管理人员并对深基坑施工方案实施情况进行现场监督；未按照规定对危大工程进行施工监测和安全巡视；超越本单位资质等级承揽工程。

3. 锦厦公司。在未取得规划许可证、施工许可证的情况下，将锦厦家园非人防地下室项目发包给源海公司；现场管理不到位，未按照规定委托第三方机构对深基坑工程进行监测；未督促施工单位严格按照规定进行施工；在分别两次接到县综合执法局与县住房和城乡建设局下发的责令改正（停工）通知书和停工（核查）通知书指令及立案调查情况下，未立即要求施工单位采取停工措施。

4. 县住房和城乡建设局。对锦厦家园非人防地下室违法开工项目执法不到位，虽已两次下达停工指令且使违法施工行为暂时停止，但未使违法建设行为得到及时有效终止。

5. 县综合执法局。对锦厦家园非人防地下室违法建设行为执法不到位，对锦厦公司未取得建设工程规划许可证的行为展开了调查取证工作并两次下达责令停工通知书，但未使违法建设行为得到及时有效终止。

6. 固安县委、县政府对县综合执法局、县住房和城乡建设局执法不到位等问题失察。

（三）事故性质

经调查认定，固安县锦厦家园非人防地下室“6·16”基坑边坡坍塌事故是一起较大生产安全责任事故。

四、对事故有关责任人员及责任单位的处理建议

（一）建议免于追究责任的人员

王某某，骏达公司现场施工负责人。在锦厦家园非人防地下室“6.16”事故中违章指挥，对事故的发生负有直接责任。因在事故中死亡，免于追究责任。

（二）建议移送司法机关人员

1. 马某某，骏达公司实际控制人，负责骏达公司全面工作。依法履行安全生产工作职责不到位，超越本单位资质等级承揽工程，未按照规定对危大工程进行施工监测和安全巡视，对事故的发生负有主要领导责任。建议移送司法机关追究其刑事责任（2019年6月17日，固安县公安局因涉嫌重大责任事故罪对其立案侦查，并采取强制措施）。

2. 吕某某，骏达公司现场施工负责人。未依法履行安全生产工作职责，违章指挥；未对深基坑施工方案实施情况进行现场监督，对事故的发生负有直接责任。建议移送司法机关追究其刑事责任（2019年6月17日，固安县公安局因涉嫌重大责任事故罪对其立案侦查，并采取强制措施）。

（三）建议给予行政处罚的人员

1. 于某某，源海公司实际控制人，负责源海公司全面工作。未认真履行生产经营单位主要负责人安全生产工作职责，对事故发生负有重要领导责任，对事故迟报负有责任。建议固安县应急管理局依据《中华人民共和国安全生产法》第九十二条第二项E、第一百零六条（2）之规定，给予于某某2018年年收入40%、迟报60%的罚款，合并100%的罚款，计人民币12万元的行政处罚。

2. 王某某，中共党员，锦厦公司法定代表人，负责锦厦公司全面工作。未认真履行安全生产工作职责，对事故发生负有重要领导责任。建议固安县应急管理局依据《中华人民共和国安全生产法》第九十二条第二项之规定，给予王某某2018年年收入40%罚款，计人民币5万元的行政处罚。

3. 周某，锦厦公司施工现场负责人。未认真履行安全生产管理职责，现场

管理不到位，对从业人员违章作业未加制止，未按照相关部门要求进行有效停工，对事故的发生负有管理责任。建议固安县应急管理局依据《河北省安全生产条例》第七十九条第一项之规定，给予周某罚款，计人民币 0.9 万元的行政处罚。

4. 刘某某，锦厦公司技术负责人，负责施工质量、技术资料、机械要求等。履行安全生产管理职责不到位，未按照规定对深基坑施工工程进行监测，对事故的发生负有管理责任。建议固安县应急管理局依据《河北省安全生产条例》第七十九条第一项（3）之规定，给予刘某某罚款，计人民币 0.5 万元的行政处罚。

5. 张某某，源海公司生产经理。负责安全生产、协调施工人员和工程进度。落实安全生产工作职责不到位，现场监督管理不到位；未按照《危险性较大的分部分项工程安全管理规定》（住建部第 37 号令）规定在施工现场显著位置公告危大工程名称、施工时间和具体责任人员，未在危险区域设置安全警示标志，未向作业人员进行安全技术交底，对事故的发生负有管理责任。建议固安县应急管理局依据《河北省安全生产条例》第七十九条第一项之规定，给予张某某罚款，计人民币 0.9 万元的行政处罚。

6. 张某某，源海公司技术员。未按照相关规定向作业人员进行技术交底，对事故的发生负有责任。建议固安县应急管理局依据《河北省安全生产条例》第七十九条第一项（7）之规定，给予张某某罚款，计人民币 0.5 万元的行政处罚。

（四）建议给予内部处理的人员

滕某某，锦厦公司常务副总，负责财务和销售。在固安县城市管理综合行政执法局责令改正（停工）通知书上签字，未使建设行为得到及时有效终止，对事故发生负有领导责任。建议由锦厦公司按照公司内部规定对其进行处理，罚款 5000 元。

以上人员处理情况报市应急管理局备案。

（五）对事故责任单位行政处罚的建议

1. 源海公司。未按照《中华人民共和国安全生产法》《生产安全事故报告和调查处理条例》等法律法规组织施工和报告事故，对事故的发生负有责任。建议由固安县应急管理局依据《中华人民共和国安全生产法》第一百零九条第二项之规定，对源海公司处以 68 万元罚款的行政处罚。

2. 骏达公司。未按照《中华人民共和国安全生产法》《中华人民共和国建筑法》等法律法规组织施工，对事故的发生负有责任。建议由固安县应急管理局依据《中华人民共和国安全生产法》第一百零九条第二项之规定，对骏达公司处以

62万元罚款的行政处罚。建议廊坊市住房和城乡建设局提请河北省住建厅依据《中华人民共和国建筑法》第六十五条第二款、第七十一条第一款之规定，吊销其《建筑业企业资质证书》。

3. 锦厦公司。未按照《中华人民共和国安全生产法》《中华人民共和国建筑法》等法律法规组织施工，对事故的发生负有责任。建议由固安县应急管理局依据《中华人民共和国安全生产法》第一百零九条第二项之规定，对锦厦公司处以56万元罚款的行政处罚。

(六) 有关责任单位及责任人的处理建议

1. 企业（1人）

王某某，中共党员，锦厦公司法定代表人，负责锦厦公司全面工作。未认真履行安全生产管理职责，对事故发生负有重要领导责任。建议给予王某某留党察看一年处分。

2. 县住房和城乡建设局（6人）

(1) 张某某，中共党员，县住房和城乡建设局党组书记、局长，主持全面工作。对下属严格履行工作职责情况疏于督导，对该局执法不到位情况失察，负有重要领导责任。建议给予张某某政务警告处分。

(2) 张某某，中共党员，县住房和城乡建设局副主任科员，分管政策法规与执法监督股（原建筑市场稽查队）。落实违法建设监督检查工作不到位，对政策法规与执法监督工作督促不力，对分管工作人员执法不到位问题失察，对事故负有主要领导责任。建议给予张某某党内警告处分。

(3) 何某，中共党员，县住房和城乡建设局政策法规与执法监督股股长（原建筑市场稽查队）。组织开展违法建设行为执法不到位，对锦厦公司未取得施工许可证的行为展开调查取证并两次下达责令停工通知书，但未使违法建设行为得到及时有效终止。对事故发生负有直接领导责任。建议给予何某党内严重警告处分。

(4) 邓某某，中共党员，县住房和城乡建设局房屋征收管理中心副主任（原建筑市场稽查队）。对锦厦公司未取得施工许可证的行为展开了调查取证工作并两次下达责令停工通知书，但未使违法建设行为得到及时有效终止。对事故发生负有监管责任。建议给予邓某某党内严重警告处分。

(5) 刘某，中共党员，县住房和城乡建设局政策法规与执法监督股科员（原建筑市场稽查队）。对锦厦公司未取得施工许可证的行为展开了调查取证工作并两次下达责令停工通知书，但未使违法建设行为得到及时有效终止。对事故发生负有监管责任。建议给予刘某党内严重警告处分。

（6）贾某，中共党员，县住房和城乡建设局政策法规与执法监督股科员（原建筑市场稽查队）。对锦厦公司未取得施工许可证的行为展开了调查取证工作并两次下达责令停工通知书，但未使违法建设行为得到及时有效终止。对事故发生负有监管责任。建议给予贾某党内严重警告处分。

3. 县综合执法局（5人）

（1）刘某，中共党员，县综合执法局党组书记、局长，负责固安县城市管理综合行政执法局全面工作。对下属严格履行工作职责情况疏于督导，对该局在查处锦厦家园非人防地下室工程违法建设中执法不到位问题失察，负有重要领导责任，建议给予刘某政务警告处分。

（2）高某，中共党员，固安县纪律检查委员会副科级纪检监察员（固安县委抽调县综合执法局工作），分管规划一、二中队。落实违法建设监督检查工作不到位，对规划二中队工作督促不力，对分管工作人员执法不到位问题失察，负有主要领导责任。建议给予高某党内警告处分。

（3）李某某，县综合执法局规划二中队队长。组织开展违法建设行为执法不到位，对锦厦公司未取得建设工程规划许可证的行为展开了调查取证工作并两次下达责令停工通知书，但未使违法建设行为得到及时有效终止。对事故发生负有直接领导责任。建议给予李某某记过处分。

（4）杨某，县综合执法局规划二中队副队长。对锦厦公司未取得建设工程规划许可证的行为展开了调查取证工作并两次下达责令停工通知书，但未使违法建设行为得到及时有效终止。对事故发生负有重要责任。建议给予杨某记过处分。

（5）白某某，县综合执法局规划二中队副队长。对锦厦公司未取得建设工程规划许可证的行为展开了调查取证工作并两次下达责令停工通知书，但未使违法建设行为得到及时有效终止。对事故发生负有重要责任。建议给予白某某记过处分。

4. 固安县政府（1人）

刘某某，中共党员，固安县政府党组成员、副县长，分管县住房和城乡建设局和县综合执法局工作。对县住房和城乡建设局和县综合执法局在查处锦厦家园非人防地下室工程违法建设执法不到位问题失察，负有重要领导责任。建议对刘某某进行批评教育。

5. 固安县委、政府

固安县委、县政府，未认真履行地方党政领导干部安全生产责任制规定，对相关职能部门履行职责不到位的情况失察。建议固安县委、县政府向廊坊市委、市政府写出书面检查。

五、事故防范和整改措施建议

针对事故暴露出来的问题，为了深刻吸取事故教训，举一反三，有效防范和控制建筑施工过程中事故的发生，提出以下建议：

（一）要始终坚守保护人民群众生命安全的“红线”

各级人民政府及其有关部门要深刻吸取固安县锦厦家园非人防地下室“6·16”基坑边坡坍塌事故的沉痛教训，认真贯彻落实习近平总书记、李克强总理等中央领导同志关于安全生产工作的一系列重要指示批示精神，牢固树立科学发展、安全发展理念，始终坚守“发展决不能以牺牲人的生命为代价”这条红线，建立健全“党政同责、一岗双责、齐抓共管”的安全生产责任体系。相关部门要吸取这起事故的经验教训，坚持“管行业必须管安全、管业务必须管安全、管生产经营必须管安全”的原则，进一步落实部门管理责任，切实采取有效措施，全面加强安全生产工作。要高度重视工程建设各方面安全工作，进一步明确和落实企业安全生产主体责任、行业主管部门直接监管责任和地方政府属地管理责任，针对事故暴露出的各类突出问题，逐一研究和落实防范措施，切实加强安全生产特别是建筑行业领域的安全生产管理工作。

（二）严厉打击非法建设、违法建筑施工行为

各级人民政府及其有关部门要深入分析非法建设、违法建筑施工行为产生的根源，严厉打击建设工程项目未经主管部门审批、不履行建设工程基本程序、非法从事建设活动；建设单位任意肢解工程，随意压缩合理工期，干涉施工单位项目管理；施工单位超越资质范围承包、违法分包、转包工程，以及施工企业无相关资质证书和安全生产许可证，非法从事建设活动；施工企业“三类人员”（企业主要负责人、项目负责人、专职安全生产管理人员）、特种作业人员无证上岗等非法违法行为，该停业整顿的要坚决停业整顿，该降低或吊销资质证书的要坚决依法处理，构成犯罪的要依法追究刑事责任。对可能造成重特大事故、拒不执行监管执法指令的单位和个人，要依法从重处罚，真正打在痛处、治住要害。要加强督促检查和工作指导，及时发现和解决有关地区工作不深入、打击不严厉、治理不彻底的突出问题，健全和完善安全生产长效机制。

（三）进一步强化工程建设各方安全生产主体责任

工程建设单位、设计单位、勘察单位、施工单位和工程监理单位应切实落实

企业安全生产主体责任，严格执行国家有关法律法规和规章标准，建立健全机构人员设置、安全生产责任制、安全管理规章制度并认真贯彻落实，坚决杜绝“包而不管、挂而不管、以包代管、以挂代管”的情况发生；各相关企业应加强员工培训、教育和管理工作，建立完善的安全培训、考核制度和录用机制，着力提升从业人员的遵章守制意识、安全意识和安全技能；制定施工组织设计、地基基础开挖与支护、塔式起重机安装与拆除、模板施工、垂直运输机械安装拆卸与运行、吊篮施工、消防、临时用电和防汛等各类专项方案并认真监督按步落实。尤其是施工单位要严格按照《危险性较大的分部分项工程安全管理规定》（住建部第37号令）规定，在施工现场显著位置公告危大工程名称、施工时间和具体责任人员，在危险区域设置安全警示标志，向作业人员进行安全技术交底。

（四）加强城市安全管理，强化风险管控意识

各级人民政府及其有关部门要准确把握安全与发展、改革与法治的关系，始终把城市安全放在城市治理的首要位置。要理顺城市公共安全和安全生产监管职责，健全完善城市安全监管工作机制，处理好综合监管与行业监管、属地监管的关系，不断提升城市安全监管水平。要从源头上杜绝事故隐患，完善工程质量安全管理制度，加强建设项目安全监管。要建立风险防控工作机制，加强事中事后监管，及时发现安全风险和隐患，不断完善风险跟踪、监测、预警、处置工作机制，防止“想不到”的问题引发的安全风险，切实维护人民群众生命财产安全。

（五）严格落实事故上报规定

各生产经营单位发生生产安全事故后，要严格按照《安全生产法》《生产安全事故报告和的处理条例》和《国家安监总局关于进一步加强和改进生产安全事故信息报告和处置工作的通知》等法律法规和文件的规定，在规定时间内向事故发生地县级以上人民政府安全生产监督管理部门和负有安全生产监督管理职责的有关部门报告，不得隐瞒不报、谎报或者是迟报。

专家分析

一、事故原因

本案例的土质松软，未分级放坡、未设置支护结构，再加上降雨造成土层含

水量增加、边坡出现开裂、土袋护坡鼓包进而坍塌的后果。

二、事故经验教训

水是基坑安全最大的威胁，土层含水量增加就会降低土的力学性能，增加滑坡风险。根据有关文献研究，土质经自然浸水后，粘聚力 c、内摩擦角 φ 可降低50%甚至更多，粘聚力和内摩擦角指标的降低会显著影响边坡的稳定性。另外在持续降雨、基坑已出现安全风险的情况下，仍然安排施工人员加固抢险，临时项目负责人若能充分辨识基坑风险，这次人员伤亡就可以避免！

三、预防措施建议

基坑施工单位应该制定切实可行的施工安全应急预案，完善相关危险预警标准，提高辨识重大安全风险特别是把握撤离疏散人员时机的能力，根据视频和监测数据等进行科学、有效的应急救援和处置。

13　广东深圳“7·8”拆除坍塌较大事故

调查报告

2019年7月8日11时28分许，位于深圳市福田区的深圳市体育中心改造提升拆除工程工地发生一起坍塌事故，造成3人死亡、3人受伤。

事故发生后，市委、市政府高度重视，省委副书记、市委书记王伟中同志，市委副书记、市长陈如桂同志先后作出批示，要求全力搜救被困人员，全力救治受伤人员，调查事故原因，严肃处理事故责任人员。12时30分许，市委常委杨洪同志抵达事故现场，指挥抢险救援工作。7月9日，省安委办副主任潘游同志率队察看事故现场，指导事故调查工作。

根据《生产安全事故报告和调查处理条例》（国务院令第493号）的有关规定，市政府成立了由市安委办主任王延奎任组长，市应急管理局二级巡视员李频、市住房建设局副局长郑晓生任副组长，市应急管理局、公安局、住房建设局、司法局、总工会及福田区政府为成员单位的事故调查组，对事故进行调查。同时，从全国聘请5名业内资深结构专家组成专家组，组长由建筑钢结构教育部工程研究中心主任、同济大学多高层钢结构及钢结构抗火研究室主任李国强教授担任，专家组成员由侯兆新（国家钢结构工程技术研究中心主任、教授级高级工程师）、陈振明（中建钢构有限公司教授级高级工程师）、董彦章（悉地国际设计顾问有限公司教授级高级工程师）、王继奎（中国华西企业有限公司第三建筑工程公司高级工程师）组成，对该起事故的技术原因进行了调查分析。

事故调查组按照“四不放过”和“科学严谨、依法依规、实事求是、注重实效”的原则，通过现场勘察、查阅资料、调查取证和专家论证，查明了事故发生的原因、经过、人员伤亡和直接经济损失等情况，认定了事故性质和责任，提出了对有关责任单位和责任人员的处理建议。同时，针对事故原因及暴露出的问题，提出了事故防范措施建议。

调查认定，深圳市体育中心改造提升拆除工程“7·8”坍塌事故是一起较大生产安全责任事故。

市纪委监委对事故进行了独立调查。

一、基本情况

（一）事故项目概况

1. 深圳市体育中心改造提升项目主要内容

深圳市体育中心占地面积 280680m²，其房屋建筑及附属设施主要包括：1985 年落成的 4500 座体育馆 1 座（即本次事故坍塌的深圳体育馆）；1993 年落成的 32500 座体育场 1 座；2002 年落成的 3500 座游泳跳水馆 1 座及室外活动广场等设施。项目主要内容包括：拆除并新建体育馆，改造升级体育场、网球中心、游泳跳水馆；提升综合功能，建设连廊系统、健身步道等；升级交通配套设施，建设人行连接通道，增设地下停车场等。总计新建房屋建筑面积约 32 万 m²，维修改造面积约 9 万 m²，总投资估算约 36 亿元。

2. 深圳市体育中心改造提升拆除工程内容

深圳市体育中心改造提升拆除工程（以下简称“拆除工程”）属于深圳市体育中心改造提升项目的组成部分。拆除工程内容包括：深圳体育馆拆除面积约 23472m²，网羽中心拆除面积约 2983m²，体育场拆除面积约 500m²，羽毛球馆拆除面积约 3821m²。

3. 事故坍塌体育馆情况

本次拆除工程发生坍塌事故的深圳体育馆于 1982 年设计，1985 年建成，建筑面积 2.12 万 m²（拆除前原貌见图 13-1）。其建筑结构为钢筋混凝土框架结构加网架屋面系统。屋面以下以及看台采用钢筋混凝土框架结构，基础为浅基础；屋面采用 4 根钢格构柱支撑的网架结构，每个格构柱由 4 根直径 530mm、壁厚 16mm 的钢管柱构成，钢格构柱的基础为桩基础。屋面和屋面以下两种结构体系相互独立。

图 13-1　拆除前原貌图

4. 项目基本建设程序

（1）项目立项情况

2018 年 2 月，市文体旅游局向市政府上报《关于深圳市体育中心改造提升工程有关事项的请示》，因体育中心建筑年限长，设备设施老化、配套设施不足、功能单一，为进一步满足市民健身以及举办高水平专业体育赛事的需求，提出整体升级改造初步方案。

2018年11月，市发改委对“深圳市体育中心改造提升工程项目”下达首次前期计划，作为项目立项文件。深圳体育馆拆除工程是体育中心改造提升项目的一部分。

（2）深圳体育馆拆除工程招标投标情况

① 基本情况。拆除工程项目招标人为深圳市体育中心运营管理有限公司（以下简称“市体育中心管理公司”，系深圳市投资控股有限公司全资子公司）。2018年7月，深圳市投资控股有限公司（以下简称“深投控公司”）根据《关于市体育中心开展场馆拆除及监理项目主体招标工作的批复》，同意以市体育中心管理公司为主体，启动场馆拆除和拆除监理项目主体公开招标工作。2018年7月，市体育中心管理公司向市住房建设局提交了《关于提前进行建设工程招标投标的承诺书》，申请先行启动拆除项目招标程序。市住房建设局根据《建设工程招标投标告知性备案工作规则》，对拆除项目进行招标投标告知性备案；市体育中心管理公司委托深圳市国际招标有限公司进行公开招标，在深圳市建设工程交易服务中心发布“深圳市体育中心改造提升拆除工程及建筑废弃物综合处理”项目公告，公告期为2018年7月19日至25日。

② 招标投标情况。拆除工程招标采用资格后审方式，接受联合体投标，要求投标人同时具备两项资质：A. 建筑工程施工总承包贰级及以上资质；B. 已纳入深圳市建筑废弃物综合利用企业。12家联合体参与投标并符合资格审查条件。

③ 评标定标情况。2018年8月1日，市体育中心管理公司组织评标。进入定标程序的12家联合体进行投票，深圳市建设（集团）有限公司（以下从市建设工程交易招标中心评标专家库随机抽取5名评标专家，评定12家联合体投标文件合格。2018年8月6日，市体育中心管理公司按招标文件规定，随机抽签确定7人组成定标委员会，以下简称“市建设集团公司”）与深圳市华威环保建材有限公司（以下简称“华威环保公司”）联合体共获得6票，被推荐为中标候选人。经在深圳市建设工程交易服务网中标公示无异议后，被确定为该项目的中标人。2018年8月10日，市体育中心管理公司发出中标通知书。

（3）工程监理招标投标情况

2018年7月，市体育中心管理公司委托深圳市国际招标有限公司进行公开招标，在市建设工程交易服务中心发布“深圳市体育中心改造提升拆除工程监理”项目公告。2018年7月25日，深圳市合创建设工程顾问有限公司（以下简称“合创工程顾问公司”）等9家单位提交了投标文件。2018年8月6日，市体育中心管理公司按招标文件规定，随机抽签确定7人组成定标委员会，采用直接票决法确定合创工程顾问公司为中标单位。经在深圳市建设工程交易服务网中标公示无异议后，2018年8月10日，市体育中心管理公司发出中标通知书。

(4) 备案情况

2019年4月3日，市体育中心管理公司向福田区住房建设局申请“深圳市体育中心改造提升拆除工程”备案。福田区住房建设局于当日办理了《福田区拆除工程备案回执单》(福建拆备2019004)，予以备案。

5. 体育馆拆除方案组织情况

(1) 拆除方案的编制、论证情况

市建设集团公司编制了《深圳市体育中心改造提升项目拆除工程及建筑废弃物综合处理体育馆钢网架拆除4.2m专项施工方案》(以下简称《专项施工方案》)，并于2019年6月17日组织专家论证会，对《专项施工方案》进行论证。专家组组长陆某某(中建钢构有限公司教授级高级工程师)，专家组成员包括黄某某(中建二局有限公司教授级高级工程师)、夏某某(中建二局三公司教授级高级工程师)、刘某(市建筑设计研究总院高级工程师)、徐某(深圳市同济人建筑设计公司高级工程师)、邵某某(中建二局华南公司高级工程师)等五位业内专家。《专项施工方案》经专家组论证、修改完善后，2019年6月30日由专家组组长陆某某签字确认，7月1日由合创工程顾问公司总监理工程师郭某某审批通过。

(2) 拆除方案的主要流程内容

根据《专项施工方案》，拆除施工的主要流程内容如下：

① 从北、东、南三个方向用钢丝绳拉结网架，进行安全限位保护，防止网架向非预定方向倾覆。

② 采用炮机对4.2m标高以上的钢筋混凝土结构进行拆除。将西侧两格构柱顶部的限位螺栓拆除；将东侧两格构柱内侧的限位螺栓拆除，保留外侧2个限位螺栓。

③ 拆除4个格构柱4.0～6.8m标高之间的拉杆(包括水平拉杆、斜拉杆和竖向加劲板)。

④ 安装牵引钢丝绳和磁力管道切割机(见图13-2)。西侧每根钢管柱安装两台磁力管道切割机，安装标高分别为4.0m、6.8m，共安装16台；东侧每根钢管柱安装一台磁力管道切割机，安装标高为5.4m，共安装8台。

图13-2 磁力管道切割机图样

⑤ 采用磁力管道切割机对钢管柱进行水平切割。首先切割西侧格构柱钢管柱4.0m标高位置；然后切割

东侧格构柱钢管柱5.4m标高位置；最后，切割西侧格构柱钢管柱6.8m标高位置（见图13-3）。《专项施工方案》规定：一旦开始切割格构柱，人员禁止进入切割现场，保证现场切割“无人化操作”。

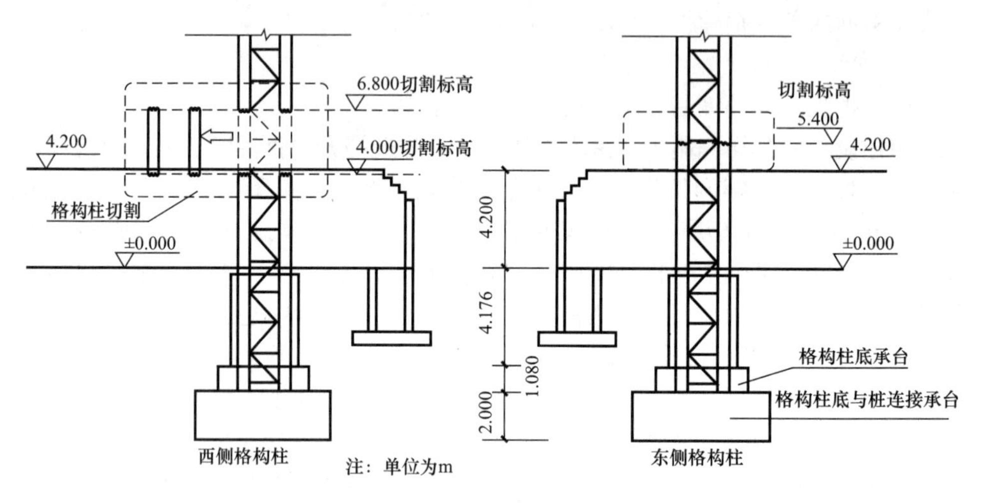

图13-3　西侧、东侧格构柱切割施工方案示意图

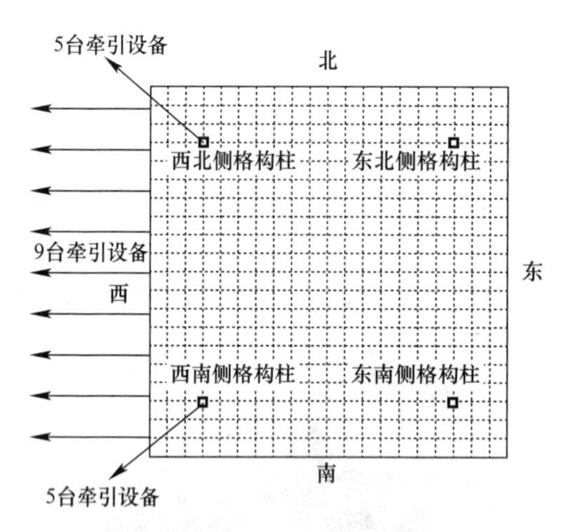

图13-4　钢网架和格构柱牵引示意图

⑥ 磁力管道切割机对钢管柱进行水平切割完成后，对西北侧、西南侧两根格构柱各采用5台卷扬机（5条直径32mm钢丝绳）分别向西北侧、西南侧牵引中间的切割段；如未拉倒网架，再采用9台卷扬机（9条直径25mm钢丝绳）从西侧正面牵引网架，使钢网架朝西侧倒塌。牵引设备与钢网架距离应保持在50m以上（牵引示意图见图13-4）。

⑦ 钢网架落地后拆除屋面层，对钢结构进行分解外运，将混凝土残渣等建筑废弃物外运。

（二）事故相关单位情况

1. 建设单位

(1) 深投控公司。市体育中心改造提升项目的建设主体。公司类型：有限责任公司（国有独资）；住所：深圳市福田区深南路投资大厦18楼；法定代表人：王某某；成立日期：2004年10月13日；经营范围：金融和类金融股权的投资与并购、房地产开发经营、战略性新兴产业领域投资与服务，对全资、控股和参股企业国有股权进行投资、运营和管理，市国资委授权开展的其他业务。2018年2月26日，市政府六届一百一十次常务会议审议通过，由深投控公司作为市体育中心改造提升项目的建设主体。2018年5月30日，深投控公司董事长王某某主持召开总经理办公会议，成立体育中心改造提升项目领导小组（以下统称“深投控公司体育中心改造提升项目领导小组”），组长由董事长王某某担任，副总经理杨某某、总工程师王某、深圳市建筑设计研究总院总经理廖某任副组长，公司相关部门及系统内企业参加。领导小组办公室设在产业管理部，主任由杨某某兼任，王某和王某某、汪某某、牛某某、冯某某、文某担任副主任，专职负责项目建设协调推进工作，日常工作由冯某某主持。

（2）市体育中心管理公司。市体育中心改造提升拆除工程的建设单位。公司类型：有限责任公司（国有独资）；住所：深圳市福田区上步北路深圳体育场一层七区；法定代表人：王某某；成立日期：2010年7月22日。2018年7月12日，深投控公司印发《关于市体育中心开展场馆拆除及监理项目主体招标工作的批复》（深投控［2018］462号），批复同意以市体育中心管理公司为主体，启动场馆拆除和拆除工程监理的项目主体公开招标工作并发出《授权书》，授权市体育中心管理公司作为体育中心改造提升项目拆除施工单位、拆除监理单位招标项目的招标主体。市体育中心管理公司据此批复及《授权书》，委托深圳市国际招标有限公司进行公开招标，向市建设工程交易服务中心办理改造提升拆除工程项目公开招标手续，向福田区住房建设局办理项目备案手续。

2. 施工单位

（1）市建设集团公司。公司类型：有限责任公司；住所：福田区香蜜湖街道香岭社区深南大道8000号建安山海中心3A；法定代表人：汪某某；成立日期：2003年12月25日；注册资本：62000万元人民币；《建筑业企业资质证书》有效期至2021年2月23日，资质类别及等级为建筑工程施工总承包特级、市政公用工程施工总承包壹级；《安全生产许可证》有效期至2020年12月29日。

2018年11月25日，市建设集团公司组建了“深圳市体育中心改造提升拆除工程项目部”（以下简称“项目部”），市建设集团公司向市体育中心管理公司和监理单位合创工程顾问公司发出《工程项目管理人员岗位设置通知书》，备案项目经理为谢某某，全面负责项目施工生产、经营管理工作。

（2）华威环保公司。公司类型：有限责任公司；住所：深圳市南山区西丽塘朗山北坡余泥渣土受纳场办公楼；法定代表人：杨某某；成立日期：2005年7

月 11 日。该公司已纳入深圳市建筑废弃物综合利用企业名录。

市建设集团公司负责拆除工程，华威环保公司负责拆除后建筑废弃物综合处理。

（3）深圳市赣江建筑劳务有限公司（以下简称“赣江劳务公司”）。公司类型：有限责任公司；住所：深圳市宝安区石岩街道石龙社区龙田路石岩施工企业生产基地；法定代表人：李某某；注册资本 1000 万，《建筑业企业资质证书》市住房建设局 2019 年 3 月 19 日颁发，资质类别及等级为施工劳务不分等级、模板脚手架专业承包不分等级，有效期至 2021 年 6 月 8 日。经调查核实，公司实际控制人：朱某某。

（4）王某（男，52 岁，四川人，长期从事拆除工作）。个体施工队，承担了体育馆拆除工程的施工作业。2019 年 6 月 14 日项目部预算员王某某与王某签订了《拆除施工合同》。

3. 监理单位

合创工程顾问公司，公司类型：有限责任公司；住所：深圳市福田区福田街道福山社区彩田路 2010 号中深花园 A 座 1010、1012；法定代表人：常某某；成立日期：2003 年 9 月 29 日；监理资质：可承担所有专业工程类别建筑工程项目的工程监理业务，可以开展相应类别建设工程的项目管理、技术咨询等业务。

4. 深圳市联天钢结构桥梁工程有限公司（以下简称“联天钢构公司”）

公司类型：有限责任公司；住所：深圳市宝安区石岩街道北环路上排社区梅冚工业区 1 号厂房；法定代表人：周某某；注册资本：10000 万；《建筑业企业资质证书》为住房和城乡建设部 2018 年 11 月 19 日颁发，资质类别及等级为钢结构工程专业承包壹级，有效期至 2022 年 11 月 17 日；《安全生产许可证》有效期至 2022 年 7 月 10 日。

5. 政府部门安全监督单位

深圳市福田区建设工程施工安全监督管理站（以下简称“福田区安监站”）。地址：深圳市福田区滨海大道 1004 号，临时负责人：孙某。福田区安监站为福田区住房建设局的直属事业单位，负责指导和监督检查辖区建设工程项目安全和文明施工情况，受福田区住房建设局委托，依法查处违章施工行为。

（三）合同签订情况

1. 施工总承包合同

2018 年 9 月 10 日，市体育中心管理公司和市建设集团公司、华威环保公司（联合体）签订了《深圳市体育中心改造提升拆除工程及建筑废弃物综合处理合同书》，委托市建设集团公司、华威环保公司（联合体）进行深圳市体育中心改造提升拆除和建筑废弃物综合处理工作，合同金额为5.88万（拆除工程费用586.35万元，建筑及附属设施残值抵扣金额580.47万元，合同总价5.88万元），合同总工期为45天。

2. 监理合同

2018年9月10日，市体育中心管理公司和合创工程顾问公司签订了《深圳市体育中心改造提升拆除工程及建筑废弃物综合处理监理服务合同》，由合创工程顾问公司提供监理服务，合同金额28.8万元。

3. 拆除合同

2019年6月14日，项目部预算员王某某与王某签订了《拆除施工合同》，合同约定王某拆除深圳体育馆及附属功能房、篮球场、网球场等建（构）筑物及其他附属物，所有拆除的废旧材料及设备设施由王某回收处置，王某需向项目部支付45万元工程款和40万元施工安全保证金。

（四）其他情况

经调查，市建设集团公司与赣江劳务公司以及朱某某个人虽未签订合同或协议，但赣江劳务公司及朱某某是体育馆拆除工程施工的实际控制单位和实际控制人。

2018年3月8日，市建安集团、市建设集团公司领导班子由汪某某、向某某带队前往中建二局二公司辉煌时代大厦项目考察，考察过程中，中建二局二公司推荐了赣江劳务公司。2018年5月，市建设集团公司项目管理部部长曹某某通知赣江劳务公司实际控制人朱某某进场搭建体育馆拆除工程临时设施，赣江劳务公司开始参与体育馆拆除工程。调查发现：

1. 项目部所有关键岗位人员均系经朱某某或其下属推荐、介绍、安排入职市建设集团公司。

（1）项目实际负责人毛某某，2018年7月经朱某某推荐入职市建设集团公司工程部，当月底被安排到项目部任职副经理（前期筹备）；（2）项目部预算员王某某，原为赣江劳务公司预算员，2018年12月底，经朱某某推荐入职市建设集团公司；（3）项目部技术负责人王某某，2018年11月，经朱某某电话告知到市建设集团公司应聘体育馆拆除工程技术负责人，入职市建设集团公司；（4）项目部施工员蒋某某，2018年8月，经朱某某下属钱某介绍，入职市建设集团公司；（5）项目部安全员朱某某，原为赣江劳务公司安全员，2019年6月，经朱某某安排，入职市建设集团公司；（6）项目部安全员李某，2019年6月，经朱某某介绍，入职市建设集团公司。

以上人员入职市建设集团公司，均由市建设集团公司董事长汪某某批准。

2. 除毛某某外，项目部关键岗位人员由赣江劳务公司实际发放工资。

项目部预算员王某某、技术负责人王某某、施工员蒋某某、安全员朱某某和李某与市建设集团公司签订劳动合同，约定王某某、蒋某某、王某某每月工资5000元，朱某某、李某每月工资4000元，并由市建设集团公司为以上人员购买社会保险。市建设集团公司按合同支出以上费用后，每月发文给赣江劳务公司，要求赣江劳务公司将以上人员的工资、社保缴费单位缴存部分、住房公积金单位缴存部分以及工会经费等费用（即市建设集团公司实际支出费用总额）划拨到市建设集团公司账户。以上人员工资明显低于市场价格。经调查，王某某、蒋某某、王某某、朱某某、李某以及赣江劳务公司财务负责人吕某均承认赣江劳务公司向以上人员每月补发差额工资。因差额工资统一在年底发放，于2018年底前入职的王某某、王某某、蒋某某已收到差额工资，分别为18000元每月、27500元每月、14000元每月，2019年入职的朱某某、李某因未到年底，尚未收到差额工资，议定的差额工资分别为4000元每月、2500元每月。

3. 拆除工程约定的王某需向市建设集团公司支付的45万元工程款和40万元施工安全保证金转入朱某某个人控制账户。

经调查，2019年6月14日，王某某与王某签订《拆除施工合同》后，要求王某将45万元工程款和40万元施工保证金转入赣江劳务公司监事许某某（朱某某妻子）账户。2019年6月17日，王某按要求将85万元人民币打入许某某在光大银行的账户。

二、事故发生经过、应急救援及善后处理情况

（一）事故发生经过

1. 事发前施工情况

2019年6月15日，市体育中心管理公司将体育馆及周边施工区域移交市建设集团公司，并签署移交协议。移交场地后，施工单位完成水、电、气关闭，围挡封闭和周边场地清理等准备工作。施工过程如下：

（1）7月1日

对体育馆内部的设施进行拆除，包括看台座椅、木地板、门窗、电线等。

（2）7月2日至7月4日

① 使用炮机对4.2m标高以上的钢筋混凝土结构进行拆除（见图13-5）；②切除西侧两个格构柱中间的水平拉杆、斜拉杆和竖向加劲板；③安装网架北、东、南方向的拉结钢丝绳，对格构柱进行打磨并安装磁力管道切割机轨道。

(3) 7 月 5 日

①切割格构柱顶部与网架支座中间的限位螺栓，继续对格构柱进行打磨；②按项目实际负责人毛浣林要求，王平安排工人在西侧格构柱每根钢管柱的中间用人工氧割方式切割出 2 条长约 1.7m 的对称竖缝，在竖缝中间氧割出钢筋孔，便于系挂钢丝绳；③继续切掉格构柱中间的连接杆件（包括水平拉杆、斜拉杆和竖向加劲板）；④安装西侧磁力切割机轨道（见图 13-6）。

图 13-5 拆除 4.2m 标高以上的混凝土结构

图 13-6 西侧格构柱进行柱体打磨后安装磁力管道切割机导轨

(4) 7 月 6 日

① 在东侧格构柱架设磁力管道切割机轨道（见图 13-7）。

② 在西侧两格构柱每根钢管柱上安装 2 台磁力管道切割机，东侧两格构柱每根钢管柱上安装 1 台磁力管道切割机，检查、调试切割设备（见图 13-8）。

③ 完成西侧牵引钢丝绳安装。在西北侧、西南侧格构柱上各挂 6 根钢丝绳。其中，每根钢管柱切割段挂 1 根，钢管柱切割段上方水平切缝的上端挂 1 根钢丝绳，在网架上挂 1 根钢丝绳。

图 13-7 东侧格构柱安装磁力管道切割机轨道

④ 17 时 30 分许，点火启动磁力管道切割机对东西两侧 4 个格构柱进行水平切割，仅一部分钢管柱完成切割（西北侧钢管柱 3 根，西南侧钢管柱 1 根），其余钢管柱均未切割到位（见图 13-9）。

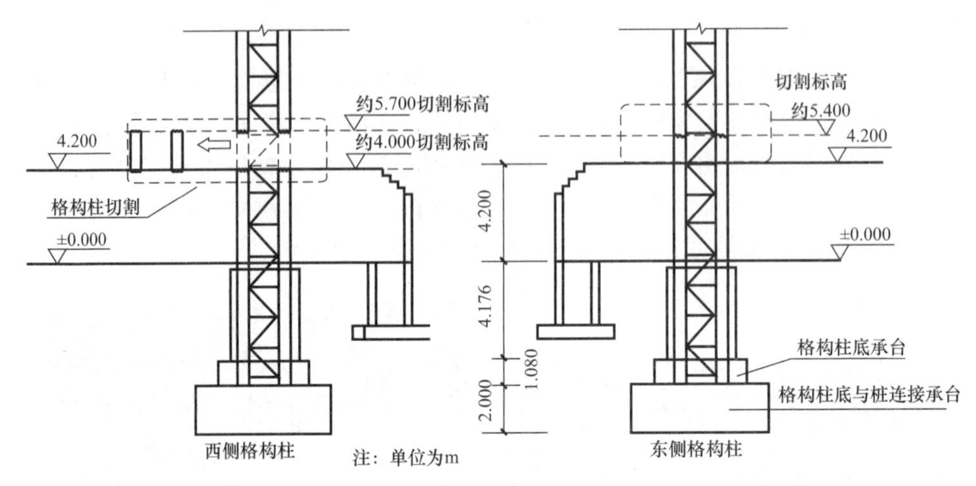

图 13-8 格构柱实际切割位置示意图

⑤ 18 时 30 分许，用 4 台炮机牵引西北侧的钢管柱，但未拉出。

（5）7 月 7 日

① 上午，施工单位调试切割设备。

② 9 时许，经朱某某联系和安排，联天钢构公司应邀派班组长张某某带领李某、王某、王某某三名工人，到拆除现场，对竖缝进行第二次人工氧割，并对钢管柱水平缝用人工氧割方式补充切割 U 形缝（见图 13-10）。

图 13-9 钢管柱磁力管道切割机完成切割和挂钢丝绳

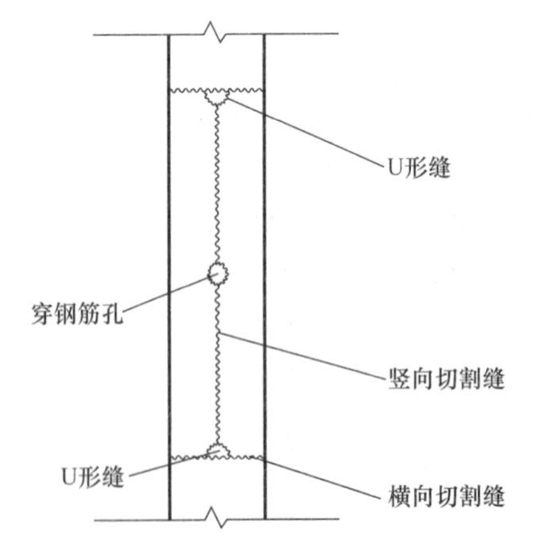

图 13-10 西侧格构柱钢管柱切割大样图

③ 16 时许，冯某某进行现场动员，毛某某负责指挥现场作业。现场点火启动磁力管道切割机对未完成切割的水平缝进行第二次切割。

④ 17 时 30 分许，现场用 3 台炮机牵引西北侧格构柱，3 台炮机牵引西南侧格构柱，未按《专项施工方案》要求采用卷扬机牵引。西北侧格构柱的西侧 2 根钢管柱的切割段各拉出钢管的一半（见图 13-11），西南侧格构柱的西南角钢管柱的切割段全部拉出（见图 13-12、图 13-13），其余钢管柱未拉出。在未拉倒网架的情况下，没有按照《专项施工方案》再采用 9 台卷扬机从西侧正面牵引网架。

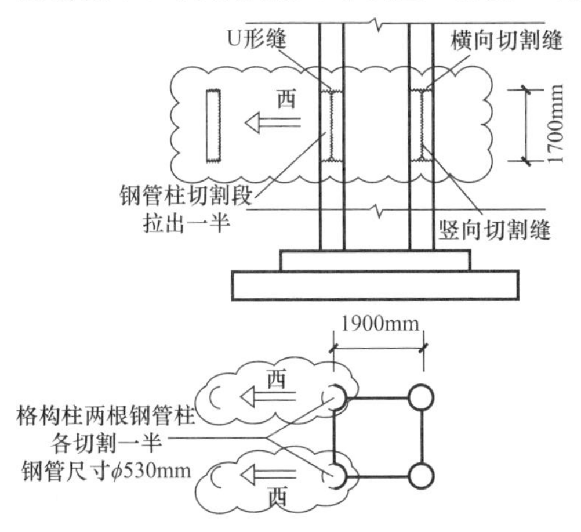

图 13-11 西北侧格构柱西边两钢管柱切割段拉出一半示意图

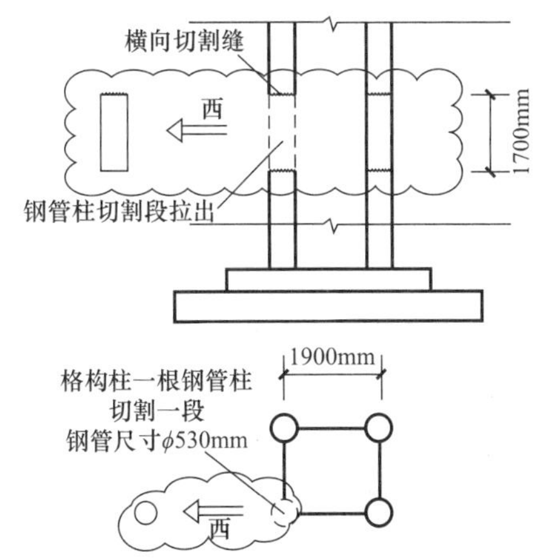

图 13-12 西南侧格构柱西南角钢管柱切割段拉出示意图

图 13-13 西南角格构柱的西南角 1 根钢管柱已全部拉出

上述 7 月 5 日至 7 月 7 日的施工过程，存在多处未按《专项施工方案》实施的情形，包括在西侧格构柱采用人工氧割方式切割对称竖缝；使用炮机牵引代替卷扬机牵引；在钢管柱已被水平切割后，违反方案禁止性规定，于 7 月 7 日上午安排人员进入现场对竖缝进行第二次人工氧割等。对于现场施工中存在的诸多严重违背《专项施工方案》的行为，未发现建设单位、施工单位、监理单位及其工作人员有提出反对、制止的情形或记录。

2. 7月7日晚会议内容

因7月7日下午西侧格构柱钢管柱未能按预期拉出，钢网架未按预期倾倒，经市建设集团公司总经理向某某提议，7月7日19时30分许，项目相关单位人员在项目部会议室召开讨论会，研究7月8日的拆除施工方案。当晚会议未发现有书面的会议通知、会议纪要、会议记录、会议录音和会议视频。经调查，会议情况如下：

（1）参会人员名单。经调查核实，当晚共13人参加会议。分别为：深投控公司体育中心改造提升项目领导小组办公室主持日常工作的副主任冯某某、工程组组长罗某某；监理单位合创工程顾问公司于某某；施工单位市建设集团公司向某某、毛某某、蒋某某、杨某、王某某、王某某、曹某某、施工队负责人王某；赣江劳务公司实际控制人朱某某及其技术顾问张某某（7月7日晚会议座位位置见图13-14）。

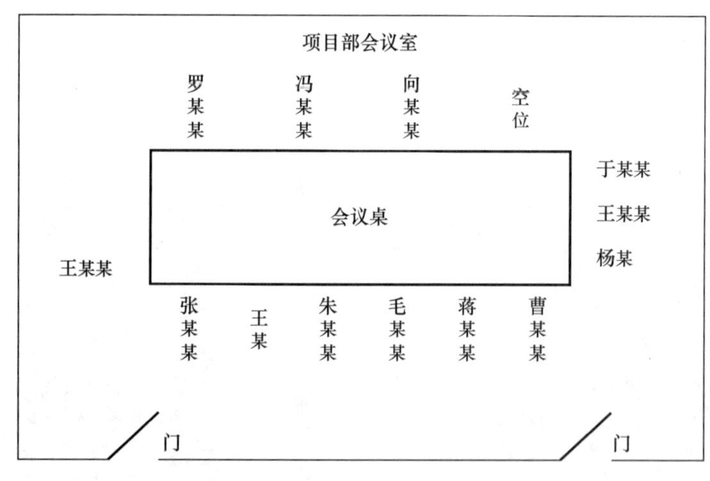

图13-14　7月7日晚会议座位复原图

（2）会议主持人。经调查询问，除冯某某本人外，当晚参会人员罗某某、向某某、毛某某、蒋某某、杨某、王某某、王某某、曹某某、张某某、于某某、王某、朱某某共12人回忆指认，会议由冯某某主持或主导。监理单位合创工程顾问公司和施工单位市建设集团公司也书面指认会议由冯某某主持。

（3）会议过程及讨论内容。经调查询问，向某某、毛某某、蒋某某、杨某、王某某、曹某某、张某某、于某某共8人回忆指认，会议由冯某某第一个发言，提出了增加钢丝绳、增加炮机数量增大牵引力的施工方案，就第二天（7月8

日）拆除施工方案手绘一张 A4 纸草图，逆时针逐一征求与会人员意见。经调查核实，冯某某会上询问王某是否还需要联天钢构公司工人“大个子（张某某）”来协助补充切割，王某给予肯定答复（“需要”）并提到其工人技术不行，冯某某让朱某某联系安排联天钢构公司派张某某班组再来协助切割作业。监理单位合创工程顾问公司于某某在会上提出采用远程液压千斤顶放置在两根钢管柱之间、将切割段顶出的方案，因寻找设备需要时间，加上千斤顶两端钢管柱刚度不一样易导致千斤顶滑落等原因，方案未被采纳。

（4）会议决定过程。冯某某按逆时针方向就增加钢丝绳、增加炮机数量增大牵引力的施工方案逐一征询全体参会人员意见，参会人员均没有提出反对意见。

（5）会议议定事项。经调查询问，当晚参会人员罗某某、向某某、杨某、王某某、王某某、曹某某、张某某、于某某、王某、朱某某共 10 人回忆指认，会议最后由冯某某总结发言，议定 7 月 8 日增加 6 台炮机牵引，在西侧每根格构柱上增加 6 条钢丝绳，由朱某某联系联天钢构公司继续派张某某班组在水平缝上切割。

（6）会议性质。经调查，冯某某作为深投控公司体育中心改造提升项目领导小组办公室主持日常工作的副主任，其职责为：协助领导小组办公室主任，主持领导小组办公室日常工作，领导各工作组开展日常工作，全面推动项目进展；负责组织召开领导小组办公室定期会议和临时会议，汇报工作进展，提交会议研究项目中的重点工作、重大问题；负责组织编制项目重大工作方案、工作计划，提交领导小组办公室会议研究。调查核实，施工方案和现场施工组织不属于其工作职责。7 月 7 日当晚，冯某某主持会议，讨论研究 7 月 8 日施工方案，逐一征求包括施工单位市建设集团公司总经理向某某在内的所有参会人员意见，除监理单位提出采用远程液压千斤顶的方案遭否决外，最后征求意见环节，所有参会人员均没有提出反对意见。调查认定，会议性质属于冯某某以深投控公司体育中心改造提升项目领导小组办公室主持日常工作身份主持主导的、通过逐一征求与会人员意见的集体决定性质。经 8 月 8 日补充问话，向某某和罗某某也在笔录中确认会议为集体决定性质。

3. 事发当日情况

7 月 8 日 7 时许，王某安排黄某某、王某某、李某某、陈某某、王某某、蒋某某、陈某某、李某某、谭某某共 9 名工人到西侧格构柱加挂钢丝绳，黄某某、王某某、李某某、陈某某、王某某在平台上绑钢丝绳，蒋某某、陈某某、李某某、谭某某负责运送、传递钢丝绳。王某对工人进行班前安全教育后，安排工人在西北侧、西南侧两根格构柱上各加挂 6 根直径 28mm 的钢丝绳。工人先在西南侧格构柱靠西面的两根钢管柱上各加挂 3 根钢丝绳，然后在西北侧格构柱靠西面的两根钢管柱上各加挂 3 根钢丝绳，截至事发前，西北侧格构柱的钢丝绳尚余 1 根未固定好。钢丝绳具体位置位于每根钢管柱上方水平缝的上端。

7 月 8 日 8 时 22 分 46 秒，王某电话告知蒋某某联天钢构公司工人到场后，需要等其工人挂完钢丝绳后再氧割。9 时许，联天钢构公司班组长张某某，带领王某、李某、王某某 3 位工人到场，项目部施工员蒋某某带领张某某等 4 人到西南侧格构柱，查看水平缝是否切割到位，做切割前准备工作。蒋某某让张某某班组在网架外等候，并到西北侧格构柱巡查加挂钢丝绳作业情况。约 11 时许，蒋某某用对讲机向项目部实际负责人毛某某报告联天钢构公司工人已经到位，询问是否“铣缝”（即：在水平缝上切割，以减少摩擦力），毛某某让蒋某某、王某自行决定。西南侧格构柱 6 根钢丝绳绑扎完毕后，张某某开始对西南侧格构柱的水平缝进行人工氧割，李某和王某在旁，项目部安全员朱某某巡查发现后，责令李某、王某离开网架区域，王某某则一直在网架区域外管理氧气瓶和乙炔瓶。

事发时，现场监控视频显示，西南侧格构柱附近，张某某在对东南角钢管柱实施人工氧割（见图 13-15），朱某某在现场巡查。西北侧格构柱附近，王某某在格构柱绑钢丝绳锁扣，王某某、黄某某、陈某某、李某某在平台休息（见图 13-16），其他人员在网架外。

图 13-15　西南侧发生坍塌时人员所在位置

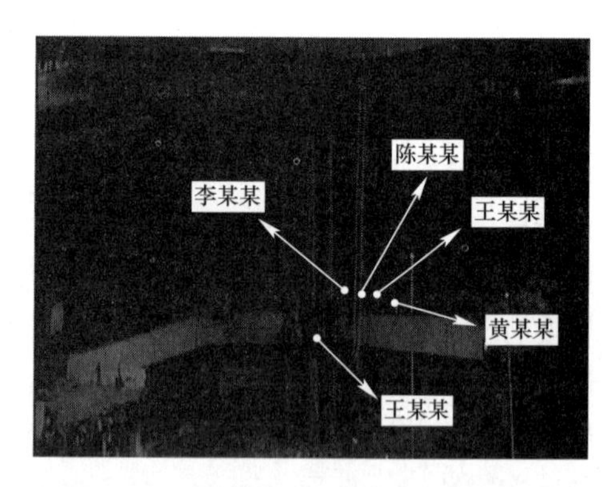

图 13-16　西北侧发生坍塌时人员所在位置

上午 11 时 28 分 33 秒，西南侧格构柱突然失稳并坍塌，随之拉动西北侧格构柱失稳倒塌，整个网架整体由西向东方向呈夹角状坍塌（见图 13-17～图 13-19）。张某某被断裂的钢管柱砸中，王某某被放置切割机电机的隔板砸中，王某某、黄某某、李某某、陈某某在逃生过程中被坍塌的屋架砸中，造成张某某、黄某某、王某某 3 人死亡，李某某、陈某某、王某某 3 人受伤。

图 13-17 体育馆由西往东呈夹角状坍塌

图 13-18 体育馆坍塌后东侧现状

图 13-19 坍塌后屋架下现状

（二）救援及现场处置情况

1. 市委、市政府应急处置情况

事故发生后，市委、市政府高度重视，省委副书记、市委书记王伟中同志批示，要求抓紧搜救被困人员，全力救治受伤人员，全面强化施工监管、查明原因，依法依规处置，举一反三，确保生产安全，确保人民生命财产安全。市委副书记、市长陈如桂同志批示，要求应急、消防部门全力搜救被困人员，卫生部门组织做好伤员救治，公安部门、辖区政府设置警戒区域做好秩序维护，及时报告救援进展情况。12 时 30 分许，市委常委杨洪同志抵达事故现场，指挥抢险救援工作。11 时 57 分许，市消防支队调派支队全勤指挥部、2 个大队、4 个中队共 8 辆消防车 45 名消防指战员到达现场处置，副支队长许海雄到场指挥。接到事故信息后，市应急管理局及时启动应急响应。12 时 45 分许，市应急管理局局长王延奎、副局长阳杰，市住房建设局局长张学凡、副局长郑晓生和市公安、卫生、深投控公司等单位负责同志先后赶到现场，积极开展应急抢险救援工作。深投控公司体育中心改造提升项目领导小组办公室副主任冯咏钢抵达现场后，带领并协助消防指战员进入已倒塌的网架内搜救出被困人员（张官兵、王跃军）。

2. 福田区政府应急处置情况

事故发生后，福田区立即启动应急响应。12 时 28 分许，福田区区长黄伟赶到现场，成立现场指挥部担任总指挥，全力组织救援工作。12 时 35 分许，福田区委书记吕玉印赶到现场组织指挥抢险救援。根据现场情况和有关预案，现场指挥部迅速决定：由市消防支队快速研判现场情况，制定救援方案；福田区住房建设局协调安排结构专家到场研判，协助市消防支队福田区大队开展施救工作；福田区应急管理局会同福田区住房建设局对施工单位、监理单位和现场责任人员进行初步调查，做好应急处置信息上报工作；福田公安分局做好现场管控、警戒，协调交警大队做好现场周边交通疏导；园岭街道办做好伤亡人员家属安抚和有关善后处置工作。

3. 应急处置评估结论

综上，该起事故信息报送渠道通畅，信息流转及时，应急响应迅速，响应程序正确，未发现救援指挥及工作人员存在失职、渎职现象。

（三）事故损失及善后处理情况

1. 死亡人员情况

事件共造成王某某、黄某某、张某某3人死亡。分别为：

（1）王某某，男，48岁，重庆人；

（2）黄某某，男，41岁，四川人；

（3）张某某，男，45岁，湖北人。

2. 受伤人员情况

事故共造成陈某某、王某某、李某某3人受伤。分别为：

（1）陈某某，男，45岁，四川人；

（2）王某某，男，49岁，四川人；

（3）李某某，男，48岁，四川人。

3. 善后处理情况

事故调查组依据《企业职工伤亡事故经济损失统计标准》GB 6721—1986，核定事故造成直接经济损失为593.5万元人民币。福田区政府牵头，依法积极妥善做好死者家属、受伤人员及其家属接待及安抚赔偿等善后工作。7月16日，3名死者家属和企业双方达成一致意见，并签署经济补偿协议。7月18日，3名死者遗体火化，来深家属均已返乡，死者家属善后工作处置完毕，未出现影响社会稳定的情形。3名伤者经医院诊断为骨折，无生命危险，均已得到妥善医治，现均已出院并签订了赔偿协议。

三、项目有关单位安全生产组织管理情况

（一）深投控公司项目管理情况

1. 项目管理架构

2018年5月30日下午，深投控公司董事长王某某主持召开总经理办公会，

会议议定：同意《关于深圳市体育中心改造提升项目工作方案》，成立深投控公司体育中心改造提升项目领导小组，负责组织领导项目实施工作，协调解决工作中遇到的重大问题。

经调查，深投控公司对成立领导小组及办公室没有单独发文。根据其审议通过的《关于深圳市体育中心改造提升项目工作方案》，深投控公司体育中心改造提升项目领导小组主要职责为：负责统筹推进体育中心改造提升项目建设工作；向市政府报告项目建设进展情况；提请需要市政府研究支持事项；研究决定需要公司解决事项；协调解决工作中遇到的重大问题，保障各项工作有组织、有计划地推进。领导小组办公室主要职责为：负责领导小组日常工作，制定工作方案、工作计划并督导实施；协调公司各部（室）以及系统内相关企业，统筹推进项目建设工作；与政府部门、各成员单位沟通协调；定期召开工作例会，检查和推进各项工作，协调解决相关问题；定期上报工作进展情况，编发工作简报；收集、汇总文件资料，分类建档统一管理等。

2. 主要管理人员情况

（1）王某某：深投控公司董事长，深投控公司体育中心改造提升项目领导小组组长，负责组织领导项目实施工作，协调解决工作中遇到的重大问题。

（2）杨某某：深投控公司副总经理，深投控公司体育中心改造提升项目领导小组副组长、办公室主任，负责领导小组办公室全面工作。

（3）王某：深投控公司总工程师，深投控公司体育中心改造提升项目领导小组副组长。

（4）冯某某：深投控公司体育中心改造提升项目领导小组办公室副主任，主持办公室日常工作。

（5）罗某某：深投控公司体育中心改造提升项目领导小组办公室工程管理组组长，分管工程施工的日常管理工作，协助体育中心对工程施工的安全、进度、质量进行管理。

（6）张某某：深投控公司体育中心改造提升项目领导小组办公室工程管理组成员，协助组长督促监理和施工单位做好现场安全管理。

3. 履职情况

（1）安全生产管理体系建设情况。2019 年 1 月 11 日，深投控公司印发了《深圳市投资控股有限公司安全生产管理制度汇编（2019 年修订）》，建立了安全生产管理体系，包括《安全生产组织管理制度》《安全生产责任制》《安全生产投入保障制度》《安全生产教育培训制度》《安全检查制度》《风险辨识评估和隐患排查治理制度》《应急救援管理制度》《生产安全事故报告和调查处理制度》《安全生产奖惩制度》等 12 项安全生产管理制度，建立了由公司董事长、总经理任主任的公司安委会，明确规定安全生产责任制，建立组织领导、风险辨识、隐患排查治理、安全检查、事故救援报告、培训教育等较为完备的安全生产管理体系。

（2）定期研究市体育中心改造提升项目并推进实施情况。2018年5月3日至2019年7月2日，就市体育中心改造提升项目召开了28次专题会议，组织深投控公司体育中心改造提升项目领导小组办公室和系统内企业研究项目的设计、规划、可行性研究、招标、环境影响评价、改造施工方案备案、场地清理、舆情应对等工作，推进项目实施。在2019年7月2日召开的体育中心改造提升项目专题会议上，深投控公司督促体育中心和施工单位要加强安全教育工作，对有关人员进行安全培训和技术交底。

（3）对体育馆拆除项目安全生产工作部署情况。2019年4月26日，市文体旅游局局长张某某主持召开专题会议，听取深投控公司体育中心改造提升项目领导小组办公室关于体育馆拆除施工方案的汇报，要求“安全是整个项目建设的红线，体育馆拆除施工必须确保安全，不能存在赶工期赶进度、忽略安全的情况”。2019年6月14日，杨某某、王某主持专题会议，研究体育馆拆除工作，要求市体育中心管理公司成立专项工作小组负责监督施工过程，确保施工安全；要求建安集团（建安集团系深投控公司全资子公司，市建设集团公司系建安集团子公司）在体育馆屋盖拆除期间，确保人员安全，做好屋盖网架结构检测鉴定，提前做好安全保护和应对措施。2019年6月26日，杨某某主持专题会议，研究拆除施工安全事宜，要求建安集团提出系统的安全保障方案，加强过程节点控制，确保无人员伤亡；体育馆混凝土拆除过程期间，要求建安集团委派专人监控网架结构安全情况，发现异常及时通报并采取措施；在屋盖网架拆除期间，严格管控人员进出，确保体育馆内无人化操作，提前做好模拟试验，保证拆除工作顺利进行。2019年7月1日，王某主持专题会议，重申要求落实6月26日专题会议部署要求，从7月2日起实行24小时安全值守，对有关人员进行安全教育培训和交底。

（4）组织开展安全生产检查情况。2019年5月30日，深投控公司印发了《关于印发2019年“安全生产月”和“安全生产万里行”活动方案的通知》，要求市体育中心管理公司、建安集团组织安全专家，深入基层一线开展全面的安全生产大排查，突出建筑施工、消防安全等领域的安全检查和专项整治，建立隐患排查台账，确保隐患闭环治理。

体育馆拆除施工前夕，深投控公司负责同志先后两次到体育中心现场了解拆除施工进展情况并开展安全生产检查。2019年6月28日，深投控公司党委副书记冯某某到体育中心检查安全生产工作，要求市体育中心管理公司和建安集团高度重视体育场馆升级改造期间的安全生产工作，加强安全生产管理，对重点领域、重点部位开展经常性安全生产检查，研究和制定完善相关专项工作，全力保障场馆提升期间各项工作平稳有序。2019 年 7 月 1 日，王某赴体育馆拆除工程项目检查安全生产工作，并主持专题会议，重申要求落实 6 月 26 日专题会议部署要求，要求市体育中心管理公司和建安集团严密监控体育馆网架结构安全性，及时通报监测数据信息，做好应对措施，要求从 7 月 2 日起实行 24 小时安全值守，对有关人员进行安全教育培训和交底。

(5) 7 月 8 日事发前 10 时许，深投控公司体育中心改造提升项目领导小组办公室工程管理组成员张某某到达现场，发现网架下有多名施工人员，安全隐患大，现场要求项目部实际负责人毛某某并电话要求监理梁统二赶紧撤出工人，并就此事与朱某某发生争执。毛某某用对讲机下达了网架下无关人员撤离的指令。

4. 存在问题

深投控公司安全生产管理体系健全，对体育中心改造提升项目部署全面。在体育馆拆除施工前，专门组织两次针对性安全检查，在 7 月 8 日上午拆除施工时，其派驻现场人员发现安全隐患并及时提出制止。但施工单位市建设集团公司作为深投控公司系统内下属企业，存在项目管理混乱、违法违规分包等行为；经核实，深投控公司体育中心改造提升项目领导小组办公室有关负责人违法违规干预拆除施工，未向深投控公司有关负责人如实汇报 7 月 7 日晚上会议决定事项。调查认定，深投控公司对体育馆拆除施工实际情况失察。

(二) 市体育中心管理公司项目管理情况

1. 项目管理架构

2018 年 7 月，根据深投控公司《关于市体育中心开展场馆拆除及监理项目主体招标工作的批复》(深投控〔2018〕462 号) 及《授权书》，市体育中心管理公司委托深圳市国际招标有限公司进行公开招标，向市建设工程交易服务中心办理改造提升拆除工程项目公开招标手续，向福田区住房建设局办理项目备案手续。2018 年 3 月 15 日，市体育中心管理公司成立本公司的体育中心场馆改造提升工程项目工作领导小组，下设 10 个具体工作小组。

2. 管理人员情况

(1) 王某某：市体育中心管理公司总经理，体育中心改造提升工程项目工作领导小组组长，全面负责项目领导小组工作。

(2) 依某：项目工作领导小组副组长，负责领导现场施工监管组 (体育馆体育场主赛场区域)，负责监督、配合控制施工进度、质量。

(3) 刘某某：项目工作领导小组副组长，负责领导现场施工监管组 (网羽中心笔架山副馆区域），负责监督、配合控制施工进度、质量。

（4）黄某某：项目工作领导小组副组长，负责领导现场施工监管组（游泳跳水馆区域），负责监督、配合控制施工进度、质量。

（5）刘某某：现场施工监管组（体育馆体育场主赛场区域）负责人，负责监督、配合控制施工进度、质量。

3. 履行安全生产职责情况

（1）拆除工程备案情况。2019年4月3日，市体育中心管理公司向福田区住房建设局申请办理深圳市体育中心改造提升拆除工程备案手续，福田区住房建设局于当日对拆除工程进行备案。

（2）安全文明施工措施费支付情况。该工程属市政府投资项目，根据《深圳市体育中心改造提升拆除工程及建筑废弃物综合处理合同书》的约定，项目工程款采用分节点付款的方式向乙方分期进行付款。因事故发生时，尚未满足合同约定的支付条件，市体育中心管理公司尚未支付文明施工措施费。

（3）相关安全管理制度建立情况。市体育中心管理公司于2018年5月编制了《深圳市体育中心运营管理有限公司安全生产管理规章制度汇编》，其内容包括安全生产管理制度、安全生产责任制度、安全生产监督检查及隐患整治制度、应急救援管理制度等。

（4）开展安全检查情况。2019年7月2日体育馆正式开始拆除作业，市体育中心管理公司进行场馆改造施工区域安全检查，发现了临时电缆有接头、电缆未做保护等问题；7月5日体育馆开始网架屋面拆除作业，进行了施工外围区域排查。

4. 存在问题

作为项目的建设单位，对施工单位随意变更施工方案、监理单位未及时制止及上报等现场违规行为未进行有效督促整改，未采取有效措施督促施工单位按照《专项施工方案》施工，未督促监理单位按照法律法规要求履行监理职责，违反了《中华人民共和国安全生产法》第四十六条第二款的规定。

（三）市建设集团公司项目管理情况

1. 项目管理架构

2018年11月25日，正式发文成立“深圳市体育中心改造提升拆除工程项目部”（以下简称“项目部”）。

2. 项目相关管理人员情况

（1）汪某某：市建设集团公司董事长，法定代表人，全面负责市建设集团公司工作。

（2）向某某：市建设集团公司总经理，负责市建设集团公司生产经营工作。

（3）杨某：市建设集团公司质量安全部副部长（主持工作），体育馆拆除期间在施工现场指导安全工作。

（4）王某某：市建设集团公司技术研发中心主任，负责审核拆除工程专项施工方案，在体育馆拆除期间负责现场监测和技术指导。

（5）谢某某：2019年4月3日，市体育中心管理公司向福田区住房建设局申请办理深圳市体育中心改造提升拆除工程备案手续，谢某某为项目经理。福田区住房建设局于当日对拆除工程进行备案。经调查，2013年5月28日，谢某某从市建设集团公司离职，未到项目部履职。

（6）毛某某：项目部实际负责人，全面负责拆除工程施工生产、经营管理工作。

（7）王某某：项目部技术负责人，负责现场工程质量、进度、技术、安全、人员安排、经济签证、材料质量。

（8）王某某：项目部预算员，负责工程投标预算或工程量清单报价的编制、项目日常预算和竣工结算，负责项目对内劳务分包、专业分包结算审核等工作。

（9）蒋某某：项目部施工员，负责协助毛某某开展工作，负责组织现场防护措施、人员投入、大型设备、安全检查，对分包、劳务方进行验收。

（10）朱某某：项目部安全员，负责安全生产的日常监督与管理工作。

（11）李某：项目部安全员，负责安全生产的日常监督与管理工作。

3. 履行安全生产职责情况

（1）安全管理制度建立情况。制定了施工项目部安全生产、文明施工、消防安全管理、分包管理规定、施工管理处罚条例等各项制度，制定了项目经理、项目安全员等人的安全生产责任制和考评制度，建立了安全教育培训、安全技术交底和安全生产检查制度。

（2）施工组织设计及施工方案编制情况。编制了《深圳市体育中心改造提升拆除工程施工组织设计》，编制了《专项施工方案》，并按规定组织了专家评审。

（3）安全教育和安全技术交底情况。经查阅安全教育资料，对工人进行了班前教育、三级安全教育及安全技术交底，但工人三级安全教育时间不满足要求。

（4）安全检查情况。项目部有安全员每日巡检、项目部领导每日检查、项目部周检。拆除期间，市建设集团公司领导有到现场检查。

4. 存在问题

（1）违法分包工程。将拆除工程交由不具备相应施工资质的赣江劳务公司实际控制，以及项目部预算员王某某与王某个人签订拆除施工合同，违反了《建筑市场发包与承包违法行为认定查处管理办法》第十二条第（一）项的规定。

（2）未按《专项施工方案》组织施工。一是在施工中违规改变切割方式，在钢管柱上切割原方案没有提及的竖向缝和U形缝；二是违规改变牵引方式，未按照方案使用卷扬机牵引，而是使用炮机牵引；三是在未能拉出西侧钢管柱的情况下，没有按《专项施工方案》的要求从西侧正面用卷扬机牵引钢网架，擅自采用增加钢丝绳的方式，未进行施工方案变更和重新论证；四是在进行格构柱水平切割和侧拉后，擅自安排人员进入网架区域作业，违背了方案中“一旦开始切割格构柱，人员禁止进入，保证切割现场无人化操作”的要求。其行为违反了《危险性较大的分部分项工程安全管理规定》第十六条第一款规定。

（3）未履行安全生产管理职责。将项目部交由不具备相应施工资质的赣江劳务公司实际管理和控制。未严格落实安全生产责任制，未对王某的施工队伍进行有效管理，未及时督促项目部消除现场施工组织混乱、未按方案施工、工人冒险作业、动火作业审批流于形式等施工现场事故隐患，违反了《中华人民共和国安全生产法》第三十八条第一款、第四十一条等规定。

（四）赣江劳务公司有关情况

经调查，赣江劳务公司实际控制人为朱某某。朱某某向市建设集团公司推荐毛某某入职，并安排到项目部担任实际负责人，通过市建设集团公司以虚构劳动合同、社保关系等劳动用工手续，向体育馆拆除工程项目部安排预算员王某某、施工员蒋某某、技术负责人王某某、安全员朱某某和李某等，补发相应的差额工资，并根据市建设集团公司要求，将其实际承担的以上人员费用划拨回市建设集团公司账户。同时，根据拆除施工合同，王某将需向市建设集团公司支付的45万元工程款和40万元施工安全保证金，按朱某某指令转入朱某某妻子个人账户。

2019年7月7日，赣江劳务公司实际控制人朱某某联系联天钢构公司业务负责人周某，派张某某作业班组到体育馆拆除现场，并安排协助人工氧割。7月7日晚，朱某某及其技术顾问张某某参加了研究第二天施工方案的讨论会，并再次联系联天钢构公司业务负责人周某，安排氧割工人事宜。调查过程中，市建设集团公司副总经理宋某某、工程管理部部长曹某某，项目部实际负责人毛某某，拆除工程个体施工队王某，赣江劳务公司技术顾问张某某等，均指认朱某某为体育馆拆除工程施工阶段实际控制人。

综上，调查认定，虽然赣江劳务公司未与市建设集团公司签订相关合同或协议，但操控了体育馆拆除工程项目的管理人员构成、资金流向，并参与了拆除工程管理，未按《专项施工方案》组织施工，未履行安全生产管理职责，违反了《中华人民共和国安全生产法》第三十八条第一款、第四十一条的规定。

（五）华威环保公司有关情况

华威环保公司是专门从事建筑废弃物资源化综合利用的科技创新型环保企业，是建筑废弃物资源化利用整体解决方案供应商，与市建设集团公司组成联合体，与市体育中心管理公司签订了承包合同，负责体育馆拆除后建筑废弃物处理等工作。

2019年2月27日，市建设集团公司（甲方）与华威环保公司（乙方）签订了《合作协议》和《付款协议书》。《合作协议》约定“双方在工程建设领域开展合作。甲方积极与地方政府及业主保持紧密联系，整合社会资源，乙方为甲方施工过程中提供一定的建筑废弃物资源化综合利用技术支持，双方技术互补，共同完成工程建设任务”。《付款协议书》约定“本项目（拆除工程）现场拆除建筑垃圾由市建设集团公司自行处理，由赣江劳务公司支付给华威环保公司配合费人民币贰拾万元整”。

经调查，事发时，华威环保公司尚未收到该笔费用，施工现场尚未开始建筑废弃物处理工作，华威环保公司尚未介入拆除工程，与事故发生无直接关系。

（六）合创工程顾问公司项目管理情况

1. 项目监理机构组成情况

合创工程顾问公司抽调人员组建了体育中心改造提升拆除工程项目监理部，履行监理职责，项目监理部实行总监负责制，共有监理人员5人，符合招标文件中约定的人员配置要求。

2. 监理部相关管理人员情况

（1）郭某某：总监理工程师，负责安全生产管理的监督职能，对工程项目的监理工作实施组织管理，依照国家有关法律法规及标准规范履行职责。

（2）梁某某：监理工程师，协助总监工作，完成总监交办的安全生产管理的监理工作，负责检查安全监理工作的执行情况等。

（3）龙某某：水电专业监理工程师，负责现场水电施工安全。因拆除施工期间不涉及水电施工，未在施工现场。

（4）于某某：安全监理员，负责现场安全监理工作。

（5）陈某某：监理员，负责资料编制、整理等工作。

另外，市体育中心拆除施工时，项目监理部从合创工程顾问公司临时抽调李某某、杨某某两人对施工现场进行安全巡查。

3. 履行安全生产职责情况

（1）安全管理制度建立执行情况。制定了公司及项目监理部安全管理岗位职责；制定了监理规划、监理实施细则；建立了监理例会、监理周报制度，每周召开例会，印发监理周报。

（2）施工方案审批情况。按规定对《专项施工方案》《深圳市体育中心改造提升拆除工程施工组织设计》《应急预案〈临时用电专项方案〉》等施工方案进行了审批。

（3）安全检查情况。拆除工程正式实施以后，每天组织有关单位对施工现场进行巡查，对发现的隐患印发《监理安全简报》督促整改，每周组织现场安全周检。共向施工单位发放责令整改通知书1份、《监理安全简报》13份。

（4）其他情况。7月7日晚会议上，安全监理员于某某提出使用远程遥控千斤顶方案被否决后，对7月8日增加钢丝绳、增加炮机牵引数量增大牵引力、继续安排人工氧割的施工方案未提出反对意见；7月8日上午，梁某某现场巡查发现工人进入网架区域作业的危险，要求撤离人员，但在人员未安全撤离时，未进行有效制止或向有关主管部门报告。

4. 存在问题

对施工单位未按《专项施工方案》施工，事发当日工人进入网架区域加挂钢丝绳作业、人工氧割违规冒险作业的行为没有进行有效制止，也未及时向有关主管部门报告，违反了《建设工程安全生产管理条例》第十四条第二款的规定。

（七）王平个体施工队项目管理情况

1. 项目管理情况

王某为体育中心改造提升拆除工程的个体施工队负责人，负责现场拆除作业安全管理，落实防护措施等。

2. 存在问题

（1）违法承揽工程。王某以个人身份违法承揽拆除工程，违反了《房屋建筑和市政基础设施工程施工分包管理办法》第八条的规定。

（2）未按施工方案施工。未按照《专项施工方案》进行施工，未落实施工方案中切割后无人化操作的要求。

（3）未及时发现和消除切割体育馆格构柱所带来屋顶垮塌的事故隐患。在整个结构体系都已被破坏，网架屋面结构有随时倒塌的风险的情况下，冒险安排工人进入网架下作业，违反了《中华人民共和国安全生产法》第三十八条第一款的规定。

（八）联天钢构公司有关情况

7月7日，经赣江劳务公司实际控制人朱某某联系安排，联天钢构公司业务负责人周某应邀派张某某作业班组到拆除现场协助进行人工氧割作业，对水平缝进行人工氧割U形缝。7月7日晚讨论会上，冯某某征求意见，是否需要联天钢构公司“大个子”（张某某）继续协助人工氧割，王某作出肯定答（“需要”），冯某某让朱某某继续联系安排，朱某某联系联天钢构公司业务负责人周某。周某通过厂长刘某某，继续安排班组长张某某和王某、李某、王某某三名工人到拆除现场协助进行氧割作业。7月8日9时许，张某某等四人抵达现场。施工员蒋某某安排张某某四人察看现场做准备工作。11时许，西南侧格构柱钢丝绳加挂完毕后，蒋某某向项目部实际负责人毛某某电话报告张某某等已到位，是否“铣缝”（即：在水平缝上切割，以减少摩擦力），毛某某让蒋某某、王某决定。张某某和王某、李某进入网架区域，安全员朱某某现场监管，责令王某、李某离开，留下张某某对西南侧格构柱的东南角钢管柱实施人工氧割，切割U形缝。根据现场视频监控显示，7月8日11时28分33秒，西南侧格构柱突然失稳并坍塌，随之拉动西北侧格构柱失稳倒塌，整个网架整体由西向东方向呈夹角状坍塌，张某某人工氧割行为是导致本次事故发生的直接诱因。

调查认定，7月8日上午，联天钢构公司经朱某某联系和安排作业，属于临时委派技术班组提供协助性质。调查未发现联天钢构公司与施工单位或赣江劳务公司存在劳务合同关系或金钱给付行为，作业行为由施工单位施工员蒋某某报告项目部实际负责人毛某某，由安全员朱某某现场监管，其班组长张某某人工氧割行为虽是本次事故的直接诱因，但其事故责任应当由拆除工程施工单位承担。

（九）事故后相关单位存在统一口径对抗调查情形

调查发现，事故发生后，市建设集团公司等单位统一口径对抗调查，后补有关项目管理资料。

7月8日23时许，市建设集团公司董事长汪某某、总经理向某某召集杨某、王某某、朱某某、毛某某、王某某、王某、蒋某某等人在项目部会议室开会，要求对拆除施工统一说法：7月5、6日进行拆除施工准备，7月7日进行水平切割，7月8日仅加挂钢丝绳，不要提违反施工方案的情形。蒋某某到项目部办公室时，汪某某、向某某要求其对外不要提及朱某某参与拆除项目的情况。7月9日，朱某某在项目部召集王某、毛某某、王某某、蒋某某等人，要求不要透露他参加7月7日晚上会议。7月20日，市建设集团公司后补了授权拆除工程项目部签订拆除合同的文件，后补了项目经理变更文件，后补了管理人员专项方案交底资料。

（十）政府部门安全监管单位监督管理情况

1. 市住房建设局

拆除工程在深圳市建设工程交易服务中心平台进行招标投标。经查，未发现市住房建设局相关人员失职渎职行为。

2. 福田区住房建设局

深圳市体育中心改造提升拆除工程于2019年4月3日向福田区住房建设局申请备案，当日，福田区住房建设局完成该工程备案审批。4月8日，福田区住房建设局向福田区安监站发出《福田区拆除工程启动安全监督的通知》，备案资料、备案程序符合《深圳市房屋拆除工程管理办法》的备案要求。经查，未发现福田区住房建设局相关人员失职渎职行为。

3. 福田区安监站

（1）监督管理情况

4月8日，福田区安监站收到《福田区拆除工程启动安全监督的通知》后，安排监督一部赖某、黄某某、向某某于4月17日对拆除工程进行现场检查和安全告知，向市建设集团公司发放了《安全监督登记书》，因资料不齐全，当日对市建设集团公司发出《责令停工整改通知书》，责令拆除工程停工。2019年6月18日，市建设集团公司向福田区安监站提交《复工申请书》，福田区安监站于2019年6月21日，安排标准化监督部有关人员对该工程进行现场复核，6月24日，福田区安监站审批同意该工程复工。

（2）存在问题

经查，福田区安监站在监督检查过程中，安全监督告知书缺少拆除工程告知内容；未按照《房屋建筑和市政基础设施工程施工安全监督规定》（住建部2014年10月实施）要求，针对拆除工程制订安全监督工作计划；内部管理不严，复查部门和监督部门缺少沟通，未及时掌握拆除工程进展情况；监督人员资质资格不符合任职条件。

四、事故原因和性质

体育馆拆除施工未按照《专项施工方案》要求用卷扬机牵引，而采用炮机牵引，牵引力不足，导致西侧两根格构柱中间切割段钢管未能全部拉出，网架未按预期倾倒，此时经7月6日和7月7日切割和牵引，现场网架结构体系已被破坏，处于高危状态。在此情况下，相关单位未按《专项施工方案》从西侧正面进行水平牵引，而是经7月7日晚会议研究，继续违背施工方案，在未经安全评估论证，也未采取安全措施情况下，盲目安排工人进入网架区域进行人工氧割、加挂钢丝绳作业。7月8日11时28分许，西南侧格构柱在人工氧割过程中结构失稳，导致整个网架倒塌，造成了本次坍塌事故。

（一）直接原因

1. 事发前体育馆钢格构柱遭受破坏，网架结构体系处于高危状态。7月8日事发前，经切割、牵引后，格构柱多处割断、破坏，网架结构体系处于高危状态。

2. 西侧格构柱用磁力管道切割机切割了两道水平缝，格构柱被整体切断成三段，加上前期用氧割方式在中间段切了贯通的竖向缝，中间切割段成为两个半圆柱，西侧两根格构柱已基本丧失整体稳定性。

3. 东侧格构柱用磁力管道切割机切割了一道水平缝，格构柱被整体切断，已基本丧失整体稳定性。

4. 经过7月6日下午、7月7日下午两次牵引，西北侧格构柱靠西面的2根钢管柱切割段各拉出一个半圆柱，西南侧格构柱西南角1根钢管柱已整体拉出，支撑结构体系已被破坏，加上风力等因素作用，此时网架结构处于随时可能倒塌的高危状态。

5. 未经安全评估，盲目安排工人进入高危网架区域作业。在整个结构体系都已被破坏，网架结构有随时倒塌风险的情况下，相关单位未经安全评估论证，也未采取安全措施，擅自改变施工方案，盲目安排工人进入网架区域进行氧割、加挂钢丝绳作业，违反施工方案中"一旦开始切割格构柱，人员禁止进入"和"无人化操作"的要求。

6. 人工氧割是网架坍塌的直接诱因。根据现场视频监控显示，事发前2分钟内，张官兵对西南侧格构柱东南角钢管柱进行氧气切割U形缝，观察到氧气切割火花17次，西南侧钢管柱的氧割、加热，软化了部分钢管柱，又减少了承压面积，11时28分33秒，西南侧格构柱突然失稳并坍塌，是导致本次事故发生的直接诱因。

（二）间接原因

1. 未按方案施工。自7月5日网架结构开始拆除以来，相关单位未按《专项施工方案》施工：一是未按方案牵引，未按照施工方案使用卷扬机进行牵引，而是使用炮机牵引，牵引力不足导致网架结构未按预期倒塌。二是未按方案切割，在按原方案对钢管柱进行水平切割前，违规在钢管柱上用氧割方式切割贯通的竖缝，造成格构柱中间部位分成两个半圆；水平切割后，用人工氧割方式违规切割

U形缝，削弱格构柱的整体稳定性。三是未按方案要求作业，在未能实现预期倒塌的情况下，违背方案中的“人员严禁进入”原则，经7月7日晚会议讨论盲目决定安排工人进入网架区域增加钢丝绳和氧气切割。

2. 施工管理混乱。一是直至6月30日，市建设集团公司才完成施工方案的编审、论证过程，施工方案较为粗糙，科学性、严谨性不足，缺少应对意外状况的有效措施。二是屡次突破按方案施工的原则底线，违规改变牵引方式，违规改变切割方式，违规安排人员到网架区域作业。三是在王某明确提出“先安装钢丝绳，再氧气切割”的情况下，仍然安排工人交叉作业。

3. 项目管理失序。一是管理体系失序，拆除工程的建设单位管理职责分别由深投控公司体育中心改造提升项目领导小组、领导小组办公室和市体育中心管理公司承担，建设单位管理层级较多，加上施工单位同样属于深投控公司的下属单位，未能严守建设、施工单位各负其责、相互制约的管理秩序。二是管理架构失序，负责现场管理的领导小组办公室为临时机构，小组成员为深投控公司从各下属单位抽调组成，加上市建设集团公司项目经理不到位，违法分包工程，现场管理架构松散，管理力度薄弱。

（二）事故性质

调查认定，深圳市体育中心改造提升拆除工程“7·8”坍塌事故是一起较大生产安全责任事故。

五、对事故有关责任人员及责任单位的处理建议

对事故有关责任单位和责任人的党纪政纪处理，由市纪委监委独立开展调查处理。事故调查组已将调查过程中发现的有关线索移送给市纪委监委调查组。根据事故调查情况，提出以下处理建议：

（一）建议给予追究刑事责任的人员（5人）

市建设集团公司董事长汪清波涉嫌职务犯罪，已由市监察委员会留置。事故调查组建议追究下列5人刑事责任：

1. 冯某某，深投控公司体育中心改造提升项目领导小组办公室副主任，主持日常工作；参与变更现场施工方案，主持了7月7日晚上的会议，会上首先提出增加钢丝绳、增大牵引力、增加炮机数量的拆除施工方案，逐一征询与会人员意见，形成集体决策，并安排朱某某联系钢构公司工人进行人工氧割，其在会议中起主导作用。冯某某作为建设单位人员，在涉案项目中的行为，应视为代表建

设单位的职务行为。7月5日、6日、7日三天现场的拆除施工已违背《专项施工方案》。7月7日晚会议，冯某某提出的拆除施工方案继续违背《专项施工方案》，其主持主导会议通过拆除施工方案的行为，对事故发生负有主要管理责任，其行为涉嫌构成重大责任事故罪，建议司法机关依法追究其刑事责任。

2. 向某某，市建设集团公司总经理，未依法履行安全管理职责，对施工现场安全管理不到位，参加7月7日晚上会议，对冯某某提出的拆除施工方案表示无意见，也没有及时制止工人冒险进入网架区域进行作业，对施工现场管理不到位，对事故发生负有主要管理责任，其行为涉嫌构成重大责任事故罪，建议司法机关依法追究其刑事责任。

3. 朱某某，赣江劳务公司实际控制人，体育馆拆除工程施工阶段实际控制人，未落实安全生产责任制度，履行职责不到位，未按施工方案组织施工，在体育馆结构已遭受严重破坏未经安全评估的情况下，组织网架区域下的施工作业，对本次事故负有主要管理责任，其行为涉嫌构成重大责任事故罪，建议司法机关依法追究其刑事责任。朱某某同时涉嫌行贿罪，市监察委员会已对其立案留置审查调查，另案处理。

4. 毛某某，市建设集团公司拆除工程项目部实际负责人，未落实安全生产责任制度，履行职责不到位，未按施工方案组织施工，在体育馆结构已遭受严重破坏未经安全评估的情况下，组织网架区域下的施工作业，对本次事故负有直接管理责任。鉴于其涉嫌构成重大责任事故罪，调查组于7月13日将毛某某移送公安机关，公安机关对其采取了刑事拘留措施，并已将其依法逮捕，建议司法机关依法追究其刑事责任。

5. 王某，拆除工程施工队负责人，安排工人违规施工，未及时排查生产安全事故隐患，在体育馆结构已遭受严重破坏未经安全评估的情况下，安排施工队作业人员盲目进入网架区域开展作业，对本次事故负有直接管理责任。鉴于其涉嫌构成重大责任事故罪，调查组于7月13日将王某移送公安机关，公安机关对其采取了刑事拘留措施，并已将其依法逮捕，建议司法机关依法追究其刑事责任。

（二）建议给予行政处罚的单位和人员

1. 建议给予行政处罚的企业（4家）

（1）市建设集团公司，作为该项目施工单位，违法分包工程，未有效履行企业安全生产主体责任，违反安全生产管理规定，未按施工方案组织施工，未及时督促项目部消除现场事故隐患，对施工人员培训教育不到位，对本次事故负有主要责任。其行为违反了《中华人民共和国安全生产法》第三十八条第一款、第四十一条的规定，建议由福田区住房建设局依据《深圳市建筑市场严重违法行为特别处理规定》第三条第（二）项的规定，对其处以行政处罚；建议由福田区应急管理局依据《中华人民共和国安全生产法》第一百零九条的规定对其处以行政处罚。

对于其违法分包的行为，依据《建筑工程施工发包与承包违法行为认定查处管理办法》第十五条第（二）项的规定，建议由福田区住房建设局责令改正，没收违法所得，对其处以罚款的行政处罚。

（2）赣江劳务公司，作为该项目拆除工程施工阶段的实际控制单位，违反安全生产管理规定，未有效履行企业安全生产主体责任，未按施工方案组织施工，未及时督促项目部消除现场事故隐患，对施工人员培训教育不到位，对本次事故负有主要责任。其行为违反了《中华人民共和国安全生产法》第三十八条第一款、第四十一条的规定，建议由福田区住房建设局依据《深圳市建筑市场严重违法行为特别处理规定》第三条第二款的规定，对其处以行政处罚；建议由福田区应急管理局依据《中华人民共和国安全生产法》第一百零九条的规定，对其处以行政处罚。

对于其违法分包的行为，依据《建筑工程施工发包与承包违法行为认定查处管理办法》第十五条第（二）项的规定，建议由福田区住房建设局责令改正，没收违法所得，对其处以罚款的行政处罚。

（3）合创工程顾问公司，作为该项目监理单位，未按照法律、法规和工程建设强制性标准实施监理，未及时制止或报告施工现场未按方案施工、工人冒险进入网架区域作业等危险行为，对事故发生负有监理责任。其行为违反了《建设工程安全生产管理条例》第十四条的规定，依据《中华人民共和国安全生产法》第一百零九条的规定，建议由福田区应急管理局对其处以行政处罚。

（4）市体育中心管理公司，作为该项目建设单位，未有效履行企业安全生产主体责任，未认真落实安全生产管理制度；对施工现场安全检查不力，对施工单位现场违规作业情况失察，对事故发生负有责任。其行为违反了《中华人民共和国安全生产法》第四十六条第二款的规定，依据《中华人民共和国安全生产法》第一百零九条的规定，建议由福田区应急管理局对其处以行政处罚。

2. 建议给予行政处罚的人员（8人）

（1）汪某某，市建设集团公司董事长，法定代表人，全面负责市建设集团公司工作，未认真履行市建设集团公司安全生产第一责任人职责，对项目部管理混乱、未按方案施工等问题疏于管理，未及时消除生产安全事故隐患，对事故发生负有主要管理责任；事故发生后，组织相关人员统一口径，对抗调查。其行为违反了《中华人民共和国安全生产法》第十八条第（五）项的规定，依据《中华人民共和国安全生产法》第九十二条第（二）项的规定，建议由福田区应急管理局对其处以行政处罚。对于其在事故调查过程中组织本单位工作人员作伪证的行为，建议由福田区应急管理局依据《生产安全事故罚款处罚规定（试行）》第十三条第（一）项的规定对其处以行政处罚。

（2）宋某某，市建设集团公司副总经理，具体分管公司的生产、安全工作，未能有效地督促项目部做好安全生产工作，没有及时制止现场未按《专项施工方案》施工、工人冒险进入网架区域作业等生产安全事故隐患，对事故发生负有责任。其行为违反了《中华人民共和国安全生产法》第二十二条第（五）项的规定，建议由福田区住房建设局依据《中华人民共和国安全生产法》第九十三条的规定对其处以行政处罚；建议由福田区应急管理局依据《安全生产违法行为行政处罚办法》第四十五条第（三）项的规定对其处以行政处罚。

（3）杨某，市建设集团公司质量安全部副部长（主持工作），在现场指导安全工作，对施工现场存在的未按《专项施工方案》施工、工人冒险作业等事故隐患未采取有效措施，未及时消除生产安全事故隐患，参与讨论决定事发当日的施工方案，对事故发生负有责任，其行为违反了《中华人民共和国安全生产法》第二十二条第（五）项的规定，建议由福田区住房建设局依据《中华人民共和国安全生产法》第九十三条的规定对其处以行政处罚；建议由福田区应急管理局依据《安全生产违法行为行政处罚办法》第四十五条第（三）项的规定对其处以行政处罚。

（4）郭某某，合创工程顾问公司市体育中心拆除工程项目总监理工程师。履行监理职责不到位，督促、检查不力，对施工现场存在的未按《专项施工方案》施工、工人冒险作业等事故隐患未采取有效措施制止并上报，未及时消除生产安全事故隐患，对本次事故负有监理责任，其行为违反了《中华人民共和国安全生产法》第十八条第（五）项的规定，依据《中华人民共和国安全生产法》第九十二条第（二）项的规定，建议由福田区应急管理局对其处以行政处罚。依据《深圳市建筑市场严重违法行为特别处理规定》第四条第（二）项的规定，建议由福田区住房建设局对其处以行政处罚。

（5）梁某某，合创工程顾问公司市体育中心拆除工程项目监理工程师，协助项目总监工作，项目总监不在现场时负责现场监理工作。履行监理职责不到位，未按照法律、法规和工程建设强制性标准实施监理，对实际施工过程监督不力，对现场重大安全隐患未采取有效措施制止并上报，对本次事故负有监理责任，依据《深圳市建筑市场严重违法行为特别处理规定》第四条第二款的规定，建议由福田区住房建设局对其处以行政处罚。

（6）谢某某，拆除工程备案项目经理，从市建设集团公司离职后，仍然允许市建设集团公司使用其项目经理资格参与拆除工程招标投标并进行拆除工程备案。其行为违反了《注册建造师管理规定》第二十六条第（五）项的规定，依据《建设工程安全生产管理条例》第五十八条的规定，建议由福田区住房建设局逐级提请国家住房城乡建设部对其处以行政处罚。

（7）蒋某某，市建设集团公司拆除工程项目部施工员，未落实安全生产责任制度，履行职责不到位，未按《专项施工方案》组织施工，安排联天钢构公司工人进入网架区域内进行氧割作业，未及时消除施工现场存在的生产安全事故隐患，对本起事故的发生负有责任。其行为违反了《中华人民共和国安全生产法》第二十二条第（五）项的规定，建议由福田区住房建设局依据《中华人民共和国安全生产法》第九十三条的规定对其处以行政处罚；建议由福田区应急管理局依据《安全生产违法行为行政处罚办法》第四十五条第（三）项的规定对其处以行政处罚。建议市建设集团公司与其解除劳动合同关系。

（8）朱某某，市建设集团公司拆除工程项目部安全员，履行职责不到位，未及时消除施工现场存在的未按《专项施工方案》施工、工人冒险作业等事故隐患，对本起事故的发生负有责任。其行为违反了《中华人民共和国安全生产法》第二十二条第（五）项的规定，建议由福田区住房建设局依据《中华人民共和国安全生产法》第九十三条的规定对其处以行政处罚；建议由福田区应急管理局依据《安全生产违法行为行政处罚办法》第四十五条第（三）项的规定对其处以行政处罚。建议市建设集团公司与其解除劳动合同关系。

（三）建议企业内部处理的责任人员（6人）

1. 王某某，市建设集团公司技术研发中心副主任（主持工作），负责审核专项施工方案、现场监测和技术指导，对《专项施工方案》把关不严，参与讨论决定事发当日的施工方案，对事故发生负有责任，建议市建设集团公司依照本单位有关规章制度给予其相应处分。

2. 于某某，合创工程顾问公司市体育中心拆除工程项目安全监理员，履行监理职责不到位，未按照法律、法规和工程建设强制性标准实施监理，对实际施工过程监督不力，对现场重大安全隐患未采取有效措施制止并上报，参与讨论决定事发当日的施工方案，对本次事故负有监理责任，建议合创工程顾问公司依照本单位有关规章制度给予其相应处分。

3. 罗某某，深投控公司体育中心改造提升项目领导小组办公室工程管理组组长，履行职责不到位，对项目安全生产工作督促、检查不力，未严格履行岗位职责，参与讨论决定事发当日的施工方案，讨论方案和检查工作中未及时纠正不按《专项施工方案》施工、工人冒险作业等问题，对本次事故负有责任，建议深投控公司依照本单位有关规章制度给予其相应处分。

4. 王某某，市建设集团公司市体育中心拆除工程技术负责人，负责专项施工方案制定、方案交底工作。编制的施工方案对实际施工状况考虑不足，参与讨论决定事发当日的施工方案，对事故发生负有责任。建议市建设集团公司依照本单位有关规章制度给予其相应处分并解除劳动合同关系。

5. 王某某，市建设集团公司市体育中心拆除工程项目部预算员，选择不具有拆除施工资质的王某施工队作为拆除工程施工队伍，与王某个人签订拆除施工合同，对事故发生负有责任。建议市建设集团公司依照本单位有关规章制度给予其相应处分并解除劳动合同关系。

6. 李某，市建设集团公司拆除工程项目部安全员，履行职责不到位，未及时消除施工现场存在的事故隐患，对本起事故的发生负有责任。建议市建设集团公司依照本单位有关规章制度给予其相应处分并解除劳动合同关系。

(四) 建议给予政纪处分的人员（1人）

孙某，福田区安监站负责人，对福田区安监站内部管理不严、未正确履行安全监管职责等问题负主要领导责任，且在事故发生后，授意伪造《福田区在建工程项目进度监督计划表》，根据《事业单位工作人员处分暂行规定》第十一条第二款、第十七条第九款规定，建议由福田区纪委监委给予孙某记过的行政处分。

六、事故防范措施建议

市体育中心改造提升拆除工程“7·8”较大坍塌事故，是擅自改变体育馆钢网架拆除《专项施工方案》，在7月6日和7月7日切割和牵引、现场网架结构体系被破坏处于高危状态的情况下，盲目安排工人进入网架区域进行人工氧割、加挂钢丝绳作业导致的一起生产安全事故，集中暴露出拆除现场施工组织混乱、项目管理失序、企业安全生产主体责任不落实等问题。各级各部门各单位要牢牢把握建筑施工行业安全生产工作的特殊性和复杂性，牢固树立安全生产红线意识，坚持安全发展，坚持底线思维，强化事故防范和风险管控，坚决遏制重特大事故发生，为全市经济社会发展提供强有力的安全保障。

(一) 强化重点建设工程项目的安全管理，依法依规科学组织工程项目建设

本起事故中，市建设集团公司通过虚构劳动合同关系、社保关系、工资关系，由不具备相应施工资质的赣江劳务公司朱某某推荐、安排项目部实际负责人、预算员、技术员、施工员、安全员等市体育中心改造提升拆除项目部的所有

核心管理人员并实际控制项目部；建设单位和施工单位均为深投控公司下属企业，施工现场存在多头指挥、管理混乱的现象，严重削弱了施工现场安全管理水平；深投控公司体育中心改造提升项目领导小组办公室派驻现场的负责人员直接组织动员现场施工，在现场拆除施工已连续违反《专项施工方案》并存在重大安全隐患的情况下，主持会议继续违规变更施工方案；市建设集团公司工程施工管理能力不足，将危大工程违法分包给不具备施工资质的个体施工队，事发后主要负责人出面统一口径、提供伪证，对抗事故调查。针对这些问题，市区住房建设、交通、水务等相关领域的建设主管部门要组织专项监督检查，督促市、区各重点建设工程的参建单位严格落实《中华人民共和国建筑法》《中华人民共和国安全生产法》《建设工程安全生产管理条例》等法律法规。市住房建设部门牵头，督促各有关重点建设工程项目指挥部或领导小组严格对照自查，严格按照建设行业领域法律法规推进项目建设，严厉查处干预项目施工的违法、违规行为。市国有资产管理部门牵头，责成深投控公司，对体育馆拆除项目施工组织混乱、管理失序以及领导小组办公室主持日常工作的副主任冯某某违法违规干预拆除施工等问题和行为，进行认真反思，作出深刻检查；要结合“不忘初心，牢记使命”主题教育活动，对市建安集团、市建设集团公司进行全面整顿；要组织市属建筑施工企业，深刻汲取事故教训，举一反三，加强内部管理，提高安全质量管理能力和水平。

（二）完善监管机制，实现拆除工程全面纳管

深圳市可供开发的土地极为有限，城市更新改造压力大，各类房屋改造和公共建筑改造提升拆除项目多，拆除工程具有规模小、工期短、危险性大等特点，各级各部门要以市体育中心“7·8”事故为鉴，完善监管机制，实施全面纳管。市住房建设部门要组织修订拆除工程管理办法，研究梳理拆除工程监管的薄弱环节，切实改变目前重备案、轻监管的状态，实行拆除工程安全生产全面纳管；要加强业务指导，组织编制《深圳市拆除工程技术指引》，针对不同结构类型、不同场地情况、不同施工工艺等出台技术要点和管理要求；组织做好各区、街道执法人员有关拆除工程管理的培训工作。各区、新区和深汕合作区管委会要制定针对性措施，加强拆除工程监管，提高基层巡查管理力度，切实消除安全隐患，对发现未备案以及其他违法行为的，要从严进行处罚。

（三）强化落实拆除工程各参建单位安全生产主体责任

市、区住房建设部门要组织开展全市拆除工程安全专项检查，督促拆除工程项目建设、施工、监理等单位落实安全生产主体责任，督促加大安全投入保障力

度，强化内部管理，建立健全双重预防机制，加大风险识别预控和隐患排查力度，加强重点环节、重点部位、重要时段的安全管控，保障拆除工程安全顺利开展。各建设单位要将建筑拆除工程发包给具有相应资质类别的企业承担，办理拆除工程备案手续，保证建筑拆除工程安全生产所需的费用，提供拆除建筑的有关图纸以及管线分布情况等资料，并牵头组织专项施工方案专家论证。各施工单位要根据工程实际，编制专项施工方案和管线保护方案，建立健全项目安全生产责任制，落实各项安全管理制度，加强一线施工作业人员的安全培训教育和技术交底，严格按照施工方案组织施工。各监理单位要扎实履行监理职责，认真组织审核各项施工方案，发现存在安全隐患的，要及时制止并报告市、区住房建设部门。

（四）加大危大工程管理力度，提升建筑施工领域质量安全水平

危险性较大的分部分项工程管理是建设领域安全生产管理的重点。市区住房建设、交通、水务等各领域的建设主管部门要督促企业进一步建立健全危险性较大的分部分项工程安全管控体系，建立危险性较大分部分项工程台账，不折不扣地落实《危险性较大的分部分项工程管理规定》要求，保障安全生产；要强化施工过程监管，认真落实监理旁站、验收等制度，确保按照专项施工方案施工；要有重点地突出深基坑、高边坡、地下暗挖、建筑起重机械、高支模等重大风险源的专项整治，实时研判现场情况，及时处置和消除安全隐患，对不按方案搭设，不按程序验收等行为，要进行重点查处。对技术要求较高的塔式起重机、施工电梯、门式起重机等设备，要实施第三方检测，确保逐一检测过关。

（五）加强源头管理，强化专项施工方案的编制、论证和审查工作

危险性较大的分部分项工程施工安全专项方案是保障施工安全的前提。市住房建设部门要牵头制定建筑施工领域专家管理办法，强化专家库建设，遴选学术水平高、责任心强的专业人才加入专家队伍，保障危险性较大的分部分项工程施工安全专项方案论证的科学性；要建立健全专家队伍监督、考核、淘汰机制，对发现学术水平不高、责任心不强的专家，要及时清出专家库并予以公告。各建设、施工、监理单位要强化施工安全专项方案的编审，认真组织专家论证，严肃对待专家提出的意见和建议，确保施工安全专项方案科学、合理，确保符合施工实际情况，切实提高可操作性，并结合工程实际安排应急处置措施；对经论证的施工方案，在施工过程中变更、修改的，必须重新组织专家论证。

专家分析

一、事故原因

（一）直接原因

该坍塌事故，是擅自改变体育馆钢网架拆除《专项施工方案》，在切割和牵引体育馆四根承重格构柱、现场网架结构体系已被破坏处于高危状态的情况下，盲目安排工人进入网架区域进行人工氧割、加挂钢丝绳作业导致的一起生产安全事故。现场未能按方案组织施工，尤其是改变方案中的切割方法，由原定的自动化切割改为人工进入危险区域切割承重钢柱，这无异于“挖自己墙脚”，正是由于最后一次人工氧割、加热，软化了部分钢管柱同时减少了承压面积，使格构柱突然失稳并坍塌，是导致本次事故发生的直接诱因；另外还改变了牵引方式，由方案确定的卷扬机牵引改为炮机牵引，导致牵引力不足，未能按预期将网架拉倒，派人进场内协助。上述做法违背了方案中提出的“一旦开始切割格构柱，人员禁止进入，保证切割现场无人化操作”的要求。在未对被破坏的屋架进行动态监测监控和安全评估论证，也未采取安全措施的情况下，多人多次进入高危现场并违规操作，导致了事故的发生。

（二）间接原因

按照事故调查报告，该起事故的原因除了前面所说的未按方案施工外，还存在施工管理混乱、缺少应对意外状况的有效措施，以及项目管理失序违法分包等。其实在整个施工阶段，也有个别管理人员对于现场做法有过异议、对于违章冒险作业有过纠错，但因为各种原因未能起到应有的效果。就安全生产来说，严格认真合规履职既是保护自己，也是对项目顺利实施的促进和保障。对于这种难度较大的大型拆除工程，在碰到意外情况时，还是有必要邀请专业机构或有相应经验的业内专家进行咨询和指导，如果在第一次切割后没能如期拉倒网架的时候，咨询一下专家，事故可能就不会发生。

二、预防措施建议

一是拆除工程应严格执行《建筑拆除工程安全技术规范》JGJ 147—2016 的

规定，常规的机械拆除，通常按照荷载传递路径从上至下分层分段、先围护结构后承重结构、先拆次要结构后拆主要结构的顺序进行。该工程采用磁力管道无人切割机切断拉倒的施工方法，属于新技术新工艺的应用范畴，应有详细的作业指导书，提前做好切割模拟试验，研究制定应对各种意外状况的有效措施，配套远程监控监测，真正满足施工方案提出的“无人化操作”的要求。

二是在企业技术管理规章制度中，应强调施工组织设计和施工方案的严肃性，审批定稿的方案不得随意更改，施工环境改变确需变更的，应做详细说明，并重新走编制审批论证手续，按《建筑施工组织设计规范》GB/T 50502—2009实行动态管理。

三是加强危大工程的技术管理和指导，规模较大、难度较高、危险性较大的分部分项工程，各方主体单位如果力有不逮或经验不足，建议邀请专业机构或有相应经验的业内专家进行全过程的咨询和指导，为安全生产提供支撑。

14　河南郑州“8·28”塔式起重机倒塌较大事故

调查报告

2019年8月28日9时25分，位于郑州市管城回族区二里岗办事处未来路与凤凰路交叉口西南角的中博集团（原杨庄村）中博片区城中村改造项目（以下简称“中博项目”）B地块南院4号楼施工工地，在塔式起重机顶升作业过程中发生一起伤害事故，造成3人死亡、1人受伤，直接经济损失451万元。

依据《中华人民共和国安全生产法》《生产安全事故报告和调查处理条例》（国务院令第493号）、《河南省生产安全事故报告和调查处理规定》（河南省人民政府令第143号）等法律、法规有关规定，郑州市政府于8月29日成立了由郑州市应急管理局、公安局、总工会、城乡建设局、城市管理局和管城回族区政府等单位人员组成的“8·28”较大塔式起重机伤害事故调查组，并邀请郑州市监察委派员参加。

为及时查明事故原因，分清事故责任，汲取事故教训，事故调查组按照“科学严谨、依法依规、实事求是、注重实效”的原则，通过现场勘察、调查取证和专家分析，查明了事故发生的经过、原因、人员伤亡和直接经济损失情况，认定了事故性质和责任，提出了对有关责任人员及责任单位的处理建议和事故防范措施建议。现将有关情况报告如下：

一、基本情况

（一）工程概况

中博集团（原杨庄村）中博片区城中村改造项目共有A、B两个地块，其中B地块位于未来路以西，凤凰路南北两侧（路南为南院、路北为北院，发生事故的塔式起重机位于B地块南院4号楼，即4号塔式起重机），总建筑面积191969.48m²，合同总金额4亿元整，合同总工期650日历天，合同计划开工日期2018年8月20日，计划竣工日期2020年5月31日，实际开工日期2018年

10 月 9 日。

B 地块于 2018 年 11 月 22 日取得郑州市城乡规划局颁发的建设用地规划许可证。2018 年 12 月 25 日取得郑州市国土资源局颁发的不动产权证书。

截至事故发生时，B 地块建设工程规划许可证和建筑工程施工许可证尚未办理，南院 4 号楼工程形象进度施工至地下一层。

（二）工程参建单位概况

1. 工程建设单位：河南博鼎实业有限公司

河南博鼎实业有限公司（以下简称“博鼎实业公司”），类型：有限责任公司（非自然人投资或控股的法人独资）；法定代表人：秦某某；注册资本：5000 万元整；成立日期：2018 年 1 月 17 日；登记机关：郑州市管城回族区市场监督管理局；住所：郑州市管城回族区郑汴路 89 号中博家具市场 8 号楼 5 楼；经营范围：商品房开发与经营等。

2. 工程总承包单位及其内部管理机构

中国建筑第七工程局有限公司（以下简称“中建七局”），类型：有限责任公司（非自然人投资或控股的法人独资）；法定代表人：方某某；注册资本：60000 万元整；成立日期：1984 年 10 月 23 日；登记机关：河南省市场监督管理局；住所：郑州市城东路 116 号；经营范围：房屋建筑工程施工总承包，公路工程施工总承包，市政公用工程施工总承包等，具有《建筑工程施工总承包资质证书》。《安全生产许可证》有效期：2017 年 1 月 3 日至 2020 年 1 月 3 日。

中建七局公司实行“三级机构体系”项目管控模式，三级机构的人事管理权均在中建七局。中建七局为法人单位，属于一级管理机构；中建七局总承包公司（以下简称“总承包公司”）为非法人单位，属于二级管理机构；中建七局机械设备租赁中心（以下简称“机械设备租赁中心”）和中建七局总承包公司中原分公司（以下简称“中原分公司”）为非法人单位，属于三级管理机构。其中机械设备租赁中心自 2019 年起由总承包公司托管。中博项目部由中原分公司设立，负责工程具体施工及日常质量安全管理。

3. 监理单位：河南正兴工程管理有限公司

河南正兴工程管理有限公司（以下简称“正兴监理”），法定代表人：宋某某；企业类型：有限责任公司（自然人投资或控股）注册资本 1000 万元；成立日期：2003 年 2 月 13 日；住所：郑州高新技术产业开发区西二环路 279 号 14 座 13 层 54 号；经管范围：建筑工程监理（凭证经营），工程项目管理咨询，工程招标代理，工程造价咨询，建筑工程技术咨询；业务范围：房屋建筑工程监理等；有效期至：2022 年 5 月 15 日。

4. 塔式起重机初始安装单位：郑州豫兴建筑机械设备租赁安装有限公司

郑州豫兴建筑机械设备租赁安装有限公司（以下简称“豫兴公司”），类型：有限责任公司（自然人投资或控股）；法定代表人：郭某某；注册资本：300万元整；成立日期：2004年6月18日；登记机关：郑州市二七区市场监督管理局；住所：郑州市二七区大学南路珍景小区三号楼8层801室；经营范围：建筑机械设备安装、维修、租赁。资质类别及等级：起重设备安装工程专业承包叁级；有效期至：2021年1月8日。《安全生产许可证》有效期：2017年10月19日至2020年10月19日。

5. 塔式起重机顶升安装单位：郑州市德顺塔吊安装有限公司

郑州市德顺塔吊安装有限公司（以下简称“德顺公司”），类型：有限责任公司（自然人投资或控股）；法定代表人：林某；注册资本：500万元整；成立日期：2012年3月27日；营业期限至：2032年3月27日；登记机关：郑州市管城回族区市场监督管理局；住所：郑州市管城回族区南曹乡小姚庄30；经营范围：塔式起重机、升降机、龙门吊安装及调试，建筑机械设备租赁。资质类别及等级：起重设备安装工程专业承包贰级。《安全生产许可证》有效期：2018年9月17日至2021年9月17日。

6. 劳务分包单位：河南胜富建筑劳务分包有限公司

河南胜富建筑劳务分包有限公司（以下简称“胜富劳务公司”），法定代表人：吴某某；登记机关：驻马店市市场监督管理局；成立日期：2016年12月7日；企业类型：有限责任公司（自然人投资或控股）；营业期限：2016年12月7日至无固定期限；审核/年检日期：2018年10月17日；注册地址：驻马店市平舆县丰收路西段防水大厦403；经营范围：建筑劳务分包。

（三）B地块南院4号塔式起重机相关情况

为加强工程项目大型设备安全管控，中建七局安排机械设备租赁中心负责自有塔式起重机的产权备案、日常运管、安装调试、维护保养、安拆单位合格供应商库管理等工作。B地块南院4号塔式起重机系中博项目部从机械设备租赁中心租赁，双方签有内部租赁协议。协议约定：（1）塔式起重机的安装调试、顶升附着、日常维护保养由机械设备中心负责；（2）机械设备租赁中心负责向中原分公司中博项目部派驻塔式起重机司机操作工；（3）中原分公司中博项目部按月向机械设备租赁中心支付租赁费。2018年10月，机械设备租赁中心与豫兴公司（合格供应商库单位）签订塔式起重机安拆合同，约定共安拆塔式起重机12台。塔式起重机首次安装完成10台后，机械设备租赁中心委托河南省建筑工程质量检验测试中心站有限公司进行检测，经验收合格后投入使用。2019年3月，豫兴公司因自身经营原因，无法继续履行安拆合同，3 月 31 日双方确认工程量、结清工程款后终止合同。2019 年 4 月，机械设备租赁中心与德顺公司（合格供应商库单位）签订塔式起重机安拆合同，将后续塔式起重机安装、顶升及拆除工作交由德顺公司负责。

4 号塔式起重机规格型号：TC5013B－6，生产厂家：长沙中联重工科技发展股份有限公司，制造完成日期：2012 年 7 月，出厂日期：2012 年 8 月 16 日，购买时间：2012 年 8 月 16 日，设备产权单位：中国建筑第七工程局有限公司，备案发证机关：郑州市城乡建设委员会，备案日期：2012 年 8 月。塔式起重机公称起重力矩：630kN·m，最大起重量：6t，独立工作高度：40.5m，工作幅度：2.5～50m，起重臂最长 50m，经裁臂和减少配重可实现起重臂 44m 和 38m。4 号塔式起重机起重臂实际长 44m。

二、各有关单位、部门履行职责情况

（一）有关参建单位及行政问责情况

1. 河南博鼎实业有限公司，作为工程建设单位，一是未办理建设工程规划许可证和建筑工程施工许可证即开工建设，未严格履行建设工程用地、规划、报建等手续，违反了《中华人民共和国建筑法》第七条第一款规定。二是起重机械的安装和拆卸属于危险性较大的分部分项工程（简称“危大工程”）范围，建设单位应当按照施工合同约定及时支付危大工程施工技术措施费以及相应的安全防护文明施工措施费，保障危大工程施工安全。工程开工后至事故发生时，未向施工单位足额拨付安全防护文明施工措施费，违反了《危险性较大的分部分项工程安全管理规定》第八条和《郑州市建设工程施工安全管理条例》第十一条规定。三是未严格督促检查施工单位现场专职安全管理人员和监理单位专业监理工程师、监理员的资格及配备情况。

2. 中国建筑第七工程局有限公司，作为工程总承包单位，对总承包公司、机械设备租赁中心、中原分公司、中博项目部的危大工程安全管理工作存在失察失纠。一是机械设备租赁中心对纳入合格供应商库中安拆单位的资格条件未及时进行动态考核，在选择分包单位上未尽到严格审核责任。德顺公司制定的专项施工方案上技术负责人为非本单位员工且中级职称证件系伪造，塔式起重机顶升作业项目负责人、技术负责人、专职安全管理人员均非其真实员工，也未在施工现场实际履职。二是机械设备租赁中心在签订安装合同时审查不严，其商务合约部门分别与豫兴公司、德顺公司签订的《郑州中博项目塔式起重机安装合同》主要内容一致，未针对4号塔式起重机已由豫兴公司首次安装8个标准节的情况，明确德顺公司后续安装、顶升的施工范围，合同内容未经严格审查，风险管控制度存在漏洞。三是项目部技术部门和技术负责人在审核审批《4号塔式起重机安装专项施工方案》中不认真、不细致，方案未加盖单位公章，未加盖总监理工程师执业印章，未严格核对专项施工方案中编制人员及作业人员的资格证书，未认真审核专项施工方案中施工安全保证措施，未针对4号塔式起重机已安装8个标准节的情况，要求顶升作业前对塔式起重机的运行性能进行检查的内容。四是项目部与机械设备租赁中心未共同做好塔式起重机安装方案交底工作和分包人员班组教育工作，中原分公司在月度安全大检查工作中不认真、不细致。

3. 河南正兴工程管理有限公司，对危大工程安全管理不规范，履行监理职责存在疏漏，对施工单位报审的塔式起重机安装专项施工方案未进行严格审核，未发现方案审批人员的证件存在造假和塔式起重机顶升作业项目负责人、技术负责人、专职安全管理人员均非德顺公司真实员工问题，也未在签批表上加盖总监理工程师执业印章。虽然施工单位未将塔式起重机顶升作业事项提前告知监理部，但是事发当天上午有监理人员在施工场地内，未对作业现场巡视检查，未及时制止违章顶升作业行为。

4. 河南胜富劳务分包有限公司，对工人的安全教育交底工作不到位，对现场安全检查不到位。8月27日在收到项目部下达的塔式起重机顶升作业期间清场通知后，未能督促检查每个班组落实到位，致使在顶升作业期间有工人进入施工现场，未及时发现并消除施工现场存在的安全隐患。

5. 郑州德顺塔吊安装有限公司，作为4号塔式起重机顶升作业的施工单位，在施工的方案编审、人员组织、具体实施中存在以下违法违规行为：一是不重视安全生产工作，未有效落实安全生产责任制，未建立安全生产管控体系，未设置专业安全管理机构，公司总经理马文龙兼任公司安全负责人，在4号塔式起重机的专项施工方案中又兼任专职安全员，公司专职安全生产管理人员配备不足，公司安全生产管理工作落实不到位，违反《中华人民共和国安全生产法》第四条规定。二是公司塔式起重机顶升作业施工方案中的项目负责人实际在其他单位工作，未在施工现场组织施工，未实际履行项目负责人管理职责，未对施工中的重点部位、关键环节进行控制并及时消除隐患，违反了《建设工程安全生产管理条例》第二十一条第二款规定、《危险性较大的分部分项工程安全管理规定》第十七条第一款和《建筑施工企业负责人及项目负责人施工现场带班暂行办法》第十条规定。三是公司专项施工方案的编制人员不具备专业技术能力，系挂靠在公司且从未从事过塔式起重机作业的人员，方案内容不全面，施工安全保证措施不具有针对性。审批程序不符合相关规定，公司未设技术负责人，方案上的审批签名系伪造。违反了《建筑起重机械安全监督管理规定》第十二条第一项、《危险性较大的分部分项工程安全管理规定》第十一条第二款规定。四是公司在塔式起重机安拆人员进行塔式起重机顶升施工前，未按规定进行方案交底和安全技术交底工作，施工现场仅有3名安拆人员，未安排项目负责人、专业技术人员、专职安全生产管理人员在现场履职，进行监督检查，也未安排司索工、信号工，违反了《危险性较大的分部分项工程安全管理规定》第十七条第一款、《建筑起重机械安全监督管理规定》第十二条第三项、第十三条第二项规定。五是在塔式起重机顶升施工中，3名安拆人员均未取得塔式起重机司机操作证而操作塔式起重机，违反了《建筑起重机械安全监督管理规定》第二十五条第一款、《建设工程安全生产管理条例》第二十五条规定。

（二）政府有关部门和单位履行职责情况

1. 管城回族区城乡建设和交通运输局

依照《郑州市人民政府办公厅关于分级实施工程建设管理的通知》有关规定，管城回族区城乡建设和交通运输局负责辖区内规划为纯安置房地块的建筑活动的监督管理。对辖区内纳入城改方案项目的服务意识不强，未督促建设单位按照要求及时办理施工质量安全监督手续，安全检查和行业监管责任落实不到位。

2. 管城回族区二里岗办事处

二里岗办事处作为管城回族区人民政府的派出机关负有对辖区内生产经营单位安全生产状况监督检查，协助上级人民政府有关部门依法履行安全生产监督管理的责任。办事处在辖区安全检查中疏于建筑工地安全监管，未全面落实属地管理职责。

三、事故发生经过和应急救援情况

（一）事故发生经过

中博项目部根据项目施工需要，计划于2019年8月28日对B地块南院4号塔式起重机进行顶升（4号塔式起重机初始安装8节标准节，本次计划顶升6节标准节）。8月26日，项目安全总监徐某某电话通知机械设备租赁中心负责中博项目的片区经理刘某某，要求对4号塔式起重机进行顶升。接到电话通知后，刘某某电话通知德顺公司负责日常安装、顶升工作的安拆工刘某某，刘某某答复8月

28日无法到中博项目进行顶升作业。8月27日上午，刘某某又与德顺公司总经理马某某通电话，请他安排人员在8月28日到中博项目进行塔式起重机顶升作业，当天下午刘某某查看确认了中博项目B地块南院4号塔式起重机现场情况。8月27日晚19时59分，马某某与机械设备租赁中心运营部经理刘某通电话，告知中博项目南院4号塔式起重机顶升安装人员已安排好，并在电话中商谈了有关费用标准。

8月27日中博项目部向胜富劳务公司下发清场通知书，要求其下属劳务作业人员在塔式起重机顶升作业期间，停止4号塔式起重机B4、B5区南北A-H至A-U、东A-1至A-8轴线范围内的一切活动。8月27日下午B地块生产经理杨某某安排施工员韩某某（4号楼楼栋长）配合机械设备租赁中心人员共同做好对顶升作业人员的安全技术交底与进场安全教育工作。

8月28日上午7时15分左右，德顺公司3名安拆工刘某某、蒋某某、蒋某某到达施工现场，机械设备租赁中心片区经理刘某某、中博项目部安全员王某某核查特种作业人员操作证、身份证后，对3名安拆人员进行了安全教育。同时，刘某某与韩某某对3名安拆工进行了安全技术交底，双方签字确认并留存资料。随后，韩某某和王某某对现场作业环境进行检查并对4号塔式起重机顶升作业覆盖范围内的无关人员进行了清场，确认无误后，7时40分左右，刘某某、蒋某某、蒋某某登上塔式起重机开始进行顶升作业。顶升作业开始时，塔式起重机起重臂前端朝向北方，因安拆人员不足，3名顶升作业人员都在塔式起重机上部操作平台，4号塔式起重机司机霍某某（机械设备租赁中心人员）在地面协助挂钩标准节。顶升作业期间，王某某在现场进行安全监督并检查周边环境情况，上午9时10分左右，4号塔式起重机顶升完成4节，塔身升至12节，准备顶升第13节时，塔式起重机起重臂沿顺时针方向由北向东发生旋转，随后整机失稳倒塌，3名作业人员从塔式起重机上坠落。蒋某某坠落至4号楼西北角基坑内当场死亡，刘某某坠落至4号楼西南角基坑壁半坡当场死亡，蒋某某正好甩落至升套架上平台上的狭小空间内，随同塔式起重机坠落至车库顶板，受伤送医救治。塔式起重机倒塌时，胜富劳务公司木工彭某某在4号塔式起重机东侧偏北约15m处查看混凝土模板支撑情况，刚从负一层车库顶板风井预留洞口处爬至地下室顶板，听到塔式起重机倒塌前的响声，在躲避过程中被倒塌塔式起重机起重臂第2道拉杆砸中，致使其当场死亡。

事故共造成3人死亡、1人重伤。

（二）事故应急救援情况

事故发生后，4号塔式起重机司机霍某某立即拨打了120急救电话，项目部材料员宋某某在发现塔式起重机倒塌后立即电话通知了项目经理蒋某某，蒋某某第一时间组织启动项目应急预案，并随后逐级向中原分公司、总承包公司、中建七局相关领导进行报告，事故发生约 5 分钟后，120、119 人员到达现场开展救援，约 7 分钟后 110 人员到达并封锁现场。接到事故报告后，郑州市应急管理局领导和管城回族区领导带领区应急管理局、城乡建设和交通运输局人员赶往事故现场，指导应急救援和善后处置工作。目前善后工作已处理完毕。

（三）事故直接经济损失

事故直接经济损失约 451 万元。

四、事故原因和性质

（一）直接原因

郑州市德顺塔吊安装有限公司塔式起重机顶升作业人员严重违章作业，违反《建筑施工塔式起重机安装、使用、拆卸安全技术规程》JGJ 196-2010 第 3.0.6 条、《QTZ63（TC5013B—6）塔式起重机使用说明书》第一篇第 1.2.11、1.8.1.2、1.8.2、1.8.3.3、1.8.3.5、1.8.4.2 条等规定是导致本起事故发生的直接原因。

1. 顶升前未将塔式起重机配平，顶升过程中未保证起重臂与平衡臂的平衡。

2. 顶升过程中未使用回转制动器将塔式起重机上部机构处于制动状态。

3. 未将顶升加高用的标准节在顶升位置起重臂正下方排成一排。

以上违规操作行为，致使顶升作业时塔式起重机上部重心偏离顶升油缸梁的位置，起重臂发生转动，整机失稳倾覆，导致较大亡人事故发生。

（二）间接原因

1. 郑州市德顺塔吊安装有限公司

（1）塔式起重机顶升作业实施单位德顺公司安全管理严重缺失，专项施工方案中所列项目负责人林某、技术负责人司某某、安全负责人马某某、专职安全员张某等管理人员均未到顶升作业现场监督，未对作业人员进行安全教育和技术交底，未开展施工现场安全管理工作。（2）德顺公司编制的塔式起重机安装专项施工方案，技术负责人签字造假；未按照安全技术标准及安装使用说明书等检查机械及现场施工条件；未组织安全施工技术交底并签字确认；未将塔式起重机安装专项施工方案、安装人员名单、安装时间等材料报监理单位审核，违反《建筑起重机械安全监督管理规定》第十二条规定。（3）塔式起重机顶升作业人员配备不足，违反《建筑施工塔式起重机安装、使用、拆细安全技术规程》JGJ 196—2010第2.0.3条规定和《建筑起重机械安全监督管理规定》第十三条规定。缺少起重司机、起重信号工和司索工，未安排专职指挥人员，统一指挥、协调，未确认塔式起重机回转机构处于锁紧制动状态，未确认塔式起重机是否处于平衡状态。

2. 中国建筑第七工程局有限公司及其内部管理机构

（1）机械设备租赁中心对安拆单位合格供应商的动态管理不到位，未严格审核塔式起重机的产品合格证、使用说明书等文件，未严格审核安装单位特种作业人员的特种作业操作资格证书，未严格审核安装单位制定的塔式起重机安装专项施工方案。（2）中博项目部对塔式起重机顶升作业现场管理不力，未有效盯控、检查、监督，清场警戒线设置不到位，对现场顶升作业人员监督和违章行为监管不力。（3）总承包公司及中建七局对下属公司在危大工程的安全管理工作上存在失察失纠、管理不力的情况。

3. 河南胜富建筑劳务分包有限公司

胜富劳务公司现场负责人在收到清场通知后，未对警戒区域内作业人员进行全面清理，未能全程、全时段巡查作业现场，导致所属木工劳务人员在顶升作业期间进入现场。

4. 河南正兴工程管理有限公司

正兴监理未严格审核安装单位制定的塔式起重机安装专项施工方案；未严格审核安装单位特种作业人员的特种作业操作资格证书，违反了《建筑起重机械安全监督管理规定》第二十二条规定。未及时发现施工现场存在的严重违章作业情况。

5. 河南博鼎实业有限公司

博鼎实业公司对施工现场未进行有效的管理、检查和监督。项目尚未取得建设工程规划许可证和建筑工程施工许可证即开工建设，未办理项目质量、安全备案手续，致使4号塔式起重机安装告知、使用登记备案无法办理。未按照规定在工程开工前足额拨付安全文明施工措施费。

6. 管城回族区城乡建设和交通运输

对辖区内纳入城政方案、正在办理相关手续的建设活动未严格履行行业监管职责，导致辖区建设工程安全监管存在盲区。

7. 管城回族区二里岗办事处

未做到安全生产监督全覆盖，疏于建筑工地安全监管，属地管理职责落实不到位。

（三）事故性质认定

经调查认定，管城回族区中国建筑第七工程局有限公司“8·28”较大起重伤害事故是一起生产安全责任事故。

五、对相关责任单位和责任人员处理建议

（一）建议免于追究责任人员

1. 刘某某、蒋某某，郑州市德顺塔式起重机安装有限公司塔式起重机顶升作业操作工。在塔式起重机顶升作业中违规操作、冒险作业，导致塔式起重机倒塌，造成较大亡人事故。对事故发生负有直接责任。鉴于其已在事故中死亡，建议免于追究责任。

2. 彭某某，河南胜富建筑劳务分包有限公司木工。在已通知清场的情况下，违规进入塔式起重机顶升作业范围，被倒塌塔式起重机的拉杆砸中身亡。对事故发生负有直接责任。鉴于其已在事故中死亡，建议免于追究责任。

（二）司法机关已采取措施人员

1. 马某某，郑州市德顺塔吊安装有限公司总经理。未依法履行安全生产管理职责，未有效落实安全生产责任制，未建立安全生产管控体系。未配备技术负责人，伪造他人中级职称证件和签名对危大工程专项施工方案进行审批。塔式起重机顶升作业项目负责人、专职安全管理人员均非其真实员工，也未在施工现场实际履职。施工现场安全管理严重缺失，导致较大亡人事故发生。对事故发生负有直接责任。2019 年 8 月 29 日，郑州市公安局二里岗分局根据《中华人民共和国刑事诉讼法》第八十二条之规定，对其执行拘留。2019 年 9 月 30 日，郑州市公安局二里岗分局根据《中华人民共和国刑事诉讼法》第八十条之规定，经管城回族区人民检察院批准，以涉嫌重大责任事故罪对其执行逮捕，羁押于郑州市第三看守所。2019 年 11 月 14 日，郑州市公安局二里岗分局根据《中华人民共和国刑事诉讼法》第六十七条之规定，决定对其取保候审。

2. 王某某，中国建筑第七工程局有限公司总承包公司中原分公司中博项目安全员。因项目 B 地块南院的安全员请假，8 月 26 至 28 日王某某被临时由北院调至南院负责现场安全管理工作。8 月 28 日在塔式起重机顶升作业现场安全监督检查工作中不认真、不细致，未及时发现、阻止胜富劳务公司木工进入顶升作业控制范围。对事故发生负有重要责任。2019 年 8 月 29 日，郑州市公安局二里

岗分局根据《中华人民共和国刑事诉讼法》第八十二条之规定，对其执行拘留，2019年9月30日，郑州市公安局二里岗分局根据《中华人民共和国刑事诉讼法》第八十二条之规定，经管城回族区人民检察院批准，以涉嫌重大责任事故罪对其执行逮捕，羁押于郑州市第三看守所。2019年11月14日，郑州市公安局二里岗分局根据《中华人民共和国刑事诉讼法》第六十七条之规定对其取保候审。

（三）建议给予党纪、政务处理人员

1. 郝某某，中共党员，中国建筑第七工程局有限公司总承包公司副总经理兼设备租赁中心总经理，负责设备租赁中心全面工作，未依法履行安全生产管理职责，未严格督促检查设备租赁中心合格供应商动态考核工作和合同签订、风险控制工作未督促设备租赁中心有效落实塔式起重机安拆、顶升作业中的技术交底和安拆工人的安全教育工作，对该中心存在的问题承担主要领导责任，建议给予郝某某同志党内严重警告处分。

2. 王某，中共党员，中国建筑第七工程局有限公司总承包公司中原分公司副总经理，分管生产管理和安全生产工作。未依法履行安全生产管理职责，未严格督促检查项目安全生产工作，未及时消除施工现场生产安全事故隐患，对项目管埋机构严格执行安全生产规章制度和操作规程督导不力。对该公司存在的问题承担主要领导责任，建议给予王某同志党内警告处分。

3. 牛某某，中共党员，管城回族区二里岗办事处城管科科长（事业编职工）。未依法严格对辖区内的安全隐患进行排查，未对发现的违法建设行为进行及时、坚决制止并上报区政府相关部，安全生产目标责任落实不到位，对该科工作中存在的问题负有直接责任，由纪检监察机关按照程序给予牛某某同志相应的政务处分。

4. 单某某，中共党员，管城回族区二里岗办事处副书记（事业编副科级），分管城管科。疏于管理，未依法严格对辖区内的安全隐患进行排查，未对发现的违法建设行为进行及时、坚决制止并上报区政府相关部门，安全生产目标责任落实不到位，对所分管工作中存在的问题负有主要领导责任，由纪检监察机关按照程序给予单某某同志相应的政务处分。

5. 闫某，中共党员，管城回族区城乡建设和交通运输局建管科科长（事业编科员）。未落实分级实施工程建设管理工作要求，对纳入属地管辖的建设活动安全生产监管采取放任态度，导致本辖区建设工程安全监管存在盲区，未尽到监管职责，对该科工作中存在的问题负有直接责任，由纪检监察机关按照程序给予闫某同志相应的政务处分。

6. 张某某，中共党员，管城回族区城乡建设和交通运输局副局长（事业编副科级），分管建管科和招投标办公室。疏于管理，未落实分级实施工程建设管理工作要求，致使本辖区建设工程安全监管存在盲区，未尽到行业管理责任，对所分管工作中存在的问题负有主要领导责任，由纪检监察机关按照程序给予张某某同志相应的政务处分。

7. 李某某，中共党员，管城回族区城乡建设和交通运输局局长（行政编正科级）。未依法严格组织对区属建设工程进行监督检查，对本辖区内纳入城改方案、正在补办相关建设手续的建设活动未严格履行监督管理职责，未尽到行业管理责任，对该局工作中存在的问题负有重要领导责任，由纪检监察机关按照程序给予李某某同志相应的政务处分。

（四）建议给予行政处罚人员

1. 林某，郑州市德顺塔吊安装有限公司法定代表人。未依法履行安全生产管理职责，未建立健全公司安全生产管理体系，未设置安全生产管理机构，未严格落实安全生产教育和培训计划，未严格督促检查所承担安装工程项目的安全生产工作，未及时消除生产安全事故隐患。塔式起重机安装专项施工方案所列管理人员造假，塔式起重机顶升作业项目负责人、技术负责人、专职安全管理人员均非其真实员工，也未在施工现场实际履职。对事故发生负有主要责任。依据《建筑施工企业主要负责人项目负责人和专职安全生产管理人员安全生产管理规定》第三十二条第二条之规定，建议由建设行政主管部门对其处以 10 万元罚款的行政处罚，且 5 年内不得担任建筑施工企业的主要负责人。

2. 王某某，中国建筑第七工程局有限公司总承包公司总经理。未依法履行安全生产管理职责，未严格督促检查下属单位安全生产管理工作，未及时督促下属单位消除项目施工现场生产安全事故隐患。对事故发生负有主要责任。依据《中华人民共和国安全生产法》第九十二条第二项之规定，建议由应急管理部门对其处以 2018 年年收入 40%的罚款的行政处罚。

3. 汪某，中国建筑第七工程局有限公司总承包公司中原分公司安全部经理。未依法履行安全生产管理职责，未严格落实项目安全责任制和安全规章制度，未及时发现、处理安拆单位在顶升作业中的违章作业行为，对事故发生负有重要责任。依据《中华人民共和国安全生产法》第九十三条和《生产安全事故报告和调查处理条例》第四十条第一款之规定，建议由建设行政主管部门责令其改正，撤销其安全生产考核证书。

4. 蒋某某，中国建筑第七工程局有限公司总承包公司中原分公司中博项目部经理。未依法履行安全生产管理职责，未严格落实项目安全责任制和安全规章制度，未及时发现、处理安拆单位在顶升作业中的违章作业行为，未审查发现塔式起重机安装专项施工方案中存在的问题。对事故发生负有重要责任。依据《建筑施工企业主要负责人项目负责人和专职安全生产管理人员安全生产管理规定》第三十二条第二款之规定，建议由建设行政主管部门对其处以2万元罚款的行政处罚，且5年内不得担任建筑施工企业的项目负责人。

5. 徐某某，中国建筑第七工程局有限公司总承包公司中原分公司中博项目安全总监。未依法履行安全生产管理职责，未在顶升作业前向监理公司下发工作联系单，提请监理旁站，未督促安全管理人员做好现场安全巡查工作，对事故发生负有重要责任。依据《中华人民共和国安全生产法》第九十三条和《生产安全事故报告和调查处理条例》第四十条第一款之规定，建议由建设行政主管部门责令其改正，撤销其安全生产考核证书。

6. 罗某某，河南胜富劳务分包有限公司现场负责人，未依法履行安全生产管理职责，顶升作业期间未在施工现场全程检查查看，未能及时发现并阻止木工进入施工现场，未及时消除生产安全事故隐患。对事故发生负有重要责任。依据《建筑施工企业主要负责人项目负责人和专职安全生产管理人员安全生产管理规定》第三十二条第二款之规定，建议由建设行政主管部门对其处以两万元罚款的行政处罚，且5年内不得担任建筑施工企业的项目负责人。

7. 王某某，河南正兴工程管理有限公司中博项目总监理工程师。未依法履行监理职责，对施工单位报审的塔式起重机安拆专项施工方案在进行审核时未发现方案审批人员的证件和签字存在造假问题，对现场安全检查安排不认真不仔细，未巡视检查建筑起重机械的顶升作业，未对顶升作业实施旁站监理。对事故发生负有重要责任。依据《危险性较大的分部分项工程安全管理规定》第三十六条、第三十七条之规定，建议由建设行政主管部门对其处以5000元罚款的行政处罚。

（五）建议给予其他处理人员

1. 田某某，中国建筑第七工程局有限公司总承包公司副总经理，分管生产管理和安全生产工作。未依法履行安全生产管理职责，未严格督促检查下属单位安全生产管理工作，未及时督促下属单位消除项目施工现场生产安全事故隐患。对事故发生负有重要责任。建议由中国建筑第七工程局有限公司按照公司相关管理规定进行处理。

2. 刘某某，中国建筑第七工程局有限公司总承包公司中原分公司执行总经理，负责公司全面工作。未依法履行安全生产管理职责，未严格督促检查项目安全生产工作，未及时消除施工现场生产安全事故隐患，对项目管理机构严格执行安全生产规章制度和操作规程督导不力。对事故发生负有主要责任。建议由中国建筑第七工程局有限公司按照公司相关管理规定进行处理。

3. 曹某某，中国建筑第七工程局有限公司总承包公司中原分公司总工程师。

未依法严格履行安全生产管理职责，负责危大工程专项施工方案的审批工作，对方案审核不全面、不认真、不细致，未发现专项施工方案中存在的所列管理人员造假问题，对分管部门工作监督不力。对事故发生负有管理责任。建议由中国建筑第七工程局有限公司总承包公司按照公司相关管理规定进行处理。

4. 杨某某，中国建筑第七工程局有限公司总承包公司中原分公司中博项目生产经理，负责项目施工生产、安全质量管理工作。未依法严格履行安全生产管理职责，未严格督促检查项目安全生产工作，未及时消除施工现场生产安全事故隐患。对事故发生负有管理责任。建议由中国建筑第七工程局有限公司总承包公司中原分公司按照公司相关管理规定进行处理。

5. 王某某，中国建筑第七工程局有限公司总承包公司设备租赁中心副总经理，分管运营部和合约部。未依法严格履行安全生产管理职责，在分包单位的选择及分包合同签订工作中存在对相关问题失察，以及审核把关不严等问题。对事故发生负管理责任。建议由中国建筑第七工程局有限公司总承包公司按照公司相关管理规定进行处理。

6. 杨某某，中国建筑第七工程局有限公司总承包公司设备租赁中心副总经理，分管技术服务部、安全部。未依法严格履行安全生产管理职责，未严格督促执行安全和技术交底相关规定，未严格督促实施对项目在用塔式起重机设备的安全技术巡检和作业监督。对事故发生负有管理责任。建议由中国建筑第七工程局有限公司总承包公司按照公司相关管理规定进行处理。

7. 张某某，中国建筑第七工程局有限公司总承包公司设备租赁中心安全部经理。未依法严格履行安全生产管理职责，未严格执行安全交底相关规定，未严格实施对项目在用塔式起重机设备的安全巡检和作业监督。对事故发生负有管理责任。建议由中国建筑第七工程局有限公司总承包公司设备租赁中心按照中心相关管理规定进行处理。

8. 秦某某，河南博鼎实业有限公司总经理。未依法履行安全生产管理职责，在项目开工手续不全的情况下开工建设，且对安全生产工作重视不够，未安排落实拨付安全文明施工措施费，保障安全投入。对事故发生负有管理责任。建议由建设行政主管部门依法依规进行处理。

以上人员处理结果报郑州市应急管理局备案。

（六）对相关责任单位的处理建议

1. 郑州市德顺塔吊安装有限公司。未依法履行专业分包单位安全生产主体责任，未建立健全并落实安全生产责任制，未设置专职安全管理机构，塔式起重机安装专项施工方案所列管理人员造假，塔式起重机顶升作业项目负责人、技术负责人、专职安全管理人员均非其真实员工，也未在施工现场实际履职。施工现场安全管理严重缺失，导致较大亡人事故发生，对事故发生负有主要责任。依据《建设工程安全生产管理条例》第六十一条第一款、《生产安全事故报告和调查处理条例》第四十条第一款和《安全生产许可证条例》第十四条第二款之规定，建议由建设行政主管部门给予其吊销资质证书和安全生产许可证的行政处罚。

2. 中国建筑第七工程局有限公司。未依法履行施工单位安全生产主体责任，对专业分包单位安全管理不到位，对下属机构安全生产工作失察失管，对项目管理机构安全生产责任制落实、安全生产保证体系运行缺乏有效监管，未严格审查专业分包单位的人员资格和专项施工方案，项目大型设备各安全管理工作存在严重漏洞，致使专业分包单位塔式起重机顶升作业现场安全管理严重缺失，导致较大亡人事故发生。对事故发生负有主要责任。依据《中华人民共和国安全生产法》第一百零九条第二项和《生产安全事故罚款处罚规定》（试行）第十五条第一项之规定，建议由应急管理部门对其处以60万元罚款的行政处罚。

3. 河南正兴工程管理有限公司。未依法履行监理单位安全生产主体责任，未严格组织审核专项施工方案中人员资格情况，未发现专项施工方案管理人员造假问题。未组织巡视检查建筑起重机械的顶升作业，未安排监理人员对顶升作业实施旁站监理。对事故发生负有重要责任。依据《建设工程安全生产管理条例》第五十七条之规定，建议由建设行政主管部门责令其改正，对其处以10万元罚款的行政处罚。

4. 河南胜富劳务分包有限公司。未依法履行劳务分包单位安全生产主体责任，未建立健全公司安全生产管理体系，未对施工现场安全生产工作进行严格管理，未及时发现、消除施工现场存在的安全事故隐患，对事故发生负有重要责任。建议由建设行政主管部门依法依规进行处理。

5. 河南博鼎实业有限公司。未依法履行建设单位安全生产主体责任，未对施工现场进行有效的管理、检查和监督，项目尚未取得建设工程规划许可证和建筑工程施工许可证即开工建设，未依法拨付工程安全文明施工措施费。对事故发生负有重要责任。建议由建设行政主管部门依法依规进行处理。

6. 建议责成管城回族区城乡建设和交通运输局和管城回族区二里岗办事处向管城回族区政府做出深刻书面检查，认真吸取事故教训，进一步加强辖区内建设工程安全生产管理工作。

7. 建议责成管城回族区政府向郑州市政府做出深刻书面校查，厘清相关部门监管责任，认真吸取事故教训，做到举一反三、引以为戒，避免在今后的工作中出现类似的问题。

六、防范整改措施

（一）筑牢安全发展理念，切实质行企业安全生产主体责任各单位要牢固树立安全生产红线意识和底线思维，要深刻吸取事故教训，举一反三，坚决落实企业安全生产主体责任

河南博鼎实业有限公司，要依照建筑施工有关法律法规，及时办理建筑工程规划许可、施工许可及安全监督手续，及时按照规定全额拨付安全文明施工措施费，切实承担工程质量安全管理方面的首要责任。

中国建筑第七工程局有限公司，一方面要不断完善“三级机构”安全管理制度，要及时检查、评估对下属公司授权管理事项的运行效果，尤其是要加强危大工程专项施工方案的编制审核、审批论证、监督实施、验收归档工程全过程管理。另一方面，加大对下属公司及项目部的安全检查和隐患排查力度，做好对合格供应商专业分包单位的动态管理和合同风险管理，厘清设备租赁中心与各分公司项目部对大型设备在专项施工方案的方案交底、技术交底、作业前安全教育等方面的责任，落实施工安全主体责任，确保安全生产。

河南正兴工程管理有限公司，要依法全面落实监理责任，严格施工现场监管，督促施工单位做好施工现场安全管理工作。

（二）有效落实规章制度，全面加强建筑起重机械安全管理

加强建筑起重机械的安全管理，确保安全运行，是控制和避免建筑施工生产安全事故的重要内容。工程参建单位要按照《建筑起重机械安全监督管理规定》（住房和城乡建设部令第 166 号）《危险性较大的分部分项工程安全管理规定》（住房和城乡建设部令第 37 号）等法律法规和相关规定，有效落实建筑起重机械产权等级、安装告知、检验检测、方案编制、审批论证、使用登记、拆卸告知等相关业务事项的工作要求。安拆单位、检验单位检测人员和建设工程项目中建筑起重机械特种作业人员均应持有效证件上岗；施工单位要对进入施工现场作业的建筑起重机械特种作业人员所持证件的真实性和有效性进行核查，并进行作业前安全教育，完善各项安全生产规章制度和操作规程，杜绝“三违”（违章指挥，违章作业、违反劳动纪律）施工；监理单位做好施工现场重大风险源管控工作检查及各项监督工作。

（三）厘清部门监管责任，深入开展打非治违专项整治

管城回族区人民政府应尽快厘清机构改革后综合执法管理部门与行业主管部

门的监管职责，严格依照建筑施工有关法律法规，采取切实有效措施，严厉打击非法违法建筑施工活动。要按照“党政同责、一岗双责”以及“三管三必须”的要求，严格落实好“三个责任”，特别要落实好行业管理和属地管理责任，做好建筑工地双重预防体系建设工作。综合执法管理部门在大排查大整治工作中，对非法违法行为要坚决做到发现一起、打击处理一起，对非法和严重违法违规生产经营单位要实施联合惩戒，纳入安全生产不良行为“黑名单”管理，形成从严管控、从严整治的高压态势，各单位要深刻吸取本次较大事故沉痛教训，举一反三，在工程建设中要时刻以安全生产为前提，真正把安全生产责任制和安全生产措施落到实处，确保安全生产形势持续稳定好转。

专家分析

一、事故原因

（一）直接原因

该项目塔式起重机顶升作业人员严重违章作业。首先，顶升前未将塔式起重机配平，顶升过程中未保证起重臂与平衡臂的平衡，造成了重大的失稳风险；其次，顶升过程中未使用回转制动器将塔式起重机上部机构处于制动状态，使得塔式起重机有自由回转的可能并造成失稳状态的加剧；第三，未将顶升加高用的标准节在顶升位置起重臂正下方排成一排，造成必须违章回转方能完成后续动作，成为事故发生的一大诱因。以上违规操作行为，致使顶升作业时塔式起重机上部重心偏离顶升油缸梁的位置，起重臂发生转动，整机失稳倾覆，导致较大伤亡事故发生。

（二）间接原因

该项目塔式起重机安拆单位及使用单位存在严重的违法违规行为。安拆单位存在安全管理严重缺失、塔式起重机安装专项施工方案签字造假、未按照安全技术标准及安装使用说明书等检查机械及现场施工条件、未组织安全施工技术交底并签字确认、未将塔式起重机安装相关材料报监理单位审核、塔式起重机顶升作业人员配备不足等问题。使用单位存在对塔式起重机技术资料审核不严、对现场顶升作业人员监督和违章行为监管不力、在危大工程的安全管理工作上存在失察失纠、管理不力的情况。

二、事故经验教训

塔式起重机顶升加节和拆卸降节作业是塔式起重机所有作业环节中专业性强、危险性较大、事故频发的一环。当塔式起重机顶升作业时，起重臂与平衡臂未配平或塔式起重机回转都存在塔式起重机失稳倾覆的巨大风险，也是作业人员最容易犯的错误。因此塔式起重机安拆作业时，参与作业的司机、司索工、指挥人员、安拆人员应统一协调、积极配合，做到对流程十分熟悉、对要点全面掌控、对现场环境准确把握。

三、预防措施建议

一是严格执行住房和城乡建设部《建筑起重机械安全监督管理规定》和《危险性较大的分部分项工程安全管理规定》。安拆单位应依据塔式起重机使用说明书要求编制专项施工方案并经过审批，对安拆作业人员实施安全技术交底，明确风险源及重要节点，严格按照专项施工方案和标准规范流程进行作业，作业人员技术能力和配备满足要求，并制定切实可行的应急预案。使用单位和监理单位应加强方案审批、资格审核、过程监督、统一调度等工作。

二是严格执行《建筑施工塔式起重机安装、使用、拆卸安全技术规程》JGJ 196—2010，按照 JGJ 196—2010 中第 3.4.6 条的规范要求，特别注意顶升前应将塔式起重机配平，顶升过程中应确保塔式起重机的平衡，不应进行回转等操作，避免类似事故再次发生。

三是建议研究开发和推广使用可靠的塔式起重机顶升配平传感控制系统，以智能技术手段减少人为误操作，最大程度降低事故风险。

15　西藏林芝“9·1”塔式起重机倒塌较大事故

调查报告

2019年9月1日17时11分许，位于林芝市巴宜区八一镇巴吉西路以南、八一二桥以西，由西藏万安建设工程有限公司（以下简称西藏万安公司）承建的工布明珠商住小区二期项目工程工地2号塔式起重机在升标准节过程中突然发生坍塌，造成包括塔式起重机司机在内共3人死亡、1人受伤的较大事故，直接经济损失538万元。

事故发生后，自治区党委、政府和林芝市委、市政府高度重视，有关领导分别批示全力做好事故救援、善后和调查处理工作。自治区人大常委会副主任、林芝市委书记马升昌、市委副书记、市长旺堆第一时间作出指示批示，林芝市立即启动应急预案，市委常委、副市长杨赤卫及市住建、应急、消防、公安及巴宜区相关部门主要负责同志第一时间赶赴现场，组织力量开展救援，全面指挥抢救和善后处置工作。

依据《中华人民共和国安全生产法》和《生产安全事故报告和调查处理条例》（国务院令第493号）等有关法律法规，林芝市人民政府于2019年9月7日成立了由市委常委、副市长杨赤卫任组长，尼玛扎西副市长任副组长，市应急管理局、监察委、公安局、发展改革委、住房和城乡建设局、总工会等部门和巴宜区人民政府参加的“巴宜区工布明珠二期项目工程‘9·1’较大建筑安全事故调查组”（以下简称事故调查组），对事故展开调查工作。

事故调查组按照“四不放过”和“科学严谨、依法依规、实事求是、注重实效”的原则，聘请广东省建筑安全、特种设备相关专家组成技术专家组，通过反复勘验现场、收集资料、询问证人和讨论分析，还原了事故发生、报告和救援的经过，查明了事故发生的原因和直接经济损失，认定了事故性质和责任，提出了对有关责任单位和责任人的处理意见，制定了事故整改措施和改进工作的建议。现将有关情况报告如下：

一、基本情况

（一）项目概况

工布明珠商住小区二期项目工程位于巴宜区八一镇巴吉西路以南、八一二桥以西，由林芝瑞皇置业有限公司（以下简称林芝瑞皇公司）开发，博亚（福建）建设设计有限公司负责设计，四川金勘岩土工程有限公司勘察，西藏万安建设工程有限公司承担施工，重庆江河工程建设监理有限公司（以下简称重庆江河公司）对工程实施监理，林芝市住房和城乡建设局工程质量安全监督站（以下简称林芝市质安站）对工程进行质量安全监督。

工布明珠商住小区二期项目于2014年4月9日获得林芝市发展改革委备案确认，立项文号：2014年发改投资备案9号，项目总投资14454.213万元；2015年1月27日取得林芝市住房和城乡建设局（以下简称林芝市住建局）建设用地许可证；2015年1月27日林芝瑞皇公司取得原林芝市国土资源局核发的土地使用证，用途为城镇住宅用地、商服用地，使用面积58361.33m²；2017年11月13日，林芝市住建局向巴宜区工布明珠商住小区二期项目核发了建筑工程规划许可证；2018年8月21日，工布明珠商住小区二期项目获得林芝市住建局核发的建筑工程施工许可证，建设规模48180.71m²。工布明珠二期商住小区项目于2018年8月21日开工，总建设栋数为5栋低层别墅，两栋18层住宅，建设规模为48180.71m²，投资11400万元。项目工程结构类型为钢筋混凝土剪力墙结构，地下1层，地上18层。本工程建筑设计使用年限：一类、50年；抗震设防类别为丙类；抗震设防烈度为8度，建筑耐火等级为二级。目前该项目5栋低层别墅已完成主体施工，高层1号楼、2号楼施工进度已到十二层板面。

（二）事故塔式起重机基本情况

1. 事故塔式起重机基本信息

根据塔式起重机产权单位西藏万安建设工程有限公司提供的产品合格证和产品标牌，事故塔式起重机基本信息见表15-1。

事故塔式起重机基本信息　　表15-1

塔式起重机型号	QTZ50（5008）	出厂日期	2016-06-21
起重力矩	500kN·m	出厂编号	16014
起升高度	30～120m	工作幅度	3—50

续表

最大起重量	4t	最大幅度处起重量	0.79t
制造厂家	山东泽宇钢制品有限公司	制造许可证编号	TS2437347-2019

2. 事故塔式起重机关联单位情况

（1）塔式起重机制造单位：山东泽宇钢制品有限公司，制造许可证编号：TS2437J47-2019。

（2）塔式起重机产权单位：西藏万安建设有限公司，但该机尚未办理产权备案登记。

（3）塔式起重机安装（顶升）单位：西藏林芝虹森起重设备安装有限公司。

（4）塔式起重机检验单位：四川升瑞达机械设备检测有限公司。

3. 事故塔式起重机安装、检测、使用登记情况

事故塔式起重机前期安装单位为西藏林芝虹森起重设备安装有限公司，未办理安装告知手续，无安装方案。事故塔式起重机已经完成四道附着，附着顶升单位仍然为西藏林芝虹森起重设备安装有限公司，无附着、顶升有关方案及安全技术交底等资料。

该事故塔式起重机于2018年9月至10月，应万安公司要求，在高层2号楼前位置进行了安装，安装后未做检测。西藏万安建设公司作为涉事塔式起重机产权单位，关于塔式起重机安装、升标准节等均未向林芝市质安站告知、未办理塔式起重机使用登记手续，擅自投入使用。

（三）事故发生单位基本情况

西藏万安建设工程有限公司（以下简称西藏万安公司），成立于2000年5月7日，注册地：拉萨市北京中路196号西跋大厦院内，注册资本：2180万元，统一社会信用代码：91540000710911239P；企业类型：自然人投资或控股的有限责任公司；法定代表人：刘某某；经西藏自治区建设厅、水利厅、交通厅等专业主管部门审定，本企业具备房屋建筑工程施工总承包资质贰级，市政公用工程施工总承包资质贰级，公路工程施工总承包资质叁级，水利水电工程施工总承包资质叁级，钢结构工程专业承包资质贰级。经营范围：房屋建筑工程施工总承包、土石方工程专业承包、送变电工程专业承包、管道工程专业承包、钢结构工程专业承包、销售建筑材料。营业期限：2000年5月7日至2020年5月6日。西藏万安公司通过招标投标形式于2017年11月11日中标，承担由林芝瑞皇置业有限公司开发的巴宜区工布明珠商住小区二期项目工程（林芝工布明珠小区B1-B4，CL1号、2号楼）施工任务，项目经理：刘某某。

（四）事故相关单位基本情况

1. 建设单位：林芝瑞皇置业有限公司（以下简称林芝瑞皇公司），成立于2013年5月13日，注册地：林芝市巴宜区八一镇工布老街B5号楼，注册资本：1000万元；企业类型：有限责任公司（自然人投资或控股）；法定代表人：刘某某；持有林芝市住房和城乡建设局核发的《房地产开发企业资质证书》，资质叁级；经营范围：房地产开发经营、旅游景点开发、建材购销、酒店管理。营业期限：2013年5月13日至2033年5月12日。

2. 监理单位：重庆江河工程建设监理有限公司（以下简称重庆江河公司），成立于2002年4月23日，注册地：重庆市渝中区大溪沟街12号，在藏分公司地址：拉萨市八一路军区解甲园六栋一单元2楼B座，注册资本：300万元，企业类型：有限责任公司；法定代表人：柳某某；持有住房和城乡建设部颁发的《房屋建筑工程和市政公用工程监理资质证书》资质甲级。经营范围：专业从事水利工程、房屋建筑工程、市政公用工程和电力工程监理的技术咨询机构。营业期限：2002年4月23日至永久。该企业因未承揽新的工程监理业务，已于2019年4月退出西藏市场，原未完工工程监理工作委托卢某全权负责。2017年11月11日，重庆江河公司中标工布明珠商住小区二期项目，林芝瑞皇公司与重庆江河公司签订了《建设工程监理合同》，对工布明珠商住小区二期项目建设工程进行监理；委任刘某某为总监理工程师，胡某某为现场监理员，开展项目监理工作。

3. 2019年8月8日，林芝市住房和城乡建设局对该项目进行检查时发现，工布明珠商住小区二期项目工地存在项目总监和监理员不在场等问题，出具了《停工整改通知》(林建执法整改［2019］080802号)，要求限期整改完毕。当日重庆江河公司立即整改，并委任李某某为工布明珠商住小区二期项目总监理工程师，胡某某为现场监理员。

4. 塔式起重机安装单位：西藏林芝虹森起重设备安装有限公司（以下简称林芝虹森公司），成立于2011年7月26日，注册地：林芝市巴宜区八一镇工布民俗街228号，注册资本：80万元；企业类型：有限责任公司；法定代表人：高某某；持有林芝市住房和城乡建设局批准核发的起重设备安装工程专业承包资质，资质叁级；持有林芝市住房和城乡建设局颁发的建筑施工企业《安全生产许可证》；经营范围：起重设备安装工程专业承包叁级、起重设备维修、销售、存放、租赁。营业期限：2011年7月26日至2031年7月26日。该事故塔式起重机安装队负责人杨某某长期借用虹森公司塔式起重机安装资质，招揽工人从事塔式起重机安装工作。2018年8月以来，杨某某雇佣工人一直负责承接西藏万安公司工布明珠二期商住小区项目施工现场塔式起重机安装工作。2019年8月30

日，西藏万安公司施工员陈某某电话邀约任某某前往工布明珠二期项目工地承接塔式起重机开展升标准节工作，8月31日施工队完成涉事项目工地高层1号楼前1号塔式起重机顶升工作，9月1日施工队在对涉事项目工地高层2号楼前2号塔式起重机开展顶升作业中发生安全事故。

5. 工程质量安全监督机构：林芝市工程质量安全监督站（以下简称林芝市质安站），林芝市住建局下属事业单位，主要负责建筑工程质量和安全生产的监督工作，对施工现场工程建设各方主体的质量安全行为进行监督检查；负责建筑工程建设项目的验收，组织或参与对质量和安全事故的调查处理；负责抽查建筑工程质量责任主体和质量检测等单位的建筑工程质量行为；负责定期对本市建筑工程质量和安全生产状况进行统计和分析；负责依法对违法违规行为实施处罚。

2018年7月24日，林芝瑞皇公司在林芝市质安站办理了工布明珠二期商住小区项目工程质量安全监督手续；7月27日，林芝市质安站向林芝瑞皇公司发出《建设工程安全质量监督告知书》，委派质安站站长董某和工作人员胡某具体负责该项目的监督工作。林芝市质安站按照《施工安全监督工作计划》对该项目开展监督检查，主体部分采取抽查和巡查的方式进行监督，2019年以来先后5次对该项目进行质量和安全检查。2019年8月8日，林芝市住建局对该项目下发了停工通知书，项目全面整改到位后同意复工。

二、事故经过、应急救援及善后处理情况

（一）事故经过和应急救援情况

2019年9月1日，西藏林芝虹森起重设备安装有限公司对工布明珠二期项目高层2号楼的2号塔式起重机进行附卷、顶升，现场安装作业人员包括任某某、汪某某、田某某和杨某：其中任某某、王某某、田某某为安装单位西藏林芝虹森起重设备安装有限公司的派出人员，任某某为安装单位现场负责人；杨某为施工总承包单位西藏万安建设有限公司专职塔式起重机司机。安装开始前塔式起重机有三道附着、26个塔身节。下午14时左右，安装作业人员对2号塔式起重机进行附着安装，附着预埋件位于2号楼十二层楼板面高度位置，16时左右完成了2号塔式起重机附着安装后，即开始进行顶升加节作业，顶升加两个塔身节后，17时左右，在进行第三个标准节的顶升加节作业过程中，突然一声巨响，现场目击者见到2号塔式起重机平衡臂和起重臂均已坍塌，2名作业人员从高空坠落至裙楼板面，2名作业人员被困在塔式起重机上。

事故发生后，工地项目部全体管理人员到位，第一时间拨打120、110、

119，及时上报政府相关职能部门，并积极疏通道路和疏散工地所有作业人员。17 时 30 分，市应急管理局接巴宜区应急管理局报告称，9 月 1 日 17 时 11 分许，巴宜区工布明珠二期项目工程，塔式起重机升标准节中发生事故，致 2 人死亡、2 人被困。接报后，林芝市委、市政府高度重视，迅速启动应急救援预案，市公安、应急管理、消防、住建、巴宜区市人民医院等应急救援力量立即赶赴现场开展救援工作。市委常委、副市长杨赤卫，市应急管理局党组书记德青，市住建局党组书记王启展、局长达瓦次仁，巴宜区委常委、常务副区长向军等负责同志第一时间赶赴现场指挥救援工作。当日 19 时 10 分，市消防支队消防救援人员成功将田小军救下，第一时间送往医院，生命体征正常。杨洋被送往 115 医院殡仪馆，并通知死者家属，由于天气原因，救援难度大，应急救援组商议后决定于 9 月 2 日早上施救另一被围困者任相东，并安排相关人员值班，保护现场。9 月 2 日上午 11 时成功救下任相东，已无生命体征，送往 115 医院殡仪馆。

（二）事故善后处置情况

事故发生后，林芝市住建局等相关部门和西藏万安建设有限公司及时成立善后安抚小组，9 月 2 日死者家属到达林芝，万安公司积极安抚家属情绪，安排住宿及生活事宜，并派专人与死者家属积极沟通，商谈死者赔偿金事宜。9 月 3 日至 6 日，万安公司先后与死者任某某、汪某某、杨某的亲属达成赔偿协议，共计各类赔偿 420 万元，巴宜区公安局刑警队出具验尸报告，死者任某某、汪某某遗体分别于 9 月 4 日、9 月 6 日运往拉萨火化，死者杨某遗体根据家属要求运往户籍所在地安葬。伤者田某某，经林芝市人民医院救治，目前已出院，状态稳定，并于涉事公司达成一致意见，相关赔偿已到位。

（三）伤亡人员基本情况

死亡人员：杨某（塔式起重机驾驶员），男，汉族，重庆大足县人；汪某某（塔式起重机安装公司人员），男，汉族，四川蓬溪县人；任某某（塔式起重机安装公司人员），男，汉族，四川绵阳人。受伤人员：田某某（塔式起重机安装公司人员），男，汉族，四川平武县人。

三、事故现场技术勘察情况及原因分析

（一）事故塔式起重机现场勘察情况

根据顶升安装作业幸存人员（田某某）所述，当其把第四个标准节系挂在吊

钩上，指挥塔式起重机司机起吊后，就开始上塔式起重机继续顶升安装，当其爬到套架下部平台上时，顶升高度已经达到第三个标准节的安装要求，在顶升安装指挥人员（任某某）的示意下，稍作休息，然后和另一个人（汪某某）正手拉摆放在引进平台上的第三个标准节，准备滑入待安装位置时，突然听到顶升油泵操纵人员（任某某）“啊”了一声，紧接着一声巨响，发生一阵猛烈撞击，随即人事不省。根据救援过程照片显示，事故发生后，田某某仍位于北侧套架下部平台上。

上述情况表明，安装作业人员完成了第三个标准节安装所需高度的顶升，准备滑入待安装位置时，发生了“墩塔”意外，即由于顶升支撑系统失效、失稳，回转下支座连同顶升套架及其他上部结构快速下落。

经过现场认真、细致地勘察，发现：顶升套架整体结构完好，未发生明显变形或者破坏；套架上下两排共8个导向滚轮仍然齐全，除上排东北角的导向滚轮安装固定耳板发生明显变形外，其他滚轮全部完好。这表明无论是事故前，还是事故发生过程中顶升套架及其导向滚轮均起到了正常的导向作用。

因此，在“墩塔”过程中，回转下支座连同顶升套架及其他上部结构是在套架导向滚轮的作用下沿着塔身标准节主肢快速下落，最终，回转下支座主肢与顶部标准节主肢必然发生接触，产生猛烈撞击，留下了明确、清晰的痕迹。

在回转下支座主肢与顶部标准节主肢发生猛烈撞击的过程中，平衡臂拉杆与塔顶之间的连接耳板撕裂，平衡臂及平衡重以平衡臂与回转塔身之间的连接销轴为圆心向下坠落；与此同时，塔帽下侧西侧（平衡臂方向）与回转塔身之间连接的两主肢耳板断裂，塔帽和起重臂分别以与回转塔身之间的连接销轴为圆心向下坠落。

（二）塔式起重机事故原因分析

1. 塔式起重机顶升原理介绍及说明

在分析塔式起重机顶升过程中的“墩塔”原因之前，先介绍一下塔式起重机的顶升工作原理，以图示方式加以介绍与说明，塔式起重机顶升的具体过程如图15-1～图15-5所示。

图15-1是顶升前初始状态，待加装标准节通过引进滚轮摆放在引进轨道梁上。

图15-2是顶升第一步状态，此时顶升横梁支撑在标准节2的上部踏步上，油缸顶出一个行程。

图15-3是移位换步过程，液压油缸稍回收，让套架稍下降，使得换步爬爪支承在标准节1的上部踏步上，然后液压油缸回收，可以将顶升横梁移位并支撑在标准节1的下踏步上。

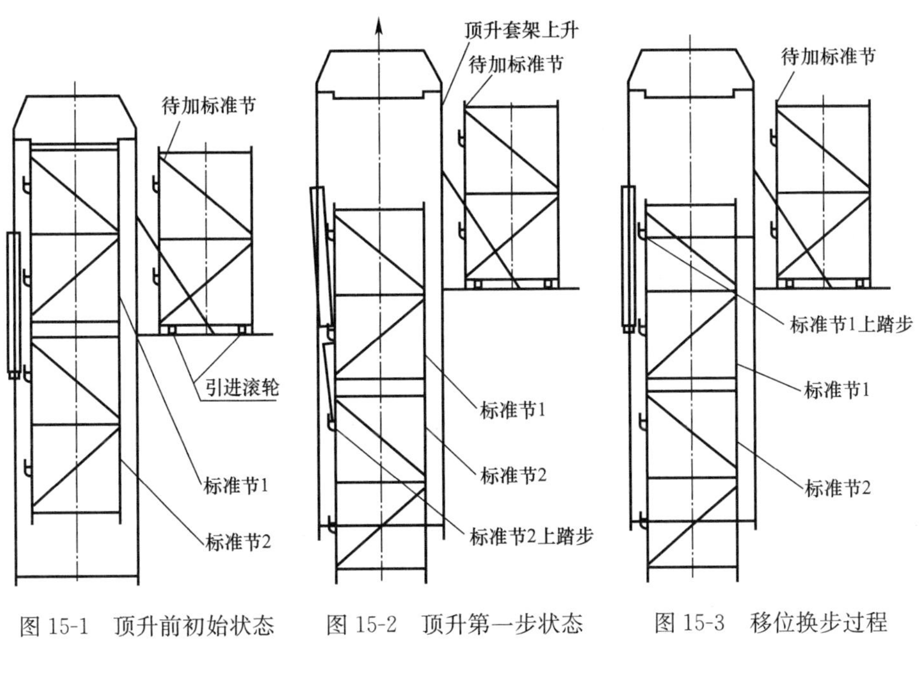

图 15-1　顶升前初始状态　　图 15-2　顶升第一步状态　　图 15-3　移位换步过程

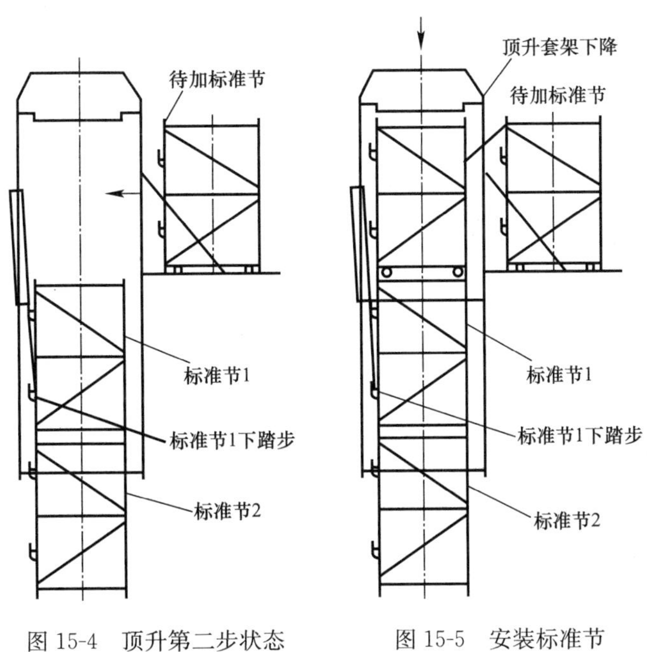

图 15-4　顶升第二步状态　　图 15-5　安装标准节

图 15-4 是顶升第二步状态，此时顶升横梁支撑在标准节 1 的下踏步上，油

缸顶出一个行程，此时回转下支座与顶部标准节之间的垂直距离已经超过一个标准节的高度，即顶升高度已经达到待加标准节的安装要求，即将滑入待加标准节。

图15-5是安装标准节，在人力拉推作用下滑入待加标准节，并与原来的标准节1进行安装固定。然后重复开始第二个标准节的顶升安装过程。

2.“墩塔”原因分析

根据前述情况，2号塔式起重机顶升作业进行到如图15-4所示的顶升第二步完成时，发生了“墩塔”意外。现场勘察发现：

（1）顶升横梁存在明显的平面外变形，具体如图15-6所示。

图15-6 顶升梁存在明显的平面外变形

（2）顶升横梁右端支承销存在明显破坏痕迹，具体如图15-7所示。

图15-7 顶升横梁右端支撑销存在破坏痕迹，且无防脱保护装置（防脱插销）

（3）顶升横梁无防脱保护装置（防脱插销），具体如图15-7和图15-8所示。

（4）顶部第一个标准节的下部踏步存在如下现象及痕迹：左侧踏步内侧和右侧踏步内侧均存在明显的刮擦痕迹（图15-9、图15-10）；右侧踏步内侧位置处的标准节主肢也存在明显的刮擦痕迹，具体如图15-11所示。其他部位的踏步同样位置均无类似痕迹。

图 15-8　顶升横梁无防脱保护装置（防脱插销）

图 15-9　顶部标准节 1 下部左侧踏步内侧存在明显刮擦痕迹

图 15-10　顶部标准节 1 下部右侧踏步内侧存在明显刮擦痕迹

（5）顶升油缸外观无明显缺陷、顶升横梁与液压油缸连接销轴完好，具体如图 15-12 所示。

（6）顶升套架除平台外结构基本完好，具体如图 15-12 所示。

上述情况表明：顶升横梁发生了明显、严重的塑性变形，又无防脱保护装置（防脱插销），导致顶升横梁从踏步滑出，顶升横梁两端在滑出的同时与踏步内侧和靠近踏步位置处的标准节主肢侧面发生刮擦。

图 15-11　顶部标准节 1 下部右侧踏步内侧位置标准节主肢存在明显刮擦痕迹

图 15 12　顶升横梁与液压油缸连接销轴完好，顶升油缸外观无缺陷

3. 事故过程的简单复现描述

综合上述情况及分析，可对 2 号塔式起重机坍塌事故过程简单复现描述如下：

安装作业人员完成了两个标准节的顶升安装后，把第三个标准节采用导向滚轮放置在引进导轨梁上，然后安装作业人员（田某某）下到裙楼板面把第四个标准节系挂在吊钩上，指挥塔式起重机司机起吊后，就开始上塔式起重机继续协助、配合顶升安装。

当其爬到套架下部平台上时，顶升第二步已经完成，顶升高度已经达到第三个标准节的安装要求，在顶升安装指挥人员（任某某）的示意下，稍作休息，然后田某某和另一个人（汪某某）正手拉放置在引进平台上的第三个标准节，准备滑入待安装位置时，顶升横梁因变形、失稳，从顶部标准节下踏步上滑脱，顶升支撑结构失效，瞬时发生“墩塔”意外，套架连同回转下支座及其他上部结构在导向滚轮作用下沿着标准节主肢快速下落，回转下肢座主肢与顶部标准节主肢发生猛烈撞击，同时产生剧烈冲击。

平衡臂拉杆与塔顶拉杆之间的连接耳板受此剧烈冲击影响而撕裂，平衡臂及平衡重在其自重作用下以平衡臂与回转塔身之间的连接销轴为圆心向下坠落，坠落过程中，横向安装的三块平衡重脱离坠落至裙楼板面，纵向安装的三块平衡重仍然位于安装位置，随同平衡臂砸向塔身，将所到达位置处标准节腹杆全部砸断；与此同时，塔顶西侧（平衡臂方向）与回转塔身之间连接的两主肢耳板断裂，塔顶和起重臂在其自重作用下分别以与回转塔身之间的连接销轴为圆心向下坠落，直至起重臂臂尖与裙楼板面边缘接触。塔式起重机坍塌过程中，塔式起重机司机（杨某）和安装作业人员（汪某某）直接坠落至裙楼板面；顶升油泵操纵人员（任某某）坠落至平衡重上；安装作业人员（田某某）仍然位于套架下部平台上。

四、事故原因

（一）直接原因

经过事故调查组实地勘察、调查取证、综合分析鉴定，造成2号塔式起重机坍塌事故的直接原因是：顶升横梁发生塑性变形、失稳，造成顶升横梁从顶部标准节下踏步上滑脱，导致塔式起重机上部结构失去支撑，瞬时发生“墩塔”意外，平衡臂和起重臂发生坍塌坠落，造成安全事故。

（二）间接原因

造成2号塔式起重机坍塌事故的间接原因包括以下几个方面：

1. 顶升横梁无防脱保护装置（防脱插销）。

2. 顶升作业相关人员未经专业培训无证上岗，顶升作业前未制定专门的操作方案，顶升作业检查及观察不细致、不到位，安全意识缺乏，未按规定佩戴相应的安全防护装备。

3. 2号塔式起重机与其使用说明书存在多处不符合、不一致之处，如：标准节结构型式、顶升横梁及踏步构造型式、配重形状等；该塔式起重机最大幅度处起重量为790kg，不符合国家标准《塔式起重机》GB/T 5031—2008规定的不得小于1000kg。

（三）相关企业履职不到位

1. 林芝瑞皇公司：未认真履行建设单位安全生产主体责任，对项目参建单位安全生产工作管理不到位。

2. 西藏万安公司：（1）涉事塔式起重机未按法律规定向工商注册地建设主管部门报备；（2）涉事塔式起重机安装、拆卸工程专项施工方案，未告知建设主管部门；（3）涉事塔式起重机未经检测违规投入使用；（4）对塔式起重机安装监督管理缺失，开展塔式起重机安装、顶升作业、使用过程均未按法律规定向林芝市质安站告知及报备；（5）安全制度形同虚设，管理混乱，企业法人长期不在岗，“五大员”不固定，项目安全员更换频繁，人员管理不到位，未履行“安全生产主体责任”。（6）项目经理和现场专职安全员安全责任不落实，履职不到位，安全监管形同虚设，未及时发现和排除塔式起重机存在的安全隐患。

3. 重庆江河公司：（1）未认真履行监理工作职责；（2）对施工工地存在隐患问题监管整改不到位；（3）对万安公司未报备塔式起重机合格证、特种设备检验检测报告、塔式起重机安装、顶升等相关资料情况下，放任塔式起重机设备投入使用；（4）对塔式起重机安装单位违规开展顶升作业监督不力。

4. 林芝虹森公司：长期存在违法转借资质行为，且对塔式起重机安装作业人员监督管理不到位，无资质人员违规从事塔式起重机作业。

（四）相关单位监管不够

1. 林芝市住建局：经调查核实并审查相关工作资料，林芝市住建局能够认真落实对建筑行业安全生产监督职责，但在贯彻落实执行《建筑起重机械安全监督管理规定》（住房和城乡建设部令第166号）不够严，对建筑起重机械安全监管工作监督不够；对虹森公司违法转借资质行为、起重机械施工作业监管不够；对质安站在建筑起重机械监管工作中指导不够，对其存在的问题管理不够严。

下属科室存在以下问题：1. 在日常安全监管中对塔式起重机顶升等环节审核把关不严；2. 在施工单位未提供报备塔式起重机安装、检测、验收和登记等资料情况下，虽要求企业整改，但具体的督促落实不全面；3. 塔式起重机安装过程中现场监督不到位。

2. 巴宜区住建局：经调查核实并审查相关工作资料，巴宜区住建局基本能够认真贯彻市委、市政府及市安委会、巴宜区关于安全生产相关工作要求，认真组织开展直接监管职责范围内13家建筑企业进行专项整治和安全培训。根据市住建局2018年8月21日核发的《中华人民共和国建筑工程施工许可证》，工布明珠商住小区二期项目由市住建局直接监管。但按照属地管理要求，未履行对工布明珠商住小区二期项目行业安全监管职责，未对项目安全施工等工作开展安全监督检查。

五、事故性质

经综合分析，调查组认定：巴宜区工布明珠商住小区二期工程项目“9·1”较大建筑安全事故是一起因项目开发商安全管理缺位，施工单位主体责任落实不到位，安装人员违规操作，使用单位违规使用，监理单位监督管理不到位，监管机构监督管理不够、对建筑特种设备管理指导不足，而导致的一起较大生产安全事故。

六、对事故责任单位和责任人的处理建议

根据事故原因分析，依据有关法律法规和党纪政纪规定，对事故责任单位、责任人的事故责任认定及造成的经济损失、社会影响，提出如下建议：

（一）企业层面

1. 林芝瑞皇公司：未认真履行建设单位安全生产主体责任，对项目参建单位安全生产工作监督管理不到位，导致发生较大生产安全事故，违反了《中华人民共和国安全生产法》第 19 条规定和《生产安全事故报告调查处理条例》（国务院令第 493 号）第 3 条第 3 款规定，对本次事故负有重要责任。建议由林芝市应急管理局依照《中华人民共和国安全生产法》第 09 条第 2 款规定，对林芝瑞皇公司给予 70 万元的行政处罚。

2. 西藏万安公司：企业安全生产主体责任落实不到位，内部安全管理混乱，导致发生较大生产安全事故，违反了《建筑起重机械安全监督管理规定》（住房和城乡建设部令第 166 号）第 5 条规定、《建设工程安全生产管理条例》（国务院令第 393 号）第 35 条规定，《生产安全事故报告调查处理条例》（国务院令第 493 号）第 3 条第 3 款规定，《中华人民共和国安全生产法》第 4 条、19 条、第 22 条第 5.6.7 款规定，对本次事故负有主体责任。建议由林芝市应急管理局依照《中华人民共和国安全生产法》第 109 条第 2 款规定，对西藏万安公司给予罚款 70 万元的行政处罚。

3. 重庆江河公司：未认真履行监理责任，导致发生较大生产安全事故，违反了《建筑起重机械安全监督管理规定》（住房和城乡建设部令第 166 号）第 22 条第 1.2.3.4.5 款规定和《生产安全事故报告调查处理条例》（国务院令第 493 号）第 3 条第 3 款规定，对本次事故负重要责任。建议由林芝市应急管理局依照《中华人民共和国安全生产法》第 109 条第 2 款规定，对重庆江河公司给予罚款 55 万元的行政处罚。

4. 林芝虹森公司：存在长期违法转借资质行为，且对塔式起重机安装作业人员监督管理不到位，无资质人员违规从事塔式起重机作业，违反了《建设工程质量管理条例》（国务院令第 714 号）第 25 条规定，对本次事故负重要责任。建议由林芝市住房和城乡建设局依照《建设工程质量管理条例》（国务院令第 714 号）第 61 条规定，对虹森公司给予没收违法所得 3.5 万元，并吊销

资质证书。

（二）事故责任人

1. 刘某某，男，林芝瑞皇公司企业法人，对参建单位违反安全规定监督管理不到位，导致发生较大安全事故，应对事故负一定领导责任。违反了《中华人民共和国安全生产法》第 18 条第 1.2.3.4.5.6；违反了《中华人民共和国安全生产法》第 22 条 1.2.3.4.5.6 款规定和《生产安全事故报告调查处理条例》（国务院令第 493 号）第 3 条第 3 款规定，建议由林芝市应急管理局按照《中华人民共和国安全生产法》第 92 条第 2 款规定，处上一年年收入 40%的罚款。

2. 刘某某，男，西藏万安公司企业法人，企业主体责任落实不到位，对各方管理人员监督管理不到位，导致发生较大事故，应对事故负重要领导责任，违反了《中华人民共和国安全生产法》第 18 条第 1.2.3.4.5.6 款规定和《生产安全事故报告调查处理条例》（国务院令第 493 号）第 3 条第 3 款规定，建议由林芝市应急管理局按照《中华人民共和国安全生产法》第 92 条第 2 款规定，处上一年年收入 40%的罚款。

3. 刘某某，男，工布明珠商住小区二期工程项目经理，未组织编制塔式起重机顶升工作的施工方案，没有制定安全生产和质量保证措施，对项目的安全工作监督管理不到位，塔式起重机安全管理工作混乱，应对事故负直接责任和主要责任。违反了《中华人民共和国安全生产法》第 18 条第 1.2.3.4.5.6 款，违反了《中华人民共和国安全生产法》第 22 条第 1.2.3.4.5.6 款规定，违反了《生产安全事故报告调查处理条例》（国务院令第 493 号）第 3 条第 3 款规定，违反了《建筑施工企业主要负责人、项目负责人和专职安全生产管理人员安全生产管理规定》（住房和城乡建设部令第 17 号）第 18 条之规定，建议由林芝市住建局根据《建筑施工企业主要负责人、项目负责人、专职安全生产管理人员安全生产管理规定》（住房和城乡建设部令第 17 号）第 32 条之规定，对其处 15 万元罚款；向自治区住建厅提出暂扣其《建筑施工企业项目负责人安全生产管理人员考核合格证书（B 证）》资格 1 年。

4. 杨某某，男，工布明珠商住小区二期工程项目现场专职安全员，未做好施工现场的安全管理工作，履职不到位，应对事故负重要责任，违反了《中华人民共和国安全生产法》第 22 条第 5 款、第 6 款规定，违反了《建筑施工企业主要负责人、项目负责人和专职安全生产管理人员安全生产管理规定》（住房和城乡建设部令第 17 号）第 20 条之规定，建议由林芝市住建局根据《建筑施工企业主要负责人、项目负责人和专职安全生产管理人员安全生产管理规定》（住房和城乡建设部令第 17 号）第 33 条之规定，向自治区住建厅提出暂扣其《建筑施工企业专职安全生产管理人员考核合格书（C证）》资格1年。

5. 卢某，男，巴宜区工布明珠商住小区二期工程项目监理工作实际负责人，未按规定督促检查本单位受监项目的安全生产工作，对公司从业人员疏于管理，对事故的发生负有一定领导责任。违反了《建筑起重机械安全监督管理规定》第22条第1.2.3.4.5.款，违反了《中华人民共和国安全生产法》第18条第5款规定和《生产安全事故报告调查处理条例》（国务院令第493号）第3条第3款规定，建议由林芝市应急管理局按照《中华人民共和国安全生产法》第92条第2款规定，处上一年年收入40%的罚款。

6. 李某某，男，巴宜区工布明珠商住小区二期工程项目总监理工程师，未全面履行检查监督管理人员职责，对重要节点的施工组织监督不到位，导致较大事故发生，应对事故负监管责任。违反了《建设工程安全生产管理条例》（国务院令第393号）第14条规定，建议林芝市住房和城乡建设局报请自治区住房和城乡建设厅，按照《建设工程安全生产管理条例》（国务院令第393号）第58条之规定，责令停止其执业资格1年。

7. 胡某某，男，巴宜区工布明珠二期工程项目现场监理员，没有履行定时不定时巡视工地现场职责，特别是在做塔式起重机升标准节、顶升作业前未编制《塔式起重机顶升专项施工方案》前提下，仍让其作业，履职不到位，应对事故负有重要管理责任。违反了《建设工程安全生产管理条例》（国务院令第393号）第14条规定，建议由林芝市住房和城乡建没局报请自治区住房和城乡建设厅，按照《建设工程安全生产管理条例》（国务院令第393号）第58条之规定，责令停止其执业资格1年。

8. 田某某，男，塔式起重机施工人员，无证上岗从事特种作业，存在违章作业行为，应对事故负一定责任，鉴于其本人在事故中受伤，已对其进行批评教育，建议今后从事工作中认真吸取事故教训，加强安全生产法律法规知识的学习。

9. 杨某某，女，塔式起重机施工队负责人，无资质承揽工程，雇佣无资质人员上岗从事特种作业，对塔式起重机施工队日常管理不严格，应对事故负重要管理责任，违反了《建设工程质量管理条例》（国务院令第714号）第25条规定，建议由林芝市住房和城乡建设局按照《建设工程质量管理条例》（国务院令第714号）第60条规定，对其处没收违法所得3万元。

10. 杨某，男，塔式起重机驾驶员，重庆大足县人；汪某某（塔式起重机安装公司人员），男，汉族，四川蓬溪县人；任某某（塔式起重机安装公司人员），男，汉族，四川绵阳人。塔式起重机升节工作中违章作业，对事故负有直接责任，鉴于以上3人已在事故中死亡，免于追究。

七、建议给予行政部门问责及政务处分人员

1. 林芝市住建局指导督查不力，导致对巴宜区工布明珠二期项目工程行业监管缺位，对“9·1”事故负有直接监管责任，但鉴于其能够认真落实对建筑行业安全生产监督职责，依据《生产安全事故报告和调查处理条例》（国务院令第493号）规定，建议责成林芝市住建局向林芝市人民政府作出深刻检查。

2. 巴宜区住建局，根据调查核实，巴宜区住建局能够认真贯彻市委、市政府及市安委会、巴宜区关于安全生产相关工作要求，认真组织开展巴宜区监管职责范围内建筑企业专项整治和安全培训。根据市住建局2018年8月21日核发的《中华人民共和国建筑工程施工许可证》，工布明珠二期项目由市住建局直接监管。依照《建设工程安全生产管理条例》（国务院第393号）第四十条规定，县级以上地方人民政府建设行政主管部门对本行政区域内的建设工程安全生产实施监督管理，建议责成巴宜区住建局向巴宜区人民政府作出深刻检查。

3. 袁某，林芝市住房和城乡建设局副局长。根据《林芝市住建局关于调整领导班子成员工作分工的通知》（林住建党发［2019］32号），袁某与市住建局党组成员、调研员边某某工作交叉分管质安站（边某某2018—2019年病假期间，由袁某交叉分管）工作。2019年8月16日至9月1日，按照林芝市人民政府安排，袁某陪同市政府副秘书长刘某某前往成都协调清河阳光林芝苑办证事宜不在岗。经调查，事故发生期间其对分管的质量安全与安全生产监管工作不够深入细致，对事故发生负有一定领导责任。建议由分管副市长对其进行诫勉谈话；责成其向市住建局党组作出深刻检查。

4. 董某，林芝市住建局质安站站长，主管工程质量和安全生产，履职履责不到位，工作监督缺失，未有效组织开展安全生产和质量安全检查及整改，对事故发生负有直接监管责任。建议依据《中华人民共和国安全生产法》《行政机关公务员处分条例》之规定，建议给予行政警告处分。

八、事故防范和整改措施建议

“9·1”巴宜区工布明珠商住小区二期项目工地塔式起重机顶升事故充分暴露出企业不重视安全生产工作，无视国家相关法律法规。为深刻吸取事故教训，全面落实安全生产工作，最大限度地预防和减少安全事故的发生，提出以下防范和整改措施：

（一）西藏万安建设工程有限公司

1. 以本次事故为教训，进一步健全安全生产责任制和各项安全管理制度，夯实安全生产主体责任，在项目部开展全面彻底的事故隐患大排查。对存在事故隐患的建筑施工起重机械要停止使用，该拆除的坚决拆除，该维修保养的及时维修保养，不留死角。

2. 对项目部所有员工进行一次全面的安全教育，认真学习《建设工程安全生产管理条例》（国务院第 393 号）、《建筑起重机械安全监督管理规定》（建设部 166 号令）、《起重机械安全规程》GB 6067.1—2010 和《建筑施工塔式起重机安装、使用、拆卸安全技术规程》JGJ 196—2010，做到全覆盖。

3. 按照《建筑起重机械安全监督管理规定》（建设部 166 号令）第十八条的规定，在项目部设置专职人员监督管理起重机械安装、维保及其作业活动，杜绝起重机械违章违法行为。

4. 责成项目部根据每台塔式起重机技术特性和施工工艺技术条件，逐台制定具体的起重作业方案，并对塔式起重机司机、信号工进行有针对性和可操作性的安全技术交底，严禁违章指挥、违章操作。

5. 严格按照《建设工程安全生产管理条例》（国务院第 393 号）、《建筑起重机械安全监督管理规定》（建设部 166 号令）第十九条和《起重机械安全规程》GB 6067.1—2010 第 18 章规定的内容，督促项目部认真做好起重机械的日常检查、试验、维护与管理，确保起重机械各种安全装置齐全有效、灵敏可靠。

6. 针对事故塔式起重机，建议在事故调查处理完成后，周密制定施工方案，报请行业监管部门审查同意后，及时组织专业施工单位做好塔式起重机拆除工作，杜绝发生次生事故。

7. 针对事故造成的部分楼层损坏等安全隐患，建议组织专业机构进行监测评估，报请行业主管部门安全审查后，科学做好修复，后续施工等工作，确保质量安全。

（二）重庆江河工程建设监理有限公司

1. 严格工布明珠二期项目监理项目部人员管理，配备专业技术水平达标、工作责任心强的监理工程师依法认真履行监理职责。

2. 组织监理项目部全体人员认真学习《建筑起重机械安全监督管理规定》（建设部 166 号令）、《建设工程安全生产管理条例》（国务院第 393 号）、《起重机械安全规程》GB 6067.1—2010 和《建筑施工塔式起重机安装、使用、拆卸安全技术规程》JGJ 196—2010，严格依法实施监理。

3. 修订完善监理项目部《监理规划实施细则》和相关工作制度，夯实工作责任，认真履行监理职责，特别是对建筑施工起重机械安装、验收和使用等关键环节要认真监督检查，把好方案核审关、现场旁站关、联合验收关、安全使用关。

4. 加强对监理项目部日常工作的监督和考核。

（三）林芝瑞皇置业有限公司

要认真履行建设单位安全生产主体责任，加强对项目参建单位的日常监管，督促参建单位在项目建设全过程、各环节认真贯彻执行安全生产法律法规和规范标准，确保项目建设安全有序进行。

（四）林芝市住房和城乡建设局（含相关区县住建局和质安站）

1. 要以本次事故为反面教材，在全市建筑施工领域开展安全生产警示教育活动，提高建筑施工起重机械安全管理水平。

2. 组织开展全市防范建筑起重机械事故专项整治。市、县（区）建设行业主管部门和监督机构要再次认真组织学习《建设工程安全生产管理条例》（国务院第393号）《建筑起重机械安全监督管理规定》（建设部166号令）和相关规范、标准，对建筑施工起重机械备案、租赁、安装、检验、使用等各个环节进行清理整顿，坚决打击各类违法违规行为，杜绝类似事故再次发生。专项整治重点包括：

（1）安装单位是否按照安全技术标准、建筑起重机械性能要求及施工现场环境情况，编制建筑起重机械安装（拆卸）工程专项施工方案，并由本单位技术负责人签字；是否按照安全技术标准及安装使用说明书等检查建筑起重机械及现场施工条件；是否组织安全施工技术交底并签字确认；是否制定建筑起重机械安装（拆卸）工程生产安全事故应急救援预案；是否将建筑起重机械安装（拆卸）工程专项施工方案，安装（拆卸）人员名单，安装（拆卸）时间等材料报施工总承包单位和监理单位审核后，告知工程所在地县级以上地方人民政府建设主管部门；安装（拆卸）特种作业人员数量是否满足要求。

（2）监理单位是否审核建筑起重机械特种设备制造许可证、产品合格证、产权备案证明等文件；是否审核建筑起重机械安装单位的资质证书、安全生产许可证和特种作业人员的特种作业操作资格证书；是否审核建筑起重机械安装（拆卸）工程专项施工方案；是否监督安装单位执行建筑起重机械安装（拆卸）工程专项施工方案情况；是否监督检查建筑起重机械的使用情况。监理单位应当现场检查核对安装单位特种作业人员、专职安全生产管理人员、专业技术人员资格证书及其身份证明、辅助起重机械特种作业人员证书及其身份证明。

(3) 对事故塔式起重机制造厂家生产的建筑起重机械要进行重点排查与检查。

3. 加强建筑起重机械安全管理。要深入推进企业主体责任巩固年活动，以“9·1”事故为教训，认真组织开展建筑施工领域企业主体责任落实安全生产大检查活动，督促各建筑施工企业全面落实安全生产主体责任。具体要求如下：

(1) 建筑起重机械产权单位（出租单位或自购建筑起重机械的使用单位）应当在建筑起重机械首次出租或安装前向本单位工商注册所在地县级以上住房和城乡建设主管部门办理产权备案。

(2) 建筑起重机械产权单位（或出租单位）应当建立健全建筑起重机械安全技术档案，内容至少包括购销合同、制造许可证、产品合格证、安装使用及维修说明书、备案证明等原始资料。

(3) 建筑起重机械使用单位应当和安装单位签订建筑起重机械安装（拆卸）合同，明确双方的安全生产责任。

(4) 起重机械检验检测单位应当依法取得特种设备检验检测机构核准证和检验检测机构资质认定证书（CMA 证书）；检验检测人员应当依法取得检验检测人员资格（QS 或者 QZ－1）；检验检测结果和检验检测结论应当客观、真实、公正。

(5) 建筑起重机械经检验检测合格后，施工总承包单位应当组织监理、安装、出租等单位进行验收。

(6) 使用单位应当自建筑起重机械验收合格之日起 30 日内，向工程所在地县级以上地方人民政府建设主管部门办理建筑起重机械使用登记。

(7) 建筑起重机械使用单位应当严格落实起重机安全管理各项制度，完善安全操作规程，设立安全管理机构或配备安全管理人员，定期对在用（包括停工期间）建筑起重机械及其安全保护装置、索具等进行检查与维护。

(8) 建筑起重机械使用单位要严格落实起重机作业人员持证上岗制度，核实并确保建筑起重机械作业人员资格证真实、有效；严格执行建筑起重机械安全管理制度和岗位操作规程，落实安全防范措施，确保人员及设备安全。

4. 加强建筑施工作业事故应急救援管理。市住房和城乡建设主管部门要指导和督促在本地区注册的建筑施工企业，针对建筑施工作业过程中可能出现的突发情况，制定相应的应急抢险救援预案，配备充足的应急设备和物资，定期组织开展相关人员应急救援培训教育和应急演练，确保事故发生后迅速启动相关预案，实施有效的抢险救援和善后处置，尽量减少人身伤亡和财产损失。

5. 加强对全行业、全系统安全生产工作的监督指导和考核管理，认真履行行业安全监管职责。继续深入开展工程建设领域安全生产隐患排查治理和“打非治违”专项行动，加强对建筑施工起重机械租赁单位、安装单位、检测单位的监督管理工作，严格规范建筑起重机械管理。

6. 组织建筑施工起重机械安全监管业务培训，提高经办人员业务水平和监管能力。全面落实安全生产责任制。各县（区）党委、政府和各相关部门要牢固树立安全发展理念，始终坚持以人民为中心的安全思想，深入学习习近平总书记关于安全生产工作的系列重要论述和重要指示批示精神，学习国家、自治区和林芝市《地方党政领导干部安全生产责任制规定》，认真落实“三管三必须”要求，严格落实属地管理、行业监管、企业主体责任。要认真总结“9·1”事故原因，结合“百日大检查”和“防风险保平安迎大庆”专项行动，深入开展“纵向到底、横向到边”“无死角、无盲区、无缝隙的拉网式、地毯式”排查，确保形成“多层次、立体交叉式”的“政府督查、属地检查、企业自查”安全生产督查检查格局。要切实加强对企业安全生产主体责任落实情况的督导检查，特别是对建筑工程领域安全生产工作要有专人管理，定期、不定期对辖区项目进行安全检查和跟踪督查，杜绝发生重特大生产安全事故。

专家分析

一、事故原因

（一）直接原因

顶升横梁的失效是该起事故的直接原因。由于顶升横梁的形变造成原有的顶升横梁和标准节踏步之间的配合尺寸失效，从而导致最终事故的发生。

（二）间接原因

1. 顶升横梁无防脱保护装置（防脱插销）。

2. 顶升作业相关人员未经专业培训无证上岗，顶升作业前未制定专门的操作方案，顶升作业检查及观察不细致、不到位，安全意识缺乏，未按规定佩戴相应的安全防护装备。

3. 安装公司违法转借资质行为，且对塔式起重机安装作业人员监督管理不到位，无资质人员违规从事塔式起重机作业。

4. 该项目的相关手续不完备，导致相关的管理程序不履行，管理严重不到位。

二、事故经验教训

顶升横梁是在顶升过程中承载上部结构的主要承重构件，该事故塔式起重机的顶升方式是典型的外套架顶升，由顶升套架与标准节之间的位置关系可以判断在顶升时顶升油缸与标准节之间存在夹角，因此顶升时顶升横梁的位置错误就可以造成顶升横梁的受力状态发生变化，也就导致了顶升横梁侧向失稳的结果。从事故过程描述看，前面已经进行了两个标准节的顶升工作，没有发现明显的问题，事故后的检查发现顶升横梁和标准节的顶升踏步发生了较大的变形而且有明显的脱出痕迹，可以判断在此次顶升时该位置出现了较大的外力，而且顶升液压系统中的溢流阀并未动作。

发生事故的塔式起重机是施工单位的自有设备，由于起重机械的专业性较强，在自身不具备管理条件的情况下应当有相应的管理措施和方式保证起重机械的性能和安全状态。

三、预防措施建议

1. 在顶升作业前应对顶升系统进行全面检查，对安全装置等进行有效性验证。

2. 在顶升过程中密切关注主要受力构件的情况和液压系统运行情况。

3. 对于相关工程手续欠缺的施工项目，必须加强机械设备的维护保养和安全检查。

4. 设备的产权单位应该按说明书要求进行维护保养。

16　四川成都“9·26”基坑坍塌较大事故

调查报告

2019 年 9 月 26 日 21 时 10 分许，金牛区天回街道万圣新居 E 地块 4 号商业楼西北侧基坑边坡突然发生局部坍塌，将正在绑扎基坑墩柱的两名工人和一名管理人员掩埋。事故共造成 3 人死亡，其中 1 人当场死亡，2 人经医院全力抢救无效，于 9 月 27 日凌晨相继死亡。

根据《中华人民共和国安全生产法》《生产安全事故报告和调查处理条例》（国务院令第 493 号）和《四川省生产安全事故报告和调查处理规定》（省政府令第 225 号）、市政府办公厅《关于生产安全事故调查处理有关问题的通知》（成办函［2011］112 号）等相关规定，市政府成立了以分管副秘书长为组长，市应急局、市公安局、市住房和城乡建设局、市人社局、市总工会等部门单位和金牛区政府分管负责人为成员的金牛区万圣新居安置工程“9·26”较大坍塌事故调查组（以下简称事故调查组），并邀请市监委派员参加。事故调查组下设综合、技术、责任追究和善后维稳组，组织开展事故调查和善后处置工作。

事故调查组按照“四不放过”要求和“科学严谨、依法依规、实事求是、注重实效”的原则，通过现场勘验、调查取证、调阅资料、询问有关当事人的调查方式，查明了事故发生的经过、原因、人员伤亡和直接经济损失情况，认定了事故性质和责任，提出了对有关责任人员、责任单位的处理建议，并针对事故原因及暴露出的突出问题和教训，提出了事故防范措施。现将有关情况报告如下。

一、事故相关情况

（一）事故发生经过

2019 年 9 月 26 日 21 时 10 分许，中国五冶集团有限公司万圣新居 E 地块拆迁安置房工程项目经理部（以下简称万圣新居项目部）劳务分包单位工长贾某某，带领工人方某某、周某某在 4 号商业楼基坑西侧进行柱墩基础钢筋制作时，紧临的基坑壁突然发生局部坍塌，塌落的砂土将三人掩埋。

（二）应急救援情况

事故发生后，路过基坑附近的工人听到被埋人员方某某呼救立即示警，闻讯赶到的工友立即组织救助和报警，21时20分左右将方友刚救出。119、120急救人员赶到现场后，相继将周某某、贾某某救出。经120医生确诊周某某当场死亡，方某某、贾某某立即送西部战区总医院抢救。方某某、贾某某虽经医生全力抢救，但因伤势过重，于9月27日凌晨相继死亡。

（三）事故相关单位情况

1. 建设单位：成都市金牛城市建设投资经营集团有限公司（以下简称金牛城投），公司类型为有限责任公司（国有独资），法定代表人胡某，公司地址为成都市金牛区高新技术产业园兴平路100号佳业大厦1栋7楼7-2号。其下属的鑫金建设公司具体负责项目实施。

2. 施工总承包单位：中国五冶集团有限公司（以下简称五冶集团），公司类型为有限责任公司（国有控股），注册地址为成都市锦江区五冶路9号，法定代表人程某某。项目工程由其下属的中国五冶集团有限公司第一工程分公司（以下简称五冶集团一公司）实施。

3. 专业分包单位：四川飞亨建筑工程有限公司（以下简称飞亨建筑公司），公司类型为有限责任公司（自然人投资或控股），注册地址为成都市武侯区晋吉东二街236号，法定代表人白某某。

4. 劳务分包单位：遂宁市鸿程建筑劳务有限公司（以下简称遂宁鸿程劳务公司），公司类型为有限责任公司（自然人独资），注册地址为遂宁市船山区中国西部现代物流港遂宁义乌广场1期2号楼2楼4号，法定代表人白某某。

5. 工程监理单位：四川成化工程项目管理有限公司（以下简称成化项管公司）。公司类型为有限责任公司（自然人投资或控股），公司地址为成都市武侯区二环路南三段5号人南大厦8座7楼，法定代表人付某某。

6. 行业主管部门：金牛区住房建设和交通运输局（以下简称金牛区住建和交通局）。其下属金牛区建设工程质量和安全监督站（以下简称金牛区质安站）实施具体监管工作。

（四）事故相关单位之间关系

金牛区天回街道万圣新居E地块项目，为居民拆迁安置小区，项目建设单位为金牛城投，2018年项目立项，2018年9月2日取得《建筑施工许可证》。2018年4月26日，金牛城投与成化项管公司签订了监理委托合同。

2018年7月23日，万圣新居E地块项目经金牛城投公开招标，五冶集团中标。7月30日，金牛城投与五冶集团签订了《万圣家园安置房E区工程施工总承包合同》。8月20日，五冶集团成立了万圣新居项目部，任命何某为项目经理，李某某为项目副经理兼项目党支部书记，同时将项目交由其下属的五冶集团一公司管理，独立核算费用。2018年12月14日，因工作调动，项目经理变更为罗某某。经查，项目部主要管理人员的社保和劳动关系为五冶集团一公司，工程计量和经费往来账目由五冶集团一公司相关人员审签，监理单位来往文书等文件资料证实项目工程由五冶集团一公司具体实施。

2018年12月17日，五冶集团与飞亨建筑公司签订了《万圣新居E地块拆迁安置房项目基坑支护工程专业分包合同》。飞亨建筑公司委派黄某为项目负责人，李某某为技术负责人。由于身体原因，2019年8月份，项目技术负责人变更为白某某。

2019年1月20日，万圣新居项目部与遂宁鸿程劳务公司签订了《万圣家园安置房E区工程二标段建设工程施工劳务分包合同》，项目劳务采用计件量化包干制。遂宁鸿程劳务公司任命聂某某为现场负责人，带班工长贾某某。事发时劳务人员正在加班进行基坑墩柱钢筋绑扎及支模施工。

（五）事故项目情况

1. 项目工程概况。该项目主要由12栋15～18层高层住宅、4栋1～4层的商业楼、1栋垃圾房和一个纯地下室组成。目前，该工程其他楼栋的主体已基本完工，进入内部装修阶段。发生事故为项目的4号商业楼，该楼共3层，无地下室。

2. 事故现场勘验情况。4号商业楼靠近项目入口处的西侧基坑深度4.05m，坍塌区域宽约6m，最深处土层厚度约0.8m，平均厚度约0.5m，坍塌方量约$12m^3$，为粉质砂土。坍塌区域上方有一层宽约2.7m、厚约20cm的混凝土硬化路面，路北侧有降水井、排水管、施工电缆和一组配电柜，距基坑边沿约3m。

（六）善后处置及直接经济损失情况

事故发生后，市委、市政府主要领导、相关分管领导分别作出指示批示，要求全力救治受伤人员，妥善进行善后工作，调查事故原因，严肃追责，举一反三，切实加强施工安全管理。市应急局、市卫健委分管负责同志和金牛区政府主要负责同志立即赶赴医院探望伤员，协调医疗资源。应急厅、住建厅派员查勘事故现场，指导事故调查和督促善后处置。2019年9月28日，用人单位与死者亲属达成赔偿协议，当日3名死者遗体火化，死者亲属返回原籍，善后事宜处理完毕，事故直接经济损失500余万元。

二、事故原因分析

（一）直接原因

4号商业楼基坑开挖放坡系数不足且未采取支护措施，基坑壁砂土在重力和外力作用下发生局部坍塌。

1. 基坑开挖放坡系数不足。经现场勘查，基坑深度约4.05m，按基坑设计及支护方案，该基坑采取放坡方式进行施工，设计规定放坡系数为1∶0.4，施工单位编制的《4号楼土方开挖专项施工方案》（以下简称《方案》），确定基坑采用放坡系数为1∶1，分层开挖，实际该基坑9月23日机械一次开挖成形，放坡系数未达到规范要求。

2. 基坑壁土质不良且未采取支护措施。事故基坑壁局部为粉质砂土，9月23日机械开挖成形后暴露在空气中，连日晴天导致砂土中水分蒸发土层粘结力下降，同时基坑边缘距现场施工主车道距离过近，边坡承受荷载过大，基坑垮塌部位旁为小型绿化区未硬化封闭，对土质产生不利影响，加之边坡未支护，土层在重力和外力共同作用下发生局部坍塌。

（二）企业主要问题

1. 飞亨建筑公司。安全生产主体责任落实不到位，未按深基坑工程施工安全技术规范组织施工，是事故发生的主要原因。

（1）编制《方案》未结合施工场地的实际，导致可操作性差。《方案》未考虑基坑西侧有降水井、施工电缆、配电柜等设施设备，1∶1放坡将无法实施的实际，未采取相应的技术保障措施。

（2）擅自改变施工方案，开挖的基坑放坡不足且未支护。《方案》实施过程中，飞亨建筑公司未将《方案》不具操作性的问题及时反馈给项目部，也未与总承包单位进行沟通，擅自变更施工方案，未分层开挖和放坡。

（3）风险辨识不到位，安全隐患整改不及时。对粉质砂土性状了解不足，机械开挖后未对土质结构进行分析研判，导致粉质砂土长时间暴露在空气中水分蒸发，粘结力下降。未及时落实9月25日监理单位节前检查时口头下达要求整改的指令。

2. 五冶集团一公司。深基坑专项施工技术方案与现场部分临建设施存在冲突，施工现场组织、协调、管理不到位，是事故发生的重要原因。

（1）未落实上级要求。未将集团公司总经理办公会、集团公司《关于进一步加强国庆期间安全生产工作的通知》等一系列会议、文件精神落实到实际工作中去，防风险保安全迎大庆工作开展不力，未按要求暂停危险性较大分部分项工程施工。

（2）对专项施工方案审查把关不严。2019年7月20日未结合施工现场实际情况，通过了飞亨建筑公司编制的《方案》审核，导致施工方案与施工现场不符，造成施工方案与施工现场“两张皮”现象。

（3）施工现场组织、协调、管理不到位。2019年9月26日下午建设单位主持召开监理例会，提出4号楼基坑护壁未支护存在安全隐患的整改要求，项目部未进行有效施工组织、协调，及时督促基坑分包单位采取管护措施，督促劳务分包单位停止加班施工。

3. 成化项管公司。专项施工方案审查把关不严和隐患整治督促不力，是事故发生的一般原因。

（1）对专项施工方案审查把关不严。2019年7月28日未结合施工现场实际情况，通过万圣新居项目部编制的《方案》审核，导致施工方案可操作性差。

（2）施工现场隐患整治督促不力。虽在2019年9月25日节前检查发现4号楼基坑开挖放坡不足且未支护的安全隐患，9月26日下午召开监理例会就4号楼基坑护壁未支护提出整改要求，但未下达整改指令并有效督促施工单位进行隐患整改和向行业主管部门报告。

4. 金牛城投。督促施工单位整改基坑放坡不足且未支护的安全隐患不力，是事故发生的一般原因。

虽在9月25日的例行检查和9月26日的监理例会上两次口头提出施工单位对4号楼基坑安全隐患进行整改的要求，但未下发整改或停工指令，也未采取其他有效措施对整改落实情况进行监督。

（三）有关部门的主要问题

金牛区住建和交通局行业监管不到位，安全生产压力传递不到位。未对重大节日前工作做出安排部署，开展节前安全检查，及时传导安全压力。

经调查认定，金牛区万圣新居安置工程“2019·9·26”事故是一起生产安全责任事故，事故等级为较大事故。

三、对事故有关单位及责任人的处理建议

（一）公安机关已采取行政强制措施（2人）

1. 白某某，飞亨建筑公司施工技术负责人，施工现场管理不到位，涉嫌犯

罪。10月1日，公安机关以涉嫌重大劳动安全事故罪采取强制措施。

2. 黄某，飞亨建筑公司施工现场项目经理，分包单位施工现场安全生产第一责任人，施工现场管理不到位，涉嫌犯罪。10月1日，公安机关以涉嫌重大劳动安全事故罪采取强制措施。

（二）有关企业人员（13人）

1. 白某某，飞亨建筑公司法人代表。对本单位安全生产督促检查不力，其行为违反了《安全生产法》第十八条第一款第（五）项、《建设工程安全生产管理条例》第二十一条第一款的规定，对事故的发生负主要管理责任，依据《安全生产法》第九十二条第一款第（二）项之规定，建议处上一年年收入40%的罚款。

2. 肖某某，万圣新居项目部技术部副总工，负责项目施工技术管理工作。专项施工方案审查把关不严，未发现并纠正《方案》与施工现场情况不符的问题，施工现场管理不到位，技术交底有缺失，其行为违反了《安全生产法》第四十三条、《建设工程安全生产管理条例》第二十六条第一款第（二）项13、第二十七条规定，负事故重要管理责任，依据《安全生产领域违法违纪行为政纪处分暂行规定》第十二条和《四川省生产安全事故报告和调查处理规定》第三十八条第一款第（二）项规定，建议给予其行政撤职处分，并处罚款3.2万元。

3. 李某某，万圣新居项目部副经理，分管项目施工工作。施工现场组织、协调、管理不到位，对分包单位隐患整改督促不力，施工管理不到位，其行为违反了《安全生产法》第四十三条的规定，负事故重要管理责任，依据《安全生产领域违法违纪行为政纪处分暂行规定》第十二条和《四川省生产安全事故报告和调查处理规定》第三十八条第一款第（二）项的规定，建议给予其行政降级处分，并处罚款3万元。

4. 罗某某，万圣新居项目经理。落实上级指令不到位，不按要求暂停危险性较大分部分项工程施工作业；对专项施工方案审查把关不严，未发现并纠正《方案》与施工现场实际不符的问题；施工现场组织、协调、管理不到位，风险辨识不到位，隐患排查落实不力，其行为违反了《安全生产法》第四十三条第一款、《建设工程安全生产管理条例》第二十一条第二款的规定，负事故重要管理责任，依据《安全生产领域违法违纪行为政纪处分暂行规定》第十二条、《四川省生产安全事故报告和调查处理规定》第三十八条第一款第（二）项的规定，建议给予其行政记大过处分，并处罚款2.8万元。

5. 文某某，五冶集团一公司总工，负责公司技术工作。对项目督促检查不力，其行为违反了《安全生产法》第四十三条第一款的规定，负事故一般领导责任，依据《安全生产领域违法违纪行为政纪处分暂行规定》第十二条和《四川省生产安全事故报告和调查处理规定》第三十八条第一款第（二）项的规定，建议给予其行政记过处分，并处罚款2.5万元。

6. 王某某，五冶集团一公司副总经理，分管施工、安全生产工作。落实上级指令不到位，对项目安全生产工作督促检查不力，其行为违反了《安全生产法》第四十三条第一款的规定，负事故一般领导责任，依据《安全生产领域违法违纪行为政纪处分暂行规定》第十二条和《四川省生产安全事故报告和调查处理规定》第三十八条第一款第（二）项规定，建议给予其行政记过处分，并处罚款2.5万元。

7. 陈某某，五冶集团一公司总经理，负责公司全面工作。对项目安全生产工作督促检查不力，其行为违反了《安全生产法》第十八条第一款第（五）项的规定，负事故一般领导责任，依据《安全生产法》第九十二条第一款第（二）项规定，建议处上一年年收入40％的罚款。

8. 刘某某，成化项管公司项目总监。对专项施工方案审查把关不严，未发现并纠正《方案》与施工现场实际不符，操作性差的问题；施工现场监管不到位，节前检查发现4号楼基坑开挖放坡不足且未支护的安全隐患，但未下达整改指令有效督促施工单位进行隐患整改，其行为违反了《安全生产法》第四十三条第一款、《建设工程安全生产管理条例》第十四条第二款的规定，负事故一般管理责任，依据《四川省生产安全事故报告和调查处理规定》第三十八条第一款第（二）项规定，建议对其处罚款2.5万元。

9. 白某，成化项管公司副总经理，分管常务工作。对施工现场监理监督检查不力等问题失察，其行为违反了《安全生产法》第四十三条第一款的规定，负事故一般领导责任，依据《四川省生产安全事故报告和调查处理规定》第三十八条第一款第（二）项规定，建议对其处罚款2.2万元。

10. 王某某，鑫金建设公司工程管理部经理。作为万圣家园E区项目现场负责人，检查发现基坑施工安全隐患后对施工单位整改落实督促不力，对施工现场监督管理不到位，建议对其立案调查，予以调离岗位处理。

11. 孙某某，金牛城投公司消防及安全生产委员会办公室副主任。具体负责项目建设安全方面的监督检查工作，履行监督检查职责不到位，未及时发现安全隐患并督促整改，建议对其立案审查，给予警告处分。

12. 胡某某，鑫金建设公司副总经理。分管项目实施过程的质量和安全工作，对事故项目推进情况和安全质量把关不严，对项目现场负责人和监理公司的监督管理不到位，负有领导责任，建议对其立案调查，予以调离岗位处理。

13. 李某某，金牛城投公司总工程师、鑫金建设公司总经理。身为事故项目建设方主要领导，对区“防风险保安全迎大庆”重点工作落实不到位，对项目建设监督管理检查不到位负有领导责任，建议对其批评教育，责令其在单位班子民主生活会上作出深刻检查。

（三）有关公职人员（5人）

1. 刘某某，金牛区质安站工程师。作为项目建设监督员，履行监督检查职责不到位，对基坑后期施工没有跟踪检查，建议对其立案审查，给予警告处分。

2. 熊某某，金牛区质安站主任科员。作为项目建设监督员，履行监督检查职责不到位，对基坑后期施工没有跟踪检查，建议对其立案审查，给予警告处分。

3. 章某，金牛区质安站副站长。分管安全和文明施工工作，履行分管职责不到位，对监督员的履职和项目安全监督管理不严，负有领导责任，建议对其立案审查，给予警告处分。

4. 张某某，金牛区质安站副站长。主持负责全面工作，安全压力传递不到位，对项目安全监督工作督促落实不到位，负有领导责任，建议对其批评教育。

5. 邓某，金牛区住建和交通局副局长。作为区质安站的分管领导，在重大节日前对安全压力传导不够，对区质安站履行行业监管职责不到位负有领导责任，建议对其提醒谈话，责令其在单位班子民主生活会上作出深刻检查。

（四）有关事故单位

1. 飞亨建筑公司。安全生产主体责任落实不到位，不按深基坑工程施工安全技术规范组织施工，违反了《安全生产法》第三十八条第一款第19、《建筑施工易发事故防治安全标准》JGJT 429—2017第4.2.2条2和《建筑深基坑工程施工安全技术规范》JGJ 311—2013第11.2.221条的规定，对事故发生负有责任，依据《安全生产法》第一百零九条第一款第二项22之规定，建议处罚款65万元。

2. 五冶集团一公司。落实上级指令不到位，深基坑专项施工技术方案审查把关不严，施工现场组织、协调、管理不到位，违反了《安全生产法》第三十八条第一款、《建设工程安全生产管理条例》第二十六条之规定，对事故发生负有责任，依据《安全生产法》第一百零九条第一款第（二）项规定，建议处罚款60万元。

3. 成化项管公司。专项施工方案审查把关不严和隐患整治督促不力，违反了《安全生产法》第三十八条第一款、《建设工程安全生产管理条例》第十四条的规定，对事故发生负有责任，依据《安全生产法》第一百零九条第一款第

（二）项规定，建议处罚款55万元。

4. 五冶集团。对下属单位监督检查不到位，建议由住房和城乡建设主管部门对其进行告诫约谈。

5. 遂宁鸿程劳务公司在这起事故中未发现明显过错，建议不作责任追究。

四、事故防范措施和整改建议

为认真吸取事故教训，针对这起事故暴露出的突出问题，提出如下整改措施建议。

（一）飞亨建筑公司要增强现场管理人员责任意识和业务技能，根据现场实际情况编制施工方案，施工过程中要及时加强与总承包单位、监理单位沟通，纠正施工方案执行中存在的问题。要加大施工现场隐患排查治理力度，及时消除事故隐患。

（二）五冶集团一公司要加强施工作业现场风险研判，落实风险管控措施，编制的安全技术措施、专项施工方案要有针对性，在施工过程中严格落实安全技术措施加强施工现场管理。要强化基层管理人员教育，不断提升一线管理人员的业务技能。要加强施工现场应急物资准备，确保发生事故能在第一时间采取有效救助。五冶集团要进一步压实安全生产责任制度，全面推行责任制＋清单化管理，切实加强下属单位及项目的管理，加强一线管理人员法制意识培训，坚决做到令行禁止。

（三）成化项管公司要严格履行监理职责，严格审查施工组织设计中的安全技术措施和专项施工方案，确保其符合工程建设强制性标准。要加大现场巡查力度，及时纠正违章指挥、违规作业、违反劳动纪律行为，督促整改施工过程中的安全隐患，对施工单位安全隐患整改不力或拒不整改的，要及时报告建设单位或行业主管部门。

（四）金牛城投要充分发挥建设业主的主导作用，督促各参建单位认真履行安全生产主体责任，督促监理、施工单位开展施工现场安全检查，及时消除安全隐患。

（五）金牛区住建和交通局要及时督促施工企业落实安全生产主体责任，加强施工现场安全检查，对发现的隐患问题，在督促企业整改的同时，加大行政处罚力度，避免检查流于形式。市住房和城乡建设局要加强对各区（市）县住房和城乡建设主管部门的监督指导，督促各区（市）县及时将上级指示精神贯彻落实到每个项目，落实到岗位一线；要研判不同季节、不同时段本行业领域存在的重大安全风险，加强风险预警，确保本行业领域安全形势持续稳定。

专家分析

一、事故原因

本起事故案例中，基坑开挖深度4.05m，采用放坡支护，专项方案放坡系数为1∶1，由于现场存在排水管、施工电缆、配电柜等，放坡空间不足造成实际放坡系数未达到规范要求。基坑壁土质不良且未支护，粉质砂土直接裸露在环境中，砂土粘结力下降，导致基坑安全风险增加。另外基坑边缘距现场施工主车道距离过近，边坡承受荷载过大，不同工序、工种间作业协调不到位。基坑垮塌部位旁为小型绿化区未硬化封闭，不排除绿化水对边坡土质也产生了不利影响。基坑侧壁砂土在自然与人为双重影响作用下发生局部坍塌，造成生产安全责任较大事故。

二、事故经验教训

本事故的发生主要在于各方管理均不到位。各相关单位应加强基坑施工过程中的安全生产管理工作，施工单位未按照现场实际情况编制切实可行的施工方案，也未在施工现场显著位置公告危大工程，并在危险区域设置安全警示标志，对不同工种的安全生产教育也未落实到实处，夜间加班人员对周边环境的安全检查也不到位，没有及时发现险情。

三、预防措施

建设单位和监理单位应加强现场监管，保证施工现场严格按照方案和有关规范标准要求施工。

17　吉林白城“10·14”维修坍塌较大事故

调查报告

2019年10月14日6时37分，位于白城市幸福北大街与三合路交汇处西10m的白城农村商业银行股份有限公司（以下简称农商行）保平分理处维修楼房发生坍塌事故。事故共造成5人死亡，4人受伤，坍塌面积906m²，直接经济损失1000余万元。

事故发生后，应急管理部和省委、省政府高度重视，应急管理部通过视频连线全程监督指导现场救援工作。省委书记巴音朝鲁、省长景俊海、常务副省长吴靖平、副省长侯淅珉等省领导分别作出批示，对抢险救援、事故查处等工作提出要求，并派省专家组赶赴现场指导救援。白城市委、市政府认真落实各级领导的批示指示要求，迅速启动应急预案，市委书记庞庆波、市长李明伟、常务副市长张洪军等市领导赶赴事故现场，指挥部署抢险救援和事故调查处理等工作。

根据《中华人民共和国安全生产法》《生产安全事故报告和调查处理条例》（国务院令第493号）等有关法律法规规定，经市政府批复同意，成立了由市应急局、市公安局、市总工会、市住房和城乡建设局、市纪委市监委驻市场监督管理局纪检监察组、经开区组成“10·14”坍塌事故调查组（以下简称事故调查组），开展事故调查工作。事故调查组邀请市检察院派员参加，并聘请建筑设计、结构、地基等方面专家组成专家组，参加事故调查工作。

事故调查组按照“四不放过”要求和“科学严谨、依法依规、实事求是、注重实效”的原则。通过现场勘查、调查取证、技术鉴定和综合分析，查清了事故发生的经过和原因，认定了事故性质和有关单位及人员的责任，提出了对有关责任单位和人员的处理意见及防范类似事故的措施建议。

经调查认定，白城农村商业银行保平分理处办公楼“10·14”较大坍塌事故是一起较大生产安全责任事故。

现将有关情况报告如下：

一、基本情况

（一）事故相关单位基本情况

1. 建设单位：白城农村商业银行股份有限公司，2014 年 1 月，洮北区农村信用合作联社改制为白城农村商业银行股份有限公司，隶属于吉林省农村信用社联合社，注册资本五亿壹仟零贰拾万元，农商行第一任党委书记、董事长王某某，履职期限至 2019 年 9 月 11 日，2019 年 9 月 11 日至今农商行党委书记为孙某某，负责农商行全面工作。

2. 施工单位：白城市森昊建筑工程有限责任公司（以下简称森昊公司），成立于 2015 年 8 月 22 日，2019 年 3 月 22 日法定代表人变更为崔某某，注册资金两千万元，具有建筑工程施工总承包叁级资质。

3. 设计单位：白城市智业彼岸设计顾问有限公司（以下简称彼岸公司），成立于 2004 年，法定代表人何某某，公司注册资金两百万元，主要从事室内外设计，标识加工及室内外装潢等业务，无建筑施工设计资质。

4. 招标代理机构：吉林宝伟工程项目管理有限公司白城分公司（以下简称宝伟白城分公司），成立于 2011 年 3 月，法定代表人姚某。主要从事工程项目招标代理、工程造价咨询。为农商行指定的合作机构。

5. 吉林省正祯工程咨询有限公司（以下简称正祯公司），成立于 2014 年 4 月 17 日，与森昊公司同一法定代表人崔某某，注册资金一百万元。经营范围：工程建设项目招标代理、工程咨询、工程监理、工程技术开发、水土保持方案编制、设计咨询、造价咨询；软件设计开发、进出口贸易；光盘的设计与刻录、画册的设计与制作。为农商行指定的合作机构。

6. 咨询造价单位：吉林省锋华建设管理有限公司（以下简称锋华公司），法定代表人王某，注册资金三百万元。具有被建设部门批准的项目招标代理乙级资质、工程造价咨询乙级资质、吉林省政府采购招标代理业务、工程建设监理、吉林省人防监理资质。为农商行指定的合作机构。

（二）白城农商行保平分理处办公楼概况

白城农商行保平分理处（以下简称分理处），原为白城市保平信用社。白城市保平信用社办公楼 1987 年报建，经白城市建筑设计室设计该楼为 3 层，每层建筑面积 226.5m²，楼建筑面积 679.5m²，由白城市乘风建筑工程公司（公司解体）施工建设，于 1988 年 9 月建成投入使用。1995 年经白城地区建筑设计工程总公司设计事务所（1998 年解体）设计，在原 3 楼上加盖一层，增加面积 $226.5m^2$，现建筑面积：$906m^2$（4 楼）。施工单位为白城市永安建筑工程处（公司解体）。按照 1990 年出台的《白城市城建局关于核发房屋产权证中有关问题的暂行规定》第十二条规定："属于非住宅类的公有房屋，如没有规划批件，可查找批准的建筑计划、国定资产账或上级主管部门的证明等，经研究认定符合条件的，即可办理手续"，淤北区保平信用合作社提供了国定资产登记簿和上级单位保平乡政府出具的 87 年以前建设的证明，符合当时文件规定，于 1998 年 5 月 13 日取得产权证。该户房屋产权人为淤北区保平信用合作社，产权来源为自建，产籍号为 1-80/3-59。

二、事故发生经过及应急处置情况

（一）事故发生经过

2019 年 10 月 14 日 6 时，白城农村商业银行保平分理处楼房维修项目施工现场开始作业。当日现场楼体外全部搭设脚手架，楼外墙砖和抹灰层除西侧和北侧西半部外，已全部拆除，7 名瓦工正在 2 楼南侧和东侧外抹灰作业。3 名拆窗户人员在 3 楼最东侧办公室等待分配任务，6 时 37 分左右楼房 2 楼西数第 4 个窗户东侧墙体向外鼓包，东西两侧砖向内挤，墙体掉渣，1 楼门东侧第 1 个窗口过梁掉落，局部发生坍塌，瞬间楼房除西侧一跨 1～4 楼和挨着的北侧 1～3 楼楼梯间外，其余全部向南坍塌。现场共计 22 人，其中 13 人逃生，9 人被埋。

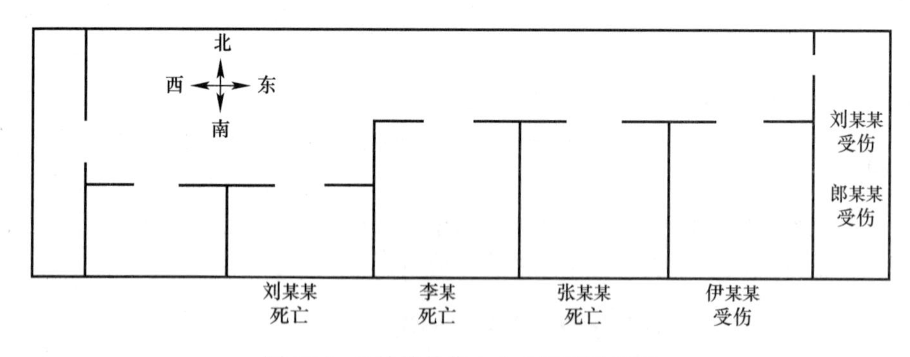

图 17-1　2 楼楼外伤亡人员位置示意图

（二）救援情况

10 月 14 日 6 时 40 分，现场市民拨打"119"电话报警，市应急局接到指挥中心关于保平分理处楼房坍塌情况通报后，立即报告市政府，白城市政府认真落实国家应急部和吉林省委、省政府领导重要批示精神，市委市政府立即启动应急预案，坚持救人第一、科学施救原则。市委、市政府相关领导赶赴现场亲自指挥，成立“10·14”应急处置工作领导小组，下设现场救援、医疗救助、现场秩序管控、善后处置、信息发布、事故鉴定6个工作组。组织调度公安、消防、卫生、住建、城管、供电等联动单位到场进行救援处置。先后调集15辆消防车、37台大型工程机械设备、200余名应急救援人员、2架无人机、4只搜救犬、雷达生命探测仪、音视频生命探测仪、切割机、液压破拆工具组等500余件器材装备赶赴现场处置。长春市消防救援支队搜救犬中队、松原市消防救援支队地震救援队进行支援。

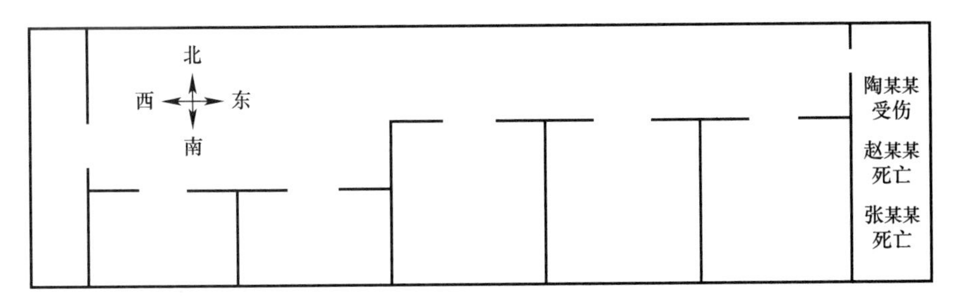

图17-2　3楼楼内伤亡人员位置示意图

救援现场架设1部4G布控球和1部4G单兵图传设备，东侧和北侧各布置1部4G单兵图传设备做更替补充；利用无人机上传高空航拍图像，制作灾害事故现场“全景图”；实现与部消防救援局和总队24小时音视频互联互通；为救援工作提供科技支撑实现“动态可视指挥、实时监测预警”。通过询问知情人，采用搜救犬、生命探测仪、手机等定位措施，锁定被困人员位置，迅速绘制定位图、确定南北2个作战面、6个重点搜救开展区域。公安和城管等部门对道路进行交通管制，为救援车辆开通绿色通道。为防止次生灾害发生，避免二次坍塌和碾压，住房和城乡建设主管部门组织建筑专家对建筑开展二次倒塌风险测评，设立安全员对残余建筑稳定性开展不间断监控，现场制定危险残余建构筑物拆除方案并指导专业人员施工。电力部门第一时间切断救援区域高压电及事故楼房电源。截至10月15日15时45分左右9名被困人员救出，其中5人死亡，4人受伤，现场搜救工作完成。

搜救结束后，市政府在现场召开了后续工作部署会，责成经开区领导分别负责，成立6个善后处理组，对伤员救治、善后处置、家属安抚、现场清理、安全保障、事故调查、舆情管控等工作进行了全面安排部署。

（三）医疗救治及善后处理情况

指挥部调派9辆救护车及医护人员，将伤员分别送往白城中心医院、白城市医院、白城中医院进行治疗。

经开区管委会成立由书记仲伟刚同志任组长，公安分局、城管分局、农商行、经开区机关领导共46人的1个医疗救治组和5个善后处理组，做好伤亡人员医疗救治、家属安抚、心理疏导、赔偿协商、生活保障等工作。10月23日5名遇难者达成赔偿协议，遗体全部火化，4名伤员伤情稳定得到有效救治，家属情绪稳定，未发生伤亡人员家属上访等涉及稳定事件，社会舆论保持平稳。

10月15日16时，市住房和城乡建设局组织市房屋建筑专家对事故现场剩余房屋进行安全评估，市城管局组织专业队伍对坍塌现场剩余的约200m^2房屋进行拆除。10月16日17时，现场拆房工作完成，事故现场清理完毕。

（四）应急处置评估

事故调查组完成了《10·14保平分理处维修工程楼房坍塌事故应急处置评估报告》评估报告结论：在国家应急管理部、消防救援局、省应急管理厅、省消防救援总队和市委、市政府的正确指导下，在相关部门的全力协同合作下，各方救援力量科学施救，白城农村商业银行“10·14”保平分理处维修工程楼房坍塌事故应急救援处置总体有力、有序、有效。

三、事故伤亡情况及直接经济损失

（一）事故造成5人死亡

1. 刘某某，男，51岁，瓦工。
2. 李某，男，54岁，瓦工。
3. 张某某，男，43岁。
4. 赵某某，男，51岁。
5. 张某某，男，52岁。

（二）事故造成4人受伤

1. 伊某某，男，42岁，瓦工。
2. 刘某某，男，54岁，瓦工。

3. 郎某某，男，57岁，瓦工。
4. 陶某某，男，57岁，拆窗工人。

（三）事故造成直接经济损失

1. 坍塌楼房215.63万元。
2. 事故死亡赔付500万元。
3. 伤者医疗救治100万元。
4. 事故救援及善后处理约200万元。
5. 事故造成直接经济损失约1015.63万元。

四、相关事项调查情况

事故发生后，根据市政府的批复，成立由市应急局、市住房和城乡建设局、市公安局、市纪委、市总工会组成的事故调查组，并邀请市检察院派人参加，于10月21日开展事故调查工作。先后向14个有关部门（单位）发函17份，调查谈话66人，共获取视听资料、书证163份，其中：视频资料、合同文本、行政单位三定方案、上级文件等59份，询问笔录102份，专家鉴定意见1份，结构计算书1份。

（一）维修项目设计、招标情况

1. 决策环节：2019年7月末，农商行计划对保平分理处楼房进行维修及西侧一楼平房续建接层。8月3日，崔某某安排正祯公司的预算员贾某某与彼岸公司的设计员白某一起到保平分理处进行排尺和初步预算设计。8月4日，王某某、车某某、何某某、贾某某4人到保平分理处，农商行提出了铲除楼体外立面瓷砖重新装修，改建水、电管线，铺设地热，办公室重新刷漆的要求。事后车某某根据贾某某提供的维修大概价格，结合自己的市场询价，估算出每平方米2500元，总造价280万元的价格提交农商行上会研究。8月5日，农商行召开党委会，参加人员有王某某、郑某某、李某某、郭某，车某某记录。党委成员一致同意对保平分理处进行维修并形成党委决议，要求按照省农村信用联社的规定进行项目招标。

2. 设计环节：8月14日上午，农商行安排车某某去市规划设计院办理保平分理处西侧平房接层的相关手续，8月15日，农商行加层申请未被批准。

8月16日上午，王某某、李某某、车某某会同正祯公司贾旭波和彼岸公司设计人员白某到保平分理处。要求先复原楼平面图再做装修图，当时又提出维修的具体要求。白某、贾某某对保平分理处进行了精确的排尺。8月20日下午，白某将淘宝网上雇佣“枪手”设计完的维修施工图纸先以微信形式发给贾某某，晚上又以邮件的形式发给车某某定稿，何某某8月21日分3笔付给“枪手”6500元设计费。8月22日，车某某将彼岸公司设计的图纸给锋华公司做保平分理处工程预算。8月24日，锋华公司将预算报告交给农商行。

3. 招标环节：8月26日，车某某将保平分理处维修项目交给宝伟白城分公司对外进行公开招标，并提供了锋华公司预算和彼岸公司设计的未经专业机构审核的图纸资料。8月28日，宝伟白城分公司对农商行提供的资料没有提出任何异议的情况下，依据《中华人民共和国政府采购法》对维修工程项目进行国内公开招标，并在中国政府采购网、中国采购与招标网发布公告。9月18日，宝伟白城分公司违规采用政府采购程序在鹤城丽都3号楼501召开农商行保平分理处工程开标会。参加人员有宝伟白城分公司一名工作人员和一名记录人，农商行三名工作人员，四名评标专家，参加投标公司的三名代表。最后森昊公司中标，中标金额为171.8213万元。

（二）签订合同和施工前准备情况

9月11日，吉林省农村信用联社党委下文决定：任命孙某某同志为白城农村商业银行党委书记，并推荐为董事长人选。免去王某某同志白城农村商业银行党委书记，建议辞去董事长职务。

9月20日，按照招标流程宝伟白城分公司到农商行对《中标通知书》履行公章手续，农商行同意在中标通知书签字用印。9月30日，森昊公司到农商行找车某某签施工合同。车某某向李某某汇报森昊公司10月2日进场。10月2日，李某某、车某某、森昊公司项目经理王某某、正祯公司副总孙某某及总包工头王某某到分理处，看施工现场，车某某要求农商行保卫科当天值班人员朱某某积极配合施工单位。

（三）未办理施工手续，违法进场施工情况

保平分理处维修项目在没有办理任何施工手续的情况下，森昊公司违法雇佣无任何劳务资质个人王某某为劳务总承包，王某某又分别雇佣无任何资质的脚手架项目承包人马某某、拆除项目承包人韩某某和瓦工进场施工，10月4日早上开始搭设脚手架，由于楼北电源入户线阻碍原因，至10月6日除楼北侧西半部和楼西侧外脚手架全部搭设完毕。10月6日，韩某某雇佣无任何资质的工人进场开始铲除内外墙皮、拆除窗户和暖气作业。10月8日上午，孙某某、李某某、车某某到保平分理处，当时分理处1楼外墙皮已经全部铲除。孙某某在现场决定

办公人员和物品全部搬出，分理处停业，未提出对4楼档案进行安全处理。10月10日，工人在铲除外墙皮过程中发现墙砖破损严重，王某某和韩某某均知情此事，并向王某某反映情况，但王某某未采取任何措施。10月12日王某某雇佣瓦工进场从上向下对外墙皮抹灰，至10月13日晚3、4楼和2楼西南角都已完成抹灰。期间工人发现有多处窗口因铲除外墙皮和拆窗掉落缺砖，在2、3楼之间西数第4、5窗口中间一处缺口较大需集中补砖200～300块。王某某向王某某提出需要补砖，王某某汇报给崔某某，崔某某买了1000块砖送到工地，工人在缺口较大的49墙体上补了24墙。10月13日外部未搭设完脚手架部分已搭设完毕，外墙皮余下部分仍未铲除。

(四) 相关部门审批情况

1. 报备及开工许可审批情况

农商行决定分理处进行维修后未按《中标通知书》依据《吉林省建筑市场管理条例》的规定，签订合同后将合同及文件报建设行政主管部门备案；未到白城市住房和城乡建设管理局行政审批办公室办理施工许可证；未聘用施工监理、未指定专人进行现场施工安全管理。

2. 牌匾、外立面审批情况

依据《白城市人民政府关于划转白城市规划局集中处罚权和委托行使部分行政许可权的批复》注职（白政函［2017］119号）文件，须经属地城管部门初步审核后，上报白城市城市管理行政执法局审批。

森昊公司定10月2日进场施工，车某某向他提出没有任何施工手续，相关部门一定要来检查，森昊公司明确表示所有手续由森昊公司来办，农商行提供相关材料就行。

10月2日，森昊公司联系白城市城市管理综合执法支队经开大队（以下简称城管经开大队），表示三合路有个装修工程，城管经开大队安排城管经开大队牌匾科科长李某某去保平分理处现场查看。李某某到现场后指导王某某如何搭建围挡并告知王某某办理施工手续所需材料。

10月10日王某某将车某某准备好的相关材料送到李某某办公室，由李某某带领王某某到分管副大队长王某某办公室，王某某看完材料后，在《关于保平分理处办公楼装修的请示》上签字了。至事故发生，农商行没有拿到审批手续。

(五) 建设项目的安全监管情况

1. 白城市城市管理执法局监管情况

按照《白城市人民政府关于划转白城市规划局集中处罚权和委托行使部分行

政许可权的批复》（白政函［2017］119 号）文件要求，白城市城市管理执法局行使违法、违章建筑的日常巡查、批后监管、处罚以及强制拆除权。

10 月 4 日按照职能要求城管经开大队李某某、曲某某和王某到分理处检查，将施工现场拍照并上传单位工作群；10 月 9 日曲某某按照李某某交代第 2 次到分理处检查，将施工现场拍照并上传单位工作群；10 月 13 日曲某某、王某第 3 次去分理处现场检查，将施工现场拍照并上传单位工作群。城管经开大队工作人员先后 3 次到分理处施工现场检查，均未对未批先建的违法、违规行为采取相关措施。

2. 白城市住房和城乡建设主管部门

白城市住房和城乡建设局依据《中共白城市委办公室白城市人民政府办公室关于调整白城市住房和城乡建设局职能配置、内设机构和人员编制的通知》注释（白办字［2019］38 号）文件，按照职能要求，结合“十一”大庆安保工作方案，白城市住房和城乡建设局对经开区、生态新区、工业园区、洮北区、查干浩特旅游区市辖区内大型施工工地进行检查，9 月 26 日已对经开区检查完毕。

白城经济开发区规划建设局依据《中共白城市委办公室白城市人民政府办公室关于印发〈白城经济开发区党工委和管委会主要职责内设机构和人员编制规定〉的通知》（白办发［2012］号）文件，按照职能要求，白城经济开发区规划建设局在执法检查过程中未发现分理处施工项目。

五、现场勘查及检测鉴定情况

1. 现场勘查情况

10 月 24 日对坍塌现场进行勘查，由于现场建筑物上部承重部分已被清理，故仅对残余的地基基础部分进行勘查。

经勘查：(1) 建筑周边地基稳定，未发现地基存在不均匀沉降、滑坡等地质变化。(2) 现场开挖三处检查建筑物基础工作状态，经检查，建筑物基础工作状态良好，未发现基础有位移、裂缝等破坏。综上，通过现场勘查，建筑物坍塌可以排除地基基础影响原因。

2. 房屋检测情况

吉林汇盟工程设计有限公司对事故楼体依据国家现行《建筑结构荷载规范》GB 50009—2012、《建筑抗震设计规范》GB 50011—2010（2016 版）、《砌体结构设计规范》GB 50003—2011，经过模型复原及结构计算，发现 1、2 层 3 轴与 4 轴间墙体受压承载力不能满足砌体结构设计规范中的结构计算要求，局部抗力与荷载效应之比小于 1（正常抗力与荷载效应之比应该大于等于 1），其中最严重处

（A轴与1/3轴交汇处）比值1层为0.66、2层为0.87，得出结论1、2层局部墙体按现行规范要求墙体受压超出规范要求。

六、事故直接原因

经过现场勘察、询问证人、调阅资料、专家结论和综合分析，这起事故的直接原因为：

1. 白城农村商业银行保平分理处办公楼1、2层局部墙体受压承载力不能满足砌体结构设计规范中的局部抗力与荷载效应之比不应小于1的要求，1、2层仅为0.66和0.87。

2. 白城农村商业银行违规使用档案室超荷载存放材料。档案室实际面积为117m^2，档案重量为15504kg，档案架重量为7813kg（钢管6264kg，铁皮1549kg），平均每平方米载荷1.95kN。通过建立模型计算，楼体载荷不能满足《档案馆建筑设计规范》JGJ 25第4.2.11条中档案库楼面活载荷标准值不应小于5kN/m^2的规定。且局部受力分布不均，施工期间未移除，使坍塌风险加剧。存放38762卷档案的档案库实际面积小于232m^2，不符合《机关档案管理规定》第十五条档案库房面积应当满足机关档案法定存放年限需要，使用面积按（档案存量年增长量×存放年限）×60m^2/万卷（或10万件）测算。档案数量少于2500卷（或25000件）的，档案库房面积按15m^2测算。将档案库设置在第四层，不符合《机关档案管理规定》第十六条档案用房宜集中布置，自成一区。档案库房不应设置在地下或顶层，地处湿润地区的还不宜设置在首层。

3. 白城市智业彼岸设计顾问有限公司，在未对甲方提出对楼体结构进行检测及鉴定的前提下，就依据农商行提出铲除原墙面抹灰层要求进行施工图设计，未采取相应防护措施。

4. 白城市森昊建筑工程有限责任公司施工人员冒险蛮干，使用手持电动工具铲除原墙面抹灰层过程中使墙体受到严重冲击，墙体抗压能力明显减小，使严重超载的墙体失稳发生坍塌事故。

七、有关责任单位存在的主要问题

（一）事故单位存在的主要问题

1. 白城农村商业银行

未尽到企业主体责任；未对该楼进行结构安全性检测及鉴定，未聘请专业机构对设计图纸履行审核手续；未聘用监理单位或安排专职安全管理人员进行现场管理，导致施工过程无人进行安全监管；未办理施工许可，未核实项目部管理人员的配置情况下同意施工单位施工。违反《中华人民共和国安全生产法》第三十八条、《中华人民共和国建筑法》第七条。

2. 白城市智业彼岸设计顾问有限公司

白城市智业彼岸设计顾问有限公司及其设计人员无建筑施工设计资质，网上联系“枪手”为维修项目提供建筑施工设计文件，未对图纸进行内部审核，未履行签字程序，未对建筑物结构安全性进行鉴定和计算，未考虑相应加固防护设计。违反《建设工程勘察和设计单位资质管理规定》第三条和《民用建筑设计统一标准》B 50352—2019 中 6.17.1 相关条款。

3. 白城市森昊建筑工程有限责任公司

未落实安全生产责任，虚设项目机构，未按投标书安排管理人员，在技术员、安全员没到位即开始施工，安全工作无法有效监管。将施工作业多层违法分包给无劳务资质个人，在未取得施工许可的前提下，进场施工。未履行三级安全教育、安全技术交底；未编制施工组织设计、安全专项施工方案并保证实施；现场仅 1 名项目经理且经常脱岗，现场隐患排查与整改工作无法实施。违反《中华人民共和国安全生产法》第二十五条、第三十八条、第四十三条，《中华人民共和国建筑法》第三十八条、第六十五条、第七十一条，《建设工程安全生产管理条例》第二十三条、第二十六条、第二十七条、第三十七条中相关条款。

4. 吉林宝伟工程项目管理有限公司白城分公司

使用白城农村商业银行未进行审核的《白城农村商业银行保平分理处、审贷中心装修工程施工设计图文件》进行招标。《白城农村商业银行保平分理处、审贷中心装修工程项目》未采用《中华人民共和国招标投标法》而采用《中华人民共和国政府采购法》的条文进行招标。

违反《中华人民共和国招标投标法》第十五条、《房屋建筑和市政基础设施工程施工图设计文件审查管理办法》注释 2 第三条、《工程建设项目施工招标投标办法》第二十四条中相关条款。

（二）政府有关部门存在的主要问题

1. 白城市城市管理执法局

未认真履行审批程序。在施工单位提出维修申请后，未按审批程序及时进行处理，也未向属地和相关行业主管部门进行通报。未认真履行监管职责。城管经开大队工作人员先后 3 次到分理处施工现场检查，均未对未批先建的违法、违规行为采取相关措施。违反《中华人民共和国安全生产法》第六十条、第六十六条相关条款。

2. 白城经济开发区规划建设局

日常监管检查不到位。安全监管人员履行日常检查巡查职责不到位，未能及时发现该工地进行维修施工。违反《中华人民共和国安全生产法》第九条、《吉林省安全生产条例》第三条、第七条中相关条款。

八、事故责任的认定及责任者处理建议

根据事故原因调查和事故责任认定，依据有关法律法规和党纪政纪规定，对事故有关责任人员和责任单位提出处理意见：同时依据有关法律法规和党纪政纪规定，拟对21名责任人员分别采取由司法机关处理、问责、给予党纪政纪处分等方式进行处理，其中建议由司法机关处理7人、建议实施问责5人、建议给予党纪政纪处分9人。

（一）移送司法机关人员（7人）

施工单位：4人

1. 崔某某：白城市森昊建筑工程有限责任公司法定代表人。未落实安全生产责任，虚设项目机构，未按投标书安排安全管理人员；施工现场未履行三级安全教育、安全技术交底；未编制施工安全组织设计、安全专项施工方案，现场隐患排查与整改监督不力；将劳务作业违法发包给不具备资质的个人，并放任个人再次违法分包，最终导致多层违法分包。对此次事故负有直接责任。

2. 王某某：白城市森昊建筑工程有限责任公司项目经理。未履行安全生产职责，未对现场施工实施有效监管，无视现场施工人员发现和反映的重大安全隐患，致使作业人员冒险蛮干。对此次事故负有直接责任。

3. 王某某：自然人，劳务总承包人，施工现场负责人。不具备相应的施工劳务资质，对承包项目违法再次分包。在无施工许可证、施工图未经审查、无施工安全组织设计、无安全技术交底的情况下，指挥雇佣无劳务资质的作业人员冒险蛮干。对此次事故负有直接责任。

4. 韩某某：自然人，劳务分包人，施工现场负责人。不具备相应的劳务资质，在无施工许可证、无施工组织设计、无安全技术交底的情况下，指挥雇佣无劳务资质的作业人员冒险蛮干。对此次事故负有直接责任。

设计单位：2人

5. 何某某：白城市智业彼岸设计顾问有限公司法定代表人。在公司无建筑

工程设计资质，无专业设计人员的情况下，在淘宝网雇佣“枪手”违法设计施工图纸，未对图纸文件进行内部审核。对此次事故负有直接责任。

6. 白某：白城市智业彼岸设计顾问有限公司设计人员。无任何资质，网上联系“枪手”为维修项目提供建筑施工设计文件。对此次事故负有直接责任。

招标代理机构：1人

7. 姚某：吉林宝伟工程项目管理有限公司白城分公司法定代表人，分理处招标项目负责人。未履行委托代理机构相关职责，未对建设单位提出相关建议，使用未经审核的设计文件进行招标。对此次事故负有直接责任。

（二）建议白城农商行上级部门省联社问责人员（5人）

建设单位：5人

1. 王某某：原白城农村商业银行股份有限公司党委书记、董事长。未委托具有专业资质设计机构进行施工图纸设计，对委托的招标代理机构招标过程缺乏监管。对此次事故负有领导责任。建议给予免职处理。

2. 孙某某：白城农村商业银行股份有限公司党委书记。在施工单位未取得施工许可情况下同意施工单位进场施工，未聘用监理单位或安排专人对施工现场安全管理，导致施工过程无人进行安全监管。对此次事故负有领导责任。建议给予免职处理。

3. 李某某：白城农村商业银行股份有限公司监事长、纪委书记。农商行党组会议明确此次维修项目由其具体负责，在项目设计、招标、施工过程中，未能履行有效监督职责。对此次事故负有领导责任。建议给予免职处理。

4. 车某某：白城农村商业银行股份有限公司办公室主任。负责此次房屋维修工程项目具体操作，未就此次项目违法违规行为向相关领导提出建议，施工单位未取得施工许可进场后未及时叫停。对此次事故负有直接责任。建议给予免职处理。

5. 董某某：白城农村商业银行股份有限公司会计核算部副经理，后督中心档案管理主要负责人。未落实档案室管理安全职责，未对将4楼作为档案库使用、档案室面积不符合规范要求向领导提出安全建议。对此次事故负有直接责任。建议给予免职处理。

（三）建议给予党纪、政务处分的人员（9人）

白城市城市管理行政执法局：6人

1. 张某：白城市城市管理综合行政执法支队支队长。对外立面装修及牌匾审批、日常检查督查指导不到位。对本次事故负有领导责任。建议给予诫勉谈话处理。

2. 季某某：白城市城市管理综合执法支队经开大队大队长。负责经开区城市管理全面工作，工作失职，利用职务职权，违规为他人违法施工提供帮助，对违法施工行为未予制止。对此次事故负有监管责任。建议给予严重警告处理。

3. 王某某：白城市城市管理综合执法支队经开大队副大队长。分管外立面装修及牌匾安装审核监管工作，未履职尽责，对保平分理处维修项目违法施工失管。对此次事故负有监管责任。建议给予严重警告处理。

4. 李某某：白城市城市管理综合执法支队经开大队牌匾科科长（合同聘用人员），负责外立面装修及牌匾安装审核监管工作，未履职尽责，对现场违法施工行为未予制止。对此次事故负有监管责任。建议给予行政记过处理。

5. 曲某某：白城市城市管理综合执法支队经开大队牌匾科科员（合同聘用人员），未严格履行工作职责，对现场违法施工行为未予制止。对此次事故负有监管责任。建议给予行政记大过处理。

6. 王某：白城市城市管理综合执法支队经开大队牌匾科科员（合同聘用人员），未严格履行工作职责，对现场违法施工行为未予制止。对此次事故负有监管责任。建议给予行政记大过处理。

白城经济开发区管理委员会：3 人

7. 刘某某：白城经济开发区管理委员会规划建设局局长。未尽到建设行业安全生产责任，对此次事故负有领导责任。建议给予诫勉谈话处理。

8. 由某某：白城经济开发区管理委员会规划建设局副局长。分管建筑行业安全监管工作，未尽到建筑行业安全生产责任，对此次事故负有监管责任。建议给予警告处理。

9. 刘某某：白城经济开发区管理委员会规划建设局科长。安全监管、排查隐患不到位。对此次事故负有监管责任。建议给予行政记过处理。

(四) 相关单位的处理建议

事故暴露出有关单位安全意识淡薄，安全生产工作组织领导不力，在监督检查方面存在履职不到位的问题。建议：

1. 经开区规划建设局向白城经济开发区管委会作出深刻检查。

2. 白城经济开发区管委会向白城市人民政府作出深刻检查。

3. 白城市住房和城乡建设局向白城市人民政府作出深刻检查。

4. 白城市城市管理执法局向白城市人民政府作出深刻检查。

5. 白城市安全生产委员会对农商行、城管、住建、经开区管委会进行约谈。

（五）行政处罚建议

1. 白城农村商业银行股份有限公司，建议由应急管理部门依据《安全生产法》第一百零九条给予行政处罚。

2. 白城市森昊建筑工程有限责任公司，建议由应急管理部门依据《中华人民共和国安全生产法》第一百零九条给予行政处罚，并由白城市住房和城乡建设局吊销《建筑工程施工总承包叁级资质》《安全生产许可证》。

3. 白城市智业彼岸设计顾问有限公司，建议由白城市市场监督管理局依据《企业经营范围登记管理规定》第十六条吊销其营业执照，并给予行政处罚。

4. 吉林宝伟工程项目管理有限公司白城分公司，建议由白城市市场监督管理局依据《中华人民共和国招标投标法》吊销《工程项目招标代理资质》，并给予行政处罚。

九、事故教训及防范措施

"10·14"事故造成5人死亡，4人受伤，教训尤为深刻，给人民的生命财产造成了较大损失，也在社会上造成了一定的负面影响，再一次为全市人民敲响了警钟。为认真吸取事故教训，有效预防和减少类似事故再次发生，现提出如下防范措施：

（一）进一步落实安全生产工作责任制。各级政府及相关部门要深刻吸取事故血的教训，严格按照"党政同责、一岗双责、齐抓共管、失职追责"的要求，全面落实安全生产责任制，守住法律底线、诚信底线、安全红线。在全市范围内开展一次对老旧楼体安全整治专项行动，举一反三，对老旧楼体现状逐一排查、全面评估，特别是楼顶有设置档案、资料室的必须进行安全评价，对不符合要求的立即采取措施，杜绝类似事故的发生。

（二）白城农村商业银行股份有限公司要严格落实企业主体责任，加强安全风险管控。要建立安全生产管理组织机构，明确各级各类人员安全职责，健全各项规章制度，形成安全生产长效机制。加强安全生产培训教育，全面提高公司全体员工安全意识。要深刻吸取事故教训，迅速开展全面的安全生产隐患排查，举一反三，切实保证安全工作全方位、无死角，确保安全生产无事故。

（三）经开区管委会要认真落实属地责任，加强安全监管。要深刻吸取教训，牢固树立"发展决不能以牺牲安全为代价"的理念，认真贯彻落实国家、省、市对安全生产的工作部署和责任分工，全面开展安全生产大检查，深入排查治理各类事故隐患。重点加强对本地区内建筑项目的安全监管，对未批先建的违法违规项目进行全面的排查，对未办理规划、建设施工许可的项目要立即停工。采取切实可行的措施，加强建设项目源头管控，防止类似事故再次发生。

（四）城管部门要加强审批管控，严格落实监管责任。要认真研究三定方案，明确职责清单，厘清与规划部门的权力界限。严格按法律法规进行审批，强化监管巡查，规范执法程序，坚决做到对所有在建工地日常监管全覆盖，切实杜绝未批先建等违法施工行为发生。开展作风纪律整顿，强化监管人员作风养成，进一步严格执法，严肃事故责任追究，全面提高执法队伍依法履职的能力水平。

（五）住房和城乡建设主管部门要加强建筑行业领域监管，彻底消除安全隐患。加强安全监管力量建设，切实履行安全监管职责，立即开展全行业安全隐患排查整治专项行动，全面排查事故隐患，严肃查处违法、违规的建设项目，对已批建筑项目全面进行“回头看”，切实把建筑施工安全监管责任落实到位。全面开展行业大整顿，坚决打击工程建设领域中非法招投标、围标、无相关资质或借用资质、超越资质范围承揽工程，转包和违法分包等各种非法违法行为；要严格建筑审批流程，严把审核环节，坚决纠正和处理未批先建、边批边建等违法违规行为；治理纠正施工现场无专项施工方案、违章指挥、违反操作规程、违反劳动纪律等违规违章行为，有效防止事故发生。

（六）规划部门要梳理行业管理制度，厘清规划局与委托城市管理局的审批、监管权限，明确权力清单。进一步明晰规划审批流程和具体要求，抓好与住建、城管等审批、监管执法部门的职责衔接，切实保障建设工程得到有效监管，杜绝违法施工，防止发生事故。

专家分析

一、原因分析

（一）直接原因

1. 该装修建筑 1、2 层局部墙体受压承载力不能满足砌体结构设计规范中的“局部抗力与荷载效应之比不应小于 1 的要求（1、2 层仅为 0.66 和 0.87）”。

2. 建设单位违规使用档案室，档案资料超荷载存放。楼体载荷不能满足《档案馆建筑设计规范》JGJ 25 的规定，且局部受力分部不均，施工期间未移除，使坍塌风险明显加剧。

3. 设计单位在未对建设单位提出对楼体结构进行检测及鉴定的前提下，就依据建设单位提出铲除原墙面抹灰层要求进行施工图设计，且未采取相应防护设计。

4. 施工单位施工人员冒险蛮干，使用手持电动工具铲除原墙面抹灰层过程中使墙体受到严重冲击，墙体抗压能力明显减小，使严重超载的墙体失稳发生坍塌事故。

（二）间接原因

1. 建设单位违法开展工程改造（装修）施工。未对该楼进行结构安全性检测及鉴定，未聘请专业机构对设计图纸履行审核手续，未办理施工许可手续，未聘用监理单位或安排专职安全管理人员进行现场管理，整个施工过程的安全处于无人管控状态。

2. 施工单位未落实安全生产责任。（1）虚设项目管理机构，未按投标书承诺安排管理人员，在技术员、安全员没到位的情况下即组织施工，安全工作无法有效监管；（2）将施工作业多层违法分包给个人，且在未取得施工许可的前提下进场施工；（3）未履行三级安全教育、安全技术交底；（4）未编制施工组织设计、安全专项施工方案及保证措施；（5）现场仅1名项目经理且经常脱岗，现场隐患排查与整改工作无法实施。

3. 设计单位及其设计人员无建筑施工设计资质。网上联系“枪手”为维修项目提供建筑施工设计文件，未对图纸进行内部审核，未履行签字程序，未对建筑物结构安全性进行鉴定和计算，未考虑相应加固防护设计。

4. 招标代理机构行为不规范。不是采用《中华人民共和国招标投标法》，而是采用《中华人民共和国政府采购法》对项目进行招标。

5. 地方政府多个管理部门履职不到位。对项目存在的未批先建等多种违法违规行为，相关部门均未立案查处，也没有采取相应措施予以制止。

二、防范措施

近几年来，项目未批先建的现象时有发生，使得这些项目的施工安全得不到有效监管，往往会导致事故的发生。通过对这起事故的分析，提出以下防范措施：

1. 切实压实建设单位质量安全首要责任。事故项目的建设单位在未履行任何基本建设程序的情况下，违法组织开展对本来就存在结构隐患的既有建筑进行二次改造（装修），给事故的发生埋下了“本质隐患”。各级建设行政主管等部门要认真贯彻落实《住房和城乡建设部关于落实建设单位工程质量首要责任的通知》(建质规〔2020〕9号)文件精神，进一步落实建设单位工程质量安全首要责任。

2. 高度重视既有建筑改造(装修)前的检测鉴定等工作。对既有建筑改造(装修)前，建设单位要委托有资质的单位对需要改造(装修)的建筑结构安全性进行全面检测鉴定，受委托单位要依据国家标准规范，认真开展检测鉴定，如实出具检测鉴定报告；建设单位要委托改造(装修)建筑原设计单位资质等级相当或等级高的设计单位进行改造(装修)设计，受委托单位要依据检测鉴定结果和国家标准规范等，对改造(装修)建筑进行施工和保护设计；建设单位依法办理规划、施工许可等相关手续后，方可组织改造(装修)施工。

3. 杜绝无资质施工行为。工程建设(包括二次装修)是一项专业性很强的施工活动，需要有相应施工资质的单位组织专业人员实施。但是，近几年来，经常出现以劳务分包为名，将整个工程建设(装修)转包或分包给无资质的施工队伍(甚至直接转包或分包给个人)来实施，极易发生安全事故，需要引起我们的高度重视，杜绝无资质施工行为，减少安全事故的发生。

4. 杜绝不按方案组织施工、违章作业现象发生。回过头来看这起事故，如果施工前移除了超载的档案资料，如果工人不用手持电动工具铲除原墙面抹灰层……这起事故很可能就不会发生了。我们工程建设的所有参与者，切实履行各自的安全职责，严格按施工方案组织施工，严格按标准规范开展作业，不违章指挥，不违章作业，确保施工安全。

5. 工程建设管理部门要切实履行职责。既有建筑改造(装修)活动涉及多个管理部门，所涉及部门要加强协作，利用互联网等信息化手段，加强信息沟通与共享，第一时间发现既有建筑改造(装修)活动，及时制止违法违规行为，减少和避免事故的发生，保障人民生命财产安全。

18　贵州贵阳“10·28”地下室坍塌较大事故

调查报告

2019年10月28日16时21分左右，贵阳市观山湖区在建美的广场二期T4栋及地下室、C2-2栋商业项目的10区段地下室，发生1起较大坍塌事故，造成8人死亡，4人受伤。直接经济损失1728.6万元。

事故发生后，省委书记、省人大常委会主任孙志刚作出重要批示，“要全力搜救，最大限度减少伤亡。迅速查明事故原因，妥善处理善后事宜，确保稳定。全省要举一反三，加强各类隐患排查和安全监管，坚决防止重大事故发生”。省委副书记、省长谌贻琴，省委常委、常务副省长李再勇，省委常委、市委书记赵德明，省政府副省长郭瑞民、吴强，市委副书记、市长陈晏，市委常委、常务副市长徐昊等省市领导分别作出重要批示，要求全力救援，做好伤者救治和善后工作，尽快查明事故原因，严肃追责。市委副书记、市长陈晏率市委副书记、市委政法委书记向虹翔，市委常委、常务副市长徐昊，副市长王春等市领导及市应急局、市住房城乡建设局、市卫健局、市公安局、市消防救援支队和观山湖区党委政府主要领导及相关部门人员第一时间赶到现场，组织事故抢险救援、善后处置和安排事故调查工作。省应急厅叶文邦副厅长和时任省住建厅副厅长周宏文也赶赴事故现场，指导事故抢险救援工作和事故调查工作。

根据《中华人民共和国安全生产法》《生产安全事故报告和调查处理条例》（国务院令493号）和《市人民政府关于授权组织开展生产安全事故调查的通知》（筑府发［2019］9号）之规定，10月29日，成立了由市应急局、市公安局、市住房城乡建设局、市总工会和观山湖区政府等单位有关人员为成员的观山湖区“10·28”较大坍塌事故调查组（以下简称：事故调查组），开展了事故调查工作。事故调查组按照“科学严谨、依法依规、实事求是、注重实效”的原则，对事故现场进行了全面细致的勘查，查阅了相关安全和技术资料，对相关单位和管理部门有关人员进行了调查取证。邀请了7名建筑领域专家参与事故原因调查分析工作。同时委托贵州省建筑科学研究检测中心对发生坍塌事故的美的广场二期T4栋及地下室、C2-2栋商业项目的10区段地下室的混凝土强度、钢筋强度，回填土的内摩擦角、粘聚力、容重、含水率进行抽样检测，并根据检测数据验算原结构和施工成型结构承载力；委托中冶建筑研究总院有限公司（国家工业建构筑物质量安全监督检验中心）对事故原因进行了分析。两家检测机构均出具了事故原因分析报告。

事故调查组通过调查取证和综合分析，查明了事故发生的原因、经过、人员伤亡和直接经济损失情况，认定了事故性质和有关责任单位及人员的责任，提出了对有关责任单位和人员的处理建议，总结了事故经验教训，并针对事故发生的原因和暴露出来的问题，提出了事故防范和整改措施。现将事故调查情况报告如下：

一、基本情况

（一）工程基本情况

1. 美的广场项目概况

美的广场项目位于贵阳市观山湖区长岭南路与观山东路交叉口东南侧。美的广场项目分三期建设，美的广场一期总建筑面积 147968.04m^2，其中计容建筑面积 119715.63m^2、不计容建筑面积 28252.41m^2；包含 Tl、T2、T3 栋及地下室，C1、C2-1、C3 栋商业。美的广场二期总建筑面积 143090.59m^2，其中计容建筑面积 61390.47m^2、不计容建筑面积 81700.12m^2；包含 T4 栋及地下室，C2-2 栋商业；三期工程未开工建设（在前期平场阶段）。二期工程建设单位为贵阳国龙置业有限公司（以下简称国龙置业公司）；施工单位为中建二局第三建筑工程有限公司（以下简称中建二局三公司）；监理单位为贵州正业工程咨询顾问有限公司（以下简称正业工程公司）；设计单位为广东天元建筑设计有限公司（以下简称广东天元公司）；劳务分包单位为四川省国程劳务有限责任公司（以下简称国程劳务公司）；地勘单位为四川得圆岩土工程有限责任公司。

美的广场一期主体工程已施工完成。美的广场二期 T4 栋及地下室、C2-2 栋商业项目地下室共计 29 个施工流水区段，事发区段为项目二期地下室 10 区段（轴线是 D-1～D6-/D-L～D-T），两层框架结构，其中负二层层高 4.86m，负一层层高 5.8m，总高度 10.66m。发生事故的第 10 区段地下室投影区域呈梯形，西侧长度为 62.4m，北侧长度为 11.6m，南侧长度为 40.1m，东侧长度为 60m。柱网 8.4m×8.4m/9.0m，框架柱截面尺寸均为 600mm×600mm，框架梁主要截面尺寸为 300mm×700mm、400mm×800mm、600mm×900mm、500mm×800mm、800mm×1000mm 等。挡土墙厚度为 300mm 和 350mm。负二层顶板

（负一层底板）板厚 200mm，负一层顶板板厚 160mm。

梁板设计强度等级均为 C30，柱设计强度等级均为 C40。底板与基础：人工挖孔灌注桩，防水混凝土底板（厚 300mm，局部 450mm），混凝土强度等级为 C30，单层面积约 1374m²，该部位结构与相邻结构间楼板设有变形缝而外墙未设置，东侧后浇带设计位置位于 D-7～D-8 间（南侧长度约 5 跨半），事发区段北侧仅挡土墙与相邻建筑连接，南侧预留三期钢筋，东侧尚有 25 跨框架结构未建，如图 18-1 所示。

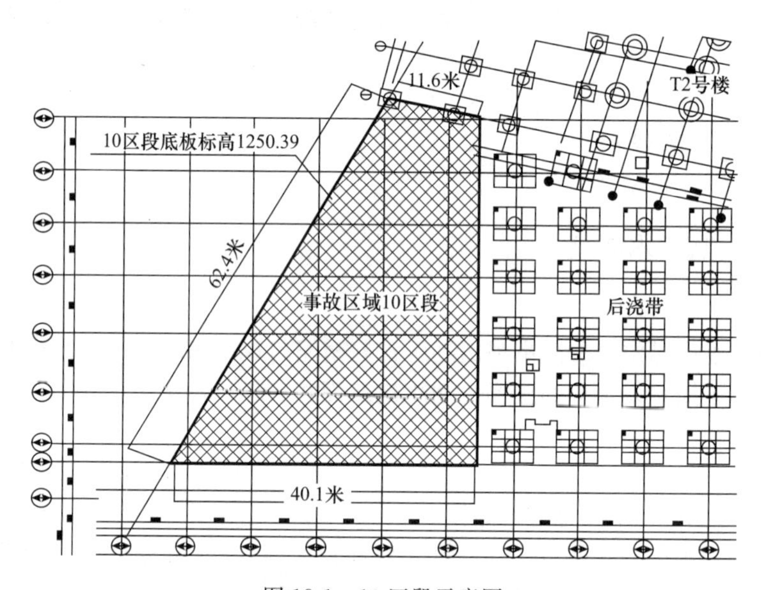

图 18-1　10 区段示意图

地下室基坑采用放坡＋抗滑桩支护，基坑支护结构与地下室挡土墙间肥槽（以下简称肥槽）采用土方进行回填。肥槽回填宽度，在抗滑桩高度范围内，宽度为 8.5～9.1m，上口宽度为 16.4m，理论回填方量为 7175m³，至事故发生时靠办公区长度 8m 范围内，回填高度约 9m，其他肥槽长度 56m 范围内，回填高度约 4m。实际回填方量约为 4000m³，约为总回填方量的 55%，如图 18-2 所示。

2. 工程手续办理情况

贵阳国龙置业有限公司与原贵州省国土资源厅贵阳国家高新技术产业开发区国土资源分局于 2010 年 9 月 20 日签订了《关于建设用地使用权使用合同》，宗地编号为金阳 2010-05 地块。合同约定用地性质为商业、办公、酒店；容积率为 3.5；建筑密度不大于 30%，绿地率不小于 35%。原开发项目名称为“龙宇城市广场”。

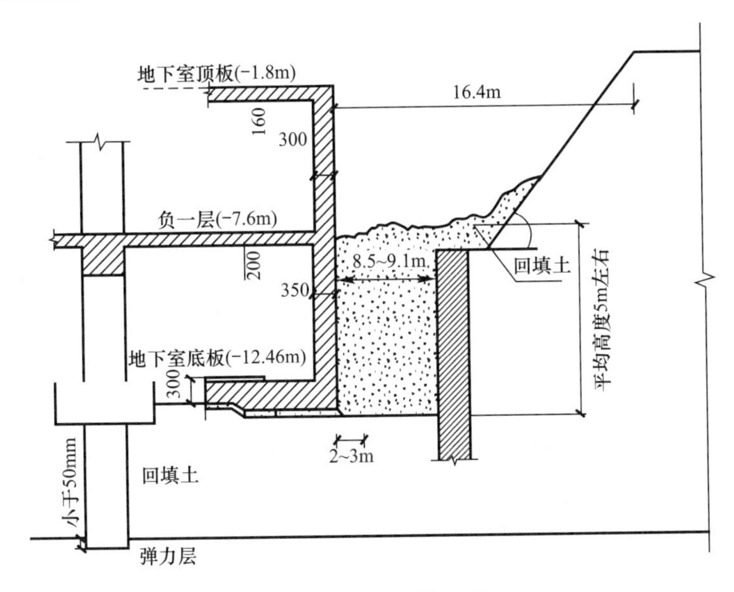

图 18-2　肥槽剖面图

2017 年 8 月 14 日，贵阳市美的房地产有限公司（2018 年 4 月更名为“美的西南房地产发展有限公司”）完成贵阳国龙置业有限公司 90%股权收购。2018 年 4 月 11 日，贵阳国龙置业有限公司重新报规，项目名称为“美的广场”，一直沿用至今。10 月，观山湖区政府向原市规划局申请在用地性质和容积率不变的前提下，将建筑密度不大于 30%调整为不大于 40%，绿地率不小于 35%调整为不小于 25%。建筑限高由限高 100m 调整为 140m。11 月 19 日，市规划局上报市政府对地块条件调整进行审议，市政府于 2019 年 4 月 24 日批复同意。

2018 年 12 月，美的广场一期项目取得原贵阳市规划局颁发的《建设工程规划许可证》，2019 年 2 月 22 日，取得观山湖区住房和城乡建设局核发的《建筑工程施工许可证》。2019 年 4 月，美的广场二期项目取得贵阳市自然资源和规划局颁发的《建设工程规划许可证》，10 月 16 日，取得观山湖区住房和城乡建设局核发的《建筑工程施工许可证》。

（二）事故相关单位情况

1. 贵阳国龙置业有限公司，成立于 2010 年 9 月 13 日，法定代表人刘某，位于贵州省贵阳市观山湖区长岭北路 8 号美的林城时代售楼部销售中心 2 楼，企业类型为有限责任公司，注册资本 3000 万元，公司具备房地产开发企业资质，经营范围为房地产开发；房屋销售；房屋租赁；房地产营销策划；酒店管理。由项目总监彭某负责美的广场项目的建设管理工作，梁某某任工程经理，胡某、任某某任现场工程师。

2. 中建二局第三建筑工程有限公司，成立于1952年12月1日，法定代表人张某某，位于北京市丰台区海鹰路6号院30号楼，企业类型为有限责任公司（法人独资），注册资本100000万元。经营范围为普通货物运输；施工总承包，专业承包；工程勘察设计；起重机械设备拆装、维修和租赁；模板制作与租赁；建筑料具的租赁及金属制品、商品混凝土的销售；销售建筑材料；建筑材料及建筑产品试验与检验；自有房产的物业管理（含写字间出租）。公司具有机电工程施工总承包壹级、钢结构工程专业承包壹级、建筑工程施工总承包特级；地基基础工程专业承包壹级、建筑机电安装工程专业承包叁级、消防设施工程专业承包壹级、起重设备安装工程专业承包壹级、建筑装修装饰工程专业承包壹级、电子与智能化工程专业承包贰级、环保工程专业承包叁级、建筑幕墙工程专业承包贰级、市政公用工程施工总承包贰级；《安全生产许可证》有效期为2017年1月1日至2019年12月31日。美的广场项目由中建二局第三建筑工程有限公司下属的西南分公司负责管理。美的广场二期项目的项目经理黄某某（2019年9月前为岳某）、质量总监李某某、技术主要负责人帘某某、安全总监徐某，执行经理刘某某、生产经理黄某某。

经调查，美的广场二期项目经理岳某和黄某某、技术主要负责人帘某某在工程施工过程中，按照中建二局三公司的安排，未参与工程建设的实际管理。项目实际主要负责人为执行经理刘某某，技术主要负责人为项目技术副总工杨某某。

3. 四川省国程劳务有限责任公司，成立于2002年5月15日，法定代表人马某某，位于四川省仪陇县新政镇春晖路二段二号金源帝都1幢4-2室，企业类型为有限责任公司（自然人投资或控股），注册资本2000万元。经营范围为施工劳务、模板脚手架专业承包。公司具有模板脚手架专业承包不分等级，《安全生产许可证》，有效期为2017年3月27日至2020年3月27日。美的广场二期项目负责人为胡某某。

4. 贵州正业工程咨询顾问有限公司，成立于2016年8月1日，法定代表人陈某某，位于贵州省贵阳市南明区龙洞堡电子商务港A栋2单元5层5号，企业类型为有限责任公司（非自然人投资或控股的法人独资），注册资本700万元。经营范围为工程咨询；工程监理；工程造价；工程项目管理及管理咨询。公司具有工程监理房屋建筑工程专业甲级、工程监理冶炼工程专业甲级、工程监理市政公用工程专业甲级、工程监理机电安装工程专业甲级。美的广场项目总监理工程师李某某，专业监理工程师戚某某、陈某，现场监理员邓某某、周某、龙某某等。

经调查，美的广场二期施工过程中专业监理工程师戚某某按照正业工程公司安排，未到岗履行职责，现场履行专业监理的陈某未持有监理工程师证，不具备监理工程师从业资质。对美的广场项目二期监理员工作分工不明确。

5. 广东天元建筑设计有限公司，成立于2000年9月29日，法定代表人梁某，位于广东省佛山市顺德区大良近良路11号名汇公寓201、301，企业类型为有限责任公司（外商投资企业法人独资），注册资本2000万元。具有工程设计建筑行业（建筑工程）甲级，工程设计市政行业道路工程专业丙级。美的广场项目负责人为冯某某，总工为何某，结构工程师为邹某某。

（三）合同签订情况

1. 设计合同。2017年12月，国龙置业公司与广东天元公司签订《建设工程设计合同》，国龙置业公司委托广东天元公司承担美的广场项目工程设计任务。

2. 监理合同。2018年6月3日，国龙置业公司与正业工程公司签订《建设工程委托监理合同》，国龙置业公司委托正业工程公司对美的广场项目实施监理，监理范围包括：一期（T1、T2、T3，Cl、C2-1、C3）、二期（T4，C2-2）。

3. 施工合同。2019年6月1日，国龙置业公司与中建二局三公司签订《建设工程施工合同》，中建二局三公司承建国龙置业公司开发的美的广场项目二期T4栋及地下室，C2-2栋商业工程，承包范围包括美的广场项目二期T4栋及地下室，C2-2栋商业场地平整工程、建筑工程、给排水工程、装修工程、消防工程、强、弱电系统、防雷系统、绿化工程等。

4. 劳务合同。2019年6月30日，中建二局三公司与国程劳务公司签订《建筑工程施工劳务分包合同》，劳务分包范围为T4栋及地下室，C2-2栋商业木工、钢筋、混凝土、脚手架劳务作业。

（四）美的广场二期项目监管情况

2019年6月10日，国龙置业公司向观山湖区住房和城乡建设局提交了《关于“美的广场”项目二期申请提前介入质监、安监的请示报告》。观山湖区建设管理所质监站制定了《建筑工程质量监督方案》，监督人员分别于7月29日，8月2日、9月5日、10月14日对美的广场二期项目进行质量监督抽查，并下达了《工程质量监督抽查记录单》。观山湖区建设管理所制定了《观山湖区建筑施工安全监督工作方案》，安监站监督人员分别于7月10日、7月23日、8月12日、9月19日、9月23日、10月8日对美的广场项目进行了安全检查，并下达了《整改通知》。

（五）事故区域工程施工情况

1. 地下室施工情况

国程劳务公司按照中建二局三公司的安排，2019年6月8日开始桩基础施工，7 月 31 日开始人工挖孔桩的桩芯混凝土浇筑，8 月 26 日完成桩芯浇筑；9 月 9 日开始底板浇筑，9 月 10 日完成底板浇筑；9 月 22 日开始负二层浇筑，9 月 24 日完成负二层浇筑（含顶板）；10 月 8 日开始负一层浇筑，10 月 10 日完成负一层浇筑（含顶板）。10 月 14 日开始负二层模板拆除，10 月 21 日完成。10 月 27 日，开始对负一层模板进行拆除。

经调查，在浇筑过程中，在未经设计单位广东天元公司书面同意的情况下，中建二局三公司将地下室后浇带由 D-7～D8 轴移到 D-6～D7 轴。

2. 10 区段土石方回填情况

2019 年 10 月 16 日，中建二局三公司项目部生产经理黄某某用微信通知王某某（在美的广场从事土石方作业的分包人员）安排人员回填 10 区段肥槽。10 月 17 日，中建二局三公司项目部彭某、杨某通知秦某某（王某某的现场管理人员）进行回填作业，秦某某安排车辆将美的广场三期的土石方运至 10 区段，安排挖机驾驶员秦某某进行回填作业。在回填过程中，中建二局三公司项目质量总监李某某发现回填土土质不符合要求，口头通知黄某某不能进行回填，并要求停止回填施工。黄某某让李某某找建设单位直接沟通。李某某又找到建设单位工程师任某某，他让李某某找彭某。李某某通过微信对彭某说："还有个关键问题我们不得不考虑，现在这种流性土对外墙的侧压力可能是固状土的 2～3 倍，前期回填的山石土，T1 地下二层外墙两根附墙柱之间都有裂纹出现。这只是我所考虑到的问题，别嫌我啰嗦哈"。彭某回复："如果是这个问题，我们的确要考虑，明天早上到现场看一下。"但彭某到事故发生时没有到现场进行查看。

10 月 19 日、21 日、22 日，按照中建二局三公司项目部的黄某某、彭某、杨某的通知，秦某某又安排秦某某等进行回填作业。23～26 日没有进行回填作业。

10 月 25 日，正业工程公司向中建二局三公司项目部下发《工作联系单》，内容为"贵司进行 10 区段回填中，出现外墙防水被撕裂、防水保护未及时跟上、回填土未按要求进行分层夯实及抽样送检。要求贵司立即将破坏的防水进行修复更换、防水保护层在回填前完成，回填土按要求进行分层夯实及时通知检测单位对回填土进行取样检测"。中建二局三公司到事故发生时仍没有对回填土进行抽样送检。

10 月 27 日，秦某某又安排秦某某等进行回填作业。

经调查，中建二局三公司二期地下室 10 区段肥槽土石方回填工程回填方案未经正业工程公司和国龙置业公司审批。

（六）事故鉴定情况

1. 事故调查组委托贵州省建筑科学研究检测中心对事故原因进行了分析，出具了事故原因分析报告（报告编号：JGA002191200010）。鉴定结论为：

（1）地下室墙外填土为碎石土-角砾，不满足设计要求的回填材料。2019 年 10 月 11 日至 10 月 27 日期间多有降雨，现场填土含水率很高，垮塌后测得平均含水率达到 21.3%，部分位置呈流塑状态，填土含块碎石，天然密度达到 2.28g/cm^3，填上达到基坑顶部附近时作用在地下室外墙上土压力显著增加。

（2）抽检的混凝土构件强度为龄期 26 天的抗压强度，结果显示部分芯样强度达到设计要求，部分芯样强度比设计要求低一个强度等级。

（3）抽检钢筋力学性能基本满足设计要求。

（4）抽检构件钢筋配置满足设计要求。

（5）抽检构件截面满足设计要求。

（6）抽检构件连接构造满足设计要求。

（7）设计图纸中部分构件钢筋构造存在缺陷。

（8）验算结果显示工况一情况下结构侧向抗力基本满足规范要求，工况二～四情况下结构侧向抗力不满足规范要求。

2. 事故调查组委托中冶建筑研究总院有限公司（国家工业建构筑物质量安全监督检验中心）对事故原因进行了分析，出具了事故原因分析报告（报告编号：TC-JG2-I-2020-076R）。鉴定结论为：

（1）综合现场与资料调查、模拟计算结果表明，倒塌结构在西侧肥槽回填土压力、施工荷载和结构自重共同作用下，负二层东南区域柱首先破坏退出工作，随即引起其他结构构件连续破坏和整体倒塌。根据承载力计算分析，倒塌结构在实际回填土压力和设计回填土两种荷载工况下的承载力不满足《混凝土结构设计规范》GB 50010—2010（2015 年版）的要求，倒塌结构尚无独立承载回填土侧向压力的能力。

（2）对事故调查组依法封存的施工资料进行调阅分析结果表明：整个回填土施工过程中未见针对回填土压力作用下结构安全性的验算、咨询、技术措施、安全监控预警措施、提醒等资料信息。施工单位、设计单位、监理单位均忽视了西侧肥槽回填土压力作用下倒塌结构的安全性问题。

（3）设计图中底板变截面处受力钢筋锚固形式、独立桩基承台间未设置联系梁不满足《混凝土结构设计规范》GB 50010—2010（2015 年版）等规范要求，顶层楼板厚度不符合《地下工程防水技术规范》GB 50108—2008 要求。经验算，这些问题对本次倒塌事故影响较小，不是本次事故的主要原因。

（4）根据检测鉴定结果，倒塌结构的施工质量存在个别混凝土构件强度不足的缺陷，后浇带位置与设计不符。验算分析结果表明，这些施工质量缺陷和不符对本次事故影响较小，不是本次事故的主要原因。

二、事故发生经过、应急救援及善后处理情况

（一）事故发生经过

2019年10月28日，国程劳务公司木工班班长吴某组织11名作业人员继续对10区段负一层模板拆除，另外组织3人负责现场模板清理工作。黄某某通知秦某某继续对10区段进行回填，10时30分左右，秦某某安排秦某某继续土石方回填。15时40分左右，吴某安排刘某某、刘某某（此二人为吴某木工班人员）到负二层做洞口防护扫地杆。16时21分左右，地下室10区段整体突然发生坍塌。刘某某、刘某某、吴某某共3人自行跑出，皮某某被迅速救出。其余1名人员被困在坍塌的负一层楼板下面。

（二）应急救援及善后处理情况

事故发生后，现场人员立即展开救援，并拨打了“119”“120”急救电话。16时35分左右，中建二局三公司安全总监徐某向观山湖区建管所娄某报告事故。16点40分左右，观山湖区消防队员进入现场展开营救，120救护人员到达现场。接到事故报告后，市委副书记、市长陈晏，市委副书记、市委政法委书记向虹翔，市委常委、常务副市长徐昊，副市长王春等市领导率市应急局、市住房城乡建设局、市卫健局、市公安、市消防救援支队和观山湖区党委政府主要领导及相关部门人员第一时间赶到现场，组织事故抢险救援工作。省应急厅叶文邦副厅长和省住建厅周宏文副厅长也赶赴事故现场，指导事故抢险救援工作。现场成立了以市委副书记、市长陈晏为指挥长的应急救援现场指挥部，调集了市（区）消防救援队、贵州众志通讯应急救援中心、贵阳蓝天救援队、中铁二局集团有限公司、贵州众品建设工程有限公司和中建四局贵州投资建设有限公司等11支救援队伍开展救援。于当日19时50分救出1名被困女性，已死亡；20时00分被困受伤人员罗某某被救出，送往金阳医院救治；20时47分，救出1名被困女性，已死亡；21时30分，被困受伤人员张某被救出，送往金阳医院救治；22时10分、23时08分，分别救出1名被困女性，均已死亡；29日00时01分、00时20分、00时27分、02时58分，分别救出1名被困女性，均已死亡。截至2018年10月29日3时00分现场救援结束，事故共造成8人死亡，4人受伤。

10月30日，中建二局三公司与死者家属达成赔偿协议，31日赔偿金已全部支付到位，遇难者遗体火化，善后处置工作基本结束。

（三）事故救援评估情况

按照有关规定，事故调查组依法抽调人员组成事故抢险救援评估小组，对本次事故抢险救援工作情况进行了评估，经评估认为：

事故发生后，中建二局三公司项目部按规定上报了事故情况，第一时间启动了抢险救援应急预案，积极开展了抢险救援工作，及时救出被困工人皮云伦，并送往金阳医院救治。

接到事故报告后，省、市领导高度重视，市委副书记、市长陈晏等市领导率市有关部门和观山湖区党委政府主要领导及相关部门人员第一时间赶到现场，成立了应急救援现场指挥部，组织事故救援。省应急厅和省住建厅相关领导也分别赶赴事故现场，指导事故抢险救援工作。省、市、区应急管理部门紧急调集了市（区）消防救援队、贵州众志通讯应急救援中心等11支救援队伍开展救援工作。救出3名被困受伤工人，送往金阳医院救治，减少了人员伤亡。整个救援工作处置及时，领导靠前指挥，科学施救、高效有序，积极妥善处置，社会稳定，未发生次生灾害和事故灾害扩大。

三、事故造成人员伤亡和直接经济损失

本次事故造成8人死亡，4人受伤。根据《企业职工伤亡事故经济损失统计标准》GB 6721—1986等标准和规定统计，核定事故直接经济损失为1728.6万元。

四、事故发生原因和事故性质

（一）直接原因

美的广场二期T4栋及地下室、C2-2栋商业项目的地下室主体结构尚未完成，10区段地下室结构“尚无独立承载回填土侧向压力的能力”；西侧肥槽回填土不符合要求，实际回填土压力荷载较设计值增大1倍以上；在西侧肥槽回填土压力、施工荷载和结构自重共同作用下，超过已成型地下室结构抗侧压承载力，引起结构构件连续破坏和整体倒塌。

（二）间接原因

1. 工程施工单位中建二局第三建筑工程有限公司。安全生产主体责任落实不到位，安全生产教育培训制度落实不到位，未严格按设计图组织施工。（1）对

美的广场二期项目施工组织设计，明确提出分块施工，分段回填，此施工组织方案与设计说明“地下结构施工完成后，基坑应及时回填不符。”（2）未按设计图纸留设后浇带位置施工（由D-7～D8轴移到D-6～D7轴），导致抗侧承载力下降。（3）美的广场二期原项目经理岳伟和现任项目经理黄某某、技术主要负责人甯某某实际未履行项目经理和技术主要负责人职责。违反规定安排不具备建造师资质的刘某某履行项目经理职责，不具备中级以上职称的杨某某履行技术主要负责人职责。（4）在回填方案未审批完成，未按规定对土石方回填人员进行方案交底和安全技术交底的情况下，组织回填施工。（5）未对回填土进行检测，回填土不符合要求，回填过程中未按照设计要求进行分层夯实。（6）从业人员安全教育培训不到位，对劳务分包单位国程劳务公司现场施工10月26日、28日新入场工人未按规定进行安全教育培训就安排上岗。

2. 工程监理单位贵州正业工程咨询顾问有限公司。未严格履行工程监理职责，未及时发现并制止施工单位的违法违规行为。（1）对美的广场二期项目施工组织设计，回填要求与设计不符，未及时进行纠正，同意施工。（2）对施工单位安排不具备相应资质刘某某履行项目经理职责，不具备中级以上职称的杨某某履行技术主要负责人职责，未进行纠正。（3）对施工单位未按设计图纸留设后浇带位置施工，按照合格工程进行验收。（4）对10区段地下室回填方案未审批完成的情况进行施工，未采取任何措施。（5）发现施工单位回填过程中，回填土未按要求进行分层夯实及抽样送检，虽然下达了《工作联系单》，但是没有制止施工单位继续施工。（6）专业监理工程师戚某某未到岗履行职责，现场履行专业监理工程师职责的陈某不具备相应资质。（7）对美的广场项目二期监理员工作分工不清。

3. 工程劳务分包单位四川省国程劳务有限责任公司。安全生产主体责任落实不到位，安全生产教育培训制度未落实。对10月26、28日新入场的工人未按规定进行安全教育培训就安排上岗。

4. 工程建设单位贵阳国龙置业有限公司。对施工单位和监理单位安全生产工作统一协调管理不到位，安全检查不到位，对施工、监理单位存在的问题未及时发现和处理。（1）对施工单位安排不具备相应资质刘某某履行项目经理职责，不具备中级以上职称的杨某某履行技术主要负责人职责，未进行纠正。（2）对监理公司专业监理工程师戚某某未到岗履行职责，现场履行专业监理工程师职责的陈某不具备相应资质，未进行纠正。（3）对施工单位地下室回填方案未审批完成的情况进行施工，未采取任何措施。（4）对施工单位项目质量总监李某某提出回填土不符合要求和监理单位提出回填土未按要求进行分层夯实及抽样送检，未采取任何措施。

5. 工程设计单位广东天元建筑设计有限公司。对美的广场二期项目设计考虑项目基坑回填的实际情况不足，对基坑回填未提出具体的防范安全生产事故的指导意见，对工程施工指导不够。(1) 对涉及施工安全的重点部位和环节（基坑回填等）未在设计文件中注明，未提出具体的防范生产安全事故的指导意见；(2) 地下室混凝土结构设计中未考虑实际工程条件（现场不具备对称回填条件）的可行性，对有特殊要求的混凝土结构，未提出相应的施工要求。(3) 底板变截面处钢筋构造不符合《混凝土结构施工图平面整体表示方法制图规则和构造详图》16G101—3，未采用常规受拉钢筋锚固形式。(4) 独立桩基承台间未设置联系梁，不满足规范要求。(5) 2个贴地下室外墙布置的楼梯间，楼梯间挡土墙无水平支座，使得外墙处于悬臂受力状态，承载力大幅度降低。(6) 对施工单位分段回填方式已在美的广场一期项目实施，与设计回填要求不符，未提出异议。(7) 对一期未按照图纸施工（未预留与二期地下室相连部位），通过验收，二期设计时，未对此情况采取措施。(8) 对事故坍塌地下室未按设计图纸留设后浇带位置施工，未提出相应处理措施。

6. 工程监管单位观山湖区住房和城乡建设管理局。履行监管职责不到位，对全区建筑工程安全专项整治工作组织领导不力，对美的广场二期项目监督检查不到位。对施工单位安排不具备相应资质刘某某履行项目经理职责，不具备中级以上职称的杨某某履行技术主要负责人职责，项目经理黄某某违规挂证，原项目经理岳某、技术主要负责人甯某某长期未到岗履职和监理单位专业监理工程师戚某某长期未到岗履职，现场履行专业监理工程师职责的陈某不具备相应资质等问题未及时发现和处理。

7. 观山湖区政府督促区住房和城乡建设局履行建筑施工安全监管工作不力，辖区发生较大建筑施工安全事故。

（三）事故性质

经事故调查组调查认定，观山湖区“10·28”坍塌事故是一起较大生产安全责任事故。

五、对事故有关责任单位和责任人的责任认定和处理建议

（一）事故有关责任单位的责任认定和处理建议

1. 中建二局第三建筑工程有限公司为美的广场二期项目的工程施工单位。安全生产主体责任落实不到位，安全生产教育培训制度落实不到位，未严格按设

计图组织施工。任用不具备相应资质刘某某实际履行项目经理职责，不具备中级以上职称的杨某某履行技术主要负责人职责；在回填方案未审批完成，对土方回填人员未进行方案交底和安全技术交底的情况下，组织回填施工；未进行回填土检测，回填土不符合要求，回填过程中未按照设计要求进行分层夯实；对10月26、28日新招收的工人未进行安全教育培训就安排上岗。对事故的发生负有责任，建议由贵阳市应急局根据《中华人民共和国安全生产法》第一百零九条第（二）项之规定，给予95万的罚款。

2. 贵州正业工程咨询顾问有限公司为美的广场二期项目的工程监理单位。未认真履行工程监理职责，未及时发现并制止施工单位的未严格按设计组织施工、肥槽回填施工方案未审批就组织施工等违法违规行为；专业监理工程师戚某某长期未到岗履行职责，任用不具备相应资质的陈某实际履行专业监理工程师职责；对美的广场项目二期监理工作分工不清。对事故的发生负有责任，建议由贵阳市应急局根据《中华人民共和国安全生产法》第一百零九条第（二）项之规定，给予90万的罚款。

3. 贵阳国龙置业有限公司为美的广场二期项目的工程建设单位。对施工单位和监理单位安全生产工作统一协调管理不到位，安全检查不到位，对施工单位任用不具备相应资质刘某某实际履行项目经理职责，项目技术副总工杨某某实际履行技术主要负责人的职责、监理单位专业监理工程师戚某某长期未到岗履行职责，任用不具备相应资质的陈某实际履行专业监理工程师职责等未及时发现和处理；对施工单位提出回填土不符合要求和监理单位提出回填土未按要求进行分层夯实及抽样送检等问题和合理要求，未采取任何措施。对事故的发生负有责任，建议由贵阳市应急局根据《中华人民共和国安全生产法》第一百零九条第（二）项之规定，给予80万的罚款。

4. 广东天元建筑设计有限公司为美的广场二期项目的工程设计单位。对美的广场二期项目设计考虑项目基坑回填实际情况不足，对基坑回填未提出具体防范生产安全事故的指导意见，设计人员对工程施工现场指导不够，对未严格按设计施工的行为及时制止，也未提出异议。对事故的发生负有责任，建议由贵阳市应急局根据《中华人民共和国安全生产法》第一百零九条第（二）项之规定，给予80万元的罚款。

5. 观山湖区住房和城乡建设局为美的广场二期项目的工程监管单位。对全区建筑工程安全专项整治工作组织领导不力，对美的广场二期项目监督检查不到位、不认真，未发现并依法查处施工单位安排不具备相应资质刘某某履行项目经理职责，不具备中级以上职称的杨某某履行技术主要负责人职责、项目经理黄某某违规挂证、原项目经理岳某、项目技术主要负责人甯某某未到岗履职；监理单位专业监理工程师戚某某长期未到岗履职，现场履行专业监理工程师职责的陈某不具备相应资质等问题等违法违规行为。建议责成观山湖区政府对其进行全区通报批评。

6. 中共观山湖区委、观山湖区人民政府督促区住房和城乡建设局履行建筑施工安全监管工作不力，辖区发生较大建筑施工安全事故，建议责成中共观山湖区委、观山湖区人民政府分别向中共贵阳市委、贵阳市人民政府作出深刻书面检查，由贵阳市安委会对其进行全市通报批评。

（二）建议追究刑事责任人员

1. 刘某某，中共党员，中建二局三公司美的广场二期项目执行经理，项目实际主要负责人。未履行项目安全生产第一责任人责任，安全生产教育培训制度落实不到位，二期地下室未严格按设计组织施工；在回填方案未审批完成，回填人员未进行方案交底和安全技术交底的情况下，组织回填施工；未按规定对回填土进行检测，回填土不符合要求，回填过程中未按照设计要求进行分层夯实组织回填施工。对事故发生负有直接责任，涉嫌重大责任事故罪，建议移送司法机关依法处理。

2. 黄某某，群众，中建二局三公司美的广场二期项目生产经理。未认真履行安全生产责任，安全管理较混乱，安全生产教育培训制度落实不到位，二期地下室未严格按设计组织施工；在二期地下室回填方案未审批完成，回填人员未进行方案交底和安全技术交底的情况下，组织回填施工；未按规定对回填土进行检测，回填土不符合要求，回填过程中未按照设计要求进行分层夯实组织回填施工。对事故发生负有直接责任，涉嫌重大责任事故罪，建议移送司法机关依法处理。

3. 杨某某，群众，中建二局三公司美的广场二期项目副总工程师，项目实际技术主要负责人。未严格按设计组织施工，在没有广东天元公司书面同意的情况下，将地下室后浇带位置由D-7～D8轴移到D-6～D7轴组织施工，在地下室回填方案未审批完成，对土石方回填人员未进行方案交底和安全技术交底的情况下，组织回填施工；未按规定对回填土进行检测，回填土不符合要求，回填过程中未按照设计要求进行分层夯实组织回填施工。对事故发生负有直接责任，涉嫌重大责任事故罪，建议移送司法机关依法处理。

4. 李某某，群众，正业工程公司美的广场二期项目总监理工程师。未认真履行工程监理职责，未及时发现并制止施工单位的违法违规行为，对中建二局三公司美的广场二期项目施工组织设计，回填要求与设计不符，未提出异议；安排不具备专业监理工程师资质的陈某履行项目专业监理工程师职责；对美的广场项目二期监理工作分工不清。对事故发生负有重要责任，涉嫌重大责任事故罪，建议移送司法机关依法处理；建议由市住房城乡建设局按照规定提请发证机关给予吊销注册监理工程师注册执业证书，5年内不予注册的行政处罚。

（三）建议追究党纪政务和其他责任企业人员

1. 张某某，中共党员，中建二局三公司法人代表，董事长。安全生产主体责任落实不到位，任用不具备资质的人员担任项目实际主要负责人和实际技术主要负责人，对美的广场二期项目督促检查不到位。对事故发生负有领导责任，依据《中华人民共和国安全生产法》第九十二条第（二）项之规定，建议由贵阳市应急局给予上一年年收入40%的罚款。

2. 吴某，中共党员，中建二局三公司总经理。安全生产主体责任落实不到位，任用不具备资质的人员担任项目实际主要负责人和实际技术主要负责人，对美的广场二期项目督促检查不到位。对事故发生负有领导责任，依据《中华人民共和国安全生产法》第九十二条第（二）项之规定，建议由贵阳市应急局给予上一年年收入40%的罚款。

3. 杨某某，中共党员，中建二局三公司总工程师。审批美的广场二期项目施工组织设计时，未发现并制止美的广场二期项目部未严格按设计组织施工，对美的广场二期项目督促检查不到位等。对事故发生负有责任。建议由中建二局三公司按公司规定给予党纪政务处理。

4. 冉某某，中共党员，中建二局三公司副总经理，分管生产和安全工作。对公司项目安全管理监督不力，对美的广场二期项目部未严格按设计组织施工，未按规定对从业人员进行安全教育培训等督促检查不到位。对事故发生负有责任，依据《中华人民共和国安全生产法》第九十四条第（三）项之规定，建议由贵阳市应急局给予1.5万元的罚款，并由中建二局三公司按公司规定给予党纪政务处理。

5. 赵某，群众，中建二局三公司西南分公司总经理。履行安全生产职责不到位，使用不具备资质的人员担任项目实际主要负责人和实际技术主要负责人，对美的广场二期项目督促检查不到位。对事故发生负有领导责任，依据《中华人民共和国安全生产法》第九十二条第（二）项之规定，建议由贵阳市应急局给予上一年年收入40%的罚款，并由中建二局三公司按公司规定给予政务处理。

6. 徐某，群众，中建二局三公司西南分公司技术负责人（总工程师）。未制止公司任用不具备资质的人员担任实际技术主要负责人，对美的广场项目施工组织设计，回填要求与设计不符，未采取措施。对事故发生负有责任，建议由中建二局三公司按公司规定给予政务处理。

7. 刘某某，中共党员，中建二局三公司西南分公司副经理，分管工程部。对公司项目生产管理监督不力，对美的广场二期项目部未严格按设计组织施工，使用未经安全教育培训从业人员等督促检查不到位。对事故发生负有责任，建议由中建二局三公司按公司规定给予党纪政务处理。

8. 黄某某，群众，中建二局三公司美的广场二期项目经理。实际未履行项目经理职责，涉嫌违规挂证，对事故发生负有责任，建议由市住房城乡建设局按照规定提请发证机关给予吊销注册一级建造工程师注册执业证书，5 年内不予注册的行政处罚。

9. 李某某，群众，中建二局三公司美的广场二期项目质量总监。发现 10 区段回填土不符合要求后，向生产经理黄志明进行了反映，也向建设单位项目总监彭某进行了反映，履行了职责，建议免于责任追究。

10. 徐某，中共预备党员，中建二局三公司美的广场二期项目安全总监。未按规定对入场作业的国程劳务公司员工进行安全教育培训；对在回填方案未完成审批，对土石方回填人员未进行方案交底和安全技术交底的情况下，组织回填施工未及时发现并制止。对事故发生负有责任，依据《中华人民共和国安全生产法》第九十四条第（三）项之规定，建议由贵阳市应急局给予 1.5 万元的罚款。由中建二局三公司按公司规定给予党纪政务处理。

11. 彭某，群众，中建二局三公司美的广场二期项目 T4 栋工长。在二期地下室回填方案未完成审批，对土石方回填人员未进行方案交底和安全技术交底的情况下，组织回填施工；未按规定对回填土进行检测，回填土不符合要求，回填过程中，未按照设计要求进行分层夯实。对事故发生负有责任，建议由中建二局三公司按公司规定给予政务处理。

12. 顾某某，群众，中建二局三公司美的广场二期项目安全员。未组织对土石方回填人员未进行安全技术交底；未按规定对入场作业的国程劳务公司员工的安全教育培训；安全检查不到位，未及时发现事故处隐患。对事故发生负有责任，依据《中华人民共和国安全生产法》第九十四条第（三）项之规定，建议由贵阳市应急局给予 1.2 万元的罚款，由中建二局三公司按公司规定给予政务处理。

13. 瞿某某，群众，中建二局三公司美的广场二期项目质检员。在二期地下室 10 区段回填过程中，未按规定对回填土进行检测，发现回填土不符合要求，未采取任何措施。对事故发生负有责任，建议由中建二局三公司按公司规定给予政务处理。

14. 陈某某，中共党员，正业工程公司法人代表。未认真履行安全生产职责，未认真督促美的广场二期监理项目部履行监理职责，未督促专业监理工程师戚某某到岗履行职责，任用不具备相应资质的陈某履行专业监理工程师职责；未及时发现并督促处理美的广场项目二期监理工作分工不清问题。对事故发生负有责任，依据《中华人民共和国安全生产法》第九十二条第（二）项之规定，建议由贵阳市应急局给予上一年年收入40%的罚款，由正业工程公司按公司规定给予党纪政务处理（记大过）。

15. 李某，中共党员，正业工程公司总经理。未认真履行安全生产职责，未认真督促美的广场二期监理项目部履行监理职责，未督促专业监理工程师戚某某到岗履行职责，任用不具备相应资质的陈某履行专业监理工程师职责；未及时发现并督促处理美的广场项目二期监理工作分工不清问题。对事故发生负有责任，依据《中华人民共和国安全生产法》第九十二条第（二）项之规定，建议由贵阳市应急局给予上一年年收入40%的罚款，由正业工程公司按公司规定给予党纪政务处理（记大过）。

16. 陈某，群众，正业工程公司副总经理，分管安全、生产工作。未认真履行安全生产职责，未认真督促美的广场二期监理项目部履行监理职责，未督促专业监理工程师戚某某到岗履行职责，允许不具备相应资质的陈某履行专业监理工程师职责；未及时发现并督促处理对美的广场项目二期监理工作分工不清问题；对中建二局三公司美的广场二期项目施工组织设计，回填要求与设计不符，未提出异议。对事故发生负有责任，建议由正业工程公司按公司规定给予政务处理（记大过）。

17. 戚某某，正业工程公司美的广场二期项目专业监理工程师。长期未到岗履职，涉嫌违规挂证，建议由市住房城乡建设局按照规定提请发证机关给予吊销注册监理工程师注册执业证书，5年内不予注册的行政处罚。

18. 陈某，群众，正业工程公司美的广场二期项目实际专业监理工程师。不具备专业监理工程师资质履行专业监理工程师职责；美的广场项目施工组织设计，回填要求与设计不符，未采取措施；对在地下室10区段回填方案未完成审批，土方回填人员未进行方案交底和安全技术交底，未按规定对回填土进行检测，回填土不符合要求情况下，组织回填施工，施工过程未进行分层夯实等未采取有效措施。对事故发生负有责任，建议由正业工程公司按公司规定给予政务处理（记过）。

19. 邓某某，群众，正业工程公司美的广场二期项目现场监理员。对施工单位地下室10区段回填方案未审批完成的情况进行施工，未采取任何措施；对施工单位回填工程采用的回填土不符合要求，未按规定对回填土进行检测，未进行分层夯实，未采取有效措施进行制止。对事故发生负有责任，建议由正业工程公司按公司规定给予政务处理（记过）。

20. 胡某某，群众，国程劳务公司美的广场二期项目经理。未按规定组织国程劳务公司员工进行安全教育培训，对10月26、28日新入场的工人未按规定进行安全教育培训就安排上岗。对事故发生负有责任，依据《中华人民共和国安全生产法》第九十二条第（二）项之规定，建议由贵阳市应急局给予上一年年收入40%的罚款。

21. 刘某，中共党员，国龙置业公司法定代表人。履行安全生产职责不到位，对施工、监理、设计单位的违法违规行为未及时发现并制止；未督促施工、监理单位认真履行安全生产主体责任，未督促项目按规定组织国程劳务公司员工进行安全教育培训。对事故发生负有领导责任，依据《中华人民共和国安全生产法》第九十二条第（二）项之规定，建议由贵阳市应急局给予上一年年收入40%的罚款。

22. 彭某，中共党员，国龙置业公司美的广场项目总监。未认真履行安全生产管理职责，对施工单位和监理单位安全生产工作统一协调管理不到位，安全检查不到位，对施工单位任用不具备相应资质刘某某实际履行项目经理职责、不具备中级以上职称的杨某某履行技术主要负责人职责，监理单位专业监理工程师戚某某长期未到岗履行职责，任用不具备相应资质的陈某实际履行专业监理工程师职责等未及时发现纠正；对施工单位项目质量总监李某某提出回填土不符合要求和监理单位提出回填土未按要求进行分层夯实及抽样送检，未采取任何措施。对事故发生负有责任，依据《中华人民共和国安全生产法》第九十二条第（二）项之规定，建议由贵阳市应急局给予上一年年收入40%的罚款。

23. 梁某某，群众，国龙置业公司工程部经理。对施工单位安排不具备相应资质刘某某履行项目经理职责，技术副总工杨某某履行技术主要负责人的职责，监理公司专业监理工程师戚某某长期未到岗履行职责，现场履行专业监理工程师职责的陈某不具备相应资质等，未及时发现并进行处理；对施工单位未严格按设计组织施工，地下室10区段回填方案未审批完成的情况进行施工，未采取任何措施；对施工单位回填工程回填土不符合要求，未进行分层夯实，未进行制止。对事故发生负有责任，建议责成国龙置业按照企业内部规定进行处理。

24. 任某某，中共党员，国龙置业公司现场工程师。对施工单位未严格按设计组织施工，地下室10区段回填方案未审批完成的情况进行施工，未采取任何措施；对施工单位回填工程回填土不符合要求，未进行分层夯实，未进行制止。对事故发生负有责任，建议责成国龙置业按照企业内部规定进行处理。

25. 胡某，群众，国龙置业公司现场工程师。对施工单位未严格按设计组织施工，地下室10区段回填方案未审批完成的情况进行施工，未采取任何措施；对施工单位回填工程回填土不符合要求，未进行分层夯实，未进行制止。对事故发生负有责任，建议责成国龙置业按照企业内部规定进行处理。

26. 梁某，中共党员，广东天元公司法人代表（兼总经理）。对美的广场二期项目设计、现场指导工作督查检查不到位。对事故发生负有领导责任，依据《中华人民共和国安全生产法》第九十二条第（二）项之规定，建议由贵阳市应急局给予上一年年收入40%的罚款，建议责成广东天元公司按照企业内部规定进行处理。

27. 冯某某，群众，广东天元公司总院副院长兼二院院长，美的广场二期项目负责人。未认真履行主体责任，未发现美的广场二期项目设计中对涉及施工安全的重点部位和环节（基坑回填）未在设计文件中注明，未提出具体的防范生产安全事故的指导意见等，督促相关人员现场指导不到位。对事故发生负有责任，依据《中华人民共和国安全生产法》第九十二条第（二）项之规定，建议由贵阳市应急局给予上一年年收入40%的罚款，建议责成广东天元公司按照企业内部规定进行处理。

28. 何某，群众，广东天元公司品控中心总监，美的广场二期项目结构负责人。对涉及施工安全的重点部位和环节（基坑回填）未在设计文件中注明，未提出具体的防范生产安全事故的指导意见；地下室混凝土结构设计中未考虑实际工程条件（现场不具备对称回填条件）的可行性；对施工单位分段回填方式已在美的广场一期项目实施，和设计回填要求不符，未提出异议。对事故发生负有责任，建议责成广东天元公司按照企业内部规定进行处理。

29. 邹某某，群众，广东天元公司结构设计师。对涉及施工安全的重点部位和环节（基坑回填）未在设计文件中注明，未提出具体的防范生产安全事故的指导意见；地下室混凝土结构设计中未考虑实际工程条件（现场不具备对称回填条件）的可行性；对施工单位分段回填方式已在美的广场一期项目实施，和设计回填要求不符，未提出异议；对施工单位一期未按照图纸施工（未预留与二期地下室相连部位），通过验收；二期设计时，未对此情况进行采取措施；对施工单位未按设计图纸留设后浇带位置施工，未提出相应处理措施。对事故发生负有责任，建议责成广东天元公司按照企业内部规定进行处理。

（四）建议追究党纪政务和其他责任行政监管人员

1. 何某某，中共党员，时任观山湖区政府副区长，分管建设、自然资源、电力等。督促区住房和城乡建设局履行建筑施工安全监管工作不力，辖区发生较大建筑施工安全事故。建议责成其向市政府作出深刻书面检查，并由市安委会进行全市通报批评。

2. 杨某某，中共党员，观山湖区政府党组成员，观山湖区住房和城乡建设局局长。对全区建筑工程安全专项整治工作组织领导不力，监督检查不到位；对观山湖区建设管理所未认真履行监管职责督促不到位。建议责成其向观山湖区政府作出深刻书面检查，并由观山湖区安委会进行全区通报批评。

3. 寇某，中共党员，观山湖区住房和城乡建设局副局长，从2019年9月中旬起受局长杨东华委托主持工作。对全区建筑工程安全专项整治工作组织领导不力，监督检查不到位；对观山湖区建设管理所未认真履行监管职责督促不到位。建议责成其向观山湖区政府作出深刻书面检查，并由观山湖区安委会进行全区通报批评。

4. 王某某，中共党员，观山湖区住房和城乡建设局党组成员，分管建设施工安全，建管所所长。组织对美的广场二期项目监督检查不到位；对安监站、质监站人员未认真履行监管职责管理不力。建议移交市纪委市监委依法给予党纪政务处理。

5. 刘某某，中共党员，观山湖区建管所安监站站长。组织对全区建设项目安全检查不力；对监督员督促不力，对美的广场二期项目监督检查不到位，对施工单位安排不具备相应资质刘某某履行项目经理职责，不具备中级以上职称的杨某某履行技术主要负责人职责，项目经理黄某某违规挂证，原项目经理岳某、项目技术主要负责人甯某某长期未到岗履职，对监理单位专业监理工程师戚某某长期未到岗履职，现场履行专业监理工程师职责的陈某不具备相应资质等问题未及时发现并查处。建议移交市纪委市监委依法给予党纪政务处理。

6. 娄某，群众，观山湖区建管所安监站监督员。对美的广场二期项目监督检查不到位，对施工单位项目经理黄某某违规挂证，原项目经理岳某长期未到岗履职；对监理单位专业监理工程师戚某某长期未到岗履职，监理单位现场履行专业监理工程师职责的陈某不具备相应资质等问题未及时发现并查处。鉴于系聘用人员，建议责成观山湖区住房和城乡建设局按相关规定处理。

六、事故防范和整改措施建议

为强化落实安全生产主体责任，深刻吸取本次事故教训，防止类似事故，特提出如下防范措施建议：

（一）切实提高政治站位，增强安全生产红线意识。观山湖区政府及有关部门要认真学习贯彻落实习近平总书记关于安安全生产的指示批示精神和《贵阳市党政领导干部安全生产责任制实施办法》，充分认识加强安全生产工作的极端重要性，切实提高政治站位，坚守不可逾越的安全意识红线，严守底线，真正把“以人民为中心”的理念落到实处。要深刻吸取此次事故教训，举一反三，认真贯彻落实国家、省和市安全生产集中整治三年行动安排部署，切实加强建筑行业安全管理工作，不断加大对辖区内建筑施工项目的安全生产监督检查力度，加大对非法违法行为查处和打击力度，督促建筑行业企业严格落实安全生产主体责任，切实抓好各项安全生产措施的落实，全面提高建筑施工安全管理水平。

（二）严格安全生产监管责任落实。观山湖区住房和城乡建设局要按照《安全生产法》和《贵州省建筑施工安全生产监督检查办法》规定，制定切实可行的年度安全监督执法检查计划并组织实施，进一步加强对施工企业和施工现场的安全监管，深入开展建筑行业安全生产集中整治行动，根据工程规模、施工进度，合理安排监督力量，对标对表开展清单式安全检查，督促各方责任主体落实安全责任，严厉打击不落实安全生产主体责任、违规挂证、违法分包、安全教育培训不到位、不按设计进行施工、边设计边施工等违法违规行为，建立打击非法违法建筑施工行为长效机制，确保专项整治行动取得实效，坚决遏制事故发生。

（三）狠抓企业安全生产主体责任落实。观山湖区要督促建筑企业进一步强化安全生产主体责任，强化企业安全生产责任制的落实，落实安全防范措施，坚决做到不安全不生产。设计单位要严格按规范进行设计，对涉及施工安全的重点部位和环节在设计文件中注明，提出具体的防范生产安全事故的指导意见，强化施工过程的现场技术指导，对施工单位不按图纸施工，及时提出意见。施工单位要切实履行安全生产主体责任，加大安全生产投入，进一步加强现场安全和技术管理，依法依规配备足够的项目管理人员，安全管理人员和技术人员，严格落实“三检制度”；要按规定按程序制定审批施工组织设计和各专项施工方案，确保可操作性；要严格现场安全作业，严格按照设计进行施工，强化安全技术交底，未进行安全技术交底坚决不能组织施工，对于不符合施工实际的设计要求，及时与设计单位进行沟通，修改方案；要建立健全安全风险管控和隐患排查治理“双控”制度，对辨识出的风险和事故隐患建立台账，并制定相应的管控措施和整治措施，实行动态“双清单”式管理，确保隐患整治到位、风险发现得了、管控得住。监理单位要严格履行现场安全监理职责，按规定配备足够的、具有相应从业资格的监理人员，加强对施工组织设计或专项施工方案的审查，凡是施工组织设计或专项施工方案的未经批准的工程，坚决不准组织施工；对监理过程中发现的安全风险和事故隐患，要督促施工单位立即整改，情况严重的，应当要求施工单位停止施工，并及时报告建设单位；对不服从监理的，要及时向建设行业主管部门报告。建设单位要切实强化安全责任，督促施工、监理、劳务等单位按规定配备安全生产管理人员；要进一步加强施工单位、监理单位和各分包单位统一协调管理，强化施工、监理、设施、地勘劳务等单位有关人员履职情况检查，督促其认真履行安全生产职责，强化全方位、全过程、全链条安全管理，防范化解安全风险，严防事故发生。

（四）切实加强安全宣传教育培训工作。观山湖区要重点突出公益宣传、突出隐患曝光，突出案例警示，突出事故教训，突出法制宣传，进一步拓宽宣传渠道，充分运用广播、电视、报刊、商场显示屏、社区显示屏，特别是微信、微博等新媒体等有效手段，广泛开展安全生产宣传，及时进行安全风险提示、警示。要将此次事故制定成警示教育片，开展警示教育活动。要督促企业依法按照相关规定，开展针对性的从业人员安全教育与培训，强化从业人员安全技术和操作技能教育培训，落实“三级安全教育”，注重岗前和换岗安全培训，做好施工过程安全技术交底，切实提高从业人员的安全责任意识和安全技能。

专家分析

一、事故原因

（一）直接原因

地下室主体结构尚未完成，10 区段地下室结构“尚无独立承载回填土侧向压力的能力”；西侧肥槽回填土不符合要求，回填土实际压力荷载较设计值增大1 倍以上；在西侧肥槽回填土压力、施工荷载和结构自重共同作用下，超过已成型地下室结构抗侧压承载力，引起结构构件连续破坏，最终整体倒塌。

（二）间接原因

1. 施工单位施工方案不规范，未严格按图施工。（1）美的广场二期项目施工组织设计中，明确提出分块施工，分段回填，此施工组织方案与设计说明“地下结构施工完成后，基坑应及时回填”不符。（2）后浇带位置未按设计图纸要求留置，（由 D-7～D8 轴移到 D-6～D7 轴），导致抗侧承载力下降。（3）回填方案未经审批，对回填作业人员未组织回填方案与安全技术交底。（4）回填土未检测，回填土的质量不符合要求，未按照设计要求分层回填夯实。（5）人员培训不到位，项目经理、项目技术负责人未到岗任职。

2. 工程监理单位未严格履行工程监理职责，未及时发现并制止施工单位的违法违规行为。（1）未严格审核美的广场二期项目施工组织设计，未发现回填要求与设计不符。（2）对施工单位项目经理、项目技术负责人不到岗未进行纠正。

（3）对施工单位未按设计图纸要求位置留设后浇带，未纠正，仍按照合格工程进行验收。（4）对10区段地下室回填方案未审批完成的情况下继续施工，未采取任何措施。（5）发现施工单位回填过程中，回填土未按要求进行分层夯实及抽样检测，未及时制止施工单位继续施工。（6）专业监理工程师未到岗履行职责，监理员工作分工不清。

3. 工程劳务分包单位对新入场的工人未按规定进行安全教育培训就安排上岗。

4. 工程建设单位对施工单位和监理单位安全生产工作统一协调管理不到位，安全检查不到位，对施工、监理单位存在的问题未及时发现和处理。（1）对施工单位安排不具备相应资格的刘某某履行项目经理职责，不具备中级以上职称的杨某某履行技术主要负责人职责，未进行纠正。（2）对专业监理工程师未到岗履行职责，现场履行专业监理工程师不具备相应资格未进行纠正。（3）对施工单位在地下室回填方案未审批完成的情况进行施工，未采取任何措施。（4）对施工单位项目质量总监李某某提出回填土不符合要求和监理单位提出回填土未按要求进行分层夯实及抽样检测的问题，未采取任何措施。

5. 工程设计单位对美的广场二期项目基坑回填的实际情况考虑不足，对基坑回填未提出具体的防范安全生产事故的指导意见，对工程施工指导不够。（1）对涉及施工安全的重点部位和环节（基坑回填等）未在设计文件中注明，未提出具体的防范生产安全事故的指导意见。（2）地下室混凝土结构设计中未考虑实际工程条件（现场不具备对称回填条件）的可行性，对有特殊要求的混凝土结构，未提出相应的施工要求。（3）对施工单位分段回填方式已在美的广场一期项目实施，与设计回填要求不符，未提出异议。（4）对事故坍塌地下室未按设计图纸留设后浇带位置施工，未提出相应处理措施。

二、预防措施建议

该工程为抢进度提早基坑回填，在地下室结构未形成闭合，仅完成一小区块地下室结构情况下即进行基坑回填。回填时，已浇筑的029区段地下结构仅一侧有挡土墙，其余三面敞开，相关责任方未考虑土体不平衡推力引起的附加水平力作用，造成地下结构倒塌。事故发生后，人员伤亡较大，造成恶劣的社会影响。通过对本次事故的原因分析，结合日常管理的要求和存在问题总结，提以下建议：

1. 完善危大工程实施细则。本次回填在施工组织设计中是明确采用地下室结构分段施工、分段回填，其施工工艺较特殊，特别是后浇带所划分的区块结构是否能承受回填土侧压力，危大工程清单无此内容，往往不是企业和监管部部门的重点关注内容。建议此类回填土施工列入危大工程管理中，在各地区住建部37号令实施细则中加以明确。

2. 高度重视设计对施工安全的重要性。本项目基坑支护设计在西侧，基坑肥槽回填宽度达到8.5～9m，设计说明要求基坑肥槽对称回填。但现场实际又不具备条件，并且一期工程按分段施工分次回填施工时，已经出现过地下室外墙裂缝问题，但建设、施工和设计单位未引起足够重视。依据《建设工程安全管理条例》第13条（包括住建部37号令第6条），设计应当考虑施工安全操作和防护的需要，对涉及施工安全的重点部位和环节，应在设计文件中注明，并对防范生产安全事故提出指导意见。特殊结构的建设工程，设计单位应当在设计中提出保障施工作业人员安全和预防生产安全事故的措施建议。但第13条的大部分要求，在项目设计图纸上都未得到落实，建议建设行政主管部门加强对第13条督促落实措施。另外，建议设计应当充分考虑实际施工情况，如本项目肥槽宽度8.5～9m，应采用运土车直接运到肥槽内并采用挖土机进行回填（现在人工回填几乎没有工人肯干此类苦力活），这部分施工活荷载大，设计工况应考虑此类活荷载（且为振动荷载）对地下外墙（挡土墙）侧向水平力明显影响。

3. 强化企业内部管理。施工单位项目经理、生产经理、项目技术负责人等主要人员应提高对基坑安全的危险源识别能力。抢工期屡见不鲜，因各种原因修改后浇带位置也是常见，但必须履行相关程序，须经结构设计单位书面确认同意，涉及安全的，应需经图审单位重新审核后方可实施。同时施工单位项目主要人员要知道更改后产生的风险及应采取的应对措施，这是要有理论知识和经验积累的。以本案例来说，可以抢工期，可以改后浇带位置，但要认识到这块楼板面积小，单靠它承担不了外侧土压力，所以不能马上回填土，要多浇几块板及加了传力构件才能回填土或底板上加斜撑。斜撑规格、间距、楼板面积等，这要通过计算并结合经验进行综合判断。甚至有时是无法精准计算的，因此还要有概念设计的，把握大趋势，留有充分余地。

另外，就是施工单位项目部往往不重视技术管理，以生产为主导。生产管理人员为了抢建设单位要求节点工期、资金回笼考核等往往以经验作为施工依据，但每个工程都有各自的特性和结构形式，不可能完全一样，在遇到特殊情况或危大工程，因为没有理论技术支撑，极易盲目施工造成事故发生。

专项施工方案未经审批擅自施工或者方案经审批但未按方案实施现象在实际工程施工、对作业人员未按照方案进行安全技术交底等很普遍。

回填土土质及施工方法未按照设计要求进行，施工现场为了工期或成本考虑，选择相邻标段基坑开挖的土或建筑垃圾，这些回填材料不能满足设计要求，侧压力不符合设计工况。施工单位的主要管理人员应严格按设计和规范要求进行把关，特别是大放坡开挖回填或宽大肥槽回填时更应考虑侧压力对挡墙承载力的影响。

4. 发挥监理单位作用。监理单位自身应加强业务学习，严格把关施工组织设计、专项方案审批审查，本案例虽然回填土方案未报给监理单位，但施工单位在施工组织设计上就已经明确分段施工、分段回填要求，并且回填土要求与设计不符，但项目总监在审批、专监审核施工组织设计时并未提出相应不同的意见或须经设计复核确认意见，把关不严。另外，回填土施工时仅提出防水层被破坏，未曾想到一期施工时已经出现过影响质量问题，因此建议监理单位人员应对业务知识加强学习，提高业务水平。

同时，回填土无方案施工，监理不阻止、不上报给建设单位或行业主管部门这种监理单位的履职不到位现象是常见问题，如何充分发挥监理应有的作用，是值得各方思考的。

5. 杜绝盲目抢进度。相关责任方可能由于各方面原因，在不具备条件情况要求施工单位抢回填节点。在地下室强度不够、未能形成闭合空间形成足够的设计刚度的情况下，提前回填土或安排园林进场，盲目抢工势必会牺牲安全或者质量作为代价。

19 河南郑州“11·15”桩基基坑坍塌较大事故

调查报告

2019年11月15日7时50分左右，位于郑州市金水区红专路与姚砦路交叉口东南角的金成时代广场三期建设项目，河南省豫岩基础工程有限公司在进行基坑支护施工过程中发生一起坍塌事故，造成3人死亡，直接经济损失219万元。

依据《中华人民共和国安全生产法》《生产安全事故报告和调查处理条例》（国务院令第493号）《河南省生产安全事故报告和调查处理规定》（河南省人民政府令第143号）等法律、法规有关规定，郑州市政府于11月19日成立了由郑州市应急管理局、公安局、总工会、城乡建设局、城市管理局和金水区政府等单位人员组成的“11·15”较大坍塌事故调查组，并邀请郑州市监察委员会派员参加，对事故进行全面调查。

为及时查明事故原因，分清事故责任，汲取事故教训，事故调查组按照“科学严谨、依法依规、实事求是、注重实效”的原则，通过现场勘察、调查取证、取样检测和专家分析，查明了事故发生的经过、原因、人员伤亡和直接经济损失情况，认定了事故性质和责任，提出了对有关责任人员及责任单位的处理建议和事故防范措施建议。现将有关情况报告如下：

一、基本情况

（一）工程概况

金成时代广场项目，即金水区姚砦村城中村改造项目，位于姚砦路以东、中州大道以西、红专路以南、黄河路以北围合区域。2006年，该项目列入郑州市城中村改造计划，2006年底拆迁完毕，涉及村民899户、3223人，土地面积约270亩。

2009年7月《金水区姚砦村城中村改造项目控制性详细规划》获得郑州市政府批复：项目总用地面积180438.38m²，绿地率＞25%，容积率＜7.5，建筑密度＜47%，地上总建筑容量135万m²。

郑州金成时代广场建设有限公司于2011年1月通过招拍挂取得该地块土地使用权。该项目由郑州金成时代广场建设有限公司开发建设，建设资金由郑州金成时代广场建设有限公司自筹。2011年3月25日取得郑州市城乡规划局核发的《建设用地规划许可证》（郑地规字第410100201119038号）。2011年4月25日取得郑州市国土资源局核发的《国有土地使用证》（郑国用（2011）第0178号），地类（用途）：城镇住宅商服，使用权类型：出让，终止日期：2081年2月21日（住宅）、2051年2月21日（商业）。

该项目分三期建设，一、二期共15栋楼（含幼儿园），地上建筑面积共计约103.4万m^2，现已建成并交付使用（一期房屋村民已回迁并实现网签，二期已取得五证，房屋产权手续已办理）。三期位于一二期北侧，计划建设6栋楼（15～20号），地上总建筑面积约28万m^2（含安置房约9.7万m^2）。三期为安开混合项目，与一、二期为同一控规，同一出让地块。根据《姚砦城中村改造项目三期安置房建设方案》和总体平面布置图，15号楼、16号楼为商品住宅和开发商业（其中含物业等公共用房），17号楼、20号楼全部和19号楼西单元部分楼层为安置住宅，安置总套数560套，17号楼和20号楼裙房商业、19号楼部分裙房商业为安置商业，其余为开发商业。

工程施工进度：2019年5～6月，金成时代广场三期项目清运了基坑地表垃圾。7月，开始进行基坑西侧边坡的支护桩施工，对基坑部分土方进行了开挖，后因扬尘治理管控暂停施工。11月10日全市扬尘治理管控解除，11月14日恢复施工。14日白天桩机调试完毕，当晚在第一根钻孔桩施工过程中发生了钻杆脱落事故。截至事故发生前工程已完成47根支护桩。

事故发生具体位置：郑州市金水区姚砦路与红专路交叉口东南角，金成时代广场三期项目西北角。

截至事故发生前，三期项目尚未取得《建设工程规划许可证》和《建筑工程施工许可证》。

三期项目工程建设单位：郑州金成时代广场建设有限公司；基坑支护施工单位：河南省豫岩基础工程有限公司；基坑支护设计及勘察单位：河南省有色工程勘察有限公司。截至事故发生前，未确定工程总承包单位和监理单位。工程建设单位和基坑支护施工单位已就合同细节进行商洽，尚未签订书面承包合同。

（二）工程参建单位概况

1. 工程建设单位：郑州金成时代广场建设有限公司，类型：有限责任公司（外国法人独资）；住所：郑州市东明路187号金成大厦A座10层；法定代表人：祁某；注册资本：2000万元；成立日期：2006年12月7日；营业期限：2006年

12月7日至2026年12月6日；经营范围：房地产项目开发、销售，房屋租赁。登记机关：郑州市工商行政管理局，登记日期：2016年8月18日。该公司《房地产开发企业资质证书》资质等级：叁级；发证机关：郑州市住房保障和房地产管理局；发证日期：2018年5月31日；有效期至：2021年5月31日；开发范围：限承担建筑面积10万m^2以下的房地产开发项目。

2. 基坑支护施工单位：河南省豫岩基础工程有限公司，类型：有限责任公司（自然人投资或控股）；住所：郑州市金水区姚砦路133号金成时代广场9号楼504房间；法定代表人：侯某；注册资本：4500万元；成立日期：2012年10月16日；营业期限：2012年10月16日至2022年10月15日；经营范围：地基与基础工程的施工，水电暖作业、河道河湖治理、建筑物维修、屋面防水、土石方工程施工，建筑防水防腐保温工程，建筑装饰装修工程，建筑幕墙工程。登记机关：郑州市工商行政管理局，登记日期：2017年7月14日。

该公司《建筑业企业资质证书》有效期至：2020年12月23日；资质类别及等级：地基基础工程专业承包壹级，建筑装修装饰工程专业承包壹级，防水防腐保温工程专业承包贰级，建筑幕墙工程专业承包贰级。发证机关：郑州市城乡建设委员会，发证日期：2018年12月3日。

该公司《安全生产许可证》许可范围：建筑施工；有效期：2019年9月29日至2022年9月29日。发证机关：河南省住房和城乡建设厅，发证日期：2019年9月29日。

3. 基坑支护设计及勘察单位：河南省有色工程勘察有限公司，类型：有限责任公司（非自然人投资或控股的法人独资）；住所：郑州市郑东新区白沙园区雁鸣路西侧、清正路东侧有色地矿科研楼A座13层1313号；法定代表人：赵某某；注册资本：5050万元；成立时间：2002年2月1日；营业期限：2002年2月1日至2025年1月31日；经营范围：工程勘察综合类甲级，岩土检测，地基与基础工程专业承包壹级，承担1000m以内供水井的水资源勘查及钻井、管道安装业务等。登记机关：郑州市工商行政管理局，登记日期：2018年8月21日。

该公司《工程勘察资质证书》有效期至：2020年6月17日；资质等级：工程勘察综合类甲级。发证机关：住房和城乡建设部，发证日期：2015年6月17日。

二、事故发生经过和应急处置情况

（一）事故发生经过

2019年11月14日夜间，河南省豫岩基础工程有限公司劳务带班工长袁某某组织夜班作业人员进行支护桩打桩施工作业，当夜现场管理人员为曹某，夜班工人包括张某某（桩机司机）、李某某、袁某某、苏某某。2019 年 11 月 15 日 1 时左右，桩机司机张某某开始操作桩机钻孔打桩。2 时左右，钻深到 21m 开始灌注混凝土过程中发生混凝土泵管堵管，进行疏通后继续施工。由于钻杆留置地下时间过长，导致钻杆与土之间阻力增加，随后强制启动桩机多次正钻反钻并向上提。3 时左右，提升后发现钻杆只提上来两节约 8m，桩机钻杆（含钻头）从桩顶下约 7m 处脱落在桩孔内。4 时左右，曹某指挥挖掘机围着桩孔挖开槽口，下挖至 3～4m 深处未发现脱落的钻杆，决定停工，并让现场工人清洗泵管，待白天与现场管理人员陈某某商议后，再决定是否打捞脱落的钻杆。工作安排完后，5 时左右，曹某到施工现场附近的车上睡觉，夜班工人清洗泵管至 7 时换班休息。7 时后，袁某某指挥白班工人王某某（桩机司机）、梁某某、胥某某、刘某某继续打捞钻杆（含钻头）。袁某某指挥白班挖掘机司机侯某某继续深挖，用挖掘机挖出一带坡度的斜深沟槽，挖至 6～7m 深时，发现了脱落的钻杆。袁某某未听从侯某某劝阻，指挥、带领梁某某、胥某某下到深沟槽中人工开挖打捞钻杆。

胥某某因感觉身体不适，从深沟槽中上至地面，袁某某又要求刘某某下沟槽作业。约 7 时 50 分左右，沟槽壁突然发生坍塌，将袁某某、梁某某、刘某某 3 人掩埋。胥某某连忙与夜班工人联系要求救援，夜班工人张某某、袁某某、苏某某、李某某先后赶到现场采用铁锹和手刨等方式挖土救人，救援期间发生二次坍塌，坍塌土方将李某某埋压，后被现场人员救出，由 120 急救人员送医救治，袁某某、梁某某、刘某某被消防救援人员先后救出（最后一人于 14 时 40 分被救出），经 120 急救人员现场确认均已无生命体征。李某某经医院检查，未受伤，观察后于事故当天出院。

（二）事故应急处置情况

事故发生后，现场人员立即拨打“120”“119”电话求救，医务急救人员、消防救援人员立即赶赴现场实施应急救援。接到事故报告后，郑州市政府领导、郑州市应急管理局主要领导和有关部门人员，以及金水区主要领导和有关部门人员第一时间赶赴事故现场，了解事故情况，指导应急救援工作，并要求全力抢救人员，做好善后处置工作。目前死亡人员善后事宜已处理完毕。

（三）事故直接经济损失

事故共造成 3 人死亡，直接经济损失 219 万元。

三、现场勘察及土质勘察、检测情况

事故发生后，调查组邀请三名相关行业专家进行现场勘验、测量、取证，并委托有资质的检测机构对桩孔处土质进行取样检测、试验。

（一）现场勘察分析

事故现场基坑部分土方已开挖，目测可见 47 根已完成的钢筋混凝土支护桩，发生事故的桩孔两侧各有一根成桩。应是在施工前期采用跳打法施工，后期在两根成桩之间再补打一根，形成基坑围护结构。当天正是在两根成桩之间补打时发生了事故。

支护桩施工参数及工艺：该工程基坑支护桩设计全部采用直径 800mm 钻孔灌注桩，桩间距为 1500mm 和 1600mm，桩身混凝土强度为 C30。桩顶标高为自然地坪下 3m，桩长 21m。采用桩底泵压混凝土成桩后插笼工艺施工。

事故现场钻杆脱落处在自然地坪下约 9.7m，在桩顶下约 6.7m。事故现场停放有一台步履式长螺旋钻孔机，型号 CFG30，最大钻孔深度 30m，允许拨钻力 500kN，最大钻孔直径 800mm，出厂编号为 199，出厂日期为 2014 年 6 月，生产厂家为浙江振中工程机械有限公司。该钻孔机钻杆为 5 节，自上而下第一节 3m，第二节 3m，第三节 6m，第四节 5m，第五节 5m，各节之间使用法兰和 8 条高强螺栓连接。

事故现场有一台履带式液压挖掘机，型号：320D，机器识别号：CAT0210DCFAL09532，出厂年份：2016 年，生产厂家：卡特彼勒徐州有限公司。事故现场有一台混凝土输送泵，型号：HBT60A1813S，出厂编号 05028，出厂日期：2005 年 3 月，生产厂家：广州市佳尔华机械设备有限公司。

（二）岩土工程勘察和土质检测情况

根据河南省有色工程勘察有限公司《郑州金成时代广场 15～20 号楼岩土工程勘察报告（详细勘察）》，场地地层结构如下：第一层杂填土，层底埋深为 0.9～4.5m；第二层土，层底埋深为 3.2～6.8m；第三层粉土，层底埋深为 6.6～9.3m；第四层粉土，层底埋深为 8.1～12.2m；第五层粉质黏土，层底埋深为 9.6～13.5m；第六层粉土，层底埋深为 10.4～15.3m；第七层粉质黏土，层底埋深为 11.6～21.6m；第八层粉砂，层底埋深为 14.0～22.8m。本次勘察地下水位埋深在 12.1～14.1m（标高 78.75～79.03m），本场地历史最高水位埋深在 2.6m（标高 89.8m）左右，本场地地下水环境类型属Ⅱ类，地下水属潜水类型。应进行基坑支护专门设计，基坑开挖时应注意监测。

事故发生当日，调查组分别在桩顶下2m和5m处各取土样一组，委托河南省建筑工程质量检验测试中心站有限公司对土质进行检测、试验。结果表明：坍塌土方为粉土，含水率较大，粘聚力较小，直立性较差，易坍塌。

四、事故原因分析和性质认定

（一）直接原因

1. 带班工长袁某某违章指挥。擅自决定开挖未采取任何支护措施的深沟槽，盲目指挥工人进入深沟槽冒险作业。

2. 桩孔处土含水率较大，粘聚力较小，土质疏松，沟槽开挖弃土距离边坡过近，未采取放坡、护壁、支撑等保护措施。

（二）间接原因

1. 河南省豫岩基础工程有限公司，未建立安全生产管理体系，安全组织机构不健全，安全管理人员不到位，未对现场作业人员进行安全教育培训，未对作业人员进行安全技术交底，未对《郑州金成时代广场15～20号楼及地下室车库项目基坑支护工程施工专项方案》进行方案交底，未设置项目管理机构和人员，未开展安全巡查，未及时制止违章指挥和冒险作业行为。打捞钻杆开挖深沟槽未制定专项施工方案，未采取针对性安全措施，作业人员未采取系挂保护绳等安全措施，事故发生前，施工现场无管理人员在场进行安全监管。

2. 郑州金成时代广场建设有限公司，未建立安全生产管理体系，未设置安全组织机构，未配备专职安全管理人员，未设置项目管理机构和人员，对河南省豫岩基础工程有限公司施工现场安全监管缺失。未取得《建设工程规划许可证》《建筑工程施工许可证》即违法开工建设。

3. 金水区丰产路街道办事处，不依规履行日常监管职责，存在对辖区内金成时代广场三期项目的违法建设行为未巡查、未发现、未制止、未上报等问题。

4. 金水区城市管理局（城市综合执法局），不依规履行日常监管职责，存在对辖区内金成时代广场三期项目的违法建设行为未有效制止、未及时上报等问题。

（三）事故性质认定

经调查认定，金水区河南省豫岩基础工程有限公司“11·15”较大坍塌事故是一起生产安全责任事故。

五、对事故相关责任人员和责任单位的处理建议

（一）建议免于追究责任人员

袁某某，河南省豫岩基础工程有限公司支护桩施工劳务带班工长。组织无资质的劳务队伍，在深沟槽开挖作业中，擅自决定并盲目指挥工人冒险作业，导致较大亡人事故发生。对事故发生负有直接责任。鉴于其已在事故中死亡，建议免于追究责任。

（二）建议给予行政处罚人员

1. 侯某，河南省豫岩基础工程有限公司法定代表人。未依法履行安全生产管理职责。未建立健全安全生产责任制和安全生产规章制度，未建立健全安全生产管理体系，未组织制定安全生产教育培训计划，未严格督促检查支护桩施工现场安全生产工作，未建立事故隐患排查治理制度，未在施工现场设立项目管理机构，未任命专职项目管理人员和专职安全生产管理人员，未及时发现、消除生产安全事故隐患，使用无资质的劳务队伍，对施工现场的安全监管缺失。对事故发生负有主要责任。依据《中华人民共和国安全生产法》第九十二条第二项之规定，建议由应急管理部门对其处以上一年年收入40%的罚款的行政处罚。依据《生产安全事故报告和调查处理条例》第四十条第一款之规定，建议由建设行政主管部门撤销其安全生产考核证书。

2. 陈某某，河南省豫岩基础工程有限公司支护桩施工现场管理人员，公司法定代表人侯阳口头安排其负责项目技术和安全工作。未依法履行安全生产管理职责。未严格组织实施安全生产规章制度和操作规程，未按规定组织实施对现场作业人员的安全生产教育和培训，未组织进行安全技术交底，未严格落实基坑支护工程专项施工方案要求。在事故发生前，未能及时到施工现场履行技术和安全管理职责，未能及时发现、制止施工现场的违章指挥和冒险作业行为，未能及时消除生产安全事故隐患。对事故发生负有重要责任。依据《中华人民共和国安全生产法》第九十四条之规定，建议由应急管理部门对其依法进行处理。依据《生产安全事故报告和调查处理条例》第四十条第一款之规定，建议由建设行政主管部门撤销其安全生产考核证书。

3. 曹某，河南省豫岩基础工程有限公司支护桩施工现场管理人员，公司法定代表人侯某口头安排其负责安全和协调，配合陈某某工作。未依法履行安全生产管理职责。未严格组织实施安全生产规章制度和操作规程，未按规定组织实施

对现场作业人员的安全生产教育和培训，未组织进行安全交底，未严格落实基坑支护工程专项施工方案要求。发生钻杆脱落后未及时向陈某某通报，未能有效阻止施工现场的违章指挥和冒险作业行为，未能及时消除生产安全事故隐患，且其本人未取得安全生产考核证书，无证上岗。对事故发生负有重要责任。依据《中华人民共和国安全生产法》第九十四条之规定，建议由应急管理部门对其依法进行处理。

4. 万某某，郑州金成时代广场建设有限公司总经理。未依法履行安全生产管理职责。未建立健全安全生产责任制和安全生产规章制度，未建立健全安全生产管理体系，未建立事故隐患排查治理制度。金成时代广场三期项目未取得《建设工程规划许可证》和《建筑工程施工许可证》即违法开工建设，未设置三期项目管理机构，对基坑支护桩施工单位施工安全监管不力。对事故发生负有重要责任。依据《中华人民共和国安全生产法》第九十二条第二项之规定，建议由应急管理部门对其处以上一年年收入40％的罚款的行政处罚。

5. 刘某某，郑州金成时代广场建设有限公司工程部经理，负责项目工程进度、质量、安全管理工作。未依法履行安全生产管理职责。金成时代广场三期项目未取得《建设工程规划许可证》和《建筑工程施工许可证》即违法开工建设。在支护桩施工前，未组织进行设计交底，未严格督促支护桩施工单位落实基坑支护工程专项施工方案要求，未严格监督检查项目安全生产工作，未按规定如实告知现场作业人员危大工程安全生产注意事项，未及时发现、消除施工现场生产安全事故隐患。对事故发生负有重要责任。依据《中华人民共和国安全生产法》第九十四条之规定，建议由应急管理部门对其依法进行处理。

（三）建议给予组织处理人员

1. 郭某某，男，中共党员，金水区丰产路街道办事处党工委副书记、办事处主任（公务员、正科级），负责街道办行政全面工作。疏于管理，对辖区内违法建设查处工作中出现的未巡查、未发现、未制止、未上报等问题失察，对工作中出现的问题负有重要领导责任。鉴于该同志在调查期间能够积极配合组织调查，针对出现的问题主动采取措施积极整改，依据《中国共产党问责条例》第七条之规定，按照干部管理权限，建议由金水区纪委监委对郭某某同志进行通报批评，并要求其写出深刻检查。

2. 沙某某，男，民革委员（中共预备党员），金水区丰产路街道办事处副主任（公务员、副科级），负责城市精细化管理、数字化城市管理、爱国卫生、交通整治、市容卫生整治、城市防汛、违法建设整治等工作，分管城市管理办公室、综合执法办公室，联系区城管局、区执法大队等。疏于管理，对辖区内违法建设查处工作中出现的未巡查、未发现、未制止、未上报等问题失察，对工作中出现的问题负有主要领导责任。鉴于该同志在调查期间能够积极配合组织调查，认识到在工作中存在的错误，依据《中国共产党问责条例》第七条之规定，按照干部管理权限，建议由金水区纪委监委对沙某某同志进行诫勉谈话。

3. 张某某，男，中共党员，金水区城市管理局党组成员、副局长，金水区城市管理执法大队大队长（事业干部、正科级），负责局全面工作。疏于管理，对城市管理执法大队未有效制止、未及时上报金成时代广场三期项目的违法建设行为等问题失察，对工作中出现的问题负有重要领导责任。鉴于该同志在调查期间能够积极配合组织调查，针对出现的问题主动采取措施积极整改，依据《中国共产党问责条例》第七条之规定，按照干部管理权限，建议由金水区纪委监委对张某某同志进行通报批评，并要求其写出深刻检查。

4. 李某某，男，中共党员，金水区城市管理执法大队副大队长（事业干部、副科级），协助大队长工作，分包丰产路执法中队。疏于管理，对丰产路执法中队未有效制止、未及时上报金成时代广场三期项目的违法建设行为等问题失察，对工作中出现的问题负有主要领导责任。鉴于该同志在调查期间能够积极配合组织调查，认识到在工作中存在的错误，依据《中国共产党问责条例》第七条之规定，按照干部管理权限，建议由金水区纪委监委对李某某同志进行诫勉谈话。

（四）建议给予政务处分人员

1. 闵某某，男，中共党员，金水区丰产路街道办事处司法所所长（参照公务员管理、副科级），分包姚砦社区、姚砦村，分管姚砦村三期安置房建设项目。不依规履行日常监管职责，对辖区内金成时代广场三期项目的违法建设行为存在未巡查、未发现、未制止、未上报等问题，对工作中存在的问题负直接责任。依据《公职人员政务处分暂行规定》第三条之规定和《行政机关公务员处分条例》第十五条、第二十条之规定，建议给予政务警告处分。

2. 王某某，男，中共党员，金水区城市管理执法大队驻丰产路街道城市管理执法中队中队长（事业干部、科员），负责丰产路街道办事处辖区内违法建设查处工作。不依规履行日常监管职责，对辖区内金成时代广场三期项目的违法建设行为存在未有效制止、未及时上报等问题，对工作中存在的问题负直接责任。依据《公职人员政务处分暂行规定》第三条之规定和《事业单位工作人员处分暂行规定》第十七条之规定，建议给予政务警告处分。

（五）对相关责任单位的处理建议

1. 河南省豫岩基础工程有限公司，未依法履行安全生产主体责任。未设置安全生产管理机构或者配备专职安全生产管理人员，未对作业人员进行安全生产教育培训，未建立安全生产教育培训档案，未落实基坑支护工程专项施工方案要求，未设置项目管理机构和项目负责人，未建立事故隐患排查治理制度，未及时消除生产安全事故隐患。使用无资质的劳务队伍，对施工现场的安全监管严重缺失，导致较大亡人事故发生。对事故发生负有主要责任。依据《中华人民共和国安全生产法》第一百零九条第二项和《生产安全事故罚款处罚规定（试行）》第十五条第一项之规定，建议由应急管理部门给予其50万元罚款的行政处罚。

2. 郑州金成时代广场建设有限公司，未依法履行安全生产主体责任。未设置安全生产管理机构或者配备专职安全生产管理人员，未建立实施风险管控和事故隐患排查治理制度，未及时消除生产安全事故隐患。金成时代广场三期项目未取得《建设工程规划许可证》和《建筑工程施工许可证》即违法开工建设，未设置三期项目管理机构和人员，对基坑支护桩施工单位施工安全监管不力。对事故发生负有重要责任。依据《河南省安全生产风险管控与隐患治理办法》第二十九条之规定，建议由应急管理部门给予其9万元罚款的行政处罚。

3. 责成金水区丰产路街道办事处向金水区人民政府作出深刻检查。

4. 责成金水区城市管理局（城市综合执法局）向金水区人民政府作出深刻检查。

5. 建议责成金水区人民政府向郑州市人民政府作出深刻检查，对事故的教训做到举一反三、引以为戒，避免在今后的工作中出现类似的问题。

六、事故防范措施建议

（一）严格基本建设程序，依法推进工程项目规范建设

建设项目各参建主体严格执行基本建设程序，是保证工程质量安全，以及加强工程管理的首要前提和重要内容。郑州金成时代广场建设有限公司应严格依法按照项目建设基本程序工作，在取得《建设工程规划许可证》和《建筑工程施工许可证》及办理完质量安全监督备案后开始施工。应先确定施工总承包单位，由总承包单位对基坑支护工程进行发包，并与专业分包单位签订专业分包施工合同。要建立健全安全生产责任制，建立项目安全生产组织机构体系，配备安全管理人员，建立并完善落实各项管理制度。建立健全生产安全事故隐患排查治理制度，加强对项目的管理、检查和安全隐患排查治理工作。项目开工前应确定监理单位，并督促监理单位对建设项目施工全过程严格实施监理。

（二）健全安全生产责任制，落实施工安全主体责任

河南省豫岩基础工程有限公司要坚持"安全第一，预防为主，综合治理"的安全生产工作指导方针，切实履行施工单位安全生产主体责任。（1）要建立安全生产管理体系，建立健全安全生产责任制，在施工前建立项目施工组织机构体系，配备具备相应资格的项目施工安全管理人员，建立并完善落实各项管理制度。（2）要辨识分析危险源并制定安全预防措施。（3）要按规定开展对作业工人的安全教育培训，对"三类人员"的继续教育和对特种作业人员的培训，确保作业人员和管理人员100%持证上岗。（4）要按照危大工程管理规定开展"双交底"工作，施工前对作业人员进行安全技术交底和基坑支护工程施工专项方案交底。（5）要建立健全生产安全事故隐患排查治理制度，认真执行企业主要负责人及项目负责人施工现场带班、安全隐患排查治理等规定，坚决杜绝施工现场"三违"现象，确保施工安全。

（三）开展大排查大执法，加大城改项目专项整治力度

综合执法部门对辖区涉及城中村改造项目的房地产开发企业及建设项目要加强安全生产执法检查力度，严格查处各类违法违规违章行为。行业主管部门要按照"三管三必须"的要求履行行业管理职责，做好建筑工地双重预防体系建设，采取多种形式组织开展事故警示教育工作。属地政府要按照"党政同责、一岗双责"的要求，严格落实好属地管理责任，厘清机构改革后综合执法部门与行业主管部门的监管职责，严格依照建筑施工有关法律法规，采取切实有效措施，严厉打击非法违法建设施工活动。在城中村改造工程项目，既要加快推进民生工程建设，又要坚守安全发展的"底线"。要按照"全覆盖、零容忍、严执法、重实效"的要求，持续开展大排查、大执法，以"双随机、一公开"为抓手，坚持定期检查与随机抽查相结合，深入分析查找容易发生事故的风险点，研究提出有效管用利长远的事故预防对策措施。同时，要落实事故调查"四不放过"原则，尤其要重视做好事故警示教育工作，深刻吸取事故教训，严防类似事故再次发生。

专家分析

一、事故原因

（一）直接原因

1. 指挥。带班工长袁某某擅自决定开挖未采取任何支护措施的深沟槽，盲

目指挥工人进入深沟槽冒险作业。

2. 技术管控。开挖深达6m以上沟槽未采取放坡、护壁、支撑等保护措施，忽视桩孔处土含水率较大，粘聚力较小，土质疏松的客观事实，沟槽开挖弃土距离边坡过近。

（二）间接原因

1. 违规建设埋隐患。项目未履行建筑施工管理程序，尤其是未确定监理单位和总承包单位，行业监管也未介入，致使项目现场安全管理体系缺失，完全依靠专业承包单位的自主管理和技术能力进行事故预防，安全管理先天不足。

2. 现场管控走形式。施工现场深挖6m以上的坑槽，现场管理人员不通知技术负责人自行处置，事发时管理人员实际不在岗，整个施工现场安全管理制度不落实，人员值守、应急处置等关键环节明显失控。

3. 思想麻痹闯大祸。施工人员对于明显的违章指挥不反对、明显的危险环境不拒绝，麻痹大意毫无安全生产意识，直至惨痛事故发生。表明现场的教育培训无实效，违章作业见怪不怪。

二、经验教训

安全生产是一个完整的管理体系，违法违规建设明显削弱了现场安全管理力度，对于安全生产的违法违规行为发现、制止、整改、查处不力，是造成事故的深层次原因，也是当前行业安全管控的重点。思想麻痹是固有隐患的放大器，钻杆脱落打捞是常见工作内容，也是高风险环节，出现管理脱岗、违章指挥、冒险作业等多重违规行为叠加，直至发生惨痛事故，杜绝人员思想麻痹、危险意识欠缺，是各安全生产责任主体必须解决的首要问题。

20　甘肃庆阳“11·20”塔式起重机倒塌较大事故

调查报告

2019 年 11 月 20 日 10 时 06 分，庆阳聚龙房地产开发有限公司（以下简称庆阳聚龙房地产公司）开发的庆阳市西峰区悦湖公馆项目 2 号楼建筑工地，发生一起塔式起重机在安装过程中倒塌造成 3 人死亡的较大起重伤害事故，直接经济损失 60 万元。

事故发生后，省委省政府、市委市政府主要领导、分管领导高度重视，先后就作好应急救援、善后处置和事故调查工作作出重要批示。西峰区政府、市政府相继启动应急预案，市应急局、市住房和城乡建设局、西峰区政府等单位有关负责同志第一时间赶赴事故现场，指导事故救援、伤者救治、善后处置和家属安抚工作，并迅速展开事故调查。

依据《中华人民共和国安全生产法》《生产安全事故报告和调查处理条例》《建设工程安全生产管理条例》等有关法律法规，11 月 21 日，市政府成立了由市应急局、市住房和城乡建设局、市公安局、市总工会、市市场监管局、市自然资源局、市人社局、市建管局、西峰区政府相关负责人和工作人员为成员的西峰区“11·20”较大起重伤害事故调查组，并邀请市检察院派员参与调查工作。

事故调查组按照“科学严谨、依法依规、实事求是、注重实效”的原则，通过调查取证、现场勘察、技术鉴定、查阅资料和综合分析，查明了事故发生的经过、原因、人员伤亡情况，认定了事故性质和责任，提出了对有关责任单位、责任人员的处理建议以及事故防范措施。现将情况报告如下：

一、事故发生经过和事故救援情况

2019 年 11 月 19 日上午，塔式起重机安装负责人赵某某组织将 QTZ63 塔式起重机运入悦湖公馆项目 2 号楼基坑。14 时，赵某某雇佣曹某某、李某某、孙某某 3 人进行塔式起重机安装。22 时，塔式起重机基础、8 个标准节和套架、回转机构总承、塔帽、平衡臂和配重安装到位。

11月20日9时40分，赵某某、曹某某、孙某某登上塔式起重机平台，开始进行塔式起重机套架顶升准备工作。9时45分，李某某登上塔式起重机，孙某某在驾驶室操作塔式起重机转动，打算将位于东南方向的起重臂向东旋转至正北方向（与标准节引进平台方向一致）。转至正东方向时，因长兴园小区三层裙楼楼顶“庆阳市职业培训学校”广告牌阻挡，停止转动起重臂。10时04分，塔式起重机起重臂由东向南至西旋转，打算转至正北方向。10时06分，当起重臂转至西侧偏南时，起重臂向上仰起，平衡臂下降。此时，在平衡臂上作业的赵某某、曹某某、李某某三人急速向塔身标准节爬梯方向逃离。10时06分30秒，平衡臂配重块坠落与塔身发生碰撞，赵某某、曹某某坠落至塔式起重机基础地面，孙某某被夹在已变形的驾驶室内，李某某从已倾翻的回转转盘内甩出，落在基坑东侧上沿平台。起重臂翻转180°砸到施工现场东侧围墙外“农家骨汤饸饹面面馆”平顶房及长兴园小区三层裙楼女儿墙，造成平顶房屋面一块预制板塌落及长兴园小区裙楼女儿墙受损，“农家骨汤饸饹面面馆”内正在做饭的梁会英受伤。

事故发生后，陕西豪胜建筑劳务有限公司（以下简称陕西豪胜劳务公司）安全员范某某立即拨打“120”“119”救援电话，现场正在开会的管理人员立即开展救援。随后120、119救援人员到达现场开展救援，西峰区政府及应急局、公安局、消防救援等单位人员相继到达事故现场，在西峰区政府的组织协调下开展救援工作。市委市政府收到事故报告后，主要领导、分管领导立即作出批示，要求应急、住建等单位赶赴现场组织救援，全力开展伤者救治。市应急局、市住房和城乡建设局负责同志及时赶赴事故现场指导救援和善后处理工作。梁某某由陕西豪胜劳务公司现场人员送往庆阳市第一人民医院进行医治。李某某、曹某某、赵某某三人先后由120救护车送往庆阳市第二人民医院救治。曹某某因伤势过重，经抢救无效死亡。赵某某由庆阳市第二人民医院转院到庆阳市第一人民医院，经抢救无效死亡。孙某某被救援人员从塔式起重机驾驶室内救出后送往庆阳市第二人民医院，经抢救无效死亡。李某某确诊为腰椎骨折，在庆阳市第二人民医院治疗。

二、事故相关单位和项目概况

（一）事故塔式起重机基本情况

事故塔式起重机设备型号为QTZ63，济南圆鑫机械制造有限公司生产，出厂日期为2011年11月，所有人为施某某，该塔式起重机委托庆阳中瑶机械设备租赁有限公司对外租赁，由该公司实际控制人赵某某负责塔机拆装和日常管理。

2019 年 7 月，施某某经人介绍与陕西豪胜劳务公司劳务队长岳某商议塔式起重机租赁事宜，口头约定租赁该塔式起重机。11 月 18 日，岳斌通知塔式起重机进场安装。11 月 19 日，赵某某组织将 QTZ63 塔式起重机运入悦湖公馆项目 2 号楼基坑并组织安装。

赵某某持有甘肃省住房和城乡建设厅分别于 2019 年 4 月 28 日、8 月 29 日颁发的《建筑施工特种作业操作资格证》，工种分别为塔式起重机司机、塔式起重机安装拆卸工，证号分别是甘 M042019200024，甘 M052019200002，均在有效期内。

曹某某持有甘肃省住房和城乡建设厅分别于 2018 年 6 月 8 日、2019 年 8 月 29 日颁发的《建筑施工特种作业操作资格证》，工种分别为塔式起重机司机、塔式起重机安装拆卸工，证号分别是甘 M042018200053，甘 M052019200007，均在有效期内。

李某某持有甘肃省住房和城乡建设厅于 2019 年 8 月 29 日颁发的《建筑施工特种作业操作资格证》，工种为塔式起重机安装拆卸工，证号是甘 M052019200005，在有效期内。

孙某某无相关证件。

（二）事故相关单位情况

1. 建设单位。庆阳聚龙房地产公司，法定代表人脱某某，注册资本 1000 万元，公司类型为有限责任公司，经营范围为房地产开发，取得《房地产开发企业资质证书》，有效期为 2019 年 1 月 10 日至 2022 年 1 月 9 日，资质等级为四级。

2. 施工企业。悦湖公馆项目无施工企业。

3. 劳务公司。陕西豪胜劳务公司，法定代表人王某某，公司类型为有限责任公司，经营范围为建筑劳务分包（依法须经批准的项目，经相关部门批准后方可开展经营活动），取得《建筑业企业资质证书》，资质类别及等级为水暖电安装作业施工劳务不分等级、钢筋作业施工劳务一级抹灰作业施工劳务不分等级、混凝土作业施工劳务不分等级、砌筑作业施工劳务一级、焊接作业施工劳务一级。取得《安全生产许可证》，许可范围为建筑施工，有效期为 2017 年 10 月 9 日至 2020 年 10 月 9 日。

4. 监理单位。悦湖公馆项目无监理单位。该项目由监理工程师何某某（男，汉族，出生 1984 年 2 月 11 日）承担工程监理，2014 年 12 月取得监理工程师执业资格证书，2015 年 6 月 16 日取得注册监理工程师注册执业证书，注册专业：房屋建筑工程、市政公用工程，注册执业单位：甘肃同兴工程项目管理咨询有限公司，2018 年 6 月 16 日办理延期手续，有效期延长至 2021 年 6 月 15 日。

5. 塔式起重机安装单位。事故塔式起重机无安装单位。塔式起重机安装由赵某某（男，汉族，出生1985年1月28日，庆阳中瑶机械设备租赁有限公司实际控制人、监事，从事塔式起重机安装、拆卸工作）负责。

（三）项目建设情况

悦湖公馆项目于2019年3月2日动土建设，3月10日前进行表面清理，4月23前进行土方开挖和临设搭建，4月25日基础旋挖钻机进场。一区为1号、3号、空楼和1-3车库、3-5车库，5月2日至7月13日进行DDC桩施工，7月5日至8月12日进行CFG桩施工，7月21日至11月20日进行基础及主体施工。二区为2号、4号楼和2-4车库、4-6车库、中路车库，9月4日至11月20日进行DDC桩施工，10月19日至11月14日进行2号、4号楼CFG桩施工，10月29日至11月20日进行2号、4号楼基础及主体施工。截至事故发生当日，悦湖公馆项目一区1号楼主体已完成6层，3号楼主体已完成13层，5号楼主体已完成7层；二区2号楼已完成地基施工，4号楼正在进行基础钢筋绑扎，6号楼正在进行地基基础施工。

（四）项目审批许可情况

2018年9月27日至10月10日，庆阳聚龙房地产公司参加国有建设用地使用权挂牌出让活动，竞得地块编号为“西峰00128”的国有建设用地使用权，出让面积26783.55m²，成交价为人民币4824万元。2019年3月20日，庆阳市自然资源局与庆阳聚龙房地产公司签订了《国有建设用地使用权出让合同》（甘让M庆市［2018］07号），2018年10月8日缴纳的2700万元保证金自动转作受让地块的成交价款。截至事故发生当日，庆阳聚龙房地产公司未缴清剩余出让金。2019年6月11日，庆阳市西峰区发展和改革局以《关于悦湖公馆项目备案的证明》（区发改发［2019］105号）对悦湖公馆项目予以备案。2019年6月17日，庆阳市自然资源局核发《建设用地规划许可证》（地字第201910号）。2019年7月4日，庆阳市人民防空办公室核发《防空地下室建设规划意见书》（庆市人防规划［2019］012号）。2019年10月29日，庆阳市自然资源局核发《建设工程规划许可证》（建字第2019009号）。2019年11月12日，甘肃省工程设计研究院有限公司对悦湖公馆项目的“1～6号楼、幼儿园、地下车库”等项目的施工图设计审查合格。

截至事故发生当日，悦湖公馆项目未取得国有建设用地使用权登记证书（《不动产权证书》）和《建筑工程施工许可证》。

（五）项目前期准备、日常管理情况

2019年1月16日，庆阳聚龙房地产公司向西峰区供电公司提交悦湖公馆项目用电申请。经西峰区供电公司审查同意，4月18日，国网庆阳供电公司与庆阳聚龙房地产公司签订《临时供用电合同》《供用电安全协议》，并于当日开始供电。

2019年4月，庆阳聚龙房地产公司与陕西豪胜劳务公司达成劳务施工（口头）协议。4月20日，陕西豪胜劳务公司组织劳务队伍进场开始施工作业。9月18日，庆阳聚龙房地产公司与陕西豪胜劳务公司补签《建筑工程施工劳务承包合同（扩大式劳务）》。

2019年7月，监理工程师何某某与庆阳聚龙房地产公司达成悦湖公馆项目工程监理口头协议（监理费40万元），随后组织无监理资质的陈某某、薛某某、方某某3人组成项目监理部，开展工程监理。悦湖公馆项目在开发建设时，庆阳聚龙房地产公司安排该公司总经理兼工程部经理李某某（男，汉族，出生1977年4月15日）为悦湖公馆项目甲方代表，负责项目开发管理；总经理助理张某负责办理悦湖公馆项目各项审批手续；郭某某为施工总负责，负责工程质量安全管理；罗某某为该项目安全员（未到岗履行职责），负责安全生产管理。

陕西豪胜劳务公司第一项目部经理许某某（男，汉族，1974年4月6日出生）为悦湖公馆项目劳务承包人，全面负责劳务管理。项目经理闫某某协助许某某进行管理。2019年4月20日，许某某组织劳务队伍进场施工，同时安排岳某为劳务队长、安全总负责，负责劳务组织管理和安全管理工作；范某某为安全员，负责现场安全管理。

（六）部门监管情况

悦湖公馆项目开工后，庆阳市自然资源局执法人员于2019年3月14日在巡查过程中，发现该项目未取得建设工程规划许可证进行建设的违法行为，当即现场制止施工，并先后于5月10日、8月14日、9月24日共3次对庆阳聚龙房地产公司总经理助理张某进行约谈，责令立即停止建设，办理有关手续。庆阳聚龙房地产公司未停止建设。

庆阳市住房和城乡建设局执法人员发现该项目未取得施工许可证擅自开工，于2019年5月6日下发《建设行政执法责令停止建设决定书》，责令该项目立即停止建设。该项目继续施工建设。10月23日，庆阳市住房和城乡建设局向国网庆阳供电公司送达《关于对金江名都C区等5个建设项目停止供电的函》（庆建函字［2019］357号），通知其停止向悦湖公馆项目供电。国网庆阳供电公司未

予配合停电。2019年9月3日，庆阳市自然资源局向庆阳市住房和城乡建设局送达《关于对西峰区工业园区污水处理及再生利用等7处建设项目的告知函》，请庆阳市住房和城乡建设局依据相关法律法规对悦湖公馆违章建筑进行处理。9月17日，庆阳市住房和城乡建设局向庆阳市自然资源局送达《关于〈庆阳市自然资源局对西峰区工业园区污水处理及再生利用等7个建设项目告知函〉的复函》，答复“悦湖公馆无土地证、工程规划许可证、未履行国土手续”，请庆阳市自然资源局依据相关法律法规对违章建筑进行处理。

事故发生当日，庆阳市住房和城乡建设局下发《建设行政执法责令停止建设决定书》，责令庆阳聚龙房地产公司立即停止施工，同时再次向国网庆阳供电公司送达《关于对悦湖公馆建设项目停止供电的函》（庆建函字［2019］403号），要求对悦湖公馆项目停止供电。国网庆阳供电公司当日对该项目停止供电。

三、事故原因分析及事故性质认定

（一）直接原因

1. QTZ63塔式起重机下回转部分与塔身第八节标准节连接处8个螺栓只安装了5个，东侧4个连接螺栓只有2个螺栓有效连接，西侧1个连接螺栓无螺母、连接失效，如图20-1、图20-2所示。同时，顶升套架与回转机构下支座四角耳板未采用销轴可靠连接。在此情况下，起重臂由南向西旋转至1号楼东南角处，受已建建筑物外架影响无法通过（经事故现场实地测量，该塔式起重机中心

图20-1 塔式起重机倒塌总览

图20-2 塔式起重机下回转部分

至已建建筑物外架距离为56.4m，实测塔式起重机起重臂最前端至塔式起重机中心点距离为57.32m，因此塔式起重机回转半径大于工地现场实测距离0.92m)，受到外力作用（反向作用力），导致起重臂上仰，产生的倾覆力矩大于平衡力矩，造成塔式起重机上部整体向后翻转倾覆。

2. 安装负责人违章指挥，安装人员违章操作、冒险作业，塔式起重机司机无证违规冒险操作。

（二）间接原因

1. 塔式起重机安装负责人赵某某，违反《建筑起重机械安全监督管理规定》第十条规定，无塔式起重机安装单位资质、未编制塔式起重机安装施工专项方案、聘用无证人员驾驶塔式起重机。

2. 庆阳聚龙房地产公司，违反《中华人民共和国土地管理法》第五十五条、《中华人民共和国城乡规划法》第三十八条、第四十条、《中华人民共和国建筑法》第五条、第七条、第三十一条、《建设工程质量管理条例》第七条等规定，在未取得国有建设用地使用权登记、规划许可、施工许可等手续的情况下，擅自开工建设悦湖公馆项目，截至事故发生时，悦湖公馆项目未取得国有建设用地使用权登记证书（《不动产权证书》）、《建筑工程施工许可证》，属于未批先建，违法使用国有土地，违法建设施工；违反《中华人民共和国建筑法》第十九条、第三十一条等规定，未进行招投标，无建筑施工企业、未委托工程监理单位监理，直接将工程发包给劳务公司，由监理人员个人对工程进行监理；拒不执行自然资源部门和住房和城乡建设主管部门责令停止建设的指令。

3. 陕西豪胜劳务公司，违反《中华人民共和国建筑法》第十三条、《甘肃省建筑市场管理条例》第八条、《建筑业企业资质管理规定》第三条规定，违法直接承揽劳务工程，替代施工企业进行管理，超资质承担塔式起重机租赁、安装管理，对塔式起重机安装审查把关不严、管理缺失。

4. 监理工程师何某某，违反《中华人民共和国建筑法》第三十四条、《建设工程安全生产管理条例》第十四条、《建筑起重机械安全监督管理规定》第二十二条规定，在无监理单位资质的情况下承揽监理业务，聘用无监理资质人员开展工程监理，未审核塔式起重机安装单位资质证书、安全生产许可证和特种作业人员的特种作业操作资格证书。

5. 庆阳市住房和城乡建设局，对庆阳聚龙房地产公司未取得施工许可证擅自施工的违法行为下达了《建设行政执法责令停止建设决定书》，但未按照《建筑工程施工许可管理办法》第十二条规定，责令限期改正并处以罚款；未按照《建筑业企业资质管理规定》第二十七条规定对悦湖公馆项目无施工企业进行开发建设的行为依法查处；未按照《建筑起重机械安全监督管理规定》第三条、第二十六条规定对悦湖公馆项目塔式起重机安装实施监督管理。

6. 庆阳市自然资源局，对庆阳聚龙房地产公司悦湖公馆项目未取得土地相关手续违法使用土地的行为进行了监督检查，但未按照《中华人民共和国土地管理法》第六十七条规定采取有效措施制止违法行为；对悦湖公馆项目未取得《建设工程规划许可证》进行建设的违法行为进行了约谈并责令停止建设，但未按照《中华人民共和国城乡规划法》第五十三条规定采取有效措施制止违法行为。

7. 国网庆阳供电公司，所属单位对悦湖公馆项目办理用电报批手续时，未按照《国网甘肃省电力公司营销部关于进一步明确业扩报装相关业务的通知》（营销［2017J82号］规定）审查项目核准备案文件、建筑规划许可证，在悦湖公馆项目无备案文件和建设用地、工程规划许可证的情况下予以用电审批，庆阳供电公司对上述问题失察；未按照《中华人民共和国安全生产法》第六十七条规定，配合住房和城乡建设主管部门及时对悦湖公馆项目停止供电。

8. 庆阳市区违法占地违法工程依法集中拆除战役指挥部办公室，对悦湖公馆项目审批手续不全擅自开工建设的行为失察。

9. 西峰区董志镇政府，作为悦湖公馆建设项目责任单位，建设项目管理职责履行不力，对该项目审批手续不全擅自开工建设的行为失察。

10. 西峰区政府，未有效履行安全生产属地管理责任，对董志镇履行建设项目责任单位职责指导不力。

（三）事故性质

经调查认定，西峰区“11·20”较大起重伤害事故是一起生产安全责任事故。

四、对事故责任单位及责任人员的处理建议

（一）对事故责任单位的处理建议

1. 庆阳聚龙房地产公司，建议由庆阳市应急管理局依据《中华人民共和国安全生产法》第一百零九条第二项的规定，对其处以五十八万元的罚款，并按照《对安全生产领域失信行为开展联合惩戒的实施办法》，将其纳入安全生产不良记录“黑名单”管理；建议由庆阳市住房和城乡建设局依据《中华人民共和国建筑法》第六十四条、第六十九条、《建筑工程施工许可管理办法》第十二条、《建设工程质量管理条例》第五十四条规定，责令停止施工，限期改正，处以罚款；建

议由庆阳市自然资源局对其违反《中华人民共和国土地管理法》等法律法规的行为依法予以处罚；依据《中华人民共和国安全生产法》第一百一十一条规定依法承担事故赔偿责任。

2. 陕西豪胜劳务公司，建议由庆阳市应急管理局依据《中华人民共和国安全生产法》第一百零九条第二项的规定，对其处以五十六万元的罚款，并按照《对安全生产领域失信行为开展联合惩戒的实施办法》，将其纳入联合惩戒对象管理；建议由庆阳市住房和城乡建设局依据《中华人民共和国建筑法》第六十五条、《建设工程质量管理条例》第六十条规定，责令停止违法行为，处以罚款，没收违法所得，并负责协调资质颁发机关依法降低资质等级。

3. 庆阳市住房和城乡建设局，建议由市政府依据《甘肃省安全生产“党政同责、一岗双责”制度实施细则》第二十六条规定，在全市进行通报批评并责令其作出书面检查、落实整改措施。

4. 庆阳市自然资源局，建议由市政府依据《甘肃省安全生产“党政同责、一岗双责”制度实施细则》第二十六条规定，在全市进行通报批评并责令其作出书面检查并落实整改措施。

5. 国网庆阳供电公司，建议由市政府依据《甘肃省安全生产“党政同责、一岗双责”制度实施细则》第二十六条规定，责令其作出书面检查并落实整改措施。

6. 庆阳市区违法占地违法工程依法集中拆除战役指挥部办公室，建议由西峰区政府依据《甘肃省安全生产“党政同责、一岗双责”制度实施细则》第二十六条规定，责令其作出书面检查。

7. 西峰区董志镇政府，建议由西峰区政府依据《甘肃省安全生产“党政同责、一岗双责”制度实施细则》第二十六条规定，责令其作出书面检查。

8. 西峰区政府，建议由市政府依据《庆阳市安全生产约谈制度》，对西峰区政府负责人进行告诫约谈，并责令西峰区政府向庆阳市政府作出书面检查。

（二）对事故责任人员的处理建议

1. 赵某某，涉嫌重大责任事故犯罪，建议由庆阳市住房和城乡建设局依据《建筑施工特种作业人员管理规定》第二十九条规定，负责协调考核发证机关撤销其持有的《建筑施工特种作业操作资格证》；鉴于其已在事故中死亡，不予追究刑事责任。

2. 孙某某，事故直接责任人，鉴于其已在事故中死亡，不予追究相关责任。

3. 曹某某，事故直接责任人，建议由庆阳市住房和城乡建设局依据《建筑施工特种作业人员管理规定》第二十九条规定，负责协调考核发证机关撤销其持有的《建筑施工特种作业操作资格证》。

4. 李某某，事故直接责任人，建议由庆阳市住房和城乡建设局依据《建筑施工特种作业人员管理规定》第二十九条规定，负责协调考核发证机关撤销其持有的《建筑施工特种作业操作资格证》。

5. 李某某，庆阳聚龙房地产公司总经理、工程部负责人、悦湖公馆项目甲方代表，对该起事故发生负有直接管理责任，在悦湖公馆项目开发建设中违反有关安全管理的规定，造成严重后果，涉嫌重大责任事故犯罪，建议移送司法机关追究刑事责任。

6. 许某某，陕西豪胜劳务公司第一项目部经理，悦湖公馆项目劳务工程承包人，对该起事故发生负有直接管理责任，在劳务工程中违反有关安全管理的规定，造成严重后果，涉嫌重大责任事故犯罪，建议移送司法机关追究刑事责任。

7. 何某某，悦湖公馆项目监理工程师，对该起事故发生负有直接监理责任，在监理工作中违反有关安全管理的规定，造成严重后果，涉嫌重大责任事故犯罪，建议移送司法机关追究刑事责任；建议由庆阳市住房和城乡建设局依据《建设工程安全生产管理条例》第五十八条规定，负责协调注册机构吊销其注册监理工程师注册执业证书，终身不予注册。

8. 郭某某，庆阳聚龙房地产公司悦湖公馆项目施工总负责，直接负责2号、4号、6号楼的质量安全工作，对该起事故发生负有建设单位管理责任，建议由庆阳聚龙房地产公司解除与其的劳动关系。

9. 张某，庆阳聚龙房地产公司总经理助理，负责悦湖公馆项目审批手续办理，对该起事故发生负有建设单位管理责任，建议由庆阳聚龙房地产公司解除与其的劳动关系。

10. 脱某某，庆阳聚龙房地产公司法定代表人，对该起事故发生负有重要管理责任，建议由庆阳市应急管理局依据《中华人民共和国安全生产法》第九十二条规定，对其处以上一年年收入40%的罚款。

11. 岳某，陕西豪胜劳务公司悦湖公馆项目劳务队长，对该起事故发生负有管理责任，建议由陕西豪胜劳务公司解除与其的劳动关系。

12. 范某某，陕西豪胜劳务公司悦湖公馆项目2号楼现场安全员，对该起事故发生负有管理责任，建议由陕西豪胜劳务公司解除与其的劳动关系。

13. 闫某某，陕西豪胜劳务公司悦湖公馆项目经理，对该起事故发生负有管理责任，建议由陕西豪胜劳务公司解除与其的劳动关系。

14. 王某某，陕西豪胜劳务公司法定代表人，对该起事故发生负有重要管理责任，建议由庆阳市应急管理局依据《中华人民共和国安全生产法》第九十二条规定，处上一年年收入40%的罚款。

15. 郭某某，庆阳市散装水泥推广办公室工作人员，长期抽调到庆阳市住房和城乡建设局工程建设科配合工作，对悦湖公馆项目未取得《施工许可证》擅自开工的行为负有行业监管责任，建议由庆阳市住房和城乡建设局依据《公职人员政务处分暂行规定》第六条的规定，给予政务警告处分。

16. 李某某，庆阳市墙改工作协调领导小组办公室工作人员，长期抽调到庆阳市住房和城乡建设局工程建设科配合工作，对悦湖公馆项目未取得《施工许可证》擅自开工的行为负有行业监管责任，建议由庆阳市住房和城乡建设局依据《公职人员政务处分暂行规定》第六条的规定，给予政务警告处分。

17. 李某，庆阳市住房和城乡建设局建筑业管理科科长，对悦湖公馆项目无施工企业的行为负有行业监管责任，建议由庆阳市住房和城乡建设局依据《甘肃省安全生产“党政同责、一岗双责”制度实施细则》第二十六条规定，责令其作出书面检查并进行约谈。

18. 豆某某，庆阳市住房和城乡建设局总工程师，分管房屋建筑工程开工报告（施工许可证）审查、工程质量施工安全监管，对悦湖公馆项目未取得《施工许可证》擅自开工、无施工企业、无监理单位的行为负有行业监管领导责任，建议由庆阳市住房和城乡建设局依据《甘肃省安全生产“党政同责、一岗双责”制度实施细则》第二十六条规定，责令其作出书面检查。

19. 席某某，庆阳市自然资源局西峰城区国土资源管理所副所长，对庆阳聚龙房地产公司悦湖公馆项目未取得土地相关手续违法使用土地的行为负有行业监管主要责任，建议由庆阳市自然资源局依据《公职人员政务处分暂行规定》第六条规定，给予政务警告处分。

20. 张某某，庆阳市自然资源局西峰城区国土资源管理所所长，对庆阳聚龙房地产公司悦湖公馆项目未取得土地相关手续违法使用土地的行为负有行业监管重要责任，建议由庆阳市自然资源局依据《甘肃省安全生产“党政同责、一岗双责”制度实施细则》第二十六条规定，责令其作出书面检查并进行约谈。

21. 安某某，庆阳市自然资源局规划监督科工作人员，对悦湖公馆项目未取得建设工程规划许可证进行建设的行为负有行业监管责任，建议由庆阳市自然资源局依据《公职人员政务处分暂行规定》第六条的规定，给予政务警告处分。

22. 姚某某，庆阳市自然资源局副局长，负责国有土地供应和土地市场监督管理、城乡建设规划管理、土地供应和建设项目批后监管，对悦湖公馆项目未取得土地、规划相关手续违法使用土地的行为负有行业监管领导责任，建议由庆阳市自然资源局依据《甘肃省安全生产“党政同责、一岗双责”制度实施细则》第二十六条规定，责令其作出书面检查。

23. 田某某，西峰区董志镇党委副书记，协调悦湖公馆项目建设，对悦湖公馆项目审批手续不全擅自开工建设的行为负有属地管理责任，建议由西峰区依据《甘肃省安全生产“党政同责、一岗双责”制度实施细则》第二十六条规定，对其通报批评并进行约谈。

24. 袁某某，西峰区董志镇政府镇长，对悦湖公馆项目审批手续不全擅自开工建设的行为负有属地管理领导责任，建议由西峰区政府依据《甘肃省安全生产“党政同责、一岗双责”制度实施细则》第二十六条规定，责令其作出书面检查。

五、事故防范措施

（一）深入贯彻落实新时代安全发展的理念。各县（区）、各行业监管部门要深刻吸取事故教训，认真贯彻落实安全生产方针政策和法律法规，牢固树立安全发展理念，坚持“安全第一、预防为主、综合治理”方针，充分认识加强安全生产工作的极端重要性，正确处理安全与发展、安全与速度、安全与效率、安全与效益的关系，始终坚持把安全放在第一的位置、始终把握安全发展前提，切实维护人民群众生命财产安全。

（二）切实加强建设项目管理。各县（区）、各行业监管部门要加强建设项目管理，进一步规范行政审批工作，认真执行《中华人民共和国土地法》《中华人民共和国城乡规划法》《中华人民共和国建筑法》等法律法规，严格建设项目用地、规划、报建等审批手续，加大执法检查力度，杜绝未批先建、违法使用土地、擅自开工建设等非法违法建设行为。自然资源部门要严格依法审批土地出让、规划许可工作，对违反土地、规划等相关规定的行为依法予以查处；住房和城乡建设主管部门要加强工程建设审批，对违反房地产开发、建筑施工、建筑机械等相关规定的行为要采取有力措施予以制止。要组织开展建筑行业打非治违专项行动，严厉打击出借资质、转包、分包工程、违规进行施工建设等非法违法行为，规范工程参建各方行为；城管部门要健全工作制度，加强日常巡查监管力度，加大“两违”建筑的强拆力度、着力扩大震慑成效。

（三）认真落实企业安全生产主体责任。各县（区）、行业监管部门要督促建筑业企业落实安全生产主体责任，将安全生产责任落实到岗位，落实到个人，用制度管人、管事；建设单位要切实强化管理责任，督促施工企业、监理单位和各分包单位加强施工现场安全管理；施工企业要健全现场安全管理体系、落实安全责任，定期开展安全检查和隐患排查治理，突出抓好劳务分包单位、起重机械设备拆装等关键环节管理；监理单位要严格履行监理职责，落实旁站监理制度，抓重点、抓关键，对在监理过程中发现的重大隐患，要及时向建设单位和有关主管部门报告；塔式起重机安装、经营单位要严格按照建筑施工起重机械设备安装、使用和拆除的有关规定，做到合法经营、规范管理、安全操作。

（四）深入开展安全教育培训。各县（区）、各行业监管部门要通过专题培训、网络视频培训、现场观摩学习、事故警示教育等方式，对建筑从业人员和安全监管人员进行安全教育和培训，保证各单位和各类人员具备安全生产知识，熟悉安全生产法律法规和规章制度，了解事故应急处置措施。县区、行业监管部门要加强对监管人员的教育培训，保证监管人员熟悉岗位安全职责、执法程序，做到依法行政。施工企业要针对现场人员流动性大的实际情况，严格落实“三级”安全教育制度，强化从业人员安全技术和操作技能教育培训，注重岗前安全培训，做好施工过程安全交底，开展经常性安全教育培训，防止因违章指挥、违章操作导致生产安全事故发生。

专家分析

一、事故原因

（一）直接原因

标准节连接螺栓未安装，导致在回转过程中向平衡臂一侧倾翻。

（二）间接原因

1. 没有根据现场的实际情况编制安装方案。
2. 在安装前未考虑塔式起重机与周边环境的关系。
3. 现场作业人员违章作业，在没有紧固标准节连接螺栓的情况下进行回转动作。
4. 针对现场发现的回转时起重臂与邻近建筑物干涉的问题未采取有效的安全措施。
5. 施工单位未按危大工程的要求对起重机械的安装进行管理。
6. 监理单位未按危大工程的要求对起重机械的安装进行管理。

二、事故经验教训

本次事故的发生是典型的违法操作规程，事故的本质原因是安装作业人员没有实地勘察施工现场，未发现施工现场周边环境对塔式起重机作业的影响；在后续的施工中严重违反操作规程（不安装连接螺栓），从现场检查的情况分析，即使按原定的逆时针回转操作也会发生向南的倾覆事故。

本次事故也反映出该项目的施工单位和监理单位对起重机械的安全管理完全失控，任由施工人员随意操作，不履行任何管理程序。

三、预防措施建议

1. 提高企业的安全意识，严格管理危大工程和相关作业。

2. 对于开工手续不齐全的项目，建设单位、施工单位和监理单位各方更应该落实安全管理的相关制度和措施。

3. 起重设备安装单位必须在安装前编制符合现场实际情况要求的安装方案。在操作过程中严格遵守操作规程。

21 广东广州“12·1”地面塌陷较大事故

调查报告

2019年12月1日上午9时28分，广州市在建轨道交通十一号线四分部二工区1号竖井横通道上台阶喷浆作业区域上方路面，即广州大道北与禺东西路交界处出现塌陷，造成路面行驶的1辆清污车、1辆电动单车及车上人员坠落坑中，2车上共3人遇难，直接经济损失约2004.7万元。

事故发生后，应急管理部党组书记黄明，广东省委书记李希、省长马兴瑞、副省长张虎分别作出指示批示，要求全力做好抢险救援工作。市委书记张硕辅、市长温国辉、省应急管理厅厅长王中丙、常务副市长陈志英等省市领导多次赴现场指导和组织抢险救援、事故调查等工作，调度多方资源力量，千方百计组织救援。根据有关规定，经市政府批准，成立了由市安委办牵头，市应急管理局、市公安局、市交通运输局、市住房和城乡建设局、市规划和自然资源局、市总工会有关同志组成，并邀请市纪委监察委参加的广州市“12·1”较大坍塌事故调查组（以下简称事故调查组），调查组分设综合协调组、技术原因调查组、管理原因调查组、监管责任调查组、应急救援处置情况评估组、事故处置和后勤保障组，聘请岩土、结构、水文地质、爆破、安全工程等方面的专家协助事故调查工作，对该起事故的技术原因进行调查分析。

事故调查组认真贯彻落实省市领导同志重要指示批示精神，坚持“科学严谨、依法依规、实事求是、注重实效”的原则，通过反复现场勘查、检测鉴定、调查取证、调阅资料、人员询问和专家论证，查明了事故经过、原因、人员伤亡情况和直接经济损失，认定了事故的性质以及事故企业和相关人员责任，提出了对有关责任人员和责任单位的处理建议。同时，针对事故暴露出的问题，总结分析了事故主要教训，提出了防范整改的措施建议。

调查认定，广州市天河区中铁五局四公司在建轨道交通十一号线沙河站横通道“12·1”坍塌事故是一起地下施工遭遇复杂地质条件引发的较大责任事故。

一、事故基本情况

（一）工程项目概况

广州地铁十一号线是广东省、广州市“十二五”规划中的重点工程，是强化广州地铁线网整体性、缓解广州中心区交通压力的环形骨架线路，穿越天河区、白云区、越秀区、荔湾区和海珠区五个中心城区，全长44.2km。2012年7月，国家发展和改革委员会批复同意十一号线规划。2015年1月，广东省环境保护厅批复同意十一号线工程环境影响报告书。2015年6月，广东省发展和改革委员会批复十一号线工程可行性研究报告，同意建设十一号线工程，项目投资约420.58亿元，计划2022年底建成投入使用。2016年9月23日，中国中铁股份有限公司、广州建筑股份有限公司联合中标广州市轨道交通十一号线及同步实施工程总承包，中标价为2082197.407万元。2016年10月，原广州市住房和城乡建设委员会批复十一号线施工许可事宜。

（二）事发施工区域参建单位情况

1. 建设单位。建设单位广州地铁集团有限公司（简称“广州地铁”）成立于1992年12月，2015年6月改制为“广州地铁集团有限公司”，是广州市政府全资大型国有企业，负责广州城市轨道交通系统的工程建设、运营管理和附属资源开发经营。作为甲方履行广州市轨道交通十一号线的权利和义务，履行对十一号线工程建设的监管职责。

2. 总承包单位。中国中铁股份有限公司，具有中国铁路、建筑、公路、市政工程等施工总承包特级资质。2016年12月，广州地铁与中国中铁股份有限公司（主）和广州建筑股份有限公司（成）联合体签订合同，将广州市轨道交通十一号线及同步实施工程总承包模式委托联合体组织实施。中国中铁成立了刘辉负责的项目指挥部，负责该公司27站27区间（包含沙河站）的施工及协调工作。

3. 项目分包单位。中铁五局集团有限公司（简称为“中铁五局”），具有中国铁路、建筑、公路、市政工程等施工总承包特级资质6项；水利、市政、公路、机电工程等施工总承包壹级资质19项；桥梁、隧道、路基、公路路面、铁路铺架、混凝土预拌等各类专业施工承包资质59项；铁道行业甲（Ⅱ）级、建筑、公路、市政行业等甲级设计资质6项。中国中铁与承包方中铁五局集团有限公司签订施工承包合同（合同编号：中铁DTSG［2017］4号），负责11304施工区段施工，具体为：天河东站、广州东站、沙河站车站土建工程和天广区间、沙鹤区间、鹤南区间、南燕区间土建工程。中铁五局任命副总经理曹某某为华南片区指挥长，负责广东、广西、海南3省项目的生产经营和质量安全工作，同时成立了中铁五局集团有限公司广州市轨道交通十一号线工程项目经理部，项目设置领导班子5人（项目经理、党工委书记、总工程师、副经理、安全总监），部门设五部二室（工程部、工经部、财务部、安质部、物机部、综合办公室、试验室），人员配置根据工作需要和精干高效的原则确定并实行动态管理。

4. 沙河站暗挖施工单位。2016年12月28日，中铁五局与中铁五局四公司签订五局集团内部施工分包协议，由中铁五局四公司承包广州地铁十一号线沙河站的暗挖土建工程。中铁五局集团第四工程有限责任公司（简称为“中铁五局四公司”），具有公路工程施工总承包壹级、铁路工程施工总承包壹级、市政公用工程施工总承包壹级、桥梁工程专业承包壹级、隧道工程专业承包壹级、公路路基工程专业承包壹级等资质。企业党委书记、法定代表人为张某某，总经理为彭某某。

中铁五局四公司为承建沙河站工程项目施工任务，成立中铁五局四公司广州市轨道交通十一号线四分部二工区沙河站项目部，代表中铁五局四公司全面实施、履行合同义务，督促检查各部门、班组执行国家安全生产方针、政策、法规、法令、标准及上级指示，组织安全生产大检查、安全生产专项检查、定期检查，负责日常安全检查，发现事故隐患，督促整改，组织开展各类安全生产活动等职责。项目部设置完整的项目管理组织架构，任命中铁五局四公司总经济师陈某某兼任项目经理，另指定项目常务副经理周某主持日常工作，项目总工程师为王某某。

5. 勘察单位。广东省建筑设计研究院有限公司具有工程勘察综合类甲级，2014年6月广州地铁与广东省建筑设计研究院有限公司签订合同，将十一号线勘察2标（含沙河站）委托给该单位负责，具体为广州市轨道交通十一号线工程2标段初、详勘阶段岩土工程勘察项目初、详勘阶段勘察单位，负责沙河站初、详勘阶段勘察工作。

6. 设计单位。中水珠江规划勘测设计有限公司（简称“中水珠江设计公司”），为十一号线设计3标（含沙河站）设计单位。

7. 监理单位。广东重工建设监理公司（简称“重工监理”），负责十一号线监理6标（含沙河站）的工程监理工作。企业法定代表人、总经理史某某，项目监理部的项目总监在事发前已退休未重新任命，企业指定陈某为驻该项目临时负责人履行总监职责，项目任命梁某某等为项目现场监理员。

8. 爆破实施单位。广东爆破工程有限公司，为十一号线1号竖井、1号横通道、2号横通道及小导洞提供石方爆破工程施工服务，于2019年5月10日签订爆破工程合同。该公司于2019年2月制订了爆破工程技术设计及施工组织设计方案，按规定提交项目部并经审核后于2019年4月30日，形成了《沙河站暗挖车站隧道施工爆破专项方案》。

9. 1号竖井横通道劳务派遣单位。2019年1月15日中铁五局四公司与成都鼎祥瑞建筑劳务有限公司签订合同，由成都鼎祥瑞建筑劳务有限公司负责十一号线沙河站施工劳务派遣，工程范围包括开挖、支护、临时支撑及管片拆除、横通道地板硬化。

（三）工程其他情况

1. 项目情况。

十一号线沙河站位于先烈东路与广州大道北交叉路口，呈东西走向，车站全长231.6m，标准段宽为40.618m，站台宽5m，车站中心里程轨面埋深为37.580m，采用全暗挖洞桩法施工，站厅和附属结构采用明挖法施工。在沙河站的概算中，第一部分土建工程费用为40253.25万元；第二部分工程建设其他费用中，安全生产保障费按照建安工程费的1%计列，安全生产保障费内容包含第三方监测、第三方检测、质量检测、材料进场检验费、风险评估、应急抢险、安全应急平台系统、工程信息化管理系统及视频监控系统等费用。

2017年5月4日，完成了十一号线土建四分部（含沙河站）的安全监督登记。2017年9月，沙河站勘察文件经施工图审查机构广州市市政设计院审查通过。2018年9月，沙河站《第二册第二分册之1号、2号施工横通道初支结构施工图》经工点设计单位内部审核后，送广州地铁设计院审查，出具意见并完成修改后，送中国铁路设计集团有限公司审查，出具意见并完成修改后，送广州市市政设计院审查，出具意见并完成修改后，经以上三家单位确认后，出具正式施工蓝图。

经专家组调查，广州地铁集团有限公司提供了工程地质、水文地质和工程周边环境等资料，施工招标阶段按要求制定了危大工程清单并制定有针对性的处理措施；安全防护文明施工措施费按合同约定支付，按规定完成了安全质量报监。设计单位参考高架桥附近的地质为较为稳固地质的历史资料，出具勘察方案。在施工前勘探的探孔显示的地质条件与历史资料一致，结合历史资料、现场地面环境等因素，设计采用暗挖法施工；施工前的地质勘探的设计布孔满足现行国家标准规范距离要求，但勘察受限于地面建筑设施和交通压力等客观条件，未能完成全部的孔位勘察，不够准确；设计方提出要求施工方落实“施工前先进行水平钻孔探明前方地质信息化施工”的应对措施。经专家合规性审查，事发站点（沙河站）的勘察、设计均符合规范要求。调查中未发现勘察单位广东省建筑设计研究院有限公司、设计单位中水珠江规划勘测设计有限公司存在与本次事故有直接因果联系的履职不到位情况。

1号竖井位于车站东端，内净空12m×13.5m，深41.385m，分两期开挖。1

号施工横通道开挖断面宽 11.6m，高 18.285m，长 50.606m，分两期进行开挖。根据详勘报告，1 号横通道全部位于微风化地层，开挖断面以上 10m 左右存在中粗砂层和粉细砂层。

项目开工时间：2017 年 9 月 1 日；1 号竖井开工时间：2018 年 12 月 2 日；1 号横通道开工时间：2019 年 7 月 12 日。截至 2019 年 11 月 30 日，1 号竖井进度开挖至一期基坑底 32.3m，1 号横通道上台阶施工进尺寸 50.6m（高 4.3m、宽 11.6m）；中台阶施工进尺寸 25.1m（高 6.1m，宽 11.6m）；下台阶施工进尺 16.3m（高 2m，宽 11.6m）。

2. 事故区间位置及周边环境条件。

（1）交通环境。依据项目相关资料，沙河站 1 号横通道施工场地地形平坦，地面高程 16.5m，横通道下穿广州大道，西侧为广州大道高架桥，邻近广州大道高架桥的两个桥墩，北侧桥墩水平距离为 5.3m，南侧桥墩水平距离为 5.8m，横通道拱顶比北侧桥墩桩底低 8.1m，比南侧桥墩桩底低 5.5m。东侧与跨沙河涌桥墩最小距离为 6.5m，拱顶比桩底高 4.1m。

（2）河涌环境。依据项目相关资料，横通道东侧与沙河涌最小距离为 8m，沙河涌河床宽约 32m，距离横通道拱顶约 15.5m，河堤高度约 5.1m，水深 0.4～1.1m，流向自北向南方向，主要接受大气降水补给，受季节影响较大，雨季时流量成倍增加，对施工存在不利影响。

（3）人车流状况。据调查，广州大道北为双向 6 车道，禺东西路为双向 8 车道，禺东西路与广州大道北早中晚车流量大，加之沙河服装批发市场的巨大人流量，交通特别繁忙，对 1 号横通道上方路面的围蔽及应急响应产生不利影响。

（4）地下管线。项目相关资料显示，1 号横通道下穿广州大道，所处位置地下管线 20 多条，为燃气、电力、给水、污水、通信等管线，主要沿广州大道两侧分布。

3. 沙河站区域地质情况。

沙河站区域地貌属珠江三角洲冲积平原，地势较平坦，局部地形起伏较大。区域位于先烈东路及广州大道北路口北侧地块，车站大致呈东西走向，周边多为道路、商铺及民宅。东侧为沙河涌，地下水位较浅，沙河涌（地表水）局部地段与地下水存在水力联系。

据水文资料，1 号横通道所在区域位于古沙河涌频繁改道的右岸，冲积砂层厚。

（1）断裂。离站点最近的断裂为瘦狗岭断裂。综合罗浮山—瘦狗岭断裂的地质地貌特征，该断裂的活动时代为中更新世。

（2）褶皱。详勘区域内主要褶皱有天河向斜，轴部地层倾向北北东 NNE3°，倾角 30°。两翼产状变化较大，倾角 15°～47°不等，沙河站施工区位于天河向斜。

（3）地层和岩性。沿线均普遍为第四系松散层覆盖，下伏基岩主要为白垩系含砾粉砂岩、砾岩。

（4）场地岩土层。塌陷区围岩总体稳定性差，地质条件复杂。揭露的岩土层分为：填土＜1＞、洪积沙层＜3＞、冲～洪积和坡积土层＜4＞、残积层＜5＞、岩石全风化带＜6＞、岩石强风化带＜7＞、岩石中风化带＜8＞、岩石微风化带＜9＞共九层，岩面起伏较大，各风化层交错分布，厚度不均，形成软硬夹层交替出现的现象，切硬壳层中间形成穿洞。

根据事故发生后救援地勘成果，掌子面附近的ZK16及ZK4钻孔揭示横通道拱顶范围内正处于全～强风化含砾粉砂岩中，在距横通道拱顶上前方有较厚砂层，含水丰富、围岩稳定性差。

（5）地表水和地下水。事发后地质勘察发现，沙河站场地东侧（即塌陷区域）临近沙河涌。沙河站地下水主要储存在第四系砂层中，在塌陷区域及其附近厚度较大、透水性好，地下水量较丰富，＜3-1＞粉细砂渗透系数一般为2.5m/d，＜3-2＞中粗砂渗透系数一般为10m/d。沙河站存在红层裂隙溶洞水。但红层岩溶隐蔽性强，发育不均一，对岩溶发育程度、分布特征等难以判断准确。

若基岩裂隙充填泥质被扰动带走，裂隙透水性将明显加强。沙河站部分地段第四系砂层与基岩直接接触，砂层孔隙水与基岩裂隙水存在水力联系；河涌水与砂层水存在水力联系。勘察揭露有连续分布的砂层，连通性好，为地表水与地下水的连通创造了条件，当两者连通时，地下水渗流形成的水头压差，在围岩承压层（相对横通道上台阶拱顶上方岩石顶板）承压不足崩塌时，易出现突水涌砂、涌泥现象，从而造成地面塌陷。

（四）相关部门的监管情况

经事故调查组查明，该项目自2019年4月22日移交广州市交通运输局下属市政站监管后，市政站按规定组织监督抽查，重点抽查了该工程项目安全生产管理架构建立情况、安全生产管理人员到位履职情况、安全管理制度建立情况、安全专项措施（方案）的编制与实施情况、施工安全生产标准化开展情况，以及施工现场的安全文明施工管理情况。对现场发现的存在问题通过责令限期整改通知书或责令停工整改通知书要求责任单位落实整改，并对整改情况进行事后核查。对施工现场安全管理违反《广东省住房和城乡建设厅关于房屋建筑和市政基础设施工程施工质量安全动态管理办法》有关规定的，对该项目的责任单位和人员进行违规行为记分共计4项次，共14分。先后对该工程（沙河站）开展了14次监督检查，发出责令限期整改通知书4份，停工整改通知书1份。调查中也发现该站存在日常监督检查不到位、重点监督检查不突出、监督检查制度建设不完善、安全风险预判主动性不强等问题。

二、事故发生经过及应急处置情况

（一）事故发生经过

事发地段属广州市中心城区，是服装批发、销售集中地区，周边建筑物密集，人流、车流量非常大。事发地段地下水、电、气管网密集。

事发路段下方为广州地铁在建十一号线沙河站施工区域，施工单位为中铁五局集团第四工程有限责任公司，采用暗挖法进行横通道施工，分三个台阶分级进行，正在进行的第一级台阶施工进展到第50m（总长50.606m）。

横通道初支施工工艺流程：隧道爆破或机械开挖→掌子面初喷混凝土（约40mm厚）→挂网→架立钢格栅架（含钢格栅架立架、纵横向连接钢筋、锚杆、定位系筋、焊接、超前小导管安装、超前小导管注浆）→复喷混凝土。

事故过程如下：

11月30日，17时46分沙河站项目部组织了事发前的最后一次爆破，爆破前施工进尺到约49.6m，本次爆破进尺约1m，爆后检查无异常，在作业台上未检查到哑炮和残留物。然后喷浆、修路转运渣土、初喷、支拱架等都按工序施工。18时00分喷浆机出现故障，无法喷浆，被吊上去维修后继续进行喷浆作业。21时40分喷浆机再次故障，进行大修，安排工人清碴修边。至12月1日4时00分左右喷浆机修好。

12月1日4时30分之后，成都鼎祥瑞建筑劳务有限公司喷浆班荆某某、晋某某和彭某接班，继续进行喷浆作业。7时30分左右黄某某（带班领工员）等人开始上班。

9时15分左右，正在进行初支喷混凝土时，施工人员发现靠近掌子面拱顶突然出现涌水并有增大趋势。事发时横通道内共有5人，其中：项目领工员黄某某，喷浆施工工人荆某某、晋某某和彭某3人，以及挖掘机驾驶员曾某某。

黄某某立即设法上报事发情况，在1号竖井底部向工区副经理曹某某电话报告掌子面涌水情况后（9时18分），按照工区副经理曹某某要求，再次返回确认人员全部撤离后，录制了现场险情小视频（9时20分），于9点27分左右到达地面，并给工区常务副经理周某电话汇报。

曹某某接到带班领工员黄某某电话后，交代带班领工员黄某某确认井底人员是否全部撤离，了解井底作业人员全部撤离后，立即电话向工区常务副经理周某汇报，随后在赶往现场途中向工区总工王某某和安全总监杨某某报告突发事件。

9时21分小掌子面方面陆续有人员撤出，9时24分57秒小掌子面里头瞬间一片黑暗，水不断涌向井口处。

9时26分见一名工人寻找出口，9时29分起脚手架开始坍塌。

9时27分，黄某某安排值班电工郑某某切断1号竖井作业区内电源。

约9时28分，广州市广州大道北与禺东西路交叉口突发地陷，途经该路段的1辆清污车和1部电动自行车随地面塌陷掉入地下，造成3人失踪。在初次塌陷后的4小时内，塌陷处又多次向外坍塌，塌陷范围由最初的约20m²，扩展到直径约27m，面积约570m²。塌陷区边缘西侧为广州大道高架桥，邻近广州大道高架桥的两个桥墩，北侧桥墩水平距离为5.3m，南侧桥墩水平距离为5.8m；塌陷区边缘东侧与跨沙河涌桥墩最小距离为6.5米，距离东侧居民楼水平距离为28m。

（二）事故应急处置情况

1. 事故信息接报及响应情况。

9时35分，广州市消防支队指挥中心接到报警，广州市天河区沙河大街转广州大道禺东西路发生地陷，支队指挥中心立即调派出动抢险救援消防车、水罐泡沫消防车、消防指挥车等11辆消防车，56名指战员到场处置。

9时45分，120救护车及义务人员到达现场。

9时46分，沙河消防救援站第一时间到达现场并开展救援工作。随后，支队全勤指挥部、通信保障分队、天河区消防救援大队、东莞庄消防救援站、珠江西消防救援站、特勤消防救援站等增援力量陆续到达现场。

9时50分，110接报称沙河大街出广州大道路口，靠近禺东西路地陷，接报后，派员到场处理。

9时55分，市政府总值班室接市公安局电话报告称，天河区沙河大街和广州大道交界处发生地面陷落，有2车掉入其中，人员伤亡情况不明。接报后，值班人员立即按程序启动应急处置。

9时55分，市应急管理局值班室接110电话后，立即致电天河区应急管理局值班室要求核查事故情况，同时立即派员赶赴现场。

10时07分，市应急管理局接天河区应急管理局报，称天河区沙河大街与禺东西路交界桥底发生1起路面坍塌事件，有1辆小车及1辆搅拌车掉落坍塌洞内，初步怀疑2人被困，现场坍塌约150m²（由于现场处置人员无法靠近，具体人员及车辆情况暂时无法核实），接报后市应急管理局立即启动相关应急预案，局主要领导及相关人员赶赴现场处置。

10时09分，市应急管理局向市政府总值班室、市委值班室报告。

10时12分，市应急管理局核实有关情况后第一时间报省应急管理厅，通知相关部门赶赴现场处置。

10 时 18 分，地铁集团总值班室先后向市委值班室、市政府总值班室、市应急管理局、市交通运输局指挥中心、市住房和城乡建设局、市国资委、天河区应急管理局电话通报有关情况。

10 时 20 分，中国中铁广州轨道交通指挥部调集应急救援力量（人员、设备、物资）到现场参与抢险救援工作。

10 时 30 分，广州燃气集团到达现场处置。

10 时 30 分，市应急管理局主要负责人到达现场处置，成立市级现场指挥部。

11 时 00 分，市应急管理局总值班室向省应急管理厅汇报该起事故掌握的具体情况。

11 时 02 分，与省应急管理厅视频连线，将现场画面传至省应急指挥中心。

11 时 05 分，地铁集团总值班室向政府相关单位报送书面事件速报。

12 时 00 分，“国家应急救援昆明队”首批人员到达现场并参与抢险救援工作。

12 时 02 分，市应急管理局将事故快报书面报省应急管理厅和市委、市政府总值班室。13 时 00 分，消防、蓝天救援队、国家应急救援昆明队等多次救援尝试，因坍塌持续不断，救援工作受阻。指挥部组织专家确定了对塌陷区域进行边坡加固，并埋设钢护筒作为救援通道的方案。13 时 30 分，地铁集团调运混凝土泵车到场，开始边坡加固。

2. 企业应急处置情况。

1 号横通道渗水发生后，施工单位井下带班员按照应急预案有序带领横通道内作业人员共 5 人安全撤离，未造成井下人员伤亡。但项目部风险意识不强，未及时对坍塌上方路面进行围蔽，造成行经的 3 人伤亡，企业前期应急处置不合格。

3. 政府应急处置评估情况。

（1）及时充分响应。事发后，市政府立即启动应急响应，12 月 1 日 9 时 45 分开始，市应急管理局、市委宣传部、交通运输局、市住房和城乡建设局、市卫生健康委、市公安局、市规划和自然资源局、市消防支队、天河区政府、白云区政府等单位及供电、供水、供气等部门，以及社会救援力量蓝天救援队等 1500 多人，车辆、设备 360 多辆（台）陆续抵达现场。现场迅速成立由常务副市长陈志英担任总指挥的应急指挥部，下设 11 个工作组，迅速、有序组织开展事故应急处置工作。

（2）全力搜救人员。市委、市政府及应急指挥部坚持生命至上，把搜救失联人员当作抢险救援的首要任务和中心工作，千方百计全力搜救人员，张硕辅书记、温国辉市长多次来到现场，陈志英全程坐镇，督导检查搜救工作，多次听取省内、国内专家意见，研判搜救方案和地质情况，要求耐心细致做好家属对接与服务工作，有力推动了搜救工作快速安全开展。12月1日9时46分，消防救援队伍到达现场，准备对遇险车辆及人员施救。9时47分，现场再次发生塌陷，现场救援队伍增派无人机侦察，救援直升机在机场待命；9时52分，现场又发生下沉塌陷，塌陷面积扩大，危及周边安全。随后消防、蓝天救援队、国家应急救援昆明队等多次尝试救援，因坍塌持续不断，救援工作受阻。12月1日13时，根据专家的建议，为确保人员搜救安全进行，应急指挥部决定对塌陷区域边坡进行加固，防止塌陷范围继续扩大，防止发生次生灾害；12月2日3时，为安全搜救人员而搭设的钢护筒安装完毕。12月2日5时，边坡加固基本完成。随后，投入生命探测仪、钻注一体机、电子水准仪、跨孔CT、高密度电法、瞬态面波、地质雷达等救援设备，全力开展搜救工作。12月6日，专家审定了采用咬合桩作围护结构、竖井开挖的搜救方案，并初步探明清污车的地下位置。12月24日，54条咬合桩全部完成。12月26日开始基坑开挖，截至2020年1月10日，共开挖基坑土方3261m^3。1月6日凌晨，在搜寻区域地下21m处发现失联人员罗清平遗体；1月10日0时，在搜寻区域地下29米处搜寻到1具失联人员遗体，凌晨4时30分又搜寻到最后1具失联人员遗体。

（3）防止次生灾害。市委、市政府及指挥部坚持以人为本，在组织做好人员搜救的同时，千方百计防止次生灾害。封锁事故现场，设立警戒区，对广州大道禺东西路段双方向、广州大道禺东西立交实施交通管制和分流，关停周边有压力的管线并对管线进行迁改；布设128个监测点，对塌陷区周边高架桥、河涌小桥、管线、建筑物及地面进行持续沉降监测，变形均在可控范围之内；加强对现场及周边地区的地质情况巡查巡视，及时采取多种措施防止灾害和风险的扩大、扩散；强化抢险救援现场安全管控，确保抢险救援工程施工安全。

（4）保障群众生活。市委、市政府及应急指挥部充分考虑交通管制、管线关停与迁改等应急处置措施对周边群众生产生活的影响，组织天河区政府及涉及民生的各部门采取措施，千方百计减少对群众生产生活的影响。加强对事发地点周边的安全巡查，整治环境卫生，做好对受影响居民的解释。所有电缆、供水管、燃气管等管线与12月13日全部迁改完毕，水、电、气等供应恢复正常。

通过对坍塌事故应急处置过程调查，还原应急救援的整个过程和对关键时间及工作节点分析，调查组认为：坍塌发生后，政府应急值守到位，应急响应迅速，信息报送及时，现场处置科学，相关单位配合，救援措施得当，无衍生事故，综合评价为良好等次。

（三）事故损失及善后处理情况

1. 伤亡人员情况。事件共造成3人遇难，情况如下：

（1）石某，男，51岁，湖南新邵人，清污车上人员。

（2）石某某，男，26岁，湖南新邵人，清污车上人员。

（3）罗某某，男，53岁，湖南耒阳人，电动自行车上人员。

2. 事故损失情况。根据《企业职工伤亡事故经济损失统计标准》GB 6721及《国家安全监管总局印发关于生产安全事故调查处理中有关问题规定的通知》（安监总政法〔2013〕115号）等规定，经项目部统计、天河区政府确认，调查组核定事故直接经济损失约2004.7万元。

3. 善后处理情况。事故发生后，经过反复排查和确认，确定有3人被困。经全力抢险救援，2020年1月10日凌晨，3名失联人员遗体全部找到。1月10日，塌陷区域砂土回填完毕。1月22日早上6时禺东西路、广州大道恢复通车。天河区委、区政府按照“一对一”的要求，成立了善后工作组，全部3名遇难者善后工作于1月12日完成。

三、事故原因分析

事故调查组通过深入调查和综合分析认定，事故直接原因是：暗挖法施工遭遇特殊地质环境等因素叠加，引发拱顶透水坍塌。

（一）事故直接原因

1. 坍塌区域1号横通道上方富水砂层及强风化层逐渐加厚，拱顶围岩为强风化砂砾岩，裂隙发育，局部揭露溶洞，围岩总体稳定性差，暗挖法施工时发生透水坍塌的风险高。

（1）塌陷区围岩总体稳定性差，地质条件复杂。揭露的岩土层分为：填土＜1＞、冲～洪积沙层＜3＞、冲～洪积和坡积土层＜4＞、残积层＜5＞、岩石全风化带＜6＞、岩石强风化带＜7＞、岩石中风化带＜8＞、岩石微风化带＜9＞，岩面起伏较大，各风化层交错分布，厚度不均，形成软硬夹层交替出现的现象，切硬壳层中间形成穿洞。

（2）根据事故后现场钻探岩芯与稀盐酸反应，存在起泡现象，表明塌陷区存在钙质砂岩，与广东岩溶红层主要为砾屑石灰岩和钙质砂岩、砾岩相符；由于地下水丰富，地下水流作用冲蚀，易形成以溶蚀为主的假岩溶。

（3）横通道东侧与沙河涌最小距离为8m，沙河涌河床宽约32m，距离横通道拱顶约15.5m，河堤高度约5.1m，水深约0.4～1.1m，流向自北向南方向，主要接受大气降水补给，受季节性影响较大，遇雨季时河涌流量成倍增加，本次施工时间跨度较长，沿河涌一带施工附近区域地下水存积量相较工程开工前大。

2. 地质勘探因受沙河站地表建筑物、立体交通、地下管线、沙河地区服装批发市场及其周边人流车流极为密集等诸多客观因素影响，加密勘探受限，勘察精度与地质复杂程度不匹配，项目施工单位施工前未充分掌握施工区域及附近的地层变化与分布特征、地下地质水文情况。

（1）广州大道北为双向6车道，禺东西路为双向8车道，禺东西路与广州大道北早中晚车流量大，加之沙河服装批发市场的巨大人流量，交通特别繁忙，对1号横通道对应路面实施大面积、长时间围蔽存在不利影响。

（2）1号横通道下穿广州大道，所处位置地下管线20多条，为燃气、电力、给水、污水、通信等管线，主要沿广州大道两侧分布，管线位置的错综复杂对勘察布点存在影响。

（3）项目施工单位未充分掌握施工区域的地层变化与分布特征、地下地质水文情况。根据2018年8月23日供1号横通道施工设计参考的两个地质钻孔资料，所揭露的地层信息基本显示属于可适用暗挖法开展施工的坚实地质，与事故后组织的应急勘察钻孔、补勘钻孔揭露发现的横通道堵头墙拱顶围岩地层的突变不稳定地质存在很大差别。施工单位在开工后未针对性开展全面详勘，未掌握该区域地层突变和地质变化。

3. 施工单位安全风险辨识不足，针对施工过程中出现的渗水、溶洞等风险征兆，未采取针对性安全技术防范措施，未及时对地面采取围蔽警戒措施。

（1）1号横通道拱顶围岩地质变化从上台阶进尺25.8m、27.3m分别以渗水、溶洞的征兆显现，但从过程安全管理的角度分析，这些征兆为横通道从北向南围岩地质变化的基本信息，属于路面塌陷未遂事件的范畴，项目部未能采取针对性安全技术措施，加强对拱顶围岩地质变化的风险监测和防控，错失遏制事故的良机。

（2）路面塌陷前1号横通道拱顶掌子面突水落石块的现象，表明横通道拱顶即将失稳，该现象属于横通道拱顶临近溶洞水体类不良地质体的可能先兆，即将发生较大范围的坍塌，拱顶地面随时可能塌陷，但这些征兆并未触及现场管理人员、施工人员对地面塌陷后果的认识，亦无采取更多应急措施。

（3）事发时，因现场管理人员、施工人员未能意识到突水掉块可能导致地面塌陷的严重风险，地面值班人员和项目部管理人员接到突水报告后，仅下达指令要求地下作业人员撤离，直至路面塌陷都未能及时组织对作业区域上方路面进行紧急围蔽和警示过往人员车辆，导致事故后果。

（二）事故间接原因

1. 施工单位安全生产主体责任不落实。任命的项目经理兼职其他业务未在项目现场履行责任，项目部对暗挖法施工安全风险管控不足，在地质情况不明的条件下，未按照施工设计图要求组织落实全面地质详勘，未坚持使用超前地质勘探；未按规定对劳务派遣人员的安全管理工作统一协调、管理，未对劳务人员进行安全生产教育和培训；在施工过程中，曾经出现过两次异常渗水掉块，但是都没有引起项目部的足够重视，未及时调整施工方案，未采取有效措施及时深入排查事故苗头，有效预防事故的发生。

2. 施工单位未采取有效的技术和管理措施及时消除事故隐患，在横通道施工工程中，喷浆机曾经 1 天内 2 次出现故障，没有及时安排备用设备，以至于拱顶和掌子面在爆破后未及时完成混凝土喷射作业，未及时形成支护。

3. 监理单位安全管理人员履职不到位，项目总监长期空岗没有任命，仅有一名临时项目总监，且未按《监理细则》要求配置监理员；值班监理员从事发当日上班至事故发生前一直在项目部办公室整理资料，未按规定开展监理工作；监理员未按要求落实危险性较大分部分项工程旁站监理。未及时督促施工单位落实会议决议，增加必要地质探测手段。

4. 施工单位缺乏有效的应急联动机制。编制的应急救援预案，对风险辨析不到位，对地下突水、塌方等险情未辨析到可能导致地面塌陷风险，无相应的防地面塌陷处置措施及地下地上联动机制；专项施工方案无稳定可靠地上、地下通讯保障措施。

四、对事故有关责任人员及责任单位的处理建议

（一）建议公安机关追究刑事责任人员

1. 周某，中铁五局四公司地铁十一号线沙河站项目常务副经理，主持日常工作，项目实际负责人员。未落实增加必要地质探测手段的会议决议，在地质情况不明的条件下，未按照施工设计图要求组织落实全面地质详勘；未督促坚持使用超前地质勘探；未采取针对性安全技术措施，加强对拱顶围岩地质变化的风险监测和防控；未督促、检查本单位的安全生产工作，及时消除喷浆机频繁出故障、井下通信设备故障等生产安全事故隐患；未组织制定有针对性的地上地下应急处置联动制度，对事故的发生负有直接责任。因涉嫌刑事犯罪，建议由公安机关依法追究其刑事责任。

2. 王某某，中铁五局四公司地铁十一号线沙河站项目总工程师，安全意识淡薄，对暗挖法施工安全风险管控不足，在地质情况不明的条件下，未按照施工设计图要求组织落实全面地质详勘，未坚持使用超前地质勘探，盲目组织施工；

对横通道施工前期的隐患苗头没有严格的技术审查，未及时调整施工方案；对前期施工过程中的渗水、溶洞征兆，未采取针对性安全技术措施，加强对拱顶围岩地质变化的风险监测和防控；对事故的发生负有直接责任。因涉嫌刑事犯罪，建议由公安机关依法追究其刑事责任。

上述2人建议待司法机关依法作出处理后，由涉事企业和行业主管部门按照管理权限及时给予相应的处理。

（二）建议给予行政处罚的单位和个人

1. 中铁五局集团第四工程有限责任公司，作为沙河站的工区施工单位，安全生产主体责任未落实。暗挖法施工安全风险管控不足，在地质情况不明的条件下，未按照施工设计图要求落实全面地质详勘，未坚持使用超前地质勘探；应急预案和处置不具针对性，未组织制定有针对性的地上地下应急处置联动制度，在井下塌陷的情况下未能考虑地上的风险并采取封堵措施，是造成地面人员遇难的直接原因。对事故发生负有重要责任，建议由广州市应急管理局按照《中华人民共和国安全生产法》第一百零九条第（二）项给予中铁五局集团第四工程有限责任公司行政处罚，并纳入安全生产领域联合惩戒名单。

2. 彭某某，中铁五局集团第四工程有限责任公司总经理，主要负责公司的行政工作，对公司日常生产经营活动和安全生产工作全面负责、有生产经营决策权，公司安全生产第一责任人，对项目部疏于管理，未及时消除生产安全事故隐患，对事故发生负有主要管理责任，其行为违反了《中华人民共和国安全生产法》第十八条第（五）项的规定，建议由广州市应急管理局依据《中华人民共和国安全生产法》第九十二条第（二）项的规定给予行政处罚。

3. 广东重工建设监理公司，建设单位委托的工程质量安全监理单位，未履行建设工程安全生产管理法定职责。风险预判不足，沙河站地质详勘部分未做的情况未履行报告职责，督促施工单位加强风险研判和隐患排查治理不力；未按要求落实监理人数，监理人员安排不合理；未按监理实施细则要求在危险性较大分部分项工程作业时安排旁站监理，对于本横通道施工过程中的前两次渗水敏感性不足，对集体研究的措施缺乏跟踪落实。对事故发生负有责任，建议由广州市应急管理局按照《中华人民共和国安全生产法》第一百零九条第（二）项给予广东重工建设监理公司行政处罚，并纳入安全生产领域联合惩戒名单。

4. 史某某，广东重工建设监理有限公司法定代表人兼总经理，公司安全生产第一责任人职责，对项目监理部疏于管理，未及时消除生产安全事故隐患，未保证本单位安全生产投入的有效实施，未为项目监理部配备足够的监理人员，对事故发生负有领导责任；其行为违反了《中华人民共和国安全生产法》第十八条第（五）项的规定，建议由广州市应急管理局依据《中华人民共和国安全生产法》第九十二条第（二）项的规定给予行政处罚。

（三）建议给予党纪政务处分和问责处理人员

1. 企业相关人员

（1）曹某某，中国中铁五局集团有限公司副总经理，兼任华南片区指挥长，负责中铁五局在广东、广西、海南3省项目的生产经营和质量安全工作，未有效督促四分部和第四工程公司落实安全生产主体责任；未按规定对项目进行经常性安全检查并记录检查情况；对项目部未按规定采取措施消除事故隐患、未制定针对性应急预案等违法违规行为失察；未向公司提出地铁十一号线项目四分部安全生产双重管理导致安全生产责任不落实问题的改进意见，负有领导责任，建议其所在单位依权限给予诫勉谈话处分。

（2）张某某，中铁五局集团第四工程有限责任公司党委书记、法定代表人、执行董事，主要负责党务工作，分管公司党办、党委人事部、党委组织部、党委宣传部，根据安全生产党政同责的要求，与总经理彭某某同为安全生产第一责任人，对项目部疏于管理，未及时消除生产安全事故隐患，对事故发生负有领导责任，建议由中铁五局给予党内警告处分。

（3）陈某某，中铁五局集团第四工程有限责任公司副总经理、总经济师兼任华南片区指挥长，兼中国中铁广州地铁11号线项目经理部四分部二工区项目部经理，负责该项目的全面工作。由于兼任其他职务，不能保证全职担任项目经理，未落实安全生产责任制度，履行职责不到位，未及时消除生产安全事故隐患，未及时调整施工方案，对事故的发生负有直接领导责任，建议由中铁五局给予记过处分，并调整工作岗位。

（4）陈某，广东重工建设监理有限公司驻该项目临时负责人，2019年6月4日开始进驻广州地铁十一号线监理六标的临时负责人，未落实安全生产责任制度，履行职责不到位，未及时消除生产安全事故隐患，未能合理安排监理人员，也未向公司报告监理人员短缺的问题，对事故发生负有直接领导责任，建议广东重工建设监理有限公司依内部管理规定给予撤职处理。

（5）梁某某，广东重工建设监理有限公司驻该项目现场监理员，事发时段现场监理值班人员，未能落实监理旁站监理，对事故的发生负有责任，建议由广东重工建设监理有限公司依内部管理规定与其解除劳动合同。

（6）王某某，广州地铁十一号线建管部党支部书记、总监，对施工单位监督检查不到位等问题负有领导责任，建议由广州地铁集团给予其诫勉处理。

（7）林某，广州地铁十一号线建管部副总监，对施工单位监督检查不到位等问题负有领导责任，建议由广州地铁集团给予其诫勉处理。

（8）高某某，广州地铁十一号线建管部总工，对施工单位施工方案监督检查不到位等问题负有直接领导责任，建议由广州地铁集团给予其党内警告、行政记过处分。

（9）尹某某，广州地铁十一号线建管部项目工程师（业主代表），对施工单位监督检查不到位等问题负有直接责任，建议由广州地铁集团给予其行政警告处分。

2. 监管部门人员

（1）张某某，广州市市政工程安全质量监督站副站长，建议责令书面向市交通运输局检查。

（2）麦某某，广州市市政工程安全质量监督站二级调研员，建议责令书面向市政监督站检查。

（3）王某某，广州市市政工程安全质量监督站监督检查四部部长，建议责令书面向市政监督站检查。

（4）李某某，广州市市政工程安全质量监督站一级主任科员，沙河站工地监督小组组员，建议给予诫勉处理。

（5）袁某某，广州市市政工程安全质量监督站二级主任科员，沙河站工地监督小组组长，建议给予诫勉处理。

（四）其他建议

1. 建议责成中铁五局集团有限公司向中国中铁股份有限公司作出深刻检查，认真总结和吸取事故教训，加强和改进本单位及所属企业安全生产和应急管理工作。

2. 建议责成广州地铁集团有限公司向市委、市政府作出深刻检查，认真总结和吸取事故教训，进一步加强和改进轨道交通工程施工安全生产和应急管理工作。

五、事故主要教训

（一）参建各方没有牢固树立安全发展理念，没有把安全发展贯穿施工全过程。相关参建单位在项目施工过程中，没有正确处理安全与工期、效益的关系，总是把工期、效益放在第一位，反映出相关参建单位没有牢固树立以人民为中心的发展理念，没有坚守“发展决不能以牺牲人的生命为代价”的安全生产红线，生命至上的安全发展意识不强。如在沙河站的施工过程中，建设单位由于受路面环境的影响，勘察未能按设计计划完成全部勘察点，地下地质构成未完全掌握，设计图纸已然通过强审并出具蓝图，而施工方在此情况下，未按照施工设计图要求组织落实全面地质详勘，也未坚持使用超前地质勘探，冒险开工。

（二）城市轨道交通发展受限于地表现状，难以完成详细地质勘察。广州市城市轨道交通工程建设规模大、点多面广，且基本部署在城市建成区，楼房密布、交通拥挤、人流量大、地下管线密集交错，线路工程地质勘察受到多种因素的制约，难以完全按图施工，致使后面的设计、施工、运营缺乏可靠的地质资料支撑，是地质勘测工作的难题。地下地质结构有极强的隐蔽性，须保证勘察到位，尤其是重点工区、工段，必须进行有效的勘探控制，保障勘察探测到位，保障地下轨道交通工程建设的安全。同时，勘察成果的审核把关和评审验收是地下工程建设的关键环节，须坚守原则，杜绝地质勘察存在较大盲区，尤其是地下人工开挖地段的站点工程必须保证有足够的勘察控制，须杜绝地下工程建设链条中把关键问题层层传递给施工环节。

（三）参建各方对复杂地质条件下的施工安全风险意识淡薄、措施不力。在1号竖井横通道施工过程中，由于施工设计图中探孔的地质条件较好，且施工前期的地质也验证了“地质较好”的假象，以至于参建单位普遍盲目乐观，认为施工过程中堵漏是较为常见的情况，未能及时采取有效措施，调整施工方案，采取更为稳妥的施工方式。安全风险辨识不全面，井下施工未能辨识出可能引起的地面塌陷等风险。

（四）施工监理单位履职不到位，行业监管有待加强。项目监理单位未履行安全生产主体责任，监理工作缺乏较真碰硬的工作作风，没有有效制止施工单位在未有效探明地质条件的前提下进行开工建设，对前两次施工中发现的异常情况没有引起高度重视，督促施工单位及时调整施工方案，未按监理细则要求落实旁站监督，安排非工作日监理人员不合理，事发当天仅安排2名监理员值班。行业监管发现问题、解决问题的能力有待加强，对于地质条件未探明、监理缺位、应急联动机制不健全等问题隐患未能及时发现和有效排除。监管力量薄弱，日常监督检查不到位，重点监督检查不突出，安全风险预判主动性不强。

（五）参建各方应急响应机制不健全，应急联络通讯不可靠。横通道施工过程中，现场施工员发现掌子面漏水后，有效组织了施工人员安全撤离，并按程序报告了施工方值班领导，未造成井下人员的伤亡。地面值班领导在接到情况报告后，依程序启动了应急预案，但是，应急预案中并未包含封堵掌子面上方路面的内容，也未调集人员加强警戒，以至于直接造成正常行驶的车辆和人员掉落塌陷区域。同时，井下也未配置可靠的通信设备保障与地面指挥部的联络，在无法保证手机信号稳定性的前提下，仅靠手机联络，在紧急情况下，无法及时处置，耽误处置良机。

六、事故防范措施建议

事故发生后，市委、市政府迅速部署吸取事故教训、加强建筑施工安全生产工作的有力措施，12 月 11 日上午，温国辉市长主持召开会议，专题研究部署应对措施。市交通运输局发出紧急通知，要求全市在建交通建设项目（公路、城市道路、城市轨道交通项目）开展危大工程的风险和隐患排查、建立健全安全隐患排查及整改台账，坚持不留死角、不留盲区、不走过场、边查边改，切实做到安全隐患整改到位。市规划和自然资源局牵头委托广州市地质调查院，对广州市在建地下轨道交通线路地质安全进行全面评价，提出防范对策建议。

各有关地区、部门和单位要认真吸取本次事故的惨痛教训，采取有效措施，加强源头管理，理顺体制机制，全面提升城市轨道交通建设安全生产水平，坚决防范遏制重特大事故发生，为广州实现老城市新活力营造良好的安全生产环境。

（一）深刻吸取教训，进一步绷紧安全生产这根弦。深刻吸取事故教训，全面排查、梳理工程安全风险评估情况，科学分析安全风险类别、数量及分布情况，重点辨识重点环节、重点领域的重大安全风险。针对辨识出的安全风险，制定相应的管理措施和技术措施，实行分级、动态管控。针对风险性较大的施工，实施精细化管控，及时发现事故苗头性情况，及时作出预警，及时采取有效处置措施。认真研究建设工程地质安全工作中存在的问题，补短板、强弱项，时刻绷紧安全生产这根弦，做到常抓不懈、警钟长鸣，切实把各项安全生产制度措施落到实处，坚决打好建设工程安全生产这场攻坚战、持久战。

（二）建立联动机制，从源头上遏制轨道交通项目工程建设安全风险。由市交通运输局牵头，抓紧研究制订重要道路勘察占道和地下交通施工等预告、预警、应急、救援联动工作机制，在选址、设计、勘察等环节落实风险评估“三同步”，落实安全生产“全生命周期”管理，加强水文地质勘察工作，全面识别地质风险，对特殊地质条件要组织专项勘察，深入分析地质条件对工程安全的影响，保障重要道路地上地下人员、建筑物安全，切实提高人民群众安全感和幸福感，为工程建设推进创造有利条件。由市住房和城乡建设局牵头市规划和自然资源局、市交通运输局等单位，抓紧梳理现有工程地质勘察方面的法律法规和规章制度，按照“放管服”精神精简相关手续，并明确工程地质勘察工作属地相关责任，确保各项建设工程勘察工作顺利推进，从源头上辨识风险，全过程控制风险，严防风险演变、隐患升级导致安全事故发生。

（三）坚持问题导向，切实强化涉地质复杂地段施工管控。由市规划和自然资源局牵头负责，在前期工作基础上，进一步深化对全市在建地铁线路地质安全风险的分析研判，委托相关机构，对全市地质做一次全面调查，通过“多规合一”平台，及时将相关基础地质调查和地质灾害详细勘查成果，提供有关部门和单位共享使用。由行业主管部门负责重新组织对全市建设工程规划、勘察、设计、施工等建设及运营管理全过程进行风险评估，切实强化风险管控，进一步细化风险识别、风险评估、应急预案制订等工作，实现各种矛盾、问题和风险“预见在先，化解在前”。严格落实各方责任，建设单位全面落实安全生产首要责任，提供符合施工条件的施工场地，协调解决施工现场各施工单位及毗邻区域内影响施工安全的问题；勘察、设计单位要按标准及合同约定进行勘察、设计，对建设工程的勘察、设计质量负责；施工单位落实主体责任，配齐安全管理人员，定期对施工现场进行安全检查，消除安全隐患；监理单位要认真落实安全监管职责，切实做好施工关键环节、关键工序的旁站监理工作，及时巡查现场安全状况。

（四）完善地铁保护机制，加强行业安全监管和执法。由市交通运输局作为地铁保护归口监管部门和执法部门，负责统筹地铁保护监管和执法工作，严厉查处不按规定编制、审核、论证、执行施工方案，不按规定进行材料查验、资格审核、技术交底、搭设验收、混凝土浇筑等违法违规行为，及时消除重大安全隐患，并按程序修订完善相关规章制度。由市交通运输局牵头，会同市住房和城乡建设局、广州地铁集团，开展地铁巷道施工防坍塌、透水安全技术研究；研究制订道路挖掘、钻探等工程的行政审批流程，研究优化地铁保护的监督管理制度；同时，加大对基坑、暗挖工程、人工挖孔桩等危大工程，以及城市轨道交通工程的监管力度，加强施工监测和第三方监测预报预警；提升安全科技支撑能力，建设视频监控系统、现场门禁管理系统、安全监测预警系统，强化对深基坑、高支模、起重机械、地下暗挖等危险性较大分部分项工程及关键工序、工艺的过程控制。

（五）完善工作机制，全面提升应急处置能力。市交通运输局、广州地铁集团牵头，总结突发事件应急处置经验，分析应急预案实施中的问题，在充分风险评估与应急资源调查的基础上，修订完善专项应急预案、部门应急预案、现场处置方案等预案、方案；编制应急预案操作手册、应急处置明白卡、应急处置流程图，提高应急预案的针对性、实用性和可操作性。建立健全地下地上应急联络措施，在作业现场配备充足应急物资与设备，确保险情发生后第一时间开展应急处置。组织开展应急预案宣传培训，常态化开展应急演练，切实增强应急管理人员、一线施工人员实施应急预案意识，提升突发事件防范处置能力。由市交通运输局、广州地铁集团负责，进一步强化应急管理，加强与各级（地）、各部门协同联动，各应急救援、支援部门，要优化救援专家、救援队伍、救援装备协调调动机制，整合相关力量和社会资源，完善应急救援联动机制，在组织、协调、指挥、调度相关联动单位上形成合力，常态化开展应急演练，提高应急救援能力。

专家分析

一、事故原因

（一）直接原因

1. 复杂地质土体稳定性差、隐伏性强，这是诱发事故的主要原因。施工地段工程地质为强风化钙质砂砾岩属于广东岩溶红层，且富水砂层及强化层逐渐加厚，岩面起伏较大，各风化层交错分布，厚度不均，形成软硬夹层交替，由于地下水丰富，地下水流作用冲蚀，易形成以溶蚀为主的假岩溶。加之围岩裂隙发育，局部存在微型溶蚀性溶洞，围岩总体稳定性较差、超前地质预报及开挖揭示的地质状况分析会有欺骗性。

2. 复杂的水文环境，这是直接诱发本次事故的原因。施工地段临近且低于受季节性影响较大的沙河涌，填土、冲洪积沙层、冲洪积和坡积土层、残积层和全/强风化钙质砂砾岩构成了透水性较强的水流通道，围岩土体含水量饱和，在爆破振动和围岩失稳后，改变了土体内水流流场。地下水丰富且雨季补水量大，且施工时间较长，雨季河涌流量成倍增加，水流携带土体加剧失稳、流失，直接导致地面坍陷。

3. 周边环境复杂。周边环境复杂且管线多增加了事前预防及事后警戒难度。施工地段位于繁华的广州大道，紧邻服装批发市场，交通量压力大，且毗邻高架桥桥墩、地下管线多，造成实际勘察钻孔不能按照既定的方案实施，给事前的准确判定地质状况增加了难度，也为事故发生后快速切断交通带来考验。

4. 施工阶段地质超前预报不够。横通堵头墙拱顶围岩地层突变不稳定地质，与原地质勘察有较大差别，施工阶段未进行地质超前预测，对地质变化不了解。

5. 机械设备维护不好。施工过程中，关键设备发生故障，贻误最佳支护时机，为土体失稳提供了时间。11月30日17时46分爆破后，进行喷浆、修路转运渣土、初喷、支拱架等工序作业，但18时00分喷浆机出现故障，被迫维修后续喷，21时40分喷浆机再次故障大修，至12月1日4时30分才得以喷浆。到9时15分左右，正在进行初支喷混凝土时，施工人员发现靠近掌子面拱顶突然出现涌水并有增大趋势。期间有15小时开挖面拱顶未能得到及时支护，给围岩失稳变形提供了边界与时间条件。

6. 风险认识不到位。发生地下坍塌、涌水后，现场管理人员没有意识到事故可能导致地面坍陷的后果，没有及时阻断可能影响范围的交通，致使事故耦合、恶化，发生车辆坠入塌陷坑、人员伤亡。

7. 没有进行动态施工。1号横通道拱顶围岩地质从上台阶进尺25.8m、27.3m分别渗水、溶洞的征兆显现，应“岩变我变”，改变相应工法，加强强支护和回填措施，保证掌子面围体稳定。

8. 围岩监控量测不到位。项目部没有加强对拱顶围岩地质变化进行监控量测。

（二）间接原因

1. 施工单位履行安全生产的主体责任有缺陷。项目经理兼职，不在现场，未坚持超前地质预报，没有岩变我变，及时调整施工工法，没有采取强有力技术措施，未认真进行风险辨识，对劳务人员安全管理和培训不够，隐患排查不彻底。缺乏有效的应急预案和联动机制，预案没有上下联络方式，没有地上地下应急联动，及时封闭塌陷现场。

2. 勘察单位对地质勘察深度有盲区。特别是在高架桥下、桥墩旁，且管线密集交错，地下水丰富和周边环境复杂，以及不良地质地段，不能按照符合规范的勘察方案布设钻孔位置、采取紧急放行措施，造成了勘察盲区，不能保证地质情况的准确性和可靠性。

3. 设计单位对复杂地质条件下的施工安全有疏忽。设计单位没有对该部位不能布孔勘察的盲区及该地段的特殊地质、水文和复杂的周边环境对安全的影响引起足够的重视，没有制定专项措施。

4. 监理单位履行监理职责有弱项。项目总监长期空岗，对地质变化地段，没有严格按照监理细则进行旁站监理，对地质不明，设计不清，施工方法不当，没有及时下令停工。

5. 企业的应急救援预案与政府的应急救援指挥系统衔接有缝隙。地下发生坍塌后，及时向政府应急指挥系统报告，及时果断封闭道路，围挡和警示过往人员和车辆。

本次事故，如果勘察单位加深勘探，提高勘察精度，施工单位根据地质和环境因素，认真做好风险辨识，加强地质超前预报，坚持岩变我变，改变施工工法，加强围岩量测，采取相应措施，强支护，及时封闭，应该是可以避免开挖坍塌的。另外，假使地下发生坍塌后，把应急响应的范围扩大到政府的应急指挥系统，及时封闭道路，围挡和警示过往人员和车辆，也不会发生车辆坠坑、人员死亡的恶果。

二、预防措施建议

严格遵循“早预报、预加固、严排水、短进尺、强支护、快封闭、勤量测，有替补，强应急”的施工原则。

1. 早预报：隧道预防坍塌首先要针对不同地段地质特征和地质预报情况，采用一种或多种地质预报方法相互补充和印证，进行综合超前地质预报，高风险和极高风险地段，必要时增加超前水平钻探，及时、准确探明前方地质情况。

2. 预加固：特殊岩土和不良地质地段施工，严格按设计和经专家论证的专项方案施工，遵照“宁强勿弱”的原则，做好超前支护，以提高围岩强度，提高围岩自稳和止水能力。

3. 严排水：在施工前和施工中采取有效的防排水措施，尽可能将水堵截于开挖断面之外。

4. 短进尺：各部开挖工序距离严格执行规范要求，尽量缩短；施工节奏合理，以减少围岩暴露时间。

5. 强支护：针对围岩工程与水文地质特征，根据“岩变我变”的原则，确保超前支护，初期支护和二次衬砌有足够的强度和良好的施工质量；在特殊情况下，应采取特殊的支护措施。

6. 快封闭：初期支护和二次衬砌紧跟开挖工作面进行，保证初期支护尽快封闭，二次衬砌适时成环。

7. 勤量测：按监控量测方案及时设置量测点并尽快读取初始数据，及时量测、及时反馈，为施工提供有关围岩稳定性、支护可靠性、二次衬砌合理施作时间、围岩级别及支护参数调整、施工方法改变的信息和依据。

8. 有替补：备足施工及应急设备和物资。

9. 强应急：各种应急救援体系相互衔接、互补。

22 黑龙江哈尔滨“12·23”土方坍塌较大事故

调查报告

2019 年 12 月 23 日 10 时许，位于阿城区新利街道办事处辖区新华村肖家屯，建绥乡道哈尔滨市嘉祥化工有限公司对面（经度：126.83、纬度：45.64），由黑龙江鲁班建设集团有限公司负责施工的阿城区新利街道污水收集管网工程第四标段，在组织工人进行排水管沟挖掘施工过程中发生 1 起生产安全事故，造成 4 人死亡，1 人受伤，共造成直接经济损失 464 万元。

接到事故报告后，阿城区人民政府立即启动应急救援预案，第一时间组织展开了应急救援工作。按照市委、市政府主要领导的批示要求，哈尔滨市应急管理局主要领导率领应急救援队伍及专家组，于 12 时许到达事故现场，组织协调救援工作。同时，牵头成立了由市应急管理局、市总工会、市住房和城乡建设局、阿城区应急管理局、阿城公安分局等有关部门组成的事故调查组，调查组按照“科学严谨、依法依规、实事求是、注重实效”和“四不放过”的原则，迅速开展了事故调查工作。通过现场勘查、调查询问、查阅资料、技术鉴定、尸体检验等工作，现已查明事故发生的经过、原因、人员伤亡和直接经济损失等情况，认定了事故性质和责任，并提出了对有关责任单位和责任人员的处理建议及事故防范措施建议，现将情况报告如下：

一、基本情况

（一）总体工程概况

哈尔滨市城区水系治理工程，既是国家环保整改项目，也是城市综合治理项目。由 8 大类 23 个子项 76 个重点建设工程组成。阿城行政区域内共涉及 4 个建设项目，发生事故的阿城区新利街道污水收集管网工程是其中之一，该项目又细分为 4 个标段，事故发生在第 4 标段施工活动进行之时。

（二）项目立项、组织实施情况

城区水系治理项目是以哈尔滨市政府水系治理工作专题会议和生态环境委员

会第一次会议通过的《哈尔滨市城区重点水系治理（2018～2020）行动计划》为立项依据，不再单独办理项目手续。该项目于 2019 年开工，总投资 50 亿元，计划当年完成 70％的投资，到 2020 年 10 月完成项目建设并投入使用。

项目前期方案、施工图设计及地址勘查测量工作由市资源规划局和市住房和城乡建设局直接委托设计单位完成。按照属地原则，项目所在地区、县（市）政府作为项目实施主体负责资金测算和打捆招标，并启动工程建设。2019 年 8 月 19 日，阿城区政府以授权书的形式授权新利街道办事处为该工程的实施机构（项目建设单位），全面负责项目的组织实施。

（三）发生事故工程概况

工程名称：阿城区新利街道污水收集管网工程第四标段。工程地点：新利街道办事处辖区新华村肖家屯，建绥乡道哈尔滨市嘉祥化工有限公司对面，桩号 K0＋844.841-K0＋869.841。

工程内容：DN500 污水管道 9579m，检查井 240 个。

计划开工时间：2019 年 11 月 23 日。

计划竣工时间：2020 年 9 月 30 日。

建设单位：阿城区新利街道办事处。

施工单位：黑龙江鲁班建设集团有限公司。

监理单位：黑龙江省云河建筑工程监理有限责任公司哈尔滨分公司。

设计单位：中国市政工程东北设计研究总院有限公司。

（四）合同签订情况

6 月 20 日，哈尔滨市住房和城乡建设局与中国市政工程东北设计研究总院有限公司签订工程设计合同。

11 月 6 日，阿城区新利街道办事处与黑龙江省云河建筑工程监理有限责任公司哈尔滨分公司签订工程监理合同。

11 月 22 日，阿城区新利街道办事处与中标单位黑龙江鲁班建设集团有限公司签订工程施工合同。

该工程于 12 月 8 日开工，现已经完成施工量约 400 延长米。

二、发生事故相关单位概况

（一）黑龙江鲁班建设集团有限公司，成立于 2012 年 1 月 4 日；企业类型：有限责任公司；法定代表人：李某；注册地址：哈尔滨市香坊区文昌街 218 号

111 室（住宅）；注册资本：4000 万元；经营范围：按资质证书核定的范围开展经营活动。公司现有固定的工程技术和管理人员 23 名，公司实际负责人李某某。

《建筑业企业资质证书》资质类别及等级：市政公用工程施工总承包叁级、水利水电工程施工总承包叁级、地基基础工程专业承包叁级等，具有《安全生产许可证》。

（二）黑龙江省云河建筑工程监理有限责任公司哈尔滨分公司，成立于 2019 年 10 月 28 日；企业类型：有限责任公司分公司（自然人投资或控股）；企业负责人：张某某；营业场所：哈尔滨市阿城区金都街诚信花园小区 1 号楼 1 层 8 号；经营范围：接受总公司（黑龙江省云河建筑工程监理有限责任公司）委托，在总公司经营范围内从事：房屋建筑工程监理；市政公用工程监理；可以开展相应类别建设工程的项目的管理、技术咨询。（依法须经批准的项目，经相关部门批准后方可开展经营活动）。

三、事故经过、抢险救援情况及人员伤亡情况

（一）事故经过

12 月 23 日 7 时 30 分，黑龙江鲁班建设集团有限公司副经理倪某组织工人进行现场施工。参与施工人员有倪某选定的现场指挥（安全员）赵某某、技术负责人张某某、后勤保障人员邓某、挖掘机司机翟某某和刘某某、铲车司机赵某、力工李某某、李某、张某某共 9 人。施工进行到 10 时 7 分，沟槽开挖至设计深度（4.54～5.11m）后，力工李某某和李某下至基坑底部清土及铺设管线，5 分钟后堆土一侧基坑侧壁突然发生坍塌，李某某和李某被埋入塌方的土体内。事故发生后，地面上的现场负责人（安全员）赵某某、技术负责人张某某、后勤人员邓某和力工张某某 4 人立即下入沟槽内进行抢险救援。2 分钟后发生二次坍塌，赵某某、张某某、张某某 3 人被埋。身处沟槽内的后勤人员邓某在挖掘机司机刘某某的协助下，第一时间将技术负责人张某某（腿部受伤）救出。

（二）抢险救援情况

阿城消防救援队伍接警后立即赶到事故现场，并迅速展开抢险救援。随后，哈尔滨市应急管理局的主要领导率领哈尔滨市的应急救援队伍和专家也在第一时间赶到事故现场，并成立了现场救援指挥部，通过分析研判，并对抢险救援工作作出了进一步的部署。采取了统一指挥、统一行动、市区联合作战的救援模式，确保救援工作持续、有序、高效地开展。截至 23 时 40 分，相继将赵某某、张某

某、李某某、李某4人救出，经“120”医护人员现场确认，4人已经死亡。

（三）人员伤亡及直接经济损失情况

表 22-1

序号	姓名	年龄	工种	伤亡情况	备注
1	赵某某	44	现场指挥（安全员）	死亡	农民工
2	李某	52	力工	死亡	农民工
3	李某某	52	力工	死亡	农民工
4	张某某	49	力工	死亡	农民工
5	张某某	60	现场技术负责人	腿部受伤	农民工

此起事故共造成直接经济损失464万元。

四、发生事故原因及性质

（一）直接原因

本工程地质条件为黏性土，采取明挖施工工艺，根据《建筑施工土石方工程安全技术规范》JGJ 180—2009第6.3.5条规定，黏性土放坡的坡率应为1：1.0～1：1.5。而施工现场沟槽边坡放坡的坡率实际为1：0.205～1：0.208，不满足规范要求。另外，挖出的土体直接堆放在同一侧距沟边沿0.5m处，增加了地面附加荷载，更加剧了沟槽边坡的不稳定状态，是造成本次事故的直接原因。

（二）间接原因

施工单位黑龙江鲁班建设集团有限公司忽视安全生产工作，违反《危险性较大的分部分项工程安全管理规定》，施工前未组织工程技术人员编制专项施工方案（沟槽深度超过5m属超过一定规模的危险性较大的分部分项工程）；依据设计单位提供的非正式图纸，在未采取安全防范措施的情况下组织工人冒险作业；招投标时确定项目部管理人员未进入施工现场履行管理职责。

1. 监理单位黑龙江省云河建筑工程监理有限责任公司哈尔滨分公司，管理混乱，分工不明确，工作责任不落实。在施工前未按监理合同约定正式派出监理机构，只是口头意向委派徐某某履行总监理工程师职责，而徐某某又没有依法履行应尽的工作职责。

2. 设计单位中国市政工程东北设计研究总院有限公司，在未取得地勘资料的情况下开展设计工作，设计文件中未注明涉及危大工程的重点部位和环节，未对危大工程进行专项设计，未提出保障工程周边环境安全和工程施工安全的措施和意见；在施工前和施工中，没有向设计合同签订单位、工程建设单位和施工单位说明设计图纸（白图）不能用于指导施工。

3. 建设单位阿城区新利街道办事处，未按规定履行建设工程必备的审批手续，违法组织建设施工；未依法向工程设计单位提供真实、准确、完整的工程地质、水文地质和工程周边环境等资料；未要求施工单位在投标时补充完善危大工程清单并明确相应的安全管理措施；未督促协调监理单位和施工单位依法履行各自的安全生产管理职责等。

（三）事故性质

经调查认定，由于建设工程各相关单位在不具备安全生产条件下，违法开展建设施工活动，施工中违章指挥、违章作业，从而造成的1起较大生产安全责任事故。

五、事故有关责任人和责任单位责任认定及处理意见

（一）对责任人的责任认定及处理意见

1. 赵某某，黑龙江鲁班建设集团有限公司副经理倪某临时聘用的施工现场指挥（安全员）。指挥工人冒险作业，是此起事故的直接责任人，鉴于其本人已在事故中死亡，建议免于追究其责任。

2. 倪某，黑龙江鲁班建设集团有限公司副经理兼项目负责人。未执行由本公司派驻项目部人员驻场管理的内部管理规定，擅自拼凑施工队伍，组织社会人员非法进行危险施工，对此起事故负直接管理责任。已于12月23日被公安机关立案侦查（刑事拘留），建议依法追究其刑事责任。

3. 徐某某，黑龙江云河建筑工程监理公司哈尔滨分公司口头委派的项目总监理工程师。自始至终参与项目的组织实施，并亲自组建微信工作群，在群内进行工作交流。其明知该工程不具备施工条件（未取得施工许可证、未提供正式施工图纸、未对施工组织设计和技术方案进行审批、未对施工的管理人员进行资格审核等），特别是施工过程中已经发现并预见到管沟可能发生坍塌的险情，但没有依照法定职责及时下达停工整改指令，导致违法施工行为和事故隐患没有及时终止和消除，对此起事故负直接管理责任。其行为涉嫌违法犯罪，建议公安机关立案侦查，依法追究其刑事责任。

4. 李某某，黑龙江鲁班建设集团有限公司实际负责人。对安全生产工作重

视不够。督促检查不到位，未及时消除生产安全事故隐患。其行为违反了《安全生产法》第十八条第五项，依据《安全生产法》第九十二条第二项规定，建议给予上年收入的40％罚款的行政处罚，计30518元。

5. 张某某，倪欣临时聘用的项目技术负责人。不具备任职条件，不具备施工专业知识、能力和水平，工作不负责任，未及时发现和制止施工现场的违规行为，对此起事故负主要管理责任。以上行为违反了《安全生产法》第二十四条、第四十三条规定，依据《安全生产违法行为行政处罚办法》第四十五条第一项、第三项规定，建议给予5000元罚款的行政处罚。

6. 张某某，黑龙江云河建筑工程监理公司哈尔滨分公司负责人。对安全生产工作重视不够，没有依法履行工作职责，未在施工前按监理合同的约定正式派出监理机构，分工不明确，责任不落实，致使监理工作失管失控。以上行为违反了《建设工程安全生产管理条例》第四条、第十四条等有关规定，依据《安全生产违法行为行政处罚办法》第四十五条第一项、第三项规定，建议给予6000元罚款的行政处罚。

7. 曹某某，设计单位中国市政工程东北设计研究总院有限公司第一设计院设计员，具体负责项目的设计工作。在未取得地勘资料的情况下违规开展设计工作。在设计文件中未注明涉及危大工程的重点部位和环节，未对危大工程进行专项设计。未提出保障工程周边环境安全和工程施工安全的措施，并针对已经开展施工活动提出防范生产安全事故的意见或建议。以上行为违反了《建设工程安全生产管理条例》第十三条规定，依据《安全生产违法行为行政处罚办法》第四十五条第一项、第三项规定，建议给予6000元罚款的行政处罚。

8. 杜某某，设计单位中国市政工程东北设计研究总院有限公司第一设计院项目设计负责人，全面负责阿城区新利街道污水收集管网工程设计工作。其工作不负责任，工作部署不到位，管理不到位，特别是不掌握工程进展情况，对未取得地勘报告、设计工作没有完成的情况下，建设单位即组织开展施工活动的违法行为，既没有及时制止，也没有提出设计图纸（白图）不能用于指导施工的意见或建议。以上行为违反了《建设工程安全生产管理条例》第十三条规定，依据《安全生产违法行为行政处罚办法》第四十五条第一项、第三项规定，建议给予7000元罚款的行政处罚。

9. 袁某，设计单位中国市政工程东北设计研究总院有限公司第一设计院院长。对安全生产工作重视不够，未认真督促设计人员落实工程设计工作当中的安全技术管理措施，未认真检查本单位安全生产工作状况，及时发现和消除工作中存在的事故隐患，并提出改进和加强安全管理的建议，对此起事故负主要领导责任。以上行为违反了《安全生产法》第二十二条第五项、第七项规定，依据《安全生产违法行为行政处罚办法》第四十五条第一项、第三项规定，建议给予5000元罚款的行政处罚。

10. 李某，阿城区新利街道办事处副主任，具体负责项目的组织实施工作。未按规定提供真实、准确、完整的地质、水文和周边环境等资料；未要求设计单位、施工单位在招投标文件中列出和补充完善危大工程清单，并明确相应的安全管理措施；在未办理《施工许可证》、不具备安全生产条件的情况下组织违法施工。其行为已构成违纪，应负主要领导责任。依据《中华人民共和国监察法》第四十五条第一款第（二）项、《行政机关公务员处分条例》第二十条之规定，建议给予其政务记过处分。

11. 周某某，阿城区新利街道办事处武装助理兼安监站站长，负有对本辖区安全生产违法行为和事故隐患当场纠正或者要求限期整改的工作职责。未针对发生事故的建设项目组织开展工作，履职尽责不到位，对事故的发生负直接管理责任。依据《中华人民共和国监察法》第四十五条第一款第（二）项、《行政机关公务员处分条例》第二十条之规定，建议给予其政务记过处分。

12. 张某某，阿城区新利街道办事处城建办负责人，负责组织对辖区内违法建设实施巡查，及时发现、制止违法建设行为及报告相关执法部门处理。在实际工作中未认真履职尽责，存在失职问题，对事故的发生负直接管理责任，已构成违纪。依据《中华人民共和国监察法》第四十五条第一款第（二）项、《行政机关公务员处分条例》第二十条之规定，建议给予其政务记过处分。

13. 闵某某，阿城区住房和城乡建设局建筑市场执法监察大队科员，负责对辖区内建设项目进行巡查和执法工作。在巡查过程中，未发现发生事故工程违法的行为，存在巡查不力的问题，对事故的发生负直接监管责任，已构成违纪。依据《中华人民共和国监察法》第四十五条第一款第（二）项和《事业单位工作人员处分暂行规定》第十七条第九项之规定，建议给予其政务警告处分。

14. 国某某，阿城区住房和城乡建设局建筑市场执法监察大队负责人，负责执法监察大队的全面工作。对本部门存在巡查不力的问题，负主要领导责任。依据《中华人民共和国监察法》第四十二条第（二）项和《事业单位工作人员处分暂行规定》第十七条第九项之规定，建议给予其政务警告处分。

15. 曹某某，阿城区住房和城乡建设局副局长，分工主管建筑市场执法监察大队工作。对建筑市场执法监察大队巡查不力的问题，负主要领导责任。依据《中华人民共和国监察法》第四十二条第（二）项和《事业单位工作人员处分暂行规定》第二十八条之规定，建议给予其政务警告处分。

16. 聂某，阿城区新立街道办事处主任，负责街道办事处的全面工作。多次针对发生事故的建设项目组织召开协调推进会议，但未对违法施工的行为予以制止。对事故的发生负主要领导责任。依据《中共黑龙江省委实践监督执纪“四种形态”办法（试行）》第九条第（五）项之规定，建议责令其作出检查。

17. 张某某，阿城区新立街道办事处党工委书记，负责贯彻落实党和国家有关安全生产的方针、法律法规及上级党委、政府有关安全生产工作的要求，把安全生产工作纳入街道党工委重要议事日程。对事故的发生负重要领导责任。依据《中共黑龙江省委实践监督执纪“四种形态”办法（试行）》第九条第（五）项之规定，建议责令其作出检查。

（二）对有关责任单位责任认定及处理意见

1. 黑龙江鲁班建设集团有限公司对安全生产工作重视不够，未掌握本公司市场运作及建设项目具体实施情况，任由公司分管领导随意作为，致使发生事故的工程，在未完成设计交底和图纸会审、未完成施工组织设计、招投标时确定的项目管理人员没有到位情况（不具备安全生产条件）下，违法开展建设施工活动。且在组织施工过程中未采取必要的安全防范措施，从而导致发生较大生产安全责任事故。以上行为违反了《安全生产法》第十七条、第十九条、第二十一条、第二十五条、第四十一条等规定，依据《安全生产法》第一百零九条第二项规定，建议给予60万元罚款的行政处罚。

2. 黑龙江省云河建筑工程监理公司哈尔滨分公司管理混乱，分工不明确，工作责任不落实。在施工前未按监理合同约定正式派出监理机构，口头意向委派徐勤海履行总监理工程师职责，而徐勤海又没有依法履行工作职责，致使监理工作失管失控。以上行为违反了《建设工程安全生产管理条例》第四条、第十四条等有关规定，建议由建设行政主管部门依法予以处理。

六、事故防范和整改措施建议

（一）事故各相关单位，要认真吸取事故教训，落实企业安全生产主体责任，依法依规开展生产经营活动。要贯彻落实“安全第一、预防为主、综合治理”的工作方针，举一反三，全面查堵思想上和工作中存在的疏漏。要树立“隐患就是事故”理念，把安全生产关口前移，坚持做到“先安全、后生产，不安全、不生产”。

（二）市、区两级建设行政主管部门，要认真落实“管行业必须管安全”工作要求，特别是要采取超常措施消除安全监管的“空白地带”。要把安全生产工作责任落实到建设工程招标、审批、施工监管等的每一个环节，建立健全源头把关，首问负责，无缝对接，责任到岗到人的安全工作体系。为有效防范各类事故发生，努力开创各司其职、各负其责，相互配合、齐抓共管新局面。

阿城区人民政府要从讲政治、保稳定、促发展的高度重视安全生产工作，要把党中央国务院关于安全生产“三必管”和“党政同责、一岗双责、失职追责”规定真正落到实处。要正确处理安全与发展的关系，发展决不能以牺牲人的生命为代价，这是一条不可逾越的红线。要树立未“亡羊”先“补牢”工作理念，认真总结事故教训，采取主动措施，补齐短板，有效防范类似事故重复发生。

专家分析

一、事故原因

安全作业条件不具备、作业人员蛮干和监督监管不到位是事故原因。

1. 安全作业条件不具备。施工前，设计单位未对基槽开挖进行专项设计，施工单位未编制专项施工方案，未进行技术交底。

2. 作业人员蛮干。在无设计、无施工方案的情况下，作业人员进行基槽开挖和管线安装，发生基槽坍塌致2人被埋；在未采取保护措施的情况下，作业人员下基槽施救，发生第二次坍塌又致3人被埋。

3. 监督监管不到位。在施工无设计、无方案、作业人员蛮干的情况下，监理、建设单位和监督机构未履行监督、监管之责，未能及时制止和纠正违法违规行为。

二、预防措施建议

1. 提高管线施工安全意识，克服侥幸心理。管线施工所开挖的基槽通常较窄，槽底作业人员在基槽发生坍塌时无躲避空间，加上无支护的土质边坡坍塌具有突发性，一旦发生坍塌，后果往往十分严重。因此，相关人员应高度重视管线施工的安全性。另外，由于基槽开挖具有“短、频、快”特点，即每次开挖长度通常较短，开挖基槽行为频繁，从开挖、安设管线到回填完成时间短，因此，相关各方存在侥幸心理。基槽开挖过程中，无支护设计、无专项施工方案、监管不到位等现象比较普遍，导致基槽坍塌事故易发、高发。

2. 加强管线施工的管理。（1）严格落实危大工程管理规定。依据住房和城乡建设部31号文，基槽开挖深度超过3m或未超过3m但地质条件、周围环境和地下管线复杂的，施工前必须编制专项施工方案，并应经过相关单位的审核、审查。考虑到基槽边坡自然土体坍塌的突然性和作业人员逃生的局限性，建议将编制专项施工方案的门槛从 3m 降低至 1.5m。（2）认真贯彻落实国家安委会提出的“风险分级管控和隐患排查治理”相关规定。明确将“基槽坍塌”列入施工安全风险源，加强风险管控和隐患排查治理。（3）采取简单易行的安全技术措施。凡开挖深度超过 1.5m 的土质基槽，一律采用放坡开挖方式，坡率不大于 1∶1，坡顶距离坡沿 1 倍基槽深度范围内禁止堆载。

23　河南南阳“12·24”土方坍塌较大事故

调查报告

2019年12月24日上午11时左右，唐河县源潭镇马湾村污水管网和燃气管道施工发生较大坍塌事故，造成3人死亡，直接经济损失约280万元。

事故发生后，南阳市委、市政府主要领导高度重视，立即做出重要批示：要求查明事故原因，严肃追责，做好善后和稳定工作；吸取教训，切实加强建筑企业安全监管，确保建筑施工安全。

12月25日，依据《生产安全事故报告和调查处理条例》等有关法律法规规定，南阳市政府成立了唐河县源潭镇“12·24”较大管道施工坍塌事故调查组（以下简称事故调查组），市应急管理局局长畅建辉任组长。事故调查组由市应急管理局、市纪委监委、市公安局、市总工会、市住房和城乡建设局和唐河县政府组成，邀请相关专家参与事故调查工作。

事故调查组按照“科学严谨、依法依规、实事求是、注重实效”的原则，通过现场勘验、调查取证、综合分析，查明了事故发生的经过、原因、应急处置、人员伤亡和直接经济损失情况，认定了事故性质和责任，提出了对相关责任人和责任单位的处理建议，分析了事故暴露出的问题和教训，提出了事故防范措施建议。

经调查认定，唐河县源潭镇“12·24”较大管道施工坍塌事故是一起生产安全责任事故。

一、事故相关情况

（一）事故发生经过及应急处置情况

1. 事故发生经过

唐河县源潭镇马湾村污水管网和燃气管道工程施工人员王某某，在未取得建筑工程施工手续的情况下，招募附近村民，于2019年12月24日上午9时左右，将本该分别施工的污水管网沟槽和燃气管道沟槽合二为一开挖一条沟槽，同时铺设污水管道和燃气管道。在事故发生路段开挖的沟槽宽度为 60cm，深度 4m 左右，两侧未搭建支撑防护设施。在未采取其他安全防范和保护措施的情况下，施工人员进入沟槽测量、铺设污水管道和燃气管道。上午 11 时左右，当污水管道铺设大约 20m，准备在铺设好的污水管道上方铺设燃气管道时，开挖沟槽一侧的土方突然出现坍塌，致使沟槽内毫无防备的施工人员王某某、薛某某和测量人员杨某某被塌方掩埋。

2. 应急处置情况

事故发生后，沟槽外施工人员和周边群众立即组织抢救，同时拨打了 120 急救电话。被掩埋的 3 名施工人员从沟槽内坍塌土层中救出后，救护车已到现场，医护人员马上对受伤人员进行救治，其中 1 人抢救无效死亡，另外 2 名由于伤势过重在送往医院途中死亡。事故发生后，唐河县立即启动应急预案，组织指挥现场救援，安抚遇难人员家属，开展善后处理工作。目前善后工作已处理完毕。

（二）事故相关单位基本情况

1. 唐河县幸福家园建设工程有限公司（总发包）

唐河县幸福家园建设工程有限公司是唐河县政府为推进唐河县农村基础设施建设工程工作，由河南省宛东建筑安装工程有限公司、唐河县路达公司、唐河华嘉盛燃气有限公司三家公司组建而成的股份制公司，2019 年 9 月 30 日成立，法定代表人：杨某某，注册资本 2000 万元，营业期限从 2019 年 9 月 30 日到 2039 年 9 月 29 日。注册地址：唐河县滨河街道北京大道便民服务中心 2 号楼 1 楼。经营范围：道路工程、市政工程、环保工程、桥梁工程、水利水电工程施工、燃气管网、燃气设备维修及相关服务。

2. 唐河华嘉盛燃气有限公司（发包）

唐河华嘉盛燃气有限公司，2010 年 6 月 22 日成立，法定代表人：王某某，注册资本 1000 万元，营业期限从 2010 年 6 月 22 日到 2040 年 6 月 21 日。注册地址：唐河县产业集聚区工业路中段。经营范围：燃气管网、燃气设备维修及相关服务，管道燃气、燃气具及配件销售。

3. 河南省宛东建筑安装工程有限公司（施工）

河南省宛东建筑安装工程有限公司是唐河县住房和城乡建设局的二级单位，2001 年 12 月 29 日成立，法定代表人：曲某某，注册资本 1 亿元，营业期限从 2007 年 6 月 28 日到 2037 年 6 月 27 日。注册地址：唐河县产业集聚区工业路西段北侧。经营范围：建筑安装、装饰装修、防腐保温、混凝土预制构件，市政公用工程、水利水电工程、环保工程专业承包，钢结构工程专业承包，房地产开发与销售，物业管理。

4. 河南德仁建设工程有限公司（施工）

河南德仁建设工程有限公司，2005 年 3 月 30 日成立，法定代表人：段某某，注册资金 1 亿元，营业期限 2005 年 3 月 30 日到 2021 年 3 月 29 日。注册地址：南阳市卧龙区武侯街道崔庄社区崔东组。经营范围：工业系统节能减排技术研发与服务；装备制造行业网络化智能管理系统技术研发与服务；燃气设备及配件、二三类机电产品、消防器材、日用杂品销售；锅炉安装、改造维修壹级；压力管道安装 GB1/GB2、GC2 级；化工防腐性综合壹级；化工装置维修（技改）综合壹级；市政公用工程施工总承包贰级；钢结构工程专业承包贰级；建筑机电安装工程专业承包贰级；石油化工工程施工总承包叁级；设备维修通用类（1 类）壹级。

（三）工程发包情况

唐河县幸福家园建设工程有限公司作为唐河县农村基础设施建设的总发包方，将唐河县乡村振兴、乡村燃气利用及基础设施建设项目中污水管网工程交由河南省宛东建筑安装工程有限公司承建、天然气管道工程交由唐河华嘉盛燃气有限公司承建。唐河华嘉盛燃气有限公司是一家燃气经营公司，没有燃气工程承建资质，将唐河县源潭镇燃气管道工程发包给河南德仁建设工程有限公司。

（四）工程承包转包情况

1. 河南省宛东建筑安装工程有限公司

河南省宛东建筑安装工程有限公司将唐河县源潭镇污水管网工程转包给农民工周某某组织施工。周某某一方面自己雇佣人员参与工程施工，另一方面将该工程以 10 元/m 的管道铺设价格，转包给当地农民工王某某施工，王某某招募附近村民具体施工。

2. 河南德仁建设工程有限公司

河南德仁建设工程有限公司将唐河县源潭镇燃气管道工程转包给农民工张某某组织施工。张某某又联系当地村民邱某某合伙将该工程再次转包给农民工邱某某、刘某某。邱某某、刘某某两人聘用农民工王某某负责工程施工，王某某招募附近村民具体施工。

二、事故直接原因

该工程采用直立开挖的方法，沟槽宽度为 60cm，深度 4m 左右，施工堆土距槽边没有留出安全距离，导致槽壁上部荷载过大。施工中未采取支撑防护措施，引发坍塌。

三、企业主要问题

唐河县幸福家园建设工程有限公司、河南省宛东建筑安装工程有限公司、河南德仁建设工程有限公司未认真落实国家法律法规；未履行安全生产主体责任；没有坚守安全第一、生命至上理念，没有牢固树立安全红线意识和底线思维；安全发展理念、安全发展意识、安全责任意识不强，重效益轻安全；企业安全教育培训不到位；安全管理制度不健全。

（一）唐河县幸福家园建设工程有限公司

唐河县幸福家园建设工程有限公司未建立健全安全生产责任制；无安全生产管理机构；无生产安全管理人员；无安全生产规章制度；未建立健全安全生产事故隐患排查治理制度；未能认真履行安全生产主体责任；对唐河县源潭镇马湾村污水管网和燃气管道工程项目层层转包把关不严，未能有效实施安全管理。

（二）河南省宛东建筑安装工程有限公司

河南省宛东建筑安装工程有限公司未建立健全安全生产责任制；安全管理制度不健全；未建立健全安全生产事故隐患排查治理制度；安全教育培训不到位；未能认真履行企业安全生产主体责任；未能严格按有关法律法规要求对施工现场安全监督检查；把工程违法转包给他人。

（三）河南德仁建设工程有限公司

河南德仁建设工程有限公司未建立健全安全生产责任制；安全管理制度不健全：未建立健全安全生产事故隐患排查治理制度；安全教育培训不到位；未能认真履行企业安全生产主体责任；未能严格按有关法律法规要求对施工现场的监督检查；把工程违法转包给他人。

四、有关部门主要问题

唐河县住房和城乡建设局，未认真履行行业监管职责；未建立安全生产监督管理责任制：未对该工程的安全生产情况进行监督检查，没有及时制止违法施工行为，安全监管不到位；安全规章制度不健全；在安全监管上，内设机构实际工作中分工不明确。

五、地方党委政府主要问题

（一）中共源潭镇党委、源潭镇人民政府

安全发展理念不牢，安全责任意识不强，贯彻“党政同责、一岗双责、齐抓共管、失职追责”安全生产责任体系不力；落实安全生产法律法规和上级安全生产工作部署不力，未能认真履行党委政府安全生产工作职责，指导管控安全风险，督促整治安全隐患，强化源头管理不力，没有及时发现该工程存在的问题，安全检查督促不到位。

（二）中共唐河县委、唐河县人民政府

安全发展理念不牢，安全责任意识不强，贯彻“党政同责、一岗双责、齐抓共管、失职追责”安全生产责任体系不力；落实安全生产法律法规和上级安全生产工作部署不力，督促有关部门落实“三管三必须”履行安全生产监管职责不到位。

六、对事故责任人和责任单位处理建议

王某某、薛某某、杨某某违规违章作业，对事故的发生负有直接责任。鉴于其在事故中死亡，建议免予责任追究。

（一）司法机关已采取强制措施人员

1. 周某某，男，农民，2019年12月25日，因涉嫌重大事故罪被刑事拘留，2020年1月22日被唐河县人民检察院批准逮捕。

2. 王某某，男，农民，2019年12月25日，因涉嫌重大事故罪被刑事拘留，2020年1月22日被唐河县人民检察院批准逮捕。

3. 邱某某，男，农民，2019年12月25日，因涉嫌重大事故罪被刑事拘留，2020年1月22日被唐河县人民检察院批准逮捕。

4. 刘某某，男，农民，2019年12月25日，因涉嫌重大事故罪被刑事拘留，2020年1月22日被唐河县人民检察院批准逮捕。

5. 张某某，男，农民，2019年12月25日，因涉嫌重大事故罪被刑事拘留，2020年1月23日被取保候审。

6. 邱某某，男，农民，2019年12月25日，因涉嫌重大事故罪被刑事拘留，2020年1月23日被取保候审。

7. 刘某，男，河南德仁建设工程有限公司燃气工程施工安装项目负责人，2019年12月25日，因涉嫌重大事故罪被刑事拘留，2020年1月23日被取保候审。

（二）党纪政务处理人员和其他处理建议

1. 曲某某，中共党员，唐河县住房和城乡建设局党委委员、河南省宛东建筑安装工程有限公司总经理（负责全面工作）。组织指导公司开展日常安全巡查监管工作不力，安全生产工作重视不够，未能有效依法履行职责，未能落实“三管三必须”要求、未能建立、健全并组织落实本单位安全生产责任制。未能组织制定本单位安全生产规章制度。未能组织制定并实施本单位年度安全教育、培训。对承包的工程项目转包给个人负有直接责任。对事故发生负有主要领导责任。建议由纪检监察机关按程序给予党内严重警告处分。

2. 杨某某，河南省宛东建筑安装工程有限公司副经理兼唐河县幸福家园建设工程有限公司法定代表人。作为河南省宛东建筑安装工程有限公司副经理，分管工程质量、安全等，组织指导公司开展日常安全巡查监管工作不力，安全生产工作重视不够，督促企业落实安全生产主体责任不到位，未能认真组织拟定本单位安全生产规章制度。作为唐河县幸福家园建设工程有限公司法定代表人，没有建立、健全并组织落实本单位安全生产责任制。没有组织制定本单位安全生产规章制度。没有组织制定并实施本单位年度安全教育培训。对项目实施单位的违规违法监督检查不到位，未能有效依法履行职责，对事故的发生负有主要领导责任，建议按程序给予其政务记过处分。

3. 赵某某，中共党员，唐河县住房和城乡建设局副局长，主抓住建系统安全、分管施工股、质检站、安监站。组织指导唐河县住房和城乡建设局开展日常安全巡查监管工作不力，落实“三管三必须”、安全生产责任制不到位，未能有效依法履行职责，安全生产工作安排部署流于形式，该项目安全监管检查缺失。对事故发生负有主要领导责任。建议由纪检监察机关按程序给予政务警告处分。

4. 张某，中共党员，唐河县源潭镇政府武装部长，主抓武装部，分管土地、村镇建设、环保、城管，任马湾村管理区书记。负责源潭镇辖区燃气利用及基础设施项目建设等工作。履行属地监管责任不到位，未能有效督促检查施工现场存在的安全隐患，对施工单位不符合施工条件失察，对事故发生负有主要领导责任。建议由纪检监察机关按程序给予政务警告处分。

5. 蒋某某，中共党员，唐河县住房和城乡建设局局长，未能认真贯彻落实国家法律法规政策，督促指导建筑施工领域安全生产工作不力，对唐河县住房和城乡建设局安全制度不健全、职责不清、责任落实不到位等工作失察，对事故发生负有重要领导责任。建议按照党政领导干部管理权限给蒋庾彦同志诫勉谈话。

6. 狄某，中共党员，唐河县委宣传部副部长，唐河县乡村振兴战略乡村燃气利用工程及基础设施建设项目工程指挥部办公室常务副主任，负责办公室工作。指导协调、督促检查工作不力，未能有效督促属地政府及有关部门依法履行建筑施工安全监管职责，对施工单位存在的安全隐患失察，对事故发生负有主要领导责任。建议按照党政领导干部管理权限给予狄某同志诫勉谈话。

7. 汪某某，中共党员，唐河县人民政府党组成员，唐河县乡村振兴战略乡村燃气利用工程及基础设施建设项目的副指挥长兼办公室主任。组织、协调推进项目的实施措施不力，未能有效督促属地政府及有关部门依法履行建筑施工安全监管职责，对事故发生负有主要领导责任。建议其向南阳市人民政府作出深刻书面检查。

8. 唐河县住房和城乡建设局未能有效履行行业监管职责，安全生产工作重视不够。制度不全、职责不清、责任制落实不到位，对唐河县乡村燃气利用及污水管网工程项目存在的安全隐患督导检查不力，对该工程存在的违法违规行为失察失纠。建议其向唐河县人民政府作出深刻的书面检查。

（三）行政处罚建议

唐河县幸福家园建设工程有限公司、河南省宛东建筑安装工程有限公司、河南德仁建设工程有限公司未认真履行企业安全主体责任，对事故发生负有责任，建议南阳市应急管理局依据《安全生产法》第109条、第92条规定，对河南德仁建设工程有限公司及主要负责人予以处罚。建议唐河县应急管理局依据《安全生产法》第109条、第92条规定，对唐河县幸福家园建设工程有限公司、河南省宛东建筑安装工程有限公司及主要负责人予以处罚。

七、事故主要教训

（一）河南省宛东建筑安装工程有限公司、河南德仁建设工程有限公司未能认真履行安全生产主体责任，重生产、轻安全，没有牢固树立安全红线意识和底线思维。安全生产法律意识淡薄，将工程发包给他人施工。组织施工的农民工不具备安全生产管理能力。现场施工人员安全意识淡薄，违章操作，未采取安全防护措施，自我保护能力差，不具备相应的施工能力。

（二）唐河县住房和城乡建设局，未认真履行行业监管职责。未建立安全生产监督管理责任制；未对该工程的安全生产情况进行监督检查，没有及时制止违法施工行为，安全监管不到位；安全生产“三管三必须”落实不到位。

（三）唐河县源潭镇党委政府未能认真履行党委政府安全生产工作职责，指导管控安全风险，督促整治安全隐患，强化源头管理不力，没有及时发现该工程存在的问题，安全检查督促不到位。

八、事故防范措施建议

唐河县源潭镇“12·24”较大管道施工坍塌事故后果严重，教训深刻。为认真吸取事故教训，举一反三，切实落实地方党政领导责任、部门监管责任和企业主体责任，有效防范类似事故发生，提出以下措施建议：

（一）严格落实企业安全生产主体责任

唐河县幸福家园建设工程有限公司、河南省宛东建筑安装工程有限公司、河南德仁建设工程有限公司要深入学习贯彻习近平总书记关于安全生产工作重要论述，要认真总结事故教训，进一步提高认识，牢固树立安全第一、生命至上理念，强化红线意识和底线。（1）树立法律意识。应严格遵守国家有关安全生产的法律、法规，认真贯彻安全生产责任制。树立安全责任重于泰山的意识。克服麻痹大意的思想，杜绝违章作业。加强对施工过程和现场的监管力度。（2）依法组织生产活动。加强工程管理及项目发包安全管理，杜绝违法违规建设活动，严格审查工程项目承包单位相关资质，严禁违法发包工程，严禁以包代管，要认真履行对承包单位作业现场安全生产管理职责，加强对承包项目施工单位安全生产工作的监督检查。（3）加强教育培训。加强对安全管理人员、特殊岗位人员和从业人员的教育培训工作，通过全员参与，切实提高企业干部职工安全责任意识，履行安全生产主体责任，增强安全风险意识，提升全员安全防范能力。

（二）落实行业部门监管责任

唐河县住房和城乡建设局按照《南阳市党委政府及有关部门安全生产工作职责》认真落实行业部门监管责任，全面贯彻落实安全生产“三管三必须”的要求，把安全生产工作作为政治任务，抓实抓牢。（1）按照《中华人民共和国安全生产法》和《中华人民共和国建筑法》，严格落实建设工程各方的安全责任；（2）依法履行安全生产监管职责，进一步强化建筑安全生产监管力度；（3）严格按照建筑工程有关法律法规要求，规范市场准入，严禁将工程项目发包给不具备施工资质能力的单位和他人。（4）加大安全培训力度，提高施工企业负责人、安全管理人员素质。(5) 建议由住房和城乡建设主管部门依据《中华人民共和国建筑法》，对此次事故相关企业资质做出处理。

(三) 强化属地监管责任

唐河县委、县政府，源潭镇党委、镇政府要坚决守住发展绝不能以牺牲安全为代价这条红线，切实维护人民群众生命财产安全，牢固树立以人为本的安全发展理念，认真吸取事故教训，举一反三，防止此类事故再次发生。(1) 要认真贯彻落实党中央、国务院以及省委省政府关于安全生产的决策部署和指示精神，按照中共中央办公厅、国务院办公厅关于《地方党政领导干部安全生产责任制规定》以及《南阳市党委政府及有关部门安全生产工作职责》要求，落实各部门管理责任，切实做到党政同责、一岗双责、齐抓共管、失职追责。(2) 要始终把安全生产摆在重要位置，加强组织领导。党政主要负责人是本地区安全生产第一责任人，班子其他成员对分管范围内的安全生产工作负领导责任。(3) 认真贯彻执行党的安全生产方针，在统揽本地区经济社会发展全局中同步推进安全生产工作，定期研究决定安全生产重大问题。(4) 强化安全生产宣传教育和舆论引导。动员社会各界积极参与、支持、监督安全生产工作。(5) 要把安全生产纳入经济社会发展总体规划，健全安全投入保障制度。及时研究部署安全生产工作，严格落实属地监管责任。

专家分析

一、事故原因

不具备安全作业条件、工程违法转包及作业人员蛮干和监督监管不到位是事故原因。

1. 不具备安全作业条件。该基槽开挖深度超过 3m，属于危险性较大的基坑（槽）工程，按规定，施工单位应当于施工前编制专项施工方案，并进行技术交底。但资料显示，该工程未编制专项施工方案，可认定为不具备安全作业条件。

2. 工程违法转包，作业人员蛮干。该工程违法转包给个人，为事故埋下隐患。在无施工方案的情况下，作业人员进行基槽开挖和管线安装，发生基槽坍塌致 3 人被埋死亡。

3. 监督监管不到位。在施工无方案、违法转包、作业人员蛮干的情况下，建设单位和监督机构未履行监督、监管之责，未能及时制止和纠正违法违规行为。

二、预防措施建议

1. 提高管线施工安全意识，克服侥幸心理。管线施工所开挖的基槽通常较窄，槽底作业人员在基槽发生坍塌时无躲避空间，加上无支护的土质边坡坍塌具有突发性，一旦发生坍塌，后果往往十分严重。因此，相关人员应高度重视管线施工的安全性。另外，由于基槽开挖具有“短、频、快”特点，即每次开挖长度通常较短，开挖基槽行为频繁，从开挖、安设管线到回填完成时间短，因此，相关各方存在侥幸心理。基槽开挖过程中，无支护设计、无专项施工方案、监管不到位等现象比较普遍，导致基槽坍塌事故易发、高发。

2. 加强管线施工的管理。（1）严格落实危大工程管理规定。依据住建部31号文，基槽开挖深度超过3m或未超过3m但地质条件、周围环境和地下管线复杂的，施工前必须编制专项施工方案，并应经过相关单位的审核、审查。考虑到基槽边坡自然土体坍塌的突然性和作业人员逃生的局限性，建议将编制专项施工方案的门槛从3m降低至1.5m。（2）认真贯彻落实国家安委会提出的“风险分级管控和隐患排查治理”相关规定。明确将“基槽坍塌”列入施工安全风险源，加强风险管控和隐患排查治理。（3）采取简单易行的安全技术措施。凡开挖深度超过1.5m的土质基槽，一律采用放坡开挖方式，坡率不大于1.1，坡顶距离坡沿1倍基槽深度范围内禁止堆载。